"十二五"职业教育国家规划教材
经全国职业教育教材审定委员会审定

住房城乡建设部土建类学科专业"十三五"规划教材

全国高职高专教育土建类专业教学指导委员会规划推荐教材

建 筑 供 电 与 照 明

（第四版）

（建筑电气工程技术专业适用）

王宏玉　主编

刘复欣　主审

中国建筑工业出版社

图书在版编目(CIP)数据

建筑供电与照明/王宏玉主编. —4 版 .—北京：中国
建筑工业出版社，2019.2（2024.1重印）
"十二五"职业教育国家规划教材. 住房城乡建设部土
建类学科专业"十三五"规划教材. 全国高职高专教育
土建类专业教学指导委员会规划推荐教材
ISBN 978-7-112-22952-9

Ⅰ.①建… Ⅱ.①王… Ⅲ.①房屋建筑设备-供电系
统-高等职业教育-教材 ②建筑照明-高等职业教育-教材
Ⅳ.①TU852②TU113.6

中国版本图书馆 CIP 数据核字(2018)第 258287 号

为了更好地支持相应课程的教学，我们向采用本书
作为教材的教师提供课件，有需要者可以出版社联系。
建工书院：http：//edu. cabplink. com
邮箱：jckj@cabp. com. cn 电话：(010) 58337285

责任编辑：张 健 齐庆梅
责任校对：芦欣甜

"十二五"职业教育国家规划教材
经全国职业教育教材审定委员会审定
住房城乡建设部土建类学科专业"十三五"规划教材
全国高职高专教育土建类专业教学指导委员会规划推荐教材
建筑供电与照明
（第四版）
（建筑电气工程技术专业适用）
王宏玉 主编
刘复欣 主审

*

中国建筑工业出版社出版、发行（北京海淀三里河路 9 号）
各地新华书店、建筑书店经销
北京红光制版公司制版
建工社（河北）印刷有限公司印刷

*

开本：787×1092 毫米 1/16 印张：27¾ 字数：686 千字
2019 年 2 月第四版 2024 年 1 月第十八次印刷
定价：**56.00** 元（赠教师课件）
ISBN 978-7-112-22952-9
(33047)

第 四 版 前 言

本书针对高等职业教育建筑设备类专业的特点和要求，以实际应用为目的，全面系统地讲述建筑供电与照明的基础知识、基本理论。本书内容设计针对性强，力求达到基本理论性内容具有通用性、普适性，实用技术性内容结合工程案例做到思路清晰、过程详细、图纸完整。本书涉及的计算性问题以理论计算和工程计算两种方法完成计算过程和要点。为了更好地将理论和实际相结合，本书采用的工程图纸及计算示例均来自于实际工程，并按课堂教学的特点加以适当修改编写而成，对学生了解对实际工程有着一定的指导意义。

本书旨在通过学习，使学生或社会学习者能够成为一名"懂设计"、"会施工"、"精管理"的技术应用型人才。

本书内容均符合现行的中华人民共和国国家标准和行业标准。对于本书尚未涉及的问题，请参阅其他书籍。书中采用的各种图形符号、文字符号及标注方法与国家现行标准相统一。为了便于学生理解所学内容，每章后附有复习思考题。

本书为高等职业教育建筑设备类专业核心教材。黑龙江建筑职业技术学院王宏玉任主编，负责全书的编写组织和统稿工作，并编写了本书的全部例题、习题及案例；黑龙江建筑职业技术学院刘复欣同志任主审；新疆建设职业技术学院李芳同志、广东建设职业技术学院郑发泰同志、徐州建筑职业技术学院李录峰同志、沈阳建工学院职业技术学院张之光同志、黑龙江建筑职业技术学院王兆霞、王欣、张恬、董娟也参与了本书各章节的编写，在此表示真诚感谢！

本书配套的部分资源可通过扫描书中二维码获得。

由于参加编写人员能力和水平有限，书中不足之处敬请各位读者批评指正，并将意见和建议发送至主编邮箱 3811433@qq.com，以便再版时修正。如需课件请与责编联系 524633479@qq.com。

第三版前言

本教材是以现代独立的一般建筑、高层建筑和建筑群为例，针对建筑行业高等职业教育的特点和特殊要求，以学生学习后就能在实际工作中得到应用为目的，全面系统的讲述建筑供电及照明专业的基本理论、基础知识。内容设计针对性强，力求达到：基本理论性问题的讲解内容作到具有一般性、广泛性、浅显易懂。实用技术性问题的讲解内容结合建筑电气工程的示例作到详细、侧重应用性和对实际工作的指导性并注意和理论知识相结合。所涉及的计算性问题是以理论计算和工程计算两种方法同时讲述计算过程和要点，并且理论计算方法的讲述是考虑到了为了使用计算机软件进行计算来奠定基础。为了更好地将理论和实际相结合，本教材中采用的供电及照明工程的图纸及计算示例均来源于实际工程并按课堂教学的特点加以适当修改而编写而成。有的放矢对实际工程有着一定的指导意义。

本书的宗旨是通过对本书的学习使之从事建筑供电及照明工程工作的人员能够成为一名"懂设计""会施工""精管理"的技术应用型人才。

本教材所涉及的内容均符合现行的中华人民共和国国家标准和建筑行业的行业标准。同时针对建筑行业的特点对新技术应用问题进行了详细的论述例如：节能照明技术、现场临时供电和用电安全的要求、等电位的具体做法、利用建筑物基础做接地装置的方法、室内的装饰照明、室外的照明包括建筑物立面照明、街景照明、建筑小品照明、标志性建筑物的照明等目前应用较多的照明方法。本教材所涉及的技术、设备都是在工程中常用的成熟的并具有普遍性，对于有些特殊问题本书尚未涉及请参照其他书籍。另外书中出现的各种图形符号及标注方法和文字符号是和国际、国家标准统一。

由于参加编写的人员能力和水平有限，在本书中定有错、漏、病、缺和不足之处敬请各位读者批评指正。

本教材原本是根据高等职业教育委员会教材编写组讨论的大纲而编写，并作为建筑类高等职业教育建筑电气工程技术专业教材之一。新疆建设职业技术学院李芳同志、广东建设职业技术学院郑发泰同志、徐州建筑职业技术学院李录峰同志、沈阳建工学院职业技术学院张之光同志参与了编写。教材中的工程图纸、计算实例和计算过程由黑龙江建筑职业技术学院王宏玉提供。根据该书在使用过程中出现的问题和现代建筑电气工程技术的发展水平，黑龙江建筑职业技术学院刘复欣同志对该书进行了重新编写。并请高级电气工程师王钢对该书进行了审阅。

由于参加编写的人员能力和水平有限，在本书中定有错、漏、病、缺和不足之处敬请各位读者批评指正。

第二版前言

本教材是以现代独立的一般建筑、高层建筑和建筑群为例，全面系统的讲述建筑供电及照明的基本理论和基础知识，还特别注意到建筑行业职业教育的特点和特殊要求，以学生学习后就能在实际工作中得到应用为目的，将其内容进行了有针对性的设置。力求达到：基本理论性问题的讲解内容做到具有一般性、广泛性、浅显易懂。实用技术性问题的讲解内容结合工程示例做到详细、侧重应用性和对实际工作的指导性并注意和理论知识相结合。所涉及的计算性问题是以理论计算和工程计算两种方法同时讲述计算过程和要点，并且理论计算方法的讲述是考虑到为了使用计算机软件进行计算来奠定基础。为了更好地将理论和实际相结合，本教材中采用的供电及照明工程的图纸及计算示例均来源于实际工程，并按课堂教学的特点加以适当修改编写而成，有的放矢对实际工程有着一定的指导意义。

本书的宗旨是通过对本书的学习使之达到对于从事建筑供电及照明工程工作的人员能够成为一名"懂设计"、"会施工"、"精管理"的实用性技术型人才。

本教材所涉及的内容均符合现行的中华人民共和国国家标准和建筑行业的行业标准。同时针对建筑行业的特点对有些问题进行了详细的论述。例如：现场供电和用电安全的要求、等电位的具体做法、利用建筑物基础做接地装置的方法。照明不仅考虑室内的一般照明还考虑了装饰照明。室外的照明包括建筑物立面照明、街景照明、建筑小品照明、标志性建筑物的照明等目前应用较多的照明方法。本教材所涉及的技术、设备都是现在工程中常用的成熟的，具有普遍性，对于有些特殊问题本书尚未涉及请参照其他书籍。另外书中出现的各种图形符号及标注方法和文字符号是和国际、国家标准统一。

本教材是根据高等职业教育委员会教材编写组讨论的大纲而编写，并作为建筑类高等职业教育建筑电气工程技术专业教材之一。新疆建设职业技术学院李芳、广东建设职业技术学院郑发泰、徐州建筑职业技术学院李录峰、沈阳建工学院职业技术学院张之光参与了编写。根据该书在使用过程中出现的问题和现代建筑电气工程技术的发展水平，黑龙江建筑职业技术学院刘复欣对该书进行了重新编写。并请黑龙江建筑职业技术学院高级工程师王钢对该书进行了审阅。

由于参加编写的人员能力和水平有限，在本书中定有错、漏、病、缺和不足之处敬请各位读者批评指正。

第一版前言

本教材是根据高等职业教育委员会教材编写组讨论的大纲而编写。本书作为建筑类高等职业教育《建筑电气工程技术》专业教材之一。同时也可供从事建筑电气专业的设计、施工和管理人员参考。全书总学时数为 95 学时，共分为十四章。第一章、第二章的第一节至第四节及第三章的内容由广东建设职业技术学院郑发泰同志完成编写。第五章和第六章中除第一节、第二节的内容外均由新疆建设职业技术学院李芳同志完成编写。第七章的内容由徐州建筑职业技术学院李录峰同志完成编写。第八章、第九章的内容由沈阳建工学院职业技术学院张之光同志完成编写。其他内容由黑龙江建筑职业技术学院刘复欣同志完成编写。全书由黑龙江建筑职业技术学院刘复欣同志任主编。内蒙古建筑职业技术学院李刚同志对全书进行了审阅。

本教材是以现代独立的一般建筑、高层建筑和建筑群为例，全面系统地讲述建筑供电及照明的基本理论和基础知识，还特别注意到建筑行业职业教育的特点和特殊要求，以学生学习后就能在实际工作中得到应用为目的，将其内容进行了有针对性的设置。力求达到：基本理论性问题的讲解内容做到具有一般性、广泛性、浅显易懂。实用技术性问题的讲解内容结合工程示例做到详细、侧重应用性和对实际工作的指导性并注意和理论知识相结合。所涉及的计算性问题是以理论计算和工程计算两种方法同时讲述计算过程和要点，并且理论计算方法的讲述是考虑到为了使用计算机软件进行计算来奠定基础。为了更好地将理论和实际相结合，本教材中采用的供电及照明工程的图纸及计算示例均来源于实际工程并按课堂教学的特点加以适当修改编写而成。有的放矢对实际工程有着一定的指导意义。

本书的宗旨是通过对本书的学习使之达到对于从事建筑供电及照明工程工作的人员能够成为一名"懂设计"、"会施工"、"精管理"的实用性技术型人才。

本教材所涉及到的内容均符合现行的中华人民共和国国家标准和建筑行业的行业标准。同时针对建筑行业的特点对有些问题进行了详细的论述。例如：现场供电和用电安全的要求、等电位的具体做法、利用建筑物基础做接地装置的方法。照明不仅考虑室内的一般照明，还考虑了装饰照明。室外的照明包括建筑物立面照明、街景照明、建筑小品照明、标志性建筑物的照明等目前应用较多的照明方法。本教材所涉及到的技术、设备都是现在工程中常用的、成熟的、具有普遍性的，对于有些特殊问题本书尚未涉及到的请参照其他书籍。另外书中出现的各种图形符号及标注方法和文字符号均和国际、国家标准统一。

由于参加编写的人员能力和水平有限，在本书中定有错、漏、病、缺和不足之处，敬请各位读者批评指正。

目　　录

第一章 建筑供电系统概论

　　建筑供电系统是完成向电力网取得电源、分配电源、变换电压、为建筑物输送电源和分配电源，完成电源和负载的连接，同时实现对上述部分的控制、保护等功能所组成的系统。

　　在建筑行业中通常将建筑供电系统称为：建筑供、配电系统。供电是从电源的角度出发，如何来实现对建筑物电源的供应。配电是指从用户的角度出发，如何实现用电负载和电源的连接。供电系统是指电压等级为 10kV 所组成的系统，配电系统是指电压等级为 10kV 以下所组成的系统。有时也将对整栋建筑物或建筑群的电力供应称为供电，如某写字楼的供电系统、某住宅小区的供电系统等。将对具体设备的电力供应称为配电，如办公室照明配电系统、给水泵房动力配电系统等。

　　从电力系统的角度来看，建筑供电系统是电力系统中的一个用户；从建筑物内用电设备的角度来看，建筑供电系统是它们的电源。在建筑电气设计中，供电系统设计是一个重要的环节，必须同时满足安全、经济、优质和可靠这四个方面的要求。

第一节　电力系统简介

　　所谓电力系统，是指由发电厂、电力网以及用户所组成的统一整体。它们之间的关系如图 1-1 所示。

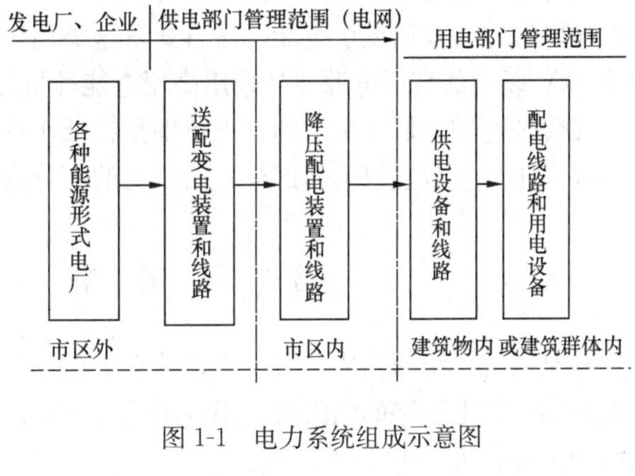

一、发电厂

　　发电厂是把自然界中的各种能量转变为电能的工厂。按照取用能源方式的不同，发电厂可分为：火力发电厂、水力发电厂、核电站、蓄能电厂等几类。一般情况下，各类发电厂是并网同时发电的，以保证电力网稳定可靠地向用户供电，同时也便于调节电能的供求关系。

图 1-1　电力系统组成示意图

二、送变电装置

　　送变电装置包括变电站和送电线路。变电站是变换电压和分配电能的场所，由变压器、配电装置及保护装置组成。按变压作用不同，变电站可分为升压变电站和降压变电站。规模较小、容量较小的则称为变电所，变电所是变换电压、分配电能的场所，是各类建筑的电能供应中心。如果不变换电压，只把引入的高压电源分配给其他地方的变电所，这种场所叫做配电所。送电线路是指在城市外架设的电力线路，按照送电线路的电压等级可以分为高压和超高压线路。

三、电力网

连接发电厂和用户的中间环节，包含变电站和高压输电线路，叫做电力网。电力网是电力系统的重要组成部分，它的任务是将发电厂生产的电能输送给用户。电力网常分为输电网和配电网两大部分，由 35kV 及以上的输电线路及其变电站组成的网络称为输电网，其作用是把电力输送到各个地区或直接送给大型用户。配电网是由 10kV 及以下配电线路及配电变压器所组成的，它的作用是把电力分配给各类用户。

电力网的电压等级很多，不同的电压等级所起的作用不同。我国电力网的额定电压等级主要有：220V、380V、6kV、10kV、35kV、110kV、220kV、330kV、500kV 等几种。其中 220V、380V 用于低压配电线路，6kV、10kV 用于高压配电线路，而 35kV 以上的电压则用于输电网，电压越高则输送的距离越远，输送的容量越大，线路的电能损耗越小，但相应的绝缘水平要求及造价也越高。

表 1-1 列出了各种电压等级线路的输送功率和输送距离的合理数值的对应表，供参考。

各种电压等级线路的输送功率和输送距离 表 1-1

线路电压等级 （kV）	输送功率 （kW）	输送距离 （km）	线路电压等级 （kV）	输送功率 （kW）	输送距离 （km）
0.22	50 以下	1 以下	35	2000～10000	20～50
0.38	100 以下	1 以下	110	10000～50000	50～150
6	100～1200	4～15	220	100000～500000	100～300
10	200～2000	6～20			

四、用户

所有的用电部门，都被电业管理称为用户。如果引入用电单位的电源为 1kV 及以下的低压电源并且采用低压电能计量方式，这类用户叫做低压用户；如果引入用电单位的电源为 1kV 以上的高压电源并且采用高压电能计量方式，这类用户叫做高压用户。

在管理范围上低压用户的管理范围是在低压计量装置以后的部分，高压用户的管理范围是在高压计量装置以后的部分，而其他的部分由电业管理部分进行管理。

第二节　建筑供电系统

建筑供电系统的构成形式，应该从引入电源的电压等级、用电容量、用电设备特性、供电距离、供电线路的回路数、用电单位的远景规划、当地公共电网的现状和它的发展规划以及经济合理等因素综合考虑。

一、建筑供电系统的构成形式

一般来说，用电量较小的建筑，可直接从市电低压电网或从临近建筑的变电所引入 220/380V 的三相四线制低压电源。用电量较大的建筑和建筑群需从电力网引入三相三线制的高压电源（一般为 10kV），经变电所（10kV 变电所）变换为 220/380V 的三相四线制低压电源，再用导线分配至各建筑或各用电设备使用。对于高层建筑或大型建筑需要不止一个变电所，通常把从电力网引入的 10kV 高压电源通过配电所分配至不同地方的变电所，再变换为低压，分配给建筑内的各用电设备使用。对于超高层建筑则需从电力网引入35kV的高压电源，通过变电站降为10kV，再分配至不同地方的变电所降为低压后给用电设备供电。现行的民用建筑电气设计规范规定，当用电设备容量在250kW或需用变压器容量在160kVA以上时，应以高压方式供电；当用电设备容量在250kW或需用变压器容量在160kVA以下时，应以低压方式供电，特殊情况也可以高压方式供电。在上述的诸多供电系统构成方式中最有代表性的供电系统有两种形式，即采用电源电压等级为10kV和220/380V两种供电系统。

（一）采用高压10kV的供电系统

图1-2中按照使用功能将供电系统分为五部分，A是由电业部门管理的电力网和区域配电所，它将上一级提供的同等电压等级的电源进行分配，通过电力线路为众多用户提供10kV的供电电源，它是城区内主要的供电电源。由于只进行电源的分配而不进行电压的转换，因此称之为配电所。B是用户的10kV开闭所，电业管理部门提供的供电回路数量是有限的，为了保证一个建筑群体内多个10kV电压等级电源的需求，有时用户要设置10kV开闭所。它承担着高压电源电能的计量作用和分配作用，它的管理是由用户自行安排。在满足电业管理部门的要求外，可以按照自己的管理方法自行调整电源和供电回路的划分。C是变电所将10kV电源电压改变为用户使用的我国标准电压220/380V，在变电所内同时也承担着按照建筑物使用要求的电能重新分配、线路和设备的保护任务。这些任务是由配电装置来完成的。对于一个建筑群或一个大型的独立建筑物变电所不只是一个，其设置数量和用电容量、负荷等级、供电距离等多种因素有关。有时为了少占用建筑面积

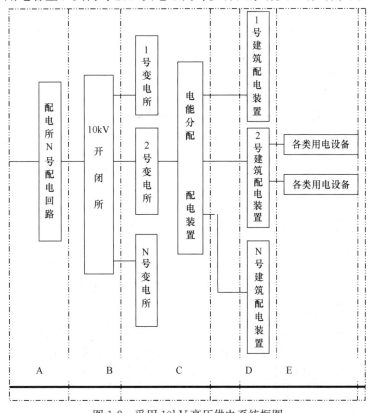

图1-2　采用10kV高压供电系统框图

可以把 10kV 的开闭所和变电所同时设置在一个建筑物的多个房间内，这时称它们为变、配电所。D 是低压 220/380V 配电线路，这个部分归用户管理，也是建筑供电系统的一个部分。E 是建筑物内部的供电系统，这个部分多数属于室内供电系统部分，它所供应的是具体的用电设备。

本图只是从使用功能的角度进行了划分，并不是说明完成每一项功能必须是在一个建筑物内。如图中 B 和 C 部分可以作为一个独立的建筑设施，也可以附属于某个建筑物内的某个房间。例如：某小区住宅有 32 栋独立住宅的建筑物和若干个商业服务建筑，它的供电系统构成形式如图 1-3 所示。

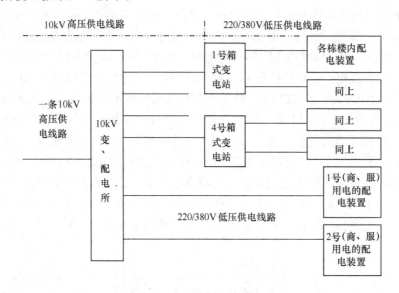

图 1-3　某住宅小区供电系统

小区采用一条 10kV 高压电源引入，设置一个独立的变、配电所和四个独立的箱式变电站。变配电所为四个箱式变电站提供四条 10kV 高压电源，变电站将其变换成 220/380V 电源并且输送到每栋建筑物内的配电装置上，为本栋楼提供电源。变配电所内还设有变压器和低压配电装置进行电压的变换、配电，为两栋商业服务建筑提供 220/380V 的电源。

又如某大面积的高层建筑，为了减少占地面积将图 1-2 中五个部分均设置在建筑物内部，这种供电系统的构成方式在现代的建筑中已广泛地应用。

（二）采用 220/380V 低压供电系统

220/380V 低压供电系统可以分为两个部分，一个是电业部门管理的室外 220/380V 供电线路。另一部分是由用户管理的配电装置和室内的配电线路。如图 1-4 所示。

二、用电负荷等级划分

用电负荷的等级不同决定了供电系统的构成形式不同，要根据建筑物的类别和用电负荷的性质来进行划分。按照我国现行的《民用建筑电气设计规范》JGJ 16—2008 规定，将用电负荷分为如下三个等级：

（一）一级负荷

中断供电将造成人身伤亡、重大政治影响、重大经济损失或将造成公共场所秩序严重

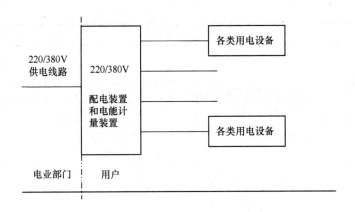

图 1-4 220/380V 低压供电系统框图

混乱的负荷属于一级负荷。

对于某些特等建筑,如重要的交通枢纽、重要的通信枢纽、国宾馆、国家级及承担重大国事活动的会堂、国家级大型体育中心,以及经常用于重要国际活动的大量人员集中的公共场所等的一级负荷,为特别重要负荷。

中断供电将影响实时处理重要的计算机及计算机网络正常工作或中断供电后将发生爆炸、火灾以及严重中毒的一级负荷亦为特别重要负荷。

（二）二级负荷

中断供电将造成较大政治影响、较大经济损失或将造成公共场所秩序混乱的用电负荷属于二级负荷。

（三）三级负荷

凡不属于一级和二级的一般负荷均为三级负荷。

常用重要电力负荷级别见表 1-2。

常用重要电力负荷级别 表 1-2

建筑物名称	用电负荷名称	负荷级别	备 注
高层普通住宅	客梯、生活水泵电力、楼梯照明	二级	
高层宿舍	客梯、生活水泵电力、主要通道照明	二级	
重要办公建筑	客梯电力、主要办公室、会议室、总值班室、档案室及主要通道照明	一级	
部、省级办公建筑	客梯电力、主要办公室、会议室、总值班室、档案室及主要通道照明	二级	
高等学校高层教学楼	客梯电力、主要通道照明	二级	
一、二级旅馆	经营管理用及设备管理用的计算机系统电源	一级	1
	宴会厅电声、新闻摄影、录像电源;宴会厅、餐厅、娱乐厅、高级客房、康乐设施、厨房及主要通道照明;地下室污水泵、雨水泵电力;厨房部分电力;部分客梯电力	一级	
	其余客梯电力、一般客房照明	二级	

5

建筑物名称	用电负荷名称	负荷级别	备 注
科研院所及高等学校重要实验室		一级	2
重要图书馆	检索用计算机系统的电源	一级	1
	其他用电	二级	
县（区）级及以上医院	急诊部用房、监护病房、手术部、分娩室、婴儿室、血液病房的净化室、血液透析室、病理切片分析、CT 扫描室、区域用中心血库、高压氧舱、加速器机房和治疗室及配血室的电力和照明，培养箱、冰箱、恒温箱的电源	一级	
	电子显微镜电源、客梯电力	二级	
银行	主要业务用计算机系统电源、防盗信号电源	一级	1
	客梯电力、营业厅、门厅照明	二级	3
大型百货商店	经营管理用计算机系统电源	一级	1
	营业厅、门厅照明	一级	
	自动扶梯、客梯电力	二级	
中型百货商店	营业厅、门厅照明、客梯电力	二级	
广播电台	电子计算机系统电源	一级	1
	直播室、控制室、微波设备及发射机房的电力和照明	一级	
	主要客梯电力、楼梯照明	二级	
电视台	电子计算机系统电源	一级	1
	直播室、中心机房、录像室、微波设备及发射机房的电力和照明	一级	
	洗印室、电视电影室、主要客梯电力、楼梯照明	二级	
市话局、电信枢纽、卫星地面站	载波机、微波机、长途电话交换机、市内电话交换机、文件传真机、会议电话、移动通信及卫星通信等通信设备的电源；载波机室、微波机室、交换机室、测量室、转接台室、传输室、电力室、电池室、文件传真机室、会议电话室、移动通信室、调度机室及卫星地面站的应急照明、营业厅照明	一级	4
	主要客梯电力、楼梯照明	二级	

注：1. 指该一级负荷为特别重要负荷；

2. 指一旦中断供电将造成人身伤亡或重大政治影响、经济损失的实验室，如生物制品实验室等；

3. 指在面积较大的银行营业厅中，供暂时工作用的应急照明为一级负荷；

4. 重要通信枢纽的一级负荷为特别重要负荷。

根据供配电系统的运行统计资料表明，供电系统中各个环节以电源对供电可靠性的影响最大，其次是供配电线路等其他因素。因此，为保证供电的可靠性，不同等级的负荷对电源有不同的要求。

一级负荷需采用两个以上的独立电源供电，当一个电源发生故障时，另一个电源应不致同时受到损坏。所谓独立电源是指两个电源之间无联系，或两个电源间虽有联系但在任何一个电源发生故障时，另外一个电源不致同时损坏。如一路市电和自备发电机；一路市电和自备蓄电池逆变器组；两路市电，源端是来自两个发电厂或是来自城市高压网络的枢纽变电站的不同母线。事故照明及消防设备用电需将两个电源送至末端。

二级负荷应采用两回路电源供电。对两个电源的要求条件可比一级负荷放宽。如两路市电，源端是来自变电站或低压变电所的不同母线段即可。

三级负荷对供电无特殊要求。

三、对电源质量的要求

国家规定的电压等级如 220V、380V、10kV 等叫做额定电压等级，而电气设备铭牌上标出的电压为额定工作电压。供电线路输送给电气设备的实际电压应与电气设备的额定电压一致，但是由于线路本身有一定的阻抗，流过电流时会产生电压降，使供电线路上不同地方的实际电压不同，这种实际电压与额定电压的差异叫做电压偏移。

以低压供配电线路为例，如图 1-5 所示，为了保证低压供配电线路（AB）的平均线电压为额定的 380V，规定配电变压器的输出额定电压（A 点）应高于额定电压 380V 的5%，即应为 400V，而线路末端（B 点）允许最低低于额定电压 380V 的 5%，即为 360V（近似），所以，当用电负荷接在 AB 之间的不同地方时，其两端的实际电压在 400～360V 的范围内，即 380V±5%，±5% 叫做负载的电压偏移。

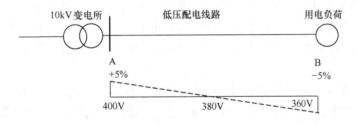

图 1-5　电压偏移示意图

不同的用电负荷，所允许的电压偏移不同，如表 1-3 所示。在建筑供电系统设计中，要保证用电设备接线端子处的实际电压偏移在规定的范围之内。

常用电气设备允许的电压偏移　　　　　　　　　　　表 1-3

设　　备　　种　　类		允许电压偏移（%）
照明装置	对视角要求较高的室内	+5，-2.5
	一般工作场所	+5，-5
	远离变压器的一般小面积工作场所	+5，-10
	应急照明、道路照明、警卫照明	+5，-10
一般电动机		+5，-5
电梯的电动机		+7，-7
医用 x 线诊断机		+10，-10
电子计算机电源	A 级	+5，-5
	B 级	+7，-10
	C 级	+10，-10
其他无特殊规定的用电设备		+5，-5

在建筑供电系统中，电源的质量直接影响着用电设备的正常工作。在设计建筑供电系

统时，应从如下几方面改善供电电源的质量。

（一）电压偏移

用电设备端子处的电压偏移应在规定的允许范围内，为达到此要求，设计供电系统时应注意：

（1）正确选择变压器的变压比和电压分接头。变压器在工作时，其二次侧额定电压除了要补偿绕组内部的阻抗电压降外，还要补偿线路上的电压降，因此需根据实际情况选择变压器的变压比和电压分接头。

（2）合理选择导线截面减小线路阻抗，从而减小线路上的电压损失。

（3）通过合理补偿无功功率，减小线路中的总电流，从而减小线路上的电压损失。

（4）尽量使三相负荷平衡，以减小中线电流，从而减小中线上的电压损失。

（二）频率变化

电力系统的交流电源频率为工频（50Hz），但如果电网超负荷运行会引起发电机转速变化而使电源频率发生波动，一般要求频率变化在±1Hz以内。

（三）波形畸变

电网的电压波形应为正弦波形，由于各种非线性用电设备所产生的谐波引起电压波形产生畸变，波形畸变用波形失真率表示，一般不超过10%。为控制各类非线性用电设备引起电压波形产生畸变，设计供电系统时宜采取下列措施：

（1）各类大功率非线性设备变压器的受电电压若有多种可供选择时，尽量选用较高电压。

（2）对大功率静止整流器应采用：提高整流变压器二次侧的相数和增加整流器的整流脉冲数；多台相数相同的整流装置，应使整流变压器的二次侧有适当的相角差；按谐波次数装设分流滤波器等措施。

（四）三相不平衡

三相不平衡会使中线电流增大，增加功率损耗和电压损失。为降低三相低压配电系统的不对称度，设计低压配电系统时应遵守下列规定：

（1）单相用电设备应尽可能均匀地分布在三相电源中，使三相负荷平衡。

（2）由地区公共低压电网供电的220V照明负荷，当线路电流不超过40A时，可用单相220V供电，否则应用220/380V的三相四线制供电。

四、建筑供电系统的中性点接地方式

所谓中性点接地方式，是指供电系统中变压器的中性点与大地连接的方式。中性点采用何种接地方式，是一个涉及面很广的问题，它对供电系统的供电可靠性、电气设备的运行安全、操作人员的安全等方面都会产生不同程度的影响。

（一）10kV配电网中性点接地方式

10kV配电网给建筑内的变电所提供10kV高压电源，一般由三条导线组成三相三线制线路。其中性点接地方式主要有：

（1）不接地。当接地故障电容电流小于10A时，采用中性点不接地方式，如用架空线路时可用这种方式。

（2）经消弧线圈接地。

（3）直接接地。

当接地故障电容电流大于 10A 时，应采用中性点经消弧线圈接地或直接接地方式。在城市建筑供电中，越来越广泛地使用电缆代替架空线，由于电缆的线间电容电流远大于架空线，采用直接接地方式可迅速切断单相接地故障，有利于防止电缆故障的扩大。

（二）220/380V 低压供电系统中性点接地方式

低压供电系统直接关系到用电设备及用电人员的安全，在建筑供电系统中都采用 TN 系统，即变压器的中性点直接接地，而用电设备的金属外壳与零线或专用保护线（PE 线）连接。在 TN 系统中有三种具体接线方式。

1. TN-C 系统

变压器的中性点直接接地，由变压器的三个相线端子处引出三根线（称为：相线；三根线分别记为：L_1、L_2、L_3），由变压器中性点的接线处引出一根线（称为：保护中性线；记为：PEN）。由于引出的线路是四条，又是三相，所以称该供电线路为三相四线供电系统。TN-C 系统的接线方式如图 1-6（a）所示。

2. TN-S 系统

变压器的中性点直接接地，由变压器的三个相线端子处引出三根线（L_1、L_2、L_3），由变压器中性点的接线处引出两根线，其中一根为中性线，记为：N；另一根为保护线，记为：PE。由于引出的线路是五条，又是三相，所以称该供电线路为三相五线供电系统。TN-S 系统的接线方式如图 1-6（b）所示。

在上述的系统中，相线的主要作用是传输电能；中性线的作用是传输三相系统中的不平衡电流，以减少中性点的偏移使系统正常工作，同时也用来连接单相用电设备；保护线的作用是防止人使用用电设备时发生触电事故，保护线是专用的。

3. TN-C-S 系统

它是 TN-C 系统和 TN-S 系统的混合形式，在供电线路的前端是 TN-C 形式，而后一部分是 TN-S 形式。TN-C-S 系统的接线方式以及用电设备与该系统的接线方式如图 1-6（c）所示。

（三）TN-C、TN-S、TN-C-S 系统的特点和应用

三种系统的使用应根据负荷的等级、负荷的性质、负荷的使用场合等几

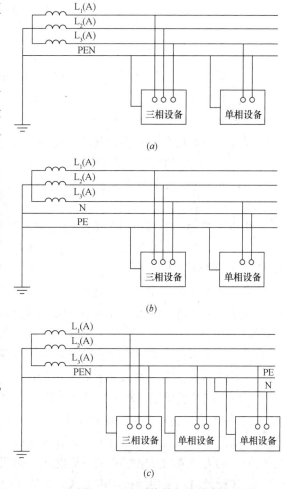

图 1-6 TN 系统的三种形式
（a）TN-C 系统；（b）TN-S 系统；（c）TN-C-S 系统

个方面的因素来确定。通常情况下供电系统的形式可以参照下列条件：

（1）对于采用三相供电的三相对称负荷（动力负荷），如果这些设备在使用时操作人员与之接触的机会很少，可以采用 TN-C 系统。

（2）对于采用三相供电的不对称负荷（照明负荷及其他单相用电负荷），而且这些用电设备对电源的要求较高，同时由于操作人员与这些用电设备接触的机会较多，为保证电源的可靠和用电人员的人身安全，应采用 TN-S 系统，该系统的保护线是专用的故安全性较高。

（3）对于采用三相供电的不对称负荷（照明负荷及其他单相用电负荷），如果这些用电设备对电源的要求不是很高（例如：一般民用建筑中的住宅建筑），同时由于操作人员与这些用电设备接触的机会较多，为了减少投资和保证操作人员的人身安全，应采用 TN-C-S 系统。

但是必须注意，在同一建筑内并不一定只有一种系统的形式，有时几个系统同时存在。它们利用自身的优点互相弥补不足，使整个建筑的供电系统合理、经济，并满足不同负荷的不同要求。

本　章　小　结

1. 电力系统，是由发电厂、电力网以及用电单位（简称为用户）所组成的统一整体。我国电力网的额定电压等级主要有：220V、380V、6kV、10kV、35kV、110kV、220kV、330kV、500kV 等几种。

2. 从电力系统的角度来看，建筑供电系统是电力系统中的一个用户；从建筑物内用电设备的角度来看，建筑供电系统是它们的电源。在建筑供电系统中，电源的质量可从电压偏移、频率变化、波形畸变、三相不平衡等方面来衡量。设计时这些指标要达到有关规范的要求。

3. 根据建筑物的类别和用电负荷的性质，用电负荷分为一级负荷、二级负荷、三级负荷。一级负荷需采用两个以上的独立电源供电，二级负荷应采用两回路电源供电，三级负荷对供电无特殊要求。

4. 从低压供电系统中性点接地方式来看，建筑供电系统中都采用 TN 系统，即变压器的中性点直接接地，而用电设备的金属外壳与零线或专用保护线（PE 线）连接。在 TN 系统中有三种具体接线方式：TN-C 系统、TN-S 系统、TN-C-S 系统。三种系统的使用应根据负荷的等级、负荷的性质、负荷的使用场合等几个方面因素来确定。

5. 从配电线路的分支方式来看，常用的配电方式有：放射式、树干式、混合式三种。放射式配电是指从前级配电箱分出若干条线路，每条线路连接一个后级配电箱（或一台电器设备）。树干式是指从前级配电箱引出一条主干线路，在主干线路的不同地方分出支路，连接到后级配电箱。放射式和树干式的综合应用，称之为混合式，又叫做分区树干式。一般情况下，动力负荷的配电线路采用放射式，而照明负荷的配电线路采用树干式或分区树干式。具体设计时，采用何种配电方式，应遵循供电可靠、用电安全、配电层次分明、线路简洁、便于维护、工程造价合理等原则。

复习思考题

1. 什么叫电力系统？我国电力系统中的电压等级主要有哪些？各种不同电压等级的作用是什么？

2. 什么叫电压偏移？一般室内照明装置所允许的电压偏移是多少？设计供电系统时，如何保证电压偏移在规定的允许范围内？

3. 如何划分建筑用电负荷的等级？对不同等级的负荷供电时有什么要求？

4. 在建筑供电系统中，衡量电源质量的标准有哪些？如何改善建筑供电系统的电源质量？

5. 在建筑供电系统中，选择供电电源电压等级的原则是什么？

6. 当建筑采用 TN-S 系统时，设计中应注意哪些事项？

第二章 建筑供电系统负荷计算

为了完善建筑的使用功能，一般都在建筑物内设计安装各种各样的电气设备及电气装置，一般把这些电气设备及电气装置统称为用电负载。用电负载工作时，其电流流过供电线路，在负荷计算中，把负载消耗的功率或流过的电流称为负荷。为了保证用电负载的正常工作及供电系统的安全运行，供电线路要有足够的载流能力。实际上，所有用电负载并非都同时运行，而且运行着的用电负载其实际电流也并不都时刻等于额定电流，因此，供电线路的实际电流是随时变动的。在电气设计时，如果直接按照所有用电负荷的额定容量或额定电流选择供电线路及供电设备，必将估算过高，增加不必要的工程投资而造成浪费；相反，如果计算不准确，估算过低，又会使供电线路及供电设备承担不了实际负荷电流而过热，加速其绝缘老化，缩短使用寿命，影响供电系统的安全运行。由此可见，对供电系统进行合理的负荷计算有着极其重要的意义。

负荷计算的目的，是为了合理地确定建筑物的平均最大用电负荷，即求出计算负荷，以此作为按发热条件选择配电变压器、供电线路及控制、保护装置的依据；作为计算电压损失和功率损耗的依据；亦可作为计算电能消耗量及无功补偿容量的依据。所以，合理进行负荷计算是设计建筑供电系统的重要环节。

所谓计算负荷，是指一组电气负载实际运行时，在线路中形成的或负载自身消耗的最大平均功率。如果某一不变的假想负荷在线路中产生的热效应（使导线产生的恒定温升）与该组电气负载实际运行时，在同一线路中产生的最大热效应（使导线产生的平均最高温升）相等，则把这一不变的假想负荷叫做该组实际负载的计算负荷。

所谓负荷计算，是指对某一线路中的实际用电负荷的运行规律进行分析，从而求出该线路的计算负荷的过程。负荷计算与计算负荷，是两个不同的概念，不可混淆。

计算负荷的表现形式有如下几种：

I_c，计算电流；P_c，计算有功功率；Q_c，计算无功功率；S_c，计算视在功率。

在现行的设计规范中，负荷计算的内容不仅包括确定计算负荷，还包括确定尖峰电流和确定一级、二级负荷的容量以及季节性负荷的容量。在本章中着重介绍负荷计算和尖峰电流的计算。而确定一级、二级负荷容量的目的是为选择备用电源和应急电源找到依据，确定季节性负荷容量的目的是从经济运行条件考虑，合理地选择变压器的容量和台数。

第一节 负荷计算的方法及其比较

负荷计算的方法主要有需要系数法、二项式系数法、单位指标法（又叫负荷密度法）等几种。

一、需要系数法

需要系数法，是把用电设备的总容量乘以需要系数和同时系数，直接求出计算负荷的

一种简便方法。需要系数法主要用于工程初步设计及施工图设计阶段，对变电所母线、干线进行负荷计算。当用电设备台数较多，各台设备容量相差不悬殊时，其供电线路的负荷计算也采用需要系数法。

需要系数是一个综合性系数，它是指用电设备组投入运行时，从供电网络实际取用的功率与用电设备组的设备功率之比。需要系数与用电设备组的运行规律、负荷率、运行效率、线路的供电效率等因素有关，工程上很难准确确定，只能靠测量确定。限于篇幅，本书只能提供部分需要系数表，见表 2-1、表 2-2。

在确定计算负荷时计算公式有：

$$P_c = K_d \cdot P_e \qquad (2\text{-}1)$$
$$Q_c = P_c \cdot \tan\phi \qquad (2\text{-}2)$$
$$S_c = \sqrt{P_c^2 + Q_c^2} \qquad (2\text{-}3)$$

机械工业需要系数表　　　　　　　　　　表 2-1

用电设备组名称	K_d	$\cos\phi$	$\tan\phi$
一般工作制的小批生产金属冷加工机床	0.14～0.16	0.5	1.73
大批生产金属冷加工机床	0.18～0.2	0.5	1.73
小批生产金属热加工机床	0.2～0.25	0.55～0.6	1.51～1.33
大批生产金属热加工机床	0.27	0.65	1.17
生产用通风机	0.7～0.75	0.8～0.85	0.75～0.62
卫生用通风机	0.65～0.7	0.8	0.75
泵、空气压缩机	0.65～0.7	0.8	0.75
不连锁运行的提升机，皮带运输等连续运输机械	0.5～0.6	0.75	0.88
带连锁的运输机械	0.65	0.75	0.88
$\varepsilon=25\%$的吊车及电动葫芦	0.14～0.2	0.5	1.73
铸铁及铸钢车间起重机	0.15～0.3	0.5	1.73
轧钢及锐锭车间起重机	0.25～0.35	0.5	1.73
锅炉房、修理、金工、装配车间起重机	0.05～0.15	0.5	1.73
加热器、干燥箱	0.7～0.8	0.95～1	0～0.33
高频感应电炉	0.7～0.8	0.65	1.17
低频感应电炉	0.8	0.35	2.67
电阻炉	0.65	0.8	0.75
电炉变压器	0.35	0.35	2.67
自动弧焊变压器	0.5	0.5	1.73
点焊机、缝焊机	0.35～0.6	0.6	1.33
对焊机、铆钉加热器	0.35	0.7	1.02
单头焊接变压器	0.35	0.35	2.67
多头焊接变压器	0.4	0.5	1.73
点焊机	0.1～0.15	0.5	1.73
高频电阻炉	0.5～0.7	0.7	1.02
自动装料电阻炉	0.7～0.8	0.98	0.2
非自动装料电阻炉	0.6～0.7	0.98	0.2

建筑类用电设备组的需要系数　　　　　表 2-2

序号	用电设备组名称	K_d	$\cos\phi$	$\tan\phi$
1	给水排水设备			
	各种水泵（10kW 及以下）	0.75～0.8	0.8	0.75
	各种水泵（10kW 及以上）	0.6～0.7	0.85	0.62
2	锅炉房用电			
	燃煤锅炉（2t 及以下）	0.8～0.85	0.85	0.62
	燃煤锅炉（4～10t）	0.65～0.75	0.8	0.75
	燃气，油锅炉（4t 及以下）	0.85～0.9	0.85	0.62
3	空调及通风类设备			
	各种风机，空调器	0.7～0.8	0.8	0.75
	冷浆机	0.85～0.9	0.8	0.75
4	运输用电设备			
	客梯（1.5t 及以下）	0.35～0.5	0.5	1.73
	客梯（2t 及以上）	0.6	0.7	1.02
	货梯	0.25～0.35	0.5	1.73
	扶梯	0.6～0.65	0.75	0.88
	起重机械	0.7～0.2	0.5	1.73
5	采暖用电热设备			
	集中式电热器	1.0	1.0	0
	分散式电热器	0.89～0.9	0.8	0.75
	小型电热设备	0.3～0.5	0.95	0.33
6	厨房用电设备			
	食品加工机械	0.5～0.7	0.8	0.75
	电饭锅，电烤箱	0.85	1.0	0
	电炒锅	0.7	1.0	0
	电冰箱	0.60～0.70	0.7	1.02
7	卫生用电设备			
	电淋浴器	0.65	1	0
	电类除尘器	0.35	0.85	0.62
	洗衣房动力	0.65～0.75	0.5	1.73
8	家用电器（电视机，收录机，吊扇，电钟）	0.5～0.55	0.75	0.88
9	各种弱电用电设备（电视，通信，音响，广播，电话）	0.75～0.85	0.8	0.75
10	客房床头控制装置	0.5～0.25	0.6	1.33

$$I_c = \frac{S_c}{\sqrt{3}U_n} \qquad (2\text{-}4)$$

或 $$I_c = \frac{S_c}{U_n}（单相用电设备）$$

式中　P_c、Q_c、S_c——分别为有功、无功、视在计算负荷；

　　　　　I_c——计算电流；

　　　　　U_n——用电设备的额定电压；

　　　　　$\tan\phi$——用电设备功率因数角的正切值；

　　　　　P_e——用电设备的设备功率（也称设备容量）；

　　　　　K_d——需要系数。

二、二项式系数法

当用电设备台数较少，而且各台用电设备的容量相差较大时，应采用二项式系数法进行负荷计算。在一般情况下，二项式系数法用于供配电线路的支线和配电箱的负荷计算。它的基本方法是：将用电设备组的计算负荷分为两部分计算，第一项是用电设备组的平均最大负荷，第二项是考虑数台大容量用电设备对总计算负荷的影响而加入的附加功率值。由于这两项是按一定的比例系数计算的总负荷，故称为二项式系数。

$$P_c = (bP_e) + (cP_x) \tag{2-5}$$

式中　bP_e——表示用电设备组的平均负荷，P_e 是用电设备组的设备功率，kW；

　　　cP_x——表示用电设备组中 x 台容量最大的设备运行时要增加的附加负荷，P_x 是 x 台最大容量的设备总功率，kW；

　　　b、c——二项式法中的计算系数（见表2-3）；

　　　P_c——有功计算负荷，kW。

机械加工车间二项式系数表　　　　　　　　　　　　表 2-3

用电设备组名称	二项式计算系数					一项式计算系数		
	x	c	b	$\cos\phi$	$\tan\phi$	K_c	$\cos\phi$	$\cos\phi$
大批和流水作业生产的金属热加工车间单独传动机床	5	0.5	0.26	0.65	1.17	0.45	0.65	1.17
大批和流水作业生产的金属冷加工机床	5	0.5	0.14	0.5	1.73	0.25	0.6	1.33
小批和单独生产的金属冷加工车间	5	0.4	0.4	0.5	1.73	0.2	0.6	1.33
各类通风机、水泵、空气压缩机及变流机组的电动机、连续运输和翻砂	5	0.25	0.65	0.8	0.75	0.75	0.8	0.75
车间造砂用机械 非联动 联动	5 5	0.4 0.2	0.4 0.6	0.75 0.75	0.88 0.88	0.7 0.7	0.75 0.75	0.88 0.88

三、单位指标法

单位指标法、负荷密度法都是用来估算建筑总用电负荷的常用方法，它是对现有建筑工程进行统计分析，得出每平方米建筑面积或每单位产品所需的计算负荷（W/m² 或 VA/m²），该计算负荷叫做单位指标或负荷密度，以后在建设同类型建筑时，用该类建筑的负荷密度乘以总建筑面积，即得总计算负荷的近似值。

单位指标法主要用在方案设计阶段，估算建筑物的总计算容量，估算变压器的容量大小、申报用电量和规划用电方案。对于住宅、高层旅游宾馆的动力负荷，可用单位指标法进行负荷计算。全国部分城市旅游宾馆用电指标见表 2-4，旅游宾馆全馆的负荷密度、单位指标见表 2-5。

单位指标法的计算公式如下：

$$P_c = \frac{K_P \cdot A}{1000} \qquad (2-6)$$

$$S_c = \frac{K_S \cdot A}{1000} \qquad (2-7)$$

式中　　P_c——总有功计算负荷，kW；

$\quad\quad\ \ S_c$——总无功计算负荷，kVA；

K_P、K_S——有功、无功负荷密度或单位指标，W/m² 或 VA/m²；

$\quad\quad\ \ A$——总建筑面积，m²。

全国部分城市旅游宾馆用电指标　　　　　　　　　　　　表 2-4

宾馆名称	高度 （m）	建筑面积 （m²）	装机容量 （kVA）	装机密度 （VA/m²）	单位指标 （kVA/房）
上海宾馆	81	44600	3600	80.7	
上海建国饭店	77	37800	3600	95.2	
希尔顿酒店	144	71460	6250	87.5	7.8
新锦江大酒店	153	65122	8000	122.8	11

旅游宾馆全馆的负荷密度、单位指标　　　　　　　　　表 2-5

用电设备组名称	负荷密度 K_P（W/m²）		单位指标（W/床）	
	平均值	推荐范围	平均值	推荐范围
全馆总负荷	72	65~79	2242	2000~2400
全馆总照明	15	13~17	928	830~1000
全馆总动力	56	50~62	2366	2100~2600
冷冻机房	17	15~19	969	870~1100
锅炉房	5	4.5~5.9	156	140~170
水泵房	1.2	1.2	43	40~50
风　机	0.3	0.3	8	7~9
电　梯	1.4	1.4	28	25~30
厨　房	0.9	0.9	55	36~60
洗衣机房	1.3	1.3	48	35~50

四、负荷计算方法的比较

在实际的供电系统设计中，多数采用需要系数法进行负荷计算。需要系数是经过对大量工程进行测定和统计得出的，但需要系数法把需要系数看做与设备组中设备的台数及设备容量的悬殊情况都无关的固定值，所以，当用电设备组中用电设备的台数较多且各台设备容量差距不大时，用需要系数法求出的计算负荷比较切合实际。如果用电设备组中有大容量设备，用需要系数法计算出的计算负荷往往偏小。因此，需要系数法普遍用于方案设计、初步设计以及施工图设计。

二项式系数法考虑了用电设备的台数及大容量设备对计算负荷的影响，把计算负荷看做由两个分量组成，其中一个分量是平均负荷（bP_e），另一个分量是 x 台大容量设备参与计算时对平均负荷造成的参差值（cP_x）。但由于决定参差值的最大设备台数是固定的，比如冷加工机床总台数为 50 台时，x 为 5，总台数为 8 台时，x 也为 5，这样就会在某些设备台数和容量范围内计算得出矛盾的结果，而且由于过分突出 x 台大容量设备对计算负荷的影响，使计算结果往往偏大。二项式系数法一般用于机械加工行业的低压分支线或干线的负荷计算。

单位指标法方法简便，但由于负荷密度是根据现有工程统计得到的，新建工程所需配置的用电设备的类型、数量及容量未必与现有工程相似，因此单位指标法只能用在工程方案设计阶段进行负荷估算，对于住宅类建筑在设计的各个阶段均可以采用单位指标法。

第二节　采用需要系数法进行负荷计算

现代建筑中的用电设备从供电的形式上可分为单相和三相两大类。三相的有以三相电动机为动力的各种设备，例如给水泵、集中式空调机、电梯等。单相的有单相电动机、电热设备、电焊机和各种形式的家用电器设备。当供电形式为三相供电系统时，在这种情况下，根据设计规范中有关条款的规定必须将单相用电设备平均地分配到各个单相中，然后才能对连接有单相用电设备的三相供电系统进行负荷计算。从供、配电系统的角度来看，供、配电系统的形式是三相交流线路，所以这里采用需要系数法进行的负荷计算是指三相用电设备的负荷计算。

一、建筑供电系统确定计算负荷的位置

图 2-1 是一个典型的 10kV 电源引入具有一个变电所的建筑供电系统框图。该图分为变电所和建筑物内供电系统两个部分。在变电所内设置有高压配电装置、变压器和低压配电装置。1 号建筑物内的供电系统由总配电箱和若干个分配电箱和线路组成。

在通常情况下，进行负荷计算时将全部供电系统中的位置作如下称呼，将变电所内高压配电装置中引出若干个高压配电回路的线路称为高压母线。高压配电装置每一个配出回路与变压器相连的称为高压供电回路或变压器供电回路。每台变压器与低压配电装置连接的线路很短，一般情况下可以忽略，将低压配电装置中引出若干个低压配电回路的线路称为低压母线。每一个引出配电回路称为配电干线或馈电干线，它提供给建筑物供电电源、采用一定长度的供电线路与建筑物内的总配电箱相连。总配电箱和若干个分配电箱连接的线路称为配电支线，分配电箱与用电设备连接的线路称为负荷配电线路，简称负荷线路。

为了说明方便，将

高压母线处的计算负荷记为：　　　　P_{c1}；Q_{c1}；S_{c1}；I_{c1}。

变压器供电回路的计算负荷记为：　P_{c2}；Q_{c2}；S_{c2}；I_{c2}。

低压母线处的计算负荷记为：　　　　P_{c3}；Q_{c3}；S_{c3}；I_{c3}。

馈电干线上的计算负荷记为：　　　　P_{c4}；Q_{c4}；S_{c4}；I_{c4}。

配电支线上的计算负荷记为：　　　　P_{c5}；Q_{c5}；S_{c5}；I_{c5}。

负荷线路上的计算负荷记为：　　　　P_{c6}；Q_{c6}；S_{c6}；I_{c6}。

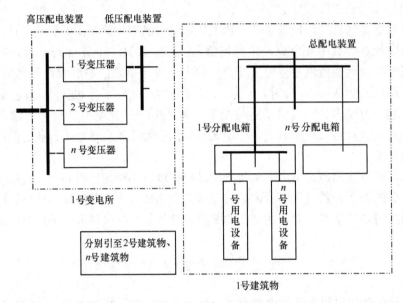

图 2-1　一条 10kV 供电电源和一个变电所供电的建筑供电系统框图

二、设备功率的确定

在确定计算负荷时使用的通用计算公式（见公式 2-1）中涉及 P_e，它仅是在使用需要系数法进行负荷计算时使用的功率值，将其称为用电设备的设备功率。它和用电设备的额定功率表示的含义是不同的，它们在数值上存在着一定的关系，在使用需要系数法进行负荷计算时应该首先确定设备功率。

由于各用电设备的额定工作制不同，在确定一个用电设备组的计算负荷时，不可以将其额定功率直接相加，应将额定功率换算为统一的设备功率。

1. 对于一般长期连续运行工作制和短时工作制的用电设备，包括一般电动机组和电热设备等，其铭牌上的额定功率（额定容量）就等于设备功率。

$$P_e = P_N \tag{2-8}$$

式中　P_e——设备功率，kW；

　　　　P_N——用电设备铭牌上的额定功率，kW。

2. 对于断续或反复短时工作制的用电设备，包括吊车用电动机、电焊用变压器等，它们的设备功率是将其铭牌上标称下某一负荷持续率时的额定功率统一换算到一个新规定负荷持续率下的额定功率。

负荷持续率（ε）有时也称负载持续率和暂载率，是用电设备在一个工作周期内工作时间和工作周期的百分比值，用 ε 表示：

$$\varepsilon = t/T \times 100\% = t/(t+t_0) \times 100\% \tag{2-9}$$

式中　T——工作周期；

　　　t——工作周期内的工作时间；

　　　t_0——工作周期内的停歇时间。

（1）对于电焊机及各类电焊装置的设备功率，是指将额定功率换算到负荷持续率为100%时的有功功率。当 ε 不等100%时，用下式换算：

$$P_e = \sqrt{\varepsilon_N/\varepsilon_{100}} \cdot S_N \cdot \cos\phi_N \ 或\sqrt{\varepsilon_N/\varepsilon_{100}} \cdot P_N,$$
$$= \sqrt{\varepsilon_N} \cdot S_N \cdot \cos\phi_N \tag{2-10}$$

式中　　　　P_e——换算到 $\varepsilon = 100\%$ 时的设备功率，kW；

　　　　　ε_N——换算前铭牌上的负荷持续率，应和 P_N，S_N，$\cos\phi_N$ 相对应（计算中用小数）；

P_N，S_N，$\cos\phi_N$——分别为换算前与 ε_N 对应的铭牌上的额定有功功率，kW，额定视在功率，kVA，额定功率因数；

　　　　　ε_{100}——其值为100%的负荷持续率（计算时用1.00）。

（2）对于断续或短时工作制电动机的设备功率，是指将额定功率换算到负荷持续率为25%时的有功功率，例如吊车电动机组等。当 ε 不等于25%时，用如下公式换算：

$$P_e = P_N \cdot \sqrt{\varepsilon_N/\varepsilon_{25}} = 2P_N \cdot \sqrt{\varepsilon_N} \tag{2-11}$$

式中　P_e——换算到 $\varepsilon = 25\%$ 时的设备功率，kW；

P_N，ε_N——分别为对应于换算前电动机铭牌标称的额定功率，kW；额定负荷持续率（计算时用小数）；

　　　ε_{25}——换算到 $\varepsilon = 25\%$ 时的负荷持续率（计算时用小数）。

3. 整流器的设备功率是指额定的输入功率。

4. 电热设备的设备功率是指电能的输入功率。

5. 成组用电设备的设备功率，不包括备用设备的设备功率。

6. 当消防用电的计算有功功率，大于火灾时可能同时切除的一般电力及照明负荷的计算有功功率时，应按未切除的一般电力、照明负荷加上消防负荷计算低压总负荷的设备功率。否则计算低压总负荷时，不应考虑消防负荷。

7. 单台电动机设备功率指用电网供应的电功率。

设备功率确定的计算示例如下。

【例 2-1】某车间有一部吊车，铭牌上所标的数据如下：额定容量 22kW，额定负荷持续率为 15%，确定其设备功率。

解：据公式（2-8），将有关数据代入

$$P_e = 2P_N \cdot \sqrt{\varepsilon_N} = 2 \times 22\sqrt{0.15} = 17.04\text{kW}$$

其设备功率为 17.04kW。

【例 2-2】某处有一台电焊机，铭牌上所标数据如下，额定容量为 22kVA，额定功率因数为 0.6，额定负荷持续率为 60%，确定其设备功率。

解：据公式（2-7），将有关数据代入

$$P_e = S_N cos\phi_N \sqrt{\varepsilon_N} = 22 \times 0.6 \times \sqrt{0.6} = 10.22 kW$$

其设备功率为 10.22kW。

【例 2-3】有一台三相电动机，额定容量为 7.5kW，电动机的效率为 0.86，确定其设备功率。

解：电动机铭牌上标称的额定容量（也称额定功率），是指电动机轴上输出的机械功率，不是指电动机在额定状态下向电网吸取的电功率，后者称为设备功率：

$$P_e = P_N/\eta = 7.5/0.86 = 8.72 kW$$

这时电动机的设备功率为 8.72kW。P_N 是电动机的额定容量，η 是电动机的效率。

在一般情况下，电动机效率为额定条件下即额定电压、额定负荷等运行条件时的值。但由于电动机容量选择和实际运行中，电动机很少达到额定状态（包括工艺设计人员选择裕量），因此电动机铭牌上标称的效率值应用于设备功率的确定时，显得偏大。因此，当要求精度高时，效率值应取标称效率的 90%～95%。

三、需要系数及其系数值的确定

对于任何一个用电设备组来说，从使用者的角度认为，需要系数值是一个非常成熟完善的数据，在使用时通过查找各类设计手册和相关资料即可得到，在本书中也有许多需要系数表作为参照。在表中需要系数的数值是一个范围而不是一个确定的数值，在使用时应该按照用电设备的数量多少来确定其值。原则上一个组内用电设备数量多时需要系数值要小、用电设备数量少则需要系数值要大。需要系数的值所针对的对象是一个用电设备组，而对于一个用电设备组来讲，其用电设备的数量不应少于三台。

四、供电系统中每个位置上计算负荷的确定

1. 负荷线路上计算负荷（P_{c6}）的确定

负荷线路上的用电设备多数是单台的，因此只需将设备的额定有功功率转化成设备功率后按如下公式计算：

$$P_{c6} = P_e \tag{2-12}$$

$$Q_{c6} = P_{c6} \cdot tan\phi \tag{2-13}$$

$$S_{c6} = \sqrt{P_{c6}^2 + Q_{c6}^2} \tag{2-14}$$

$$I_{c6} = S_{c6}/\sqrt{3} \cdot U_N \text{ 或 } I_{c6} = P_{c6}/\sqrt{3} \cdot U_N cos\phi \tag{2-15}$$

式中　P_{c6}——负荷有功计算负荷，kW；

　　　Q_{c6}——负荷无功计算负荷，kvar；

　　　S_{c6}——负荷视在计算负荷，kVA；

　　　I_{c6}——负荷的计算电流；

　　　U_N——负荷的额定电压；

　　cosϕ——负荷的功率因数；tanϕ 负荷 cosϕ 对应的正切值。

2. 配电支线上计算负荷（P_{c5}）的确定

在建筑电气设计中通常将多台同类用电设备的供电电源设置在一个支线上，这时这条支线上所连接的用电设备可以认为是同一个组，它们的需要系数值是相同的，在这个前提下支线上的计算负荷按照如下公式计算：

$$P_{c5} = K_d \cdot \sum P_e \qquad (2-16)$$

$$Q_{c5} = P_{c5} \cdot \tan\phi \qquad (2-17)$$

$$S_{c5} = \sqrt{P_{c5}^2 + Q_{c5}^2} \qquad (2-18)$$

$$I_{c5} = S_{c5} / \sqrt{3} \cdot U_N \qquad (2-19)$$

式中　P_{c5}——支路上有功计算负荷，kW；

Q_{c5}——支路上无功计算负荷，kvar；

S_{c5}——支路上视在计算负荷，kVA；

K_d——支线上的需要系数；

I_{c5}——支路上的计算电流；

U_N——额定电压。

3. 馈电干线上计算负荷（P_{c4}）的确定

在确定馈电干线上的计算负荷时，可以按照每条支线的计算结果进行负荷计算：

$$P_{c4} = K_{\Sigma p} \cdot \sum(K_d P_{e5-i}) \qquad (2-20)$$

$$Q_{c4} = K_{\Sigma q} \cdot \sum(K_d P_{e5-i} \tan\phi) \qquad (2-21)$$

$$S_{c4} = \sqrt{P_{c4}^2 + Q_{c4}^2} \qquad (2-22)$$

$$I_{c4} = S_{c4} / \sqrt{3} \cdot U_N \qquad (2-23)$$

式中　　P_{c4}——干线上有功计算负荷，kW；

P_{e5-i}——第 i 条配电支线上的设备功率，kW；

Q_{c4}——干线上无功计算负荷，kvar；

S_{c4}——干线上视在计算负荷，kVA；

$K_{\Sigma p}$，$K_{\Sigma q}$——分别为干线上有功同时系数、无功同时系数，对于建筑供配电系统来说干线上的设备容量不大，通常情况下有功、无功同时系数取值均为1；

U_N——额定电压；

I_{c4}——干线上的计算电流。

4. 变电所低压母线上计算负荷（P_{c3}）的确定

变电所低压母线上的计算负荷确定是按照干线上的计算结果进行的，将各条干线上的计算负荷相加再乘以同时系数。公式如下：

$$P_{c3} = K_{\Sigma p} \cdot \sum P_{c4} \qquad (2-24)$$

$$Q_{c3} = K_{\Sigma q} \cdot \sum Q_{c4} \qquad (2-25)$$

$$S_{c3} = \sqrt{P_{c3}^2 + Q_{c3}^2} \qquad (2-26)$$

$$I_{c3} = S_{c3} / \sqrt{3} \cdot U_N \qquad (2-27)$$

式中　P_{c3}——母线上有功计算负荷，kW；

Q_{c3}——母线上无功计算负荷，kvar；

S_{c3}——母线上视在计算负荷，kVA；

$K_{\Sigma p}$，$K_{\Sigma q}$——分别为母线上有功同时系数、无功同时系数；有功、无功同时系数的概念和数值是不同的，通常对于同一用电设备组无功同时系数的值比有功同时系数要大，通常情况下有功同时系数的范围为 0.8～0.97，无功同时系数的范围为 0.80～1.0；

　　I_{c3}——母线上的计算电流；

　　U_N——额定电压。

5. 变压器供电回路处计算负荷（P_{c2}）的确定

变压器供电回路处的计算负荷确定主要目的是为了确定变压器的容量找到理论根据，它的位置是在变压器高压侧。将变压器低压侧的计算负荷结果分别加上变压器的损耗就得到计算负荷的结果。特别注意一定要将变压器的有功损耗和无功损耗与计算负荷的有功、无功分别相加。

6. 高压母线处计算负荷（P_{c1}）的确定

这个部分的内容在建筑供电系统中应用的较少，这些工作大部分由电业行业管理部门来做。它的计算公式如下：

$$P_{c1} = K_{\Sigma p} \cdot \sum P_{c2} \tag{2-28}$$

$$Q_{c1} = K_{\Sigma q} \cdot \sum Q_{c2} \tag{2-29}$$

$$S_{c1} = \sqrt{P_{c1}^2 + Q_{c1}^2} \tag{2-30}$$

$$I_{c1} = S_{c1} / \sqrt{3} \cdot U_N \tag{2-31}$$

式中　P_{c1}——高压母线上有功计算负荷，kW；

　　　Q_{c1}——高压母线上无功计算负荷，kvar；

　　　S_{c1}——高压母线上视在计算负荷，kVA；

$K_{\Sigma p}$，$K_{\Sigma q}$——分别为母线上有功同期系数、无功同期系数；这个数值按照当地电业管理部门的规定进行，有功、无功同期系数的概念和数值是不同的，通常情况下有功同期系数的范围为 0.87～0.97，无功同期系数的范围为 0.85～0.95；

　　　I_{c1}——高压母线上的计算电流；

　　　U_N——额定电压。

五、在建筑供电系统中负荷计算的几个特殊问题

建筑供电系统和其他行业供电系统有许多不同之处，因此在使用需要系数法进行负荷计算时有它的特殊问题。按照需要系数法的计算原则对遇到不同的问题可以参照下列方法进行解决。

（1）一个支线上用电设备在三台及以下时，其计算负荷等于其设备功率之和。

（2）一个支线上连接类型不同的用电设备时，即不是一个用电设备组，其支线上的计算负荷按照每个设备的有功计算负荷和无功计算负荷相加来确定。

（3）干线上的同时系数从需要系数法的理论根据来讲是必须考虑的，但是在建筑供电系统中通常不予考虑，或认为其值是 1。

（4）建筑行业需要系数值的确定可以参照其他行业同类用电设备组进行。

六、计算举例

【例 2-4】有一个小型建筑机械厂的金属加工车间，在 380V 的供电线路上接有金属切削机床，机床的动力是三相交流电动机。电动机的台数和功率数值如下：7.5kW4 台、

2.8kW5 台、3kW15 台、1.5kW16 台。确定该线路上的计算负荷。

解：上述设备为长期连续运行工作制，因此铭牌上标称的额定功率即为设备功率。

$$P_e = 7.5 \times 4 + 2.8 \times 5 + 3 \times 15 + 1.5 \times 16 = 113kW$$

查表 2-1，$K_d = 0.14 \sim 0.16$，取 $K_d = 0.16$。$\cos\phi = 0.5$，$\tan\phi = 1.73$

$$P_c = K_d \cdot P_e = 0.16 \times 113 = 18.08kW$$

$$Q_c = P_c \cdot \tan\phi = 18.08 \times 1.73 = 31.28kvar$$

$$S_c = \sqrt{P_c^2 + Q_c^2} = \sqrt{18.08^2 + 31.28^2} = 36.13kVA$$

$$I_c = S_c / \sqrt{3} \cdot U_N = 36.13 / \sqrt{3} \times 0.38 = 54.96A$$

【例 2-5】某居住小区供热锅炉房内，有电压为 380V 的三相电动机组，其中额定功率 7.5kW 2 台，5.5kW 2 台，2.2kW 2 台，1.5kW3 台。确定该组电动机供电线路上的计算负荷。

解：上述各设备的额定功率即是设备功率。

$$P_e = 7.5 \times 2 + 5.5 \times 2 + 2.2 \times 2 + 1.5 \times 3 = 34.9kW$$

查表 2-2，$K_d = 0.65 \sim 0.75$，取 $K_d = 0.7$。$\cos\phi = 0.8$，$\tan\phi = 0.75$

$$P_c = K_d \cdot P_e = 0.7 \times 34.9 = 24.43kW$$

$$Q_c = P_c \cdot \tan\phi = 24.43 \times 0.75 = 18.32kvar$$

$$S_c = \sqrt{P_c^2 + Q_c^2} = \sqrt{24.43^2 + 18.32^2} = 30.54kVA$$

$$I_c = S_c / \sqrt{3} \cdot U_N = 30.54 / \sqrt{3} \times 0.38 = 46.46A$$

【例 2-6】某 380V 线路上接有下表所列设备，确定该线路上的计算负荷。

某 380V 线路上所接的用电设备

编号	用电设备名称	数量	铭牌上额定功率	备注
1	冷加工机床	40	合计：98kW	
2	电加热设备	4	4.5kW	
3	吊车组	1 套	10.5kW	$\varepsilon = 25\%$（多台电机）
4	电焊机	5	4.4kVA	$\varepsilon = 60\%$，$\cos\phi = 0.6$
5	电焊机	5	3.54kVA	$\varepsilon = 100\%$，$\cos\phi = 0.6$

解：1. 据用电设备的性质，将具有相同需要系数的用电设备分成如下四组。

第一组：冷加工机床组

（1）确定设备功率

冷加工机床类的设备功率为铭牌上的额定功率，即 $P_e = P_n = 98kW$

（2）确定计算负荷

查需要系数表确定 K_d、$\tan\phi$ 值，从而求出计算负荷。

$$P_{c-1} = K_d \cdot P_e = 0.16 \times 98 = 15.68kW;$$

$$Q_{c-1} = P_c \cdot \tan\Phi = 15.68 \times 1.73 = 27.13kvar$$

第二组：电加热设备

（1）确定设备功率

电加热设备的额定功率是指消耗的电功率即设备功率，即有

$$P_e = \sum P_n = 18kW$$

（2）确定计算负荷

查 2-1，$K_d = 0.8$，$\cos\phi = 1$，$\tan\phi = 0$（按机械加工工业的需要系数）。

$$P_{c-2} = K_d \cdot P_e = 0.8 \times 18 = 14.40kW$$

$$Q_{c-2} = 0$$

第三组：吊车组

（1）确定设备功率

由于 $\varepsilon = 25\%$ 不必换算，则 $P_e = P_n = 10.50kW$

（2）确定计算负荷

查表 2-1，取 $K_d = 0.2$，$\cos\phi = 0.5$，$\tan\phi = 1.73$。

$$P_{c-3} = K_d P_e = 0.2 \times 10.50 = 2.1kW$$

$$Q_{c-3} = P_{c-3}\tan\phi = 2.1 \times 1.73 = 3.63kvar$$

第四组：电焊机设备组

（1）确定设备功率

编号为 4 的设备功率确定

$$P_{e(4)} = \sqrt{\varepsilon_n} S_n \cos\phi_n = \sqrt{0.6} \times 22 \times 0.6 = 10.22kW$$

编号为 5 的设备功率：由于 $\varepsilon = 100\%$ 不必折算总的设备功率：

$$P_{e(5)} = 3.54 \times 5 \times 0.6 = 10.62kW$$

$$P_e = P_{e(4)} + P_{e(5)} = 10.22 + 10.62 = 20.84kW$$

（2）确定计算负荷

查表 2-1，取 $K_d = 0.5$，$\cos\phi = 0.6$，$\tan\phi = 1.33$。

$$P_{c-4} = K_d P_e = 0.5 \times 20.84 = 10.42kW$$

$$Q_{c-4} = P_{c-4}\tan\phi = 1.33 \times 10.42 = 13.86kvar$$

2. 确定总计算负荷

取 $K_{\Sigma p} = 0.95$；$K_{\Sigma q} = 0.97$

$$P_c = K_{\Sigma p}\sum_1^4 P_c = 0.95(15.68 + 14.40 + 2.1 + 10.42) = 40.47kW$$

$$Q_c = K_{\Sigma q}\sum_1^4 Q_c = 0.97(27.13 + 0 + 3.63 + 13.86) = 43.28kvar$$

$$S_c = \sqrt{P_c^2 + Q_c^2} = \sqrt{40.47^2 + 43.28^2} = 59.25kVA$$

$$I_c = S_c / \sqrt{3} \cdot U_N = 90.13A$$

第三节　单相用电设备组确定计算负荷的方法

一、单相用电设备组确定计算负荷的原则

现代建筑中的用电设备从供电的形式上可分为单相和三相两大类。三相的有以三相电动机为动力的各种设备例如给水泵、集中式空调机、电梯等。单相的有单相电动机、电热设备、电焊机和各种形式的家用电器设备。当供电形式为三相供电系统时，根据设计规范中有关条款的规定必须将单相用电设备平均地分配到各个单相中，然后才能进行对连接有单相用电设备的三相供电系统负荷计算。显然这里所指的单相用电设备组确定的计算负荷是三相计算负荷。

单相用电设备组确定计算负荷的原则是按在三相供电系统中连接单相设备功率和三相设备功率的比例来制定。在通常情况下，在某个计算范围内，当单相设备功率的总容量小于三相设备功率总容量的15%时，认为单相设备功率就相当于三相设备功率。三相计算负荷的方法和前面讲述的完全一样。

如果在某个计算范围内，单相设备功率的总容量大于三相设备功率总容量的15%时。这时三相供电系统处于非平衡状态，必须将单相用电设备功率换算成等效的三相设备功率，然后进行三相计算负荷的确定。方法与三相计算负荷的方法相同。

二、单相用电设备功率换算成等效的三相设备功率的方法

单相用电设备功率换算成等效的三相设备功率的根据是热等效原理，也就是说换算前后对供电系统的热效应是相等的。同时也考虑了热效应的最大影响。根据单相用电设备在三相系统中的不同连接形式，确定的方法也有所不同。

（一）单相用电设备接于相电压时等效三相设备功率的确定

在某个计算范围内，所有的单相设备是连接在相电压时，首先统计每个单相连接用电设备的设备功率，然后比较每个单相设备功率值的大小，找到最大的单相设备功率将其值的三倍作为等效的三相设备功率。

$$P_{eq} = 3 \times P_{em\varphi} \tag{2-32}$$

式中　P_{eq}——等效的三相设备功率，kW；

　　　$P_{em\varphi}$——最大的单相设备功率，kW。

（二）单相用电设备接于线电压时等效三相设备功率的确定

用电设备接于线电压是指该设备连接在三相供电系统中的两相之间，电压为380V的用电设备。例如：单台380V的电焊机等。有时也称之为线间负荷或线间设备。根据这种设备在系统中数量的不同等效三相设备功率的确定方法也不同。

1. 在系统中只有单台用电设备时

这时等效三相设备功率为单台用电设备功率的$\sqrt{3}$倍。

$$P_{eq} = \sqrt{3} \times P_{el} \tag{2-33}$$

式中　P_{el}——用电设备的设备功率，kW。

2. 在系统中接有多台用电设备时

首先统计每个线间所连接设备的总设备功率，将各个线间总的设备功率按其值的大小排列，取最大线间设备功率的$\sqrt{3}$倍和次大线间设备功率的（$3-\sqrt{3}$）倍作为等效负荷。如果 $P_{el,ab} > P_{el,bc} > P_{cl,ca}$ 这时三相等效设备功率为：

$$P_{eq} = \sqrt{3} P_{el,ab} + （3-\sqrt{3}） P_{el,bc} （kW） \tag{2-34}$$

式中　$P_{el,ab}$、$P_{el,bc}$、$P_{cl,ca}$——分别为接于各线间总的设备功率，kW。

（三）在系统中的单相设备有一部分接于线电压另一部分接于相电压时等效三相设备功率的确定

首先将接于线电压的设备功率换算成等效的接于相电压的设备功率，称为等效单相设备功率。按设备分组的原则进行分组，再将同组内的每个单相所连接的单相设备和等效单相设备功率统计并相加。比较各相设备功率值的大小，选择最大相设备功率的 3 倍作为等效三相设备功率。

在进行将接于线电压的设备功率换算成等效的接于相电压的设备功率时有两种方法可以使用。

1. 换算系数法

换算系数法的公式为：

A 相：
$$P_A = p_{ab-a}P_{AB} + p_{ca-a}P_{CA} \quad (kW) \tag{2-35}$$
$$Q_A = q_{ab-a}P_{AB} + q_{ca-a}P_{CA} \quad (kvar) \tag{2-36}$$

B 相：
$$P_B = p_{bc-b}P_{BC} + p_{ab-b}P_{AB} \quad (kW) \tag{2-37}$$
$$Q_B = q_{bc-b}P_{BC} + q_{ab-b}P_{AB} \quad (kvar) \tag{2-38}$$

C 相：
$$P_C = p_{ca-c}P_{CA} + p_{bc-c}P_{BC} \quad (kW) \tag{2-39}$$
$$Q_C = q_{ca-c}P_{CA} + q_{bc-c}P_{BC} \quad (kvar) \tag{2-40}$$

换 算 系 数 表 表 2-6

有功、无功换算系数			功率因数（$\cos\phi$）								
			0.35	0.4	0.5	0.6	0.65	0.7	0.8	0.9	1.0
p_{ab-a}	p_{bc-b}	p_{ca-c}	1.27	1.17	1.0	0.89	0.84	0.8	0.72	0.64	0.5
p_{ab-b}	p_{bc-c}	p_{ca-a}	−0.27	−0.17	0	0.11	0.16	0.2	0.28	0.36	0.5
q_{ab-a}	q_{bc-b}	q_{ca-c}	1.05	0.86	0.58	0.38	0.3	0.22	0.09	−0.05	−0.29
q_{ab-b}	q_{bc-c}	q_{ca-a}	1.63	1.44	1.16	0.96	0.88	0.8	0.67	0.53	0.29

在上述式中和表 2-6 中：

p_{ab-a}、p_{ca-a}、p_{bc-b}、p_{ab-b}、p_{ca-c}、p_{bc-c}——有功换算系数；

q_{ab-a}、q_{ca-a}、q_{bc-b}、q_{ab-b}、q_{ca-c}、q_{bc-c}——无功换算系数；

P_A、P_B、P_C、Q_A、Q_B、Q_C——分别为换算后的各相间设备有功功率，kW；

P_{AB}、P_{BC}、P_{CA}、Q_{AB}、Q_{BC}、Q_{CA}——分别为实际接于各线间设备有功功率，kW 和无功功率，kvar。

2. 估算法（也称平均法）

由于换算系数法必须要查表找到系数然后进行计算，虽然结果准确但是过程比较复杂。在实际工程中常常需要采用估算的方法来求出等效单相设备功率。这种方法简单，适用于对精度要求不高的供电系统或单相设备功率不是很大的供电系统。

这种方法的计算公式如下：

A 相：
$$P_A = (P_{AB} + P_{CA})/2 \quad (kW) \tag{2-41}$$
$$Q_A = (Q_{AB} + Q_{CA})/2 \quad (kvar) \tag{2-42}$$

B 相：
$$P_B = (P_{AB} + P_{BC})/2 \quad (kW) \tag{2-43}$$
$$Q_B = (Q_{AB} + Q_{BC})/2 \quad (kvar) \tag{2-44}$$

C 相：
$$P_C = (P_{BC} + P_{CA})/2 \quad (kW) \tag{2-45}$$
$$Q_C = (Q_{BC} + Q_{CA})/2 \quad (kvar) \tag{2-46}$$

式中各个符号所表示的含义见换算系数法的公式中的解释。

这里特别强调的是，在使用估算法时如果接于线间的用电设备性质相同或者说它们的功率因数和需要系数相同，估算的结果是最精确的，反之计算的结果的精确度有所降低。

三、计算举例

（一）在三相供电系统中仅接有单相用电设备时的计算举例。

【例 2-7】有一条电源为 220/380V 的配电线路，供电给额定电压为 220V 的单相电加热设备 3 台，分别接在 A 相 10kW 一台，B 相 15kW 一台，C 相 15kW 一台。另外还供电给额定电压为 380V 的单相对焊机，一台接于 A 相和 B 相间，P_{n1} 等于 20kW，一台接于 B 相和 C 相间，P_{n2} 等于 18kW，一台接于 A 相和 C 相间，P_{n3} 等于 30kW。三台设备的 ε_n 均为 100%。确定配电线路上的计算负荷。

解： 求电加热器的各相计算负荷

查表 2-1 取 $K_d = 0.7$，$\cos\phi = 1$，$\tan\phi = 0$。

A 相：$P_{c-1A} = K_d P_{e.A1} = 0.7 \times 10 = 7\text{kW}$。

B 相：$P_{c-1B} = K_d P_{e.B1} = 0.7 \times 15 = 10.5\text{kW}$。

C 相：$P_{c-1C} = K_d P_{e.C1} = 0.7 \times 15 = 10.5\text{kW}$。

求对焊机的各相计算负荷，

查表 2-1，取 $K_d = 0.35$，$\cos\phi = 0.7$，$\tan\phi = 1.02$。

查表 2-6，取 $p_{ab-a} = p_{bc-b} = p_{ca-c} = 0.8$

$$p_{ab-b} = p_{bc-c} = p_{ca-a} = 0.2$$

$$q_{ab-a} = q_{bc-b} = q_{ca-c} = 0.22$$

$$q_{ab-b} = q_{bc-c} = q_{ca-a} = 0.8$$

用公式（2-35）~（2-40）得到结果如下：

A 相：$P_A = 0.8 \times 20 + 0.2 \times 30 = 22\text{kW}$

$\quad Q_A = 0.22 \times 20 + 0.8 \times 30 = 28.4\text{kvar}$

B 相：$P_B = 0.8 \times 18 + 0.2 \times 20 = 18.40\text{kW}$

$\quad Q_B = 0.22 \times 18 + 0.8 \times 20 = 19.96\text{kvar}$

C 相：$P_C = 0.8 \times 30 + 0.2 \times 18 = 27.60\text{kW}$

$\quad Q_C = 0.22 \times 30 + 0.8 \times 18 = 21.00\text{kvar}$

求各相的有功和无功计算负荷（$P_{eA} = P_A$；$\varepsilon = 100\%$）：

A 相：$P_{c-2A} = K_d P_{eA2} = 0.35 \times 22 = 7.7\text{kW}$

$\quad Q_{c-2A} = K_d Q_{eA2} = 0.35 \times 28.4 = 9.94\text{kvar}$

B 相：$P_{c-2B} = K_d P_{eB2} = 0.35 \times 18.40 = 6.44\text{kW}$

$\quad Q_{c-2B} = K_d P_{eB2} = 0.35 \times 19.96 = 6.99\text{kvar}$

C 相：$P_{c-2C} = K_d P_{eC2} = 0.35 \times 27.6 = 9.66\text{kW}$

$\quad Q_{c-2C} = K_d Q_{eC2} = 0.35 \times 21.00 = 7.35\text{kvar}$

求各相总有功和无功计算负荷：

A 相：$P_{cA} = P_{c-1A} + P_{c-2A} = 7 + 7.7 = 14.70\text{kW}$

$\quad Q_{cA} = Q_{c-2A} = 9.94\text{kvar}$

B 相：$P_{cB} = P_{c-1B} + P_{c-2B} = 10.5 + 6.44 = 16.94\text{kW}$

$$Q_{cB}=Q_{c-2B}=6.99\text{kvar}$$

C 相：$P_{cC}=P_{c-1C}+P_{c-2C}=10.5+9.66=20.16\text{kW}$

$$Q_{cC}=Q_{c-2C}=7.35\text{kvar}$$

求线路上总的三相计算负荷：

比较各相有功和无功计算负荷的结果可知，B 相有功计算负荷最大，A 相无功计算负荷最大。这时总的有功计算负荷为：

$$P_C=3P_{cB}=3\times20.16=60.48\text{kW}$$

无功计算负荷为

$$Q_C=3Q_{cA}=3\times9.94=29.82\text{kvar}$$

视在计算负荷为

$$S_C=\sqrt{P_C^2+Q_C^2}=\sqrt{60.48^2+29.82^2}=67.43\text{kVA}$$

总计算电流为

$$I_C=S_C/\sqrt{3}U_N=67.43/\sqrt{3}\times0.38=102.57\text{A}$$

如果用估算法计算过程如下：

1. 电加热器的各相计算负荷同前。

2. 对焊机每个单相等效设备功率的确定：

$$P_A=(P_{AB}+P_{CA})/2=(20+30)/2=25\text{kW}$$

$$Q_A=(Q_{AB}+Q_{CA})/2=[(P_{AB}+P_{CA})/2]\times\tan\phi=25\times1.02=25.5\text{kvar}$$

以下同理，免去计算过程。

$$P_B=(P_{AB}+P_{BC})/2=19\text{kW}$$

$$Q_B=(Q_{AB}+Q_{BC})/2=19.38\text{kvar}$$

$$P_C=(P_{BC}+P_{CA})/2=24\text{kW}$$

$$Q_C=(Q_{BC}+Q_{CA})/2=24.48\text{kvar}$$

3. 计算对焊机各相有功、无功计算功率（道理同前一样，免去计算过程）。

A 相：$P_{c2-A}=0.35\times25=8.75\text{kW}$

$$Q_{c2-A}=\tan\phi\times P_{c2-A}=8.93\text{kvar}$$

B 相：$P_{c2-B}=6.65\text{kW}$

$$Q_{c2-B}=6.78\text{kvar}$$

C 相：$P_{c2-C}=8.4\text{kW}$

$$Q_{c2-C}=8.57\text{kvar}$$

4. 计算各相总的计算有功功率、无功功率。（和上述道理相同）。所得到结果如下：C 相有功计算负荷最大，A 相无功计算负荷最大。故三相计算负荷为：

$$P_C=3\times18.9=56.7\text{kW}$$

$$Q_C=3\times8.93=26.8\text{kvar}$$

$$S_C=62.71\text{kVA}$$

$$I_C=95.4\text{A}$$

可见计算的结果较小，所以只能在进行估算时使用。

（二）在三相供电系统中既有单相用电设备又有三相用电设备时的计算举例。

【例2-8】有一施工工地，在220/380V的交流电源线路上连接如表所列的用电设备。试计算该线路上的计算负荷。并列出负荷计算表。

用电设备名称	数量	单台设备容量	相数/电压值（V）	需要系数 K_d	$\cos\phi$	备注
砂浆搅拌机	5	5.5kW	3/380	0.75	0.75	
运输机（吊盘）	3	7.5kW	3/380	0.2	0.5	
三相电焊机	4	22kVA	3/380	0.35	0.6	暂载率100%
单相电焊机	4	14kW	1/380	0.35	0.6	暂载率100%接于各线电压之间
振捣机	6	1.5kW	1/220	0.75	0.8	接于各相电压之间
现场照明装置	8套	2kW	1/220	1	约为1	接于各相电压之间

解：1. 确定单相和三相用电设备功率的比例。

单相总设备功率为：56kW。三相总设备功率：102.8kW。单相设备总功率占三相总设备功率的54.4%。超出15%的要求。必须进行单相设备功率换算成三相设备功率的计算。

2. 确定单相设备在三相线路的连接方式，求出等效三相设备功率。

（1）确定单相设备在三相线路的连接方式

4台单相电焊机中，两台接于AB之间；其他分别接于BC、CA之间。

6台振捣机中，每两台接于AN、BN、CN之间。

8套照明装置中，有三套分接于AN、BN之间。另两套接于CN之间。

（2）分别求出它们的等效三相设备功率。

1）电焊机：

由于同组的三相电焊机和单相电焊机性质相同，比较简单的方法是用公式（2-34）进行计算。根据连接的实际情况 $P_{el,ab} > P_{el,bc} > P_{el,ca}$

$$P_{eq} = \sqrt{3} P_{el,ab} + (3 - \sqrt{3}) P_{el,bc}$$
$$= \sqrt{3} \times 2 \times 14 + (3 - \sqrt{3}) \times 14$$
$$= 48.50 + 17.75$$
$$= 66.25\text{kW}$$

2）振捣机：

由于是单相设备使用公式（2-32）比较简单。

$$P_{eq} = 3 \times P_{em\varphi}(\text{kW}) = 3 \times 3 = 9\text{kW}$$

3）照明装置与振捣机相同，取最大单相设备功率的三倍。

$$P_{eq} = 3 \times P_{em\varphi}(\text{kW}) = 3 \times 3 \times 2 = 18\text{kW}$$

3. 进行设备的分组然后进行负荷计算

分组和负荷计算和三相负荷计算相同，计算过程省略，计算结果见下表。

用电设备组名称	设备功率 (kW)	需要系数	功率因数	计算有功功率 (kW)	计算无功功率 (kvar)
砂浆搅拌机	27.5	0.75	0.75	20.63	18.15
运输机（吊盘）	22.5	0.2	0.5	4.5	7.79
单相电焊机	66.25	0.35	0.6	23.19	30.84
三相电焊机	52.8	0.35	0.6	18.48	24.58
振捣机	9	0.75	0.8	6.75	5.06
现场照明装置	18	1	1	18	0
合　计				91.55	86.42
计入同时系数	$K_{\Sigma p}=0.95,\ K_{\Sigma q}=0.97$			86.97	83.83
总的视在计算功率 （kvar）	120.79				
计算电流 （A）	183.53				

四、单相设备功率换算成三相等效设备功率时以及三相负荷计算应注意的问题

1. 正确理解等效三相负荷是以等效的发热条件为原则的。

2. 对于断续周期工作的用电设备，要折算到统一的负荷持续率下才能进行等效换算。

3. 等效换算的方法要根据线路连接的实际情况确定：

（1）如果线路上连接的全部是单相用电设备（包括：线间和相间负荷），而且性质一样（需要系数和功率因数都一样），则首先将线间的设备功率换算成相间的设备功率，分别统计每个单相中设备功率，取最大单相设备功率的 3 倍作为三相等效设备功率。其他的负荷计算方法与以前相同。

（2）如果线路上连接的全部是单相用电设备（包括：线间和相间负荷），且性质不一样（需要系数和功率因数不一样），则首先将线间的设备功率换算成相间的设备功率，分别统计每个单相中的设备功率，然后计算出每个单相的有功、无功功率。比较各相有功、无功计算负荷的最大值。取最大单相的有功计算负荷和无功计算负荷的 3 倍作为三相有功和无功计算负荷。特别注意的是：最大单相的有功计算负荷和无功计算负荷不一定在同一相上。

（3）如果线路上连接的有三相用电设备、又有单相用电设备（包括：线间和相间负荷），且性质不一样（需要系数和功率因数都不一样）。其计算方法同式（2-34）。

第四节　尖峰电流及其计算

一、尖峰电流的概念

在供电系统中有时会产生一个持续时间不如计算电流长但却很大的电流值，例如：电动机启动时或负荷有突然变化时都会在线路中产生一个大电流。我们把在供电系统中持续了 1～2s 的最大电流定义为尖峰电流。记为：I_{pk}。虽然尖峰电流不会对导线和设备产生非常大的热效应影响，但是对供电系统的电压波动有直接的影响，也对供电系统保护装置动作值的确定有影响。为了防止保护装置的错误动作和确定电压波动值，必须对尖峰电流进行定量的计算，将其作为用以校验电压波动和选择保护设备的条件。

二、尖峰电流的计算

（一）单台用电设备尖峰电流的计算

$$I_{PK} = K_{st} \times I_N \tag{2-47}$$

式中　I_{PK}——尖峰电流，A；

I_N——用电设备的额定电流，A；

K_{st}——启动电流倍数，即启动电流和额定电流之比。各种用电设备的数值是不一样的。鼠笼式电动机为 $5\sim7$，线绕式电动机为 $2\sim3$，直流电动机为 $1.5\sim2$，弧焊变压器和弧焊整流器为 $2\sim2.2$，电焊变压器为大于或等于 3，对焊机为 2。

（二）多台用电设备的配电线路上只考虑一台用电设备启动时尖峰电流的计算

在配电线路中的尖峰电流是最大单台用电设备启动时产生的，所以多台用电设备的配电线路中的尖峰电流的确定应按下式计算。

$$I_{pk} = I_c + (I_{st} - I_n) \tag{2-48}$$

式中　I_c——配电线路中不包括要考虑启动影响的那台用电设备其余所有用电设备的计算电流值，A；

$(I_{st} - I_n)$——要考虑启动影响的那台最大用电设备的启动电流和额定电流之差，A。

（三）自启动的电动机组尖峰电流的计算

自启动的电动机组的尖峰电流为所有自启动电动机的启动电流之和。

（四）起重机尖峰电流的计算（选学内容）

起重机是一个由多台电动机所组成的用电设备，根据每台电动机担负的任务不同，分别称为主钩电动机、副钩电动机、行走电动机等。它们属于断续工作制的用电设备，另外它们的容量差别也很大。因此起重机尖峰电流的计算有一定的特殊性。而且起重机的计算电流的确定也有一定的特殊性。在进行起重机尖峰电流的计算之前，首先要确定其计算电流。

1. 起重机计算电流的确定

确定计算的方法很多，有均方根电流法、利用系数法、二项式法、综合系数法。现以综合系数法说明电流确定的公式。

（1）对于单台电动葫芦及单台梁式起重机，由于其他电动机的数量和容量都较小，所以计算时仅考虑主钩电动机的容量作为计算容量。这时计算公式如下：

$$P_C = K_Z \times P_N \tag{2-49}$$

$$I_C = P_C / \sqrt{3} \times U_N \cos\phi \tag{2-50}$$

式中　K_Z——综合系数见表 2-7；

P_N——连接在线路的起重机中不包括副钩电动机在内，在额定负荷持续率下总的设备功率，kW；

U_N——线路的额定电压，V；

$\cos\phi$——用电设备的功率因数；

I_C——起重机的计算电流，A；

P_C——起重机的计算有功功率，kW。

（2）在一条线路上连接两台及以上的起重机时，而且起重机的额定容量差别特别大，有功计算负荷的确定按下式进行：

$$P_C = (K_{Z1} \times P_{N1})_{max} + 0.1(P_N) \quad (kW) \tag{2-51}$$

式中 $(K_{Z1} \times P_{N1})_{max}$——最大一台起重机在额定负荷持续率时综合系数和电动机总功率的乘积；

$\quad P_{N1}$——是指最大一台起重机中电动机的总功率，（不包括副钩电动机的容量），kW；

$\quad K_{Z1}$——是一台的综合系数值，见表2-7；

$\quad P_N$——连接在线路上其他所有起重机在额定负荷持续率下的总的设备功率。注意：电动机的总功率不包括副钩电动机的容量。

计算电流的确定见式（2-50）。

（3）多台起重机计算电流的确定和以前讲述的道理相同，只是不考虑副钩电动机的容量。

2. 起重机尖峰电流的确定

由于在起重机计算电流的计算时已经考虑了设备本身的特点，因此起重机的尖峰电流计算和其他用电设备尖峰电流的计算原理相同。

$$I_{PK} = I_C + (K_{st} - K_Z) \cdot (I_{N1})_{max} \tag{2-52}$$

式中 I_{PK}——尖峰电流，A；

$\quad I_C$——起重机的计算电流，A；

$\quad K_{st}$——最大一台电动机的启动电流倍数，就是启动电流和额定电流之比；

$\quad K_Z$——综合系数，见表2-7；

$\quad (I_{N1})_{max}$——最大一台电动机的额定电流。

综 合 系 数 表2-7

额定负荷持续率	起重机的台数	K_Z	K_{Z1}	额定负荷持续率	起重机的台数	K_Z	K_{Z1}
	1	0.4	1.2		1	0.5	1.5
0.25	2	0.3	0.9	0.4	2	0.38	1.14
	3	0.25	0.75		3	0.32	0.96

K_{Z1}是指电压为380V，功率因数为0.5时的数值。

三、尖峰电流的计算示例

【例2-9】 某一条线路上，连接有50/10t的起重机一台，额定功率为105.5kW，额定电流为165A，功率因数为0.5。另接有5t的起重机两台，电动机的总功率为27.8kW，功率因数为0.5。这三台起重机的负荷持续率为0.4。（以上的功率值不包括副钩电动机的容量）。当供电电压为380V时，计算该线路上的尖峰电流。

解： 分析题意，可采用公式（2-50）和公式（2-51）确定计算负荷，采用公式（2-52）确定尖峰电流。查表2-7得到综合系数 K_Z 为0.32，并取启动倍数 (K_{st}) 为2。计算过程和结果如下：

计算负荷： $P_c = (K_{Z1} \times P_{N1})_{max} + 0.1(P_N)$

$$=0.32 \times 105.5 + 0.1 \times (2 \times 27.8)$$

$$=39.32 \text{kW}$$

$$I_c = P_c / \sqrt{3} \times U_N \times \cos\phi$$

$$=119.62 \text{A}$$

尖峰电流：
$$I_{PK} = I_C + (K_{st} - K_Z)(I_{N1})_{max}$$

$$=119.62 + (2 - 0.32) \times 165$$

$$=396.82 \text{A}$$

由于通常使用的起重机大多使用的是 380V 作为供电电源，而起重机的功率因素大多数是 0.5，为了方便计算将其确定的一些值制成表中（K_{Z1}）的数值，这一数值见表 2-7。这时计算电流可用下式进行确定：

$$I_c = K_{Z1} P_{N1} + 0.3 P_N \quad (\text{A}) \tag{2-53}$$

式中所有的符号表示的含义和其他计算公式完全一样。

利用上式计算例题 2-9 中的计算电流。查表得 $K_{Z1} = 0.96$，

$$I_c = K_{Z1} P_{N1} + 0.3 P_N$$

$$=0.96 \times 105.5 + 0.3 \times (2 \times 27.8)$$

$$=117.96 \text{A}$$

可见计算电流的结果几乎相同。尖峰电流的计算结果也是相同的。

【例 2-10】某个配电系统中，有一条 380V 的线路上，通过动力配电箱给 6 台电动机供电，有关数据见图 2-2 所示。确定线路上的尖峰电流。

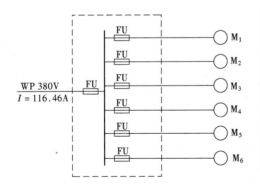

	额定电流（A）	启动电流（A）
M_1	10.2	66.3
M_2	5.8	40.6
M_3	35.8	197
M_4	27.6	193.2
M_5	20	140
M_6	30	165

图 2-2 动力箱系统图

解： 首先确定（$I_{st} - I_n$）的值。从图中可以看到 M_4 的差最大。

M_4：$I_{st} - I_k = 193.2 - 27.6 = 165.6 \text{A}$

M_3：$I_{st} - I_n = 197 - 35.8 = 161.2 \text{A}$

据分析计算结果，电动机 M4 的启动电流之差最大，所以

$$I_{pk} = I_c + (I_{st} - I_n)_{max} = 116.46 + 165.6 = 282.06 \text{A}$$

该线路 WP 上的尖峰电流为 282.06A。

第五节　城市供电规划中的电力负荷计算

城市供电规划是城市规划中不可缺少的一部分，它主要包括用电负荷的确定、电源的选择、供电网络的形成。城市供电规划的形成和城市规划一样也分为三个阶段，即总体规划阶段、分区规划阶段和详细规划阶段。无论是哪种形式或哪个阶段，用电负荷的确定是规划的核心。在城市供电规划中的负荷确定，虽然具有它的特点，但无论怎样它也只是一种规划，所以负荷确定的方法一般采用负荷计算方法中的工程估算方法。

在各个规划阶段都必须满足《城市电力规划规范》GB/T 50293—2014 中的规划用电指标所规定的范围。这些指标包括：人均综合用电指标、人均居民生活用电指标、单位建筑用地负荷指标和单位面积建筑面积负荷指标。这些指标是根据所在城市的性质、人口规模、地理位置、产业结构、电力供应的条件、居民生活水平等条件综合考虑的。指标的值是一个范围，不是一个确定的数值，这就说明了在使用这些指标时应该综合许多条件进行研究、分析，因地制宜地确定数值的范围。同时，城市的现状也是要考虑的因素。

一、在总体规划阶段电力负荷确定的方法

在总体规划阶段，可以采用横向比较法进行电力负荷的确定。横向比较法是将同类城市进行比较而得到相近的电力负荷。人均综合用电指标法是已知所规划的城市人口总数的前提下，利用表 2-8 中所列的指标进行电力负荷的确定。

人均综合用电指标　　　　　　　　　　　　　　表 2-8

指标等级	用电水平类别	人均综合用电量 [kWh/(人·hm²)]		指标等级	用电水平类别	人均综合用电量 [kWh/(人·hm²)]	
		现　状	规　划			现　状	规　划
1	用电水平较高城市	3500～2501	8000～6001	3	用电水平中等城市	1500～701	4000～2501
2	用电水平中上城市	2500～1501	6000～4001	4	用电水平较低城市	700～250	2500～801

根据上述表计算出用电量的指标，供电电源的装机容量可以通过计算得到。

如果规划的城市只是人们的居住区域而不包含工业区（例如居住小区），这时可按表 2-9 进行计算，计算方法同上。

人均居民生活用电指标　　　　　　　　　　　　表 2-9

指标等级	居民用电水平类别	人均综合用电量 [kWh/（人·hm²）]		指标等级	居民用电水平类别	人均综合用电量 [kWh/（人·hm²）]	
		现　状	规　划			现　状	规　划
1	用电水平较高城市	400～201	2500～1501	3	用电水平中等城市	100～51	800～401
2	用电水平中上城市	200～101	1500～801	4	用电水平较低城市	50～20	400～250

二、在分区规划阶段电力负荷确定的方法

在分区进行电力规划时，一般将城市内用电的用户分为四个类别：工业用户、市政公共设施用户、居民用户和农业用户。前三个类别建设用地面积的多少按规划单位建设用地指标（表 2-10）乘以用地面积来计算。农业用户可以根据农业机械化的程度进行估算。

规划单位用地负荷指标　　　　　　　　表 2-10

建设用地用电类别	单位建设用地负荷指标（kW/hm²）	建设用地用电类别	单位建设用地负荷指标（kW/hm²）
工业用地用电	200～800	居住用地用电	100～400
公共设施 用地用电	300～1200		

如果在分区规划时，已经能够掌握人口的数量或建筑面积或各个分区的建筑面积时，可以采用负荷密度法（或称综合用电水平法）进行计算。

年用电量 A 的计算公式如下：

$$A = S \times D \tag{2-54}$$

式中　S——计算范围内人口总数或建筑总面积，m^2；土地总面积，km^2；

　　　D——用电指标，见表 2-11。

用　电　指　标　　　　　　　　表 2-11

建筑用电的类别	用电水平的指标 D（kWh/km²）	建筑用电的类别	用电水平的指标 D（kWh/km²）
大工业用电的水平	3500 万～5600 万	居民用电水平	4.3 万～8.5 万
中、小工业用电的水平	2000 万～4000 万	农业用电水平	3.5 万～28 万

三、城市电力详细规划阶段电力负荷的确定方法

有两种方法可以使用，首先可以使用规划单位面积指标法，利用表 2-12 中所规定的指标来进行估算，这种方法简单方便。

单位建筑面积负荷指标　　　　　　　　表 2-12

建设用电类别	单位建设面积负荷指标（W/m²）	建设用电类别	单位建设面积负荷指标（W/m²）
工业建筑用电	20～80	居住建筑用电	20～60 或（1.4～4）kW/户
公共建筑用电	30～120		

第二种方法是通过已经掌握的工业用电负荷的性质、产品的数量、居民用电指标、农业用户的机械化程度、公共设施具体用电容量后进行较为详细的计算。

（一）工业用电负荷的计算

一般方法是根据工业企业所提出的用电量数值，并根据年产量进行校验。对于未进行生产或尚未设计的工业企业只能进行估算。估算的方法有以下几种：

1. 估算法：根据同类工厂企业的用电量进行估算，或与典型的设计进行比较估算。

2. 按年生产量与单位产品耗电量进行计算。

$$A = M \times A_m \tag{2-55}$$

式中　A——年用电量；

　　　M——年总产量；

　　　A_m——单位产品耗电量，kWh/每单位产品基本基价单位。

3. 对于有设计资料但没有生产的工业企业，可用最大负荷进行年耗电量的计算。

$$A = P_{max} \times T_{max} \tag{2-56}$$

式中　P_{max}、T_{max} 分别为最大负荷、年最大负荷利用小时。

另外也可以采用单位产值和每个生产单位的耗电量进行用电量的计算。该计算方法的原理就是单位指标法，计算过程与上述方法相同。

（二）公共建筑和居民建筑用电负荷的计算

在城市电力详细规划阶段，各种建筑的使用功能已经确定，这时可以采用单位面积指标法和需要系数法进行用电负荷的计算。使用的公式和使用的方法与前几节的原理和计算方法相同。

（三）其他用电负荷的计算

对于街景、建筑的装饰照明、有纪念意义的标志性照明，由于它们的容量很难统计，所以只能根据同类工程的情况进行估算。

（四）农业用电负荷的计算

农业用电负荷是根据不同的生产阶段变化的，详细准确的计算比较难。计算时应考虑季节性负荷这一特殊因素。在已知用电设备容量的前提下，根据最大负荷利用小时的数值（表2-13）可以确定用电量，计算方法与上述相同。

最大负荷利用小时（T_{max}）

表 2-13

用电种类	T_{max}（h）	用电种类	T_{max}（h）
灌溉用电	750~1000	乡镇企业用电	1000~3000
排涝用电	300~500	农机修理用电	1500~2500
农产品加工用电	1000~1500	农村生活用电	1800~2000
谷物加工用电	300~500	其他用电	1500~3500

四、城市供电电源和供电平面的布置

电源的位置应尽量靠近负荷中心，电力线路电压值的确定和电力网的敷设以及供电平面的布置所遵守的原则与前面讲述的完全相同。

总之，城市用电规划中的负荷计算是在原有负荷计算的基础上，根据规划中的一些特点进行的。

本 章 小 结

1. 在建筑供配电系统设计中，要根据建筑物的使用功能及用电设备的容量及其使用特点，合理地进行负荷计算，求出供配电系统的计算负荷、尖峰电流等数值，以此作为按发热条件选择配电变压器、供电线路及控制、保护装置的依据；作为计算电压损失和功率损耗的依据；亦可作为计算电能消耗量及无功补偿容量的依据。负荷计算的方法主要有需要系数法、二项式系数法、单位指标法（又叫负荷密度法）等几种。

2. 需要系数法，是先把用电设备的额定功率换算为统一的设备容量，再把总设备容量乘以需要系数和同时系数，直接求出计算负荷的一种简便方法。需要系数法主要用于工程初步设计及施工图设计阶段，对变电所母线、干线进行负荷计算。当用电设备台数较多，各台设备容量相差不悬殊时，其供电线路的负荷计算采用需要系数法。具体计算时，可分为三相用电设备组、单相用电设备组、单相用电设备与三相用电设备混合并按照相应的计算方法进行计算。

3. 二项式系数法，是将用电设备组的计算负荷分为两部分计算，第一项是用电设备组的平均最大负荷，第二项是考虑数台大容量用电设备对总计算负荷的影响而加入的附加功率值。当用电设备台数较少，而且各台用电设备的容量相差较大时，应采用二项式系数法进行负荷计算。在一般情况下，二项式系数法主要用于供配电线路的支线和配电干线的负荷计算。具体计算时应注意要将计算范围内的所有设备统一划组且不考虑同时系数。

4. 单位指标法，又叫负荷密度法，是用来估算建筑总用电负荷的常用方法，它是对现有建筑工程进行统计分析，得出每平方米建筑面积或每单位产品所需的计算负荷（W/m^2 或 VA/m^2），叫做单位指标或负荷密度，以后在建设同类型建筑时，用该类建筑的负荷密度乘以总建筑面积，即得总计算负荷的近似值。单位指标法主要用于在方案设计阶段，估算建筑物的总计算容量，估算变压器的容量大小、申报用电量和规划用电方案。对于住宅、高层旅游宾馆的动力负荷，也可用单位指标法进行负荷计算。

5. 尖峰电流是当电动机启动时或其他大容量设备启动时，在供电线路中产生的持续时间较短的最大电流。虽然尖峰电流不会对导线和设备产生明显的热效应影响，但其对供电系统的电压波动有直接的影响，也对供电系统保护装置的动作值有影响。计算尖峰电流时，先找出启动电流与额定电流之差最大的设备，将该差值加上用电设备组的计算电流即得尖峰电流值。

6. 城市供电规划分为三个阶段：总体规划阶段、分区规划阶段和详细规划阶段。无论在哪个阶段，负荷确定的方法一般采用负荷计算方法中的工程估算方法。

复 习 思 考 题

1. 什么叫计算负荷？什么叫负荷计算？负荷计算的目的是什么？

2. 在工程设计中，负荷计算有哪几种方法？各种方法的优缺点及其适用范围分别是什么？

3. 简述用需要系数法对三相动力线路进行负荷计算的方法步骤。

4. 已知一小批生产的冷加工机床组，有额定电压为 380V 的三相交流电动机共 38 台，其中 7.5kW 的 4 台，4.5kW 的 8 台，2.8kW 的 16 台，1.5kW 的 10 台。用需要系数法计算供电干线的计算负荷。

5. 试用二项式系数法计算题 4 中供电干线的计算负荷，并与题 6 的计算结果进行比较。

6. 某机修车间 380V 的线路上，接有冷加工机床电动机 20 台共 50kW；通风机 2 台共 5.6kW；电炉 1 台 2kW；电容器组共 10kvar。用需要系数法计算该线路的计算负荷。

7. 某建筑用 380V/220V 三相四线电源供电，已知进户线总计算负荷 $P_c = 125$kW，$Q_c = 48$kvar，求总视在计算负荷及计算电流。

第三章 建筑供电系统的节能

建筑供电系统中的变配电设备及建筑物内的用电设备，如电力变压器、电抗器、电动机、荧光灯、电焊机、高频炉等大部分都为电感性负载，其功率因数较低，工作时需要较大的无功功率，在线路中产生较大的无功电流，不利于供电系统的高效率运行，因此，在设计建筑供电系统时，要根据实际情况进行合理的无功补偿，提高供电系统的功率因数。

第一节 提高功率因数的意义和方法

按照我国供电部门的规定，高压供电的用户必须保证功率因数在 0.9 以上，低压供电的用户必须在 0.85 以上。为了使用户注意提高功率因数，供电部门还对大宗用电单位实行按用户月平均功率因数调整电费的办法。调整电费的功率因数标准一般为 0.85，大于 0.85 时给以奖励，低于 0.85 时便要增收电费甚至罚款，功率因数很低时供电部门要停止供电。

一、提高功率因数的意义

当建筑内的用电负荷在额定状态工作时，电源进户线的平均功率因数叫做该建筑的自然功率因数。计算表明，当建筑的自然平均功率因数在 0.8～0.85 时，建筑消耗电网的无功功率约占消耗有功功率的 60%～75% 左右。如果把功率因数提高到 0.95，则无功功率只占有功功率的 30% 左右，这就大大减少了电网的无功功率输入，给用户带来一系列的好处。提高功率因数具有如下意义：

1. 提高功率因数，可减少对供配电设施的投资，增加供配电系统的功率储备，使用户获得直接的经济利益。在同样的有功功率下，功率因数提高，负荷电流就减少，而向负荷传输功率所经过的变压器、开关、导线等供配电设备都增加了功率储备，从而满足了负荷增长的需要，亦即可以增大原有设备的供电能力。对尚处于设计阶段的新建筑来说，提高功率因数则能降低配电设备的设备容量，从而减少投资费用。

2. 提高功率因数，可减少供电线路及供配电设备的电能损耗，提高供电系统的运行效益。在建筑供电系统中，供电线路较长，其电阻不可忽略，设供电线路的电阻为 R，ΔP_1 为功率因数提高前的线路损耗，ΔP_2 为功率因数提高后的线路损耗，则线路损耗减少的百分数 θ 为

$$\theta = \frac{\Delta P_1 - \Delta P_2}{\Delta P_1} = \left[1 - \left(\frac{\cos\phi_1}{\cos\phi_2}\right)^2\right] \times 100\% \tag{3-1}$$

例如，设原功率因数 $\cos\phi_1 = 0.8$，提高后的功率因数 $\cos\phi_2 = 0.95$，由式（3-1）可求得线路损耗将减少 29% 左右。

我们还可以推得变压器的铜损变化亦按式（3-1）计算。例如某建筑用一台 630kVA 的变压器供电，当功率因数为 0.8 时，变压器的损耗为 7000W，功率因数提高到 0.95

时，损耗只有 5000W。

二、提高功率因数的方法

1. 通过适当措施提高自然功率因数。据统计，在建筑供电系统的总无功功率中，电动机和变压器约占 80% 左右，其余则消耗在输电线路及其他感应设备中，因此，提高自然功率因数可以通过合理选择感应电动机的容量、使用中减少感应电动机的空载运行、条件许可时尽量使用同步电动机、以最佳负荷率选择变压器等方法达到目的。

2. 并联同步调相机。同步调相机是一种专用于补偿无功功率的同步电动机，通过调节同步调相机的励磁电流可补偿供电系统的无功功率，从而提高系统的功率因数。同步调相机输出的无功功率为无级调节方式，调节的范围较大，并且在端电压下降 10% 以内时，无功输出基本不变，当端电压下降 10% 以上时，可强行励磁增加无功输出。但是，同步调相机补偿单位无功功率的造价高。每输出 1kvar 的无功功率要损耗 0.5%~3% 的有功功率，基建安装要求高、不易扩建、运行维护复杂，所以一般用于电力系统中的枢纽变电站及地区降压变电站。

3. 并联适当的静电电容器。我们知道，电感性负载并联适当的电容器可以提高功率因数，所以在建筑供电系统中，同样可以并联适当的静电电容器以提高系统的功率因数。并联电容器安装简单、容易扩建、运行维护方便，补偿单位无功功率的造价低、有功损耗小（小于 0.3%），因此广泛用于工厂企业及民用建筑供电系统中。

无功补偿要使用专用的电力电容器，其规格品种很多，按安装方式分为户内式和户外式，按相数分为单相和三相，按额定电压分为高压和低压电容器等。

第二节 电力电容器的设置

在电力系统中，并联电力电容器进行无功补偿时，其补偿效果因不同的补偿方式而不同。电力电容器的补偿方式按其装设位置的不同主要有三种：个别补偿、分组补偿、集中补偿。

一、个别补偿

个别补偿就是把电力电容器装设在需要补偿的电气设备附近，与电气设备同时运行、同时退出。如图 3-1 所示。

个别补偿时，电容器分散装设在供电末端的负荷处，能够补偿安装部位前面的所有高低压线路和变电所变压器的无功功率，能最大限度地减少供电系统的无功输出量，减少变压器及供电线路的功率损耗，在负荷不变时，可减小变压器、导线、开关设备等的容量，这种方式补偿范围大，具有最好的补偿效果。其缺点是：电容器与设备一一对应，故利用率低；由于设置地点分散，不便于统一管理；所需电容器数量多，投资费用大。个别补偿适用于无功容量大、长期平稳运行的用电设备。

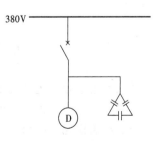

图 3-1 电容器个别补偿示意图

对感应电动机进行个别补偿时，为了避免发生过度补偿，电容器的容量一般应以空载时电动机的功率因数补偿至 1 所需的无功容量为准。电动机补偿电容的最大容量见表 3-1。

电动机补偿电容器的最大容量（kvar）　　　　　　表 3-1

电动机装速（r/min） 电动机额定功率（kW）	500	600	750	1000	1500	3000
7.5	7.0	5.0	4.5	3.5	3.0	2.5
11	9.0	7.5	6.5	4.5	3.0	3.5
15	11.5	8.5	7.5	6.0	4.0	5.0
18.5	14.5	10.0	8.5	6.5	5.0	6.0
22	15.5	12.5	10.0	8.5	7.0	7.0
30	18.5	15.0	12.5	10.0	8.5	8.5
37	23.0	18.0	15.0	12.5	11.0	11.0
45	26.0	22.0	18.0	15.0	13.0	13.0
55	33.5	27.5	22.0	18.0	17.0	17.0
75	38.0	33.0	19.0	25.0	22.0	21.5
90	45.0	40.0	33.0	29.0	26.0	25.0
110	52.5	45.0	36.0	33.0	32.5	32.5

二、分组补偿

把用电设备分成若干组，每一组用电容器进行补偿，如图 3-2 所示。分组补偿所需要的电容器数量少，利用率比个别补偿大，投资小。但从补偿点至用电设备之间的线路没有得到补偿，仍然有较大的无功电流。

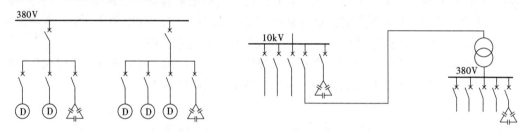

图 3-2　电容器分组补偿示意图　　　　　　　图 3-3　电容器集中补偿示意图

三、集中补偿

把电力电容器集中设置在变、配电所的高压母线或低压母线上，叫做集中补偿，如图 3-3 所示。电力电容器设置在高压母线上叫做高压集中补偿，这种方式只能补偿高压母线前边（电源方向）所有线路上的无功功率，而高压母线后边线路的无功功率得不到补偿，所以补偿的经济效果较差，但从电力系统的全局来看，这种补偿是必要的和合理的。集中补偿投资少，便于集中管理和维护，但对补偿母线后的线路没有无功补偿，仍然有较大的无功电流。

第三节　无功补偿容量的计算

并联电力电容器进行无功补偿时，电容器的容量、额定电压、相数等都要与用电设备或供电线路相适应。为了避免过度补偿，电容器的容量应计算确定。

一、建筑供电系统自然功率因数

在选用静电电容器进行补偿时，必须先计算供电系统的自然功率因数。建筑供电系统补偿前的自然平均功率因数可按下式计算：

$$\cos\phi_1 = \sqrt{\frac{1}{1+\left(\dfrac{\beta Q_C}{\alpha P_C}\right)^2}} \qquad (3\text{-}2)$$

式中　α、β——有功及无功的年平均负荷因数，α 值和 β 值一般可在 0.7～0.8 和 0.8～0.9 之间选取；

　　　P_C、Q_C——建筑供电系统的总有功计算负荷及总无功计算负荷。

对已交付使用的建筑，可按下式计算其平均功率因数，从而省却计算 P_C 和 Q_C 的过程：

$$\cos\phi_1 = \sqrt{\dfrac{1}{1+\left(\dfrac{W_q}{W_p}\right)^2}} \tag{3-3}$$

式中　W_p——最大负荷月的有功电能消耗量，即有功电度表的读数，kW·h；

　　　W_q——最大负荷月的无功电能消耗量，即无功电度表的读数，kvar·h。

二、无功补偿容量的计算

若要把供电系统的功率因数由 $\cos\phi_1$ 补偿到 $\cos\phi_2$，所需电容器的无功容量计算如下：

$$Q_{ca} = \alpha P_C(\tan\phi_1 - \tan\phi_2) \tag{3-4}$$

或

$$Q_{ca} = \alpha P_C \cdot q_c \tag{3-5}$$

式中　Q_{ca}——无功补偿电容器的容量，kvar；

　　　P_C——有功计算负荷，kW；

　　　α——年平均负荷因数，取 0.7～0.8；

　　　q_c——补偿率，kvar/kW，见表3-2；

　　　$\tan\phi_1$——补偿前自然功率因数 $\cos\phi_1$ 所对应的正切值；

　　　$\tan\phi_2$——补偿后的功率因数 $\cos\phi_2$ 所对应的正切值。

补偿率 q_c 值（kvar/kW）　　　　　　　　　　　　　　　　表 3-2

补偿前 $\cos\phi_1$	补偿后 $\cos\phi_2$											
	0.75	0.80	0.82	0.84	0.86	0.88	0.90	0.92	0.94	0.96	0.98	1.00
0.50	0.85	0.98	1.04	1.09	1.14	1.20	1.25	1.31	1.37	1.44	1.53	1.73
0.52	0.76	0.89	0.95	1.00	1.05	1.11	1.16	1.22	1.28	1.35	1.44	1.64
0.54	0.68	0.81	0.86	0.92	0.97	1.02	1.08	1.14	1.20	1.27	1.36	1.56
0.56	0.60	0.76	0.78	0.84	0.89	0.94	1.00	1.05	1.12	1.19	1.28	1.48
0.58	0.52	0.66	0.71	0.76	0.81	0.87	0.92	0.98	1.04	1.11	1.20	1.41
0.60	0.45	0.58	0.64	0.69	0.74	0.80	0.85	0.91	0.97	1.04	1.13	1.33
0.62	0.39	0.52	0.57	0.62	0.67	0.73	0.78	0.84	0.90	0.97	1.06	1.27
0.64	0.32	0.45	0.51	0.56	0.61	0.67	0.72	0.71	0.84	0.91	1.00	1.20
0.66	0.26	0.39	0.45	0.49	0.55	0.60	0.66	0.76	0.78	0.85	0.94	1.14
0.68	0.20	0.33	0.38	0.43	0.49	0.54	0.60	0.65	0.72	0.79	0.88	1.08
0.70	0.14	0.27	0.33	0.38	0.43	0.49	0.54	0.60	0.66	0.73	0.82	1.02
0.72	0.08	0.22	0.27	0.32	0.37	0.43	0.48	0.54	0.60	0.67	0.76	0.97
0.74	0.03	0.16	0.21	0.26	0.32	0.37	0.43	0.48	0.55	0.62	0.71	0.91
0.76		0.11	0.16	0.21	0.26	0.32	0.37	0.43	0.50	0.56	0.65	0.86
0.78		0.05	0.11	0.16	0.21	0.27	0.32	0.38	0.44	0.51	0.60	0.80
0.80			0.05	0.10	0.16	0.21	0.27	0.33	0.39	0.46	0.55	0.75
0.82				0.05	0.10	0.16	0.22	0.27	0.33	0.40	0.49	0.70
0.84					0.05	0.11	0.16	0.22	0.28	0.35	0.44	0.65
0.86						0.06	0.11	0.17	0.23	0.30	0.39	0.59
0.88							0.06	0.11	0.17	0.25	0.33	0.54
0.90								0.06	0.12	0.19	0.28	0.48
0.92									0.06	0.13	0.22	0.43

三、补偿后计算负荷的确定

设补偿前供电系统的计算负荷为 P_{C1}、Q_{C1}、S_{C1}、I_{C1}，功率因数为 $\cos\phi_1$；补偿后的功率因数为 $\cos\phi_2$。由式（3-4）计算得到所需的无功补偿容量为 Q_{ca}，则补偿后供电系统的计算负荷为：

$$P_{C2} = P_{C1} \quad (kW) \tag{3-6}$$

$$Q_{C2} = Q_{C1} - Q_{ca} \quad (kvar) \tag{3-7}$$

$$S_{C2} = \sqrt{P_{C2}^2 + Q_{C2}^2} \quad (kVA) \tag{3-8}$$

$$I_{C2} = \frac{S_{C2} \times 1000}{\sqrt{3} \times U_N} \quad (A) \tag{3-9}$$

其中 U_N 为供电线路的额定线电压，低压为380V。

【例】某教学楼用三相四线制低压电源供电，已知供电系统的总计算负荷 $P_C = 48.713kW$，$Q_C = 35.329kvar$。现设计将该供电系统的功率因数提高至 0.95，试计算所需的无功补偿容量及补偿后的计算负荷。

解：（1）补偿前

$$P_{C1} = 48.713kW$$

$$Q_{C1} = 35.329kvar$$

$$S_{C1} = \sqrt{48.713^2 + 35.329^2} = 60.176kVA$$

$$I_{C1} = \frac{60.176 \times 1000}{\sqrt{3} \times 380} = 91.54A$$

取 $\alpha = 0.8$，$\beta = 0.85$，则补偿前的平均功率因数 $\cos\phi_1$

$$\cos\phi_1 = \sqrt{\frac{1}{1 + \left(\frac{\beta Q_C}{\alpha P_C}\right)^2}} = \sqrt{\frac{1}{1 + \left(\frac{0.85 \times 35.329}{0.8 \times 48.713}\right)^2}} = 0.7921$$

（2）补偿后功率因数提高到 $\cos\phi_2 = 0.95$，所需电容器的无功补偿容量为：

$$Q_{ca} = \alpha P_C (\tan\phi_1 - \tan\phi_2)$$

$$= 0.8 \times 48.713 \times (0.7706 - 0.3287)$$

$$= 17.221kvar$$

补偿后供电系统的计算负荷为：

$$P_{C2} = P_{C1} = 48.713kW$$

$$Q_{C2} = Q_{C1} - Q_{ca} = 35.329 - 17.221 = 18.108kvar$$

$$S_{C2} = \sqrt{P_{C2}^2 + Q_{C2}^2} = \sqrt{48.713^2 + 18.108^2} = 51.97kVA$$

$$I_{C2} = \frac{S_{C2} \times 1000}{\sqrt{3} \times U_N} = \frac{51.97 \times 1000}{\sqrt{3} \times 380} = 79.05A$$

由此可见，在有功计算负荷不变的前提下，把功率因数由原来的 0.7921 提高到 0.95 后，总电流减小了 12.5A。

第四节　电力电容器的选择及无功自动补偿装置

一、电力电容器的选择

电力电容器有单相、三相之分，高压、低压之分。低压单相电容器主要用于单相设备的个别补偿或单相线路的集中补偿；低压三相电容器主要用于电动机的个别补偿或低压母线的集中补偿；高压三相电容器主要用于高压母线的集中补偿。

选择电力电容器时，电容器的额定电压、额定容量、相数等都应与所并接的线路一致。

常用的低压单相补偿电容器如表 3-3 所示，常用的低压三相补偿电容器如表 3-4 所示。

常用的低压单相补偿电容器　　　　　　　　　　表 3-3

型　　号	额定电压（kV）	额定容量（kvar）	型　　号	额定电压（kV）	额定容量（kvar）
BY0.23-4-1	0.23	4	BW0.4-14-1	0.4	14
BW0.23-5-1	0.23	5	BW0.4-16-1	0.4	16
BW0.4-10-1	0.4	10			
BW0.4-12-1	0.4	12	BWF0.69-25-1	0.69	25

常用的低压三相补偿电容器　　　　　　　　　　表 3-4

型　　号	额定电压（kV）	额定容量（kvar）	型　　号	额定电压（kV）	额定容量（kvar）
BW0.23-4-3	0.23	4	BW0.4-14-3	0.4	14
BW0.23-5-3	0.23	5	BW0.4-16-3	0.4	16
BW0.4-10-3	0.4	10			
BW0.4-12-3	0.4	12	BWF0.69-25-3	0.69	25

二、电力电容器的接线

电力电容器的接线有星形、三角形以及由此派生出的双星形、双三角形等几种。如图 3-4所示。

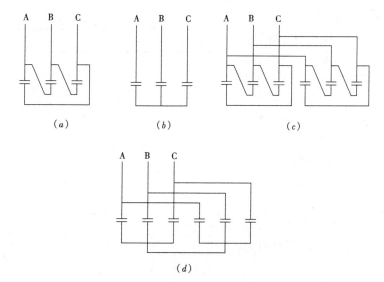

（a）　　　　　　　（b）　　　　　　　（c）

（d）

图 3-4　电力电容器接线类型

（a）三角形；（b）星形；（c）双三角形；（d）双星形

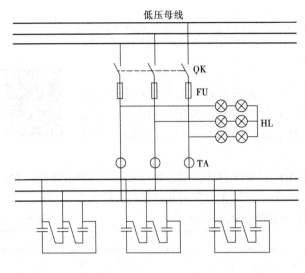

图 3-5　低压电容器典型接线

一般情况下，电力电容器接成三角形。采用三角形接线时，具有许多优点：（1）各相电容器承受电网的额定线电压，三相容抗的不平衡不会影响各相电容器的工作电压；（2）能补偿不平衡负荷，在任一相电容器断线时仍能补偿三相线路；（3）可构成 $3n$ 次谐波通路，有利于消除电网中的 $3n$ 次谐波。但电力电容器接成三角形时，当其中一相电容器被击穿后，将形成两相短路故障，短路电流很大，可能造成故障电容器爆裂而扩大事故。

低压三相电力电容器内部已连接成三角形，带内部熔断丝，其典型接线如图 3-5 所示。图中的白炽灯作为放电电阻使用。

高压三相电力电容器一般接成星形，以减小其中一相击穿时的故障电流，其典型接线如图 3-6 所示，除了电容器之外，还有串联电抗器、放电线圈（或电压互感器）、断路器、隔离开关、熔断器、电流互感器、继电保护等组成。串联电抗器主要为限制电容器组投入系统时所产生的浪涌电流，放电线圈除了为电容器组放电外，其二次线圈还兼作测量与保护用。

三、电力电容器的保护

电力电容器的保护装置可分为熔断器保护和继电保护两种。熔断器通常作为单台或一组中几台电容器的保护，电容器的容量较小时，可用熔断器保护，容量较大时，应用继电保护装置。采用熔断器保护电容器时，选择熔体的额定电流时要躲过电容器合闸时的冲击电流。单台电容器保护时，熔体的额定电流一般取电容器额定电流的 1.5～2.5 倍；一组电容器保护时，熔体的额定电流一般取电容器额定电流的 1.3～1.8 倍。

四、电力电容器的控制

电力电容器的控制可采用手动投切控制和自动控制两种方式。电容器组手动投切控制方式简单、经济，适用于长期投入运行、无需频繁操作的电容器组。

由于建筑中用电负荷的变化情况比较复杂，用固定电容器组手动投切

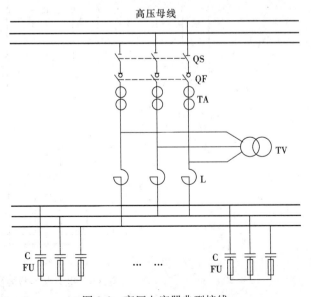

图 3-6　高压电容器典型接线

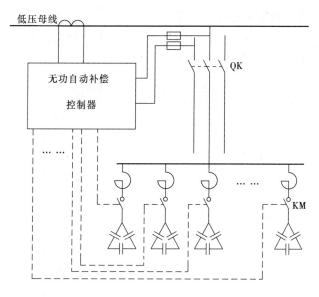

图 3-7　低压无功功率自动补偿原理图

控制进行集中补偿，往往不能达到最佳的补偿效果。在工矿企业、车间及民用建筑中，通常使用低压无功功率自动补偿屏，在配电干线或变电所的低压母线上进行无功功率的自动补偿。这种自动补偿屏能够根据供配电系统中感性无功功率的变化，以 10～120s 可调的时间间隔自动地控制并联电容器组的投入及切出，使整个供配电系统的总功率因数始终保

常用的无功功率自动补偿屏　表 3-5

型　　号	总容量（kvar）	操作步数
PGJ-1	84	6
PGJ-2	112	8
BJ（F）-3Z	定制	

持在供电部门的规定范围之内，从而减小供电线路及变压器的损耗。低压无功功率自动补偿屏的补偿原理如图 3-7 所示，常用的低压无功功率自动补偿屏的型号、规格见表 3-5所示。

本 章 小 结

1. 建筑物内的用电设备，其功率因数较低，工作时需要从电源获取较大的无功功率，从而在线路中产生较大的无功电流，不利于供电系统的高效率运行，因此，在设计建筑供电系统时，要根据实际情况进行合理的无功补偿，以提高供电系统的功率因数。提高供电系统的功率因数，可减少对供配电设施的投资，增加供配电系统的功率储备，使用户获得较高的经济利益；提高功率因数，可减少供电线路及供配电设备的电能损耗，提高供电系统的运行效益。在实际工程中一般采用并联同步调相机、并联适当的静电电容器等方法来提高供电系统的功率因数。

2. 并联电力电容器进行无功补偿时，要根据线路的实际情况正确地选择电力电容器。电容器的额定电压、额定容量、相数等都应与所并接的线路一致。电力电容器有单相、三相之分，高压、低压之分。低压单相电容器主要用于单相设备的个别补偿或单相线路的集中补偿；低压三相电容器主要用于电动机的个别补偿或低压母线的集中补偿；高压三相电

容器主要用于高压母线的集中补偿。一般情况下，低压三相电力电容器接成三角形，高压三相电力电容器接成星形。电力电容器的控制可采用手动投切控制和自动控制两种方式。

　　3. 补偿方式和补偿效果的关系可按下图理解。

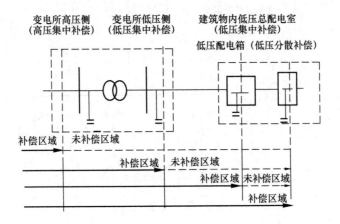

复 习 思 考 题

　　1. 什么叫无功补偿？无功补偿的意义是什么？

　　2. 按照电容器装设位置的不同，无功补偿有哪几种方式？各种补偿方式的优缺点分别是什么？

　　3. 无功补偿电容器的控制方式有哪几种？简述无功功率自动补偿装置的基本原理是什么？

　　4. 某建筑用 220/380V 三相四线电源供电，已知进户线总计算负荷 $P_c = 85.36\text{kW}$，$Q_c = 73.95\text{kvar}$，求总计算电流。若要将该建筑的功率因数补偿到 0.95，问应在进户线并接何种电容器？补偿后的计算负荷是多少？

　　5. 某单相支路共接有 220V40W 的白炽灯 18 盏、220V40W 的荧光灯（$\cos\phi = 0.5$）55 盏，该支路工作时所有灯具同开同灭。现要把该支路的功率因数补偿到 0.95，试计算所需电容器的容量？通过数值比较该支路补偿前后的电流变化。

第四章　短路电流及其计算

第一节　概　述

在供电系统的设计和运行中，首先应考虑供电系统可靠地连续供电，从而保证生产和生活正常进行；同时也应考虑故障情况的影响。故障的种类有多种多样，最严重的故障是短路故障。短路故障，是供电系统中一相或多相载流导体接地或各相间相互接触从而产生超出规定值的大电流。在通常条件下，最严重的短路故障是三相短路，即供电系统中三相之间发生短路。也有两相短路和单相短路。无论哪种短路，所产生的大电流都将对供电系统中的电器设备和人身安全带来极大的危害和威胁。为了准确地掌握这种情况，应该对供电系统中可能产生的短路电流数值加以计算，并根据计算值装设相应的保护装置来消除短路故障。另外，还要计算出其值所产生的电动效应、电热效应，从而保证供电系统中的所有与载流部分有关的电器设备在选择时有据可依。在实际运行中，能承受得起最大的短路电流所产生的热效应和电动效应的作用而不造成损坏。

在短路电流的计算中，通常把电力系统分为无限容量系统和有限容量系统两大类，由这两类作为供电电源的供电系统短路电流的变化是不完全一样的：所谓"有限"、"无限"，只是一个相对的问题。在工程计算中、特别是建筑电气设计中，由于一般民用的供电系统容量远比整个电力系统容量小，而供电系统的阻抗又比整个电力系统阻抗大，因此在供电系统内发生短路时，电力系统馈出的母线上电压几乎保持不变，这时我们就可以认为给民用建筑供电的电力系统是无限大容量系统。

本章所研究的问题和提出的使用公式均是以无限大容量系统供电为前提。并且对于高压网络仅考虑电抗对短路的影响。对于低压则考虑电抗和电阻对短路的影响。

第二节　短路电流对供电系统的影响

一、短路的形式和造成的后果

（一）短路的形式

造成短路原因的因素大体可分为人为因素、自然因素和一些不可预见的综合因素。所谓人为因素是指由于供电系统的工作人员操作失误所造成的。例如违反操作规程的操作、误接线和运行维护不当，未及时发现设备老化绝缘损坏造成的系统短路等。自然因素是指由于自然的条件突然变化造成的系统短路。例如：因受雷电的袭击造成电气设备过电压而使设备的绝缘损坏而形成的短路；大风、低温、冰雹等造成的线路的短路等。另外还有一些不可预见的因素也会造成系统的短路。例如：鸟禽、爬行类动物跨越在两个导线之间，或导线和大地之间，或咬坏导线、设备的绝缘造成的系统短路。在三相供电系统中无论哪种原因短路的形式大体可分为，三相短路、两相短路和单相短路。有时系统发生短路后又接地了，则称接地短路。三相短路称为对称短路，其他则称为非对称短路。根据实际的系统运行结果表明，单相短路的出现机会相对其他的短路机会多。两相和三相短路机会较少。但是三相短路所造成的影响比单相和两相都大。

（二）短路造成的后果

供电系统短路时，系统中的阻抗值比正常运行时的阻抗值要小很多。短路电流要比正常运行时电流大几十倍有时可以达到几百倍。显然这个数值是根据系统容量的大小来确定的。通常的建筑供电系统（变压器容量在 1000kVA 时）高压侧三相短路电流也能达到几千安培。而低压侧要达到几万安培。不难看出如此大的短路电流将会给供电系统带来什么样的影响。虽然短路的形式不同所带来的影响性质和程度都不同，从理论上定性分析造成的影响主要有如下几个方面：

1. 短路造成停电事故，会给生产、生活带来不便和损失。

2. 有时短路不会造成停电，但会使供电系统的电压骤然下降，形成在供电系统中连接的所有用电设备在低电压下运行，如果作为主要动力的电动机处于低电压下运行，必然会造成电动机损坏。对于照明系统中的照明装置也会带来影响，白炽灯变暗、气体放电光源不能点燃等。

3. 如果系统发生非对称短路，非对称的短路电流会有磁效应产生，当磁通量达到一定值时，必然对相邻的通信线路、电子设备、控制系统造成强烈的电磁干扰。

4. 强大的短路电流将产生很大的电动力和电热效应，使系统中的导线、设备损坏。

短路故障的种类见表 4-1。

短路故障的种类

表 4-1

短路故障的种类		图　例	说　明
相间的短路	三相短路		三相电源中的三相之间全部短接在一起
	两相短路		三相电源中的任意两相之间短接在一起
接地短路	中性点接地系统 两相接地短路		三相电源中的任意两相之间短接在一起，然后又接地了
	中性点接地系统 单相短路		三相电源中的任意一相接地了，造成了短路
	中性点不接地系统 两相短路接地		三相电源中的任意两相之间短接在一起，然后又接地了
	中性点不接地系统 两相接地短路		三相电源的任意两相由于各自接地造成了短路

二、无限大容量电源的供电系统产生三相短路时的过程介绍和有关参数

如果从理论上分析三相短路的过程是一个较复杂的问题。但是从应用的角度出发我们只需掌握在其短路过程中的主要参数就可以了。

（一）无限大容量电源的供电系统产生三相短路时的过程介绍

建筑的供电系统可以用等效电路图表示，如图 4-1 中的（a）所示。由于电路大多数是对称的，则用单相等效电路图表示。见图 4-1 中的（b）所示。定性的分析三相短路电流时，可用单相等值电路；从等值的单相电路可以看出供电系统属于一个电感和电阻所组成的串联电路，而供电源正是正弦交流电。当线路产生短路后，系统将有一个正常的工作状态经过过渡过程（或短路的暂态过程）进入短路的稳定状态。所谓三相短路过程的

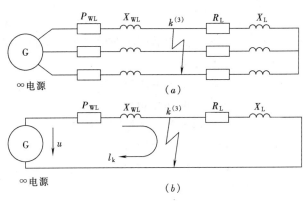

图 4-1　无限大容量电力系统中发生三相短路
（a）三相电路图；（b）等效单相电路图
（图中下标 WL 为线路，下标 L 为负荷）

介绍其实就是电阻和电感的串联电路过渡过程的分析和介绍。其原理和电路的基本理论相同。

将这三个状态下系统的电流和电压的变化可以用变化的曲线表示，见图 4-2。

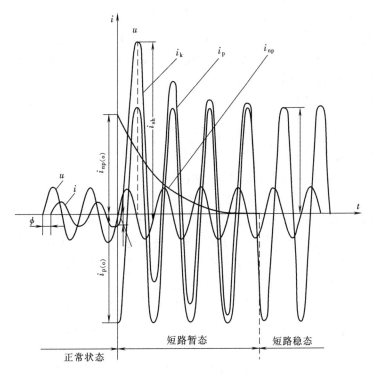

图 4-2　无限大容量电源的供电系统产生
三相短路时电流和电压的变化规律

如果将无限大容量电源的供电系统产生三相短路时电流和电压的变化规律用数学公式表示则有：

$$i_k = U_m/Z\sin(\omega t + \alpha - \varphi_k) + Ce^{-\frac{r}{L}t} \tag{4-1}$$

式中　i_k——三相短路电流的瞬时值（也称全短路电流）；

　　　U_m——相电压幅值；

　　　Z——电路中每相的阻抗；

　　　α——相电压的初相角；

　　　φ_k——短路电流与电压之间的相角；

　　　r/L——短路回路的时间常数；

　　　C——积分常数，由初始条件决定。

上式说明三相短路电流是由两个分量组成的：一个是以正弦规律变化的周期分量；一个是按指数规律衰减的非周期分量。

在选择和校验电器设备以及进行继电保护的整定计算时，应计算出在短路过程中的以下物理量。

（1）三相短路冲击电流（i_{sh}）　它是三相短路电流第一周期全电流的峰值。用来校验系统中电器和母线动稳定的数据。

（2）三相短路电流最大有效值（I_{sh}）　它是三相短路电流第一周期内全电流的有效值，也称三相短路冲击电流的有效值。用来校验系统中电器和母线热稳定的数据。

（3）三相短路电流周期分量的有效值（I_p）。

（4）三相短路电流稳态有效值（I_∞）。

（5）短路后 0.2s 的短路电流周期分量有效值（$I_{0.2}$）。

（6）次暂态短路电流（三相短路电流周期分量第一周的有效值）（I''）。

（7）三相短路电流的有效值（I_k）

在由无限大容量系统供电时；

$$I_k = I'' = I_{0.2} = I_\infty = I_p \tag{4-2}$$

（8）三相短路容量（S_k）。

（二）短路的电流的电动力效应和电热效应。

短路电流发生的时间是极为短暂的，其数值又是非常大的。因此，当载流导体中瞬间流过短路电流时，在载体上表现的状况也不一样。当并列的导体中流过短路电流时，根据电磁感应原理，导体之间产生电磁作用力，通常称为电动力。导体中流过的电流越大，其电动力也越大，短路电流形成的电动力不仅大，而且由于瞬间发生而使电动力突然产生，对电器设备及导体具有很大的破坏作用。当电流流过导体时，因导体具有阻抗，而会产生热量，一般情况下，该热量及时传递到周围环境中。但瞬间流过短路电流，不仅能产生大量的热量，而且无法及时传递到周围环境中，致使导体温度急速升高，最终导致导体变形或熔化。

综上所述，在选用电气设备或导体时，必须考虑它们在发生短路时，能否可靠地工作，这就是需进行电动力校验和电热校验，这是设备与导体选择时不可缺少的。

在进行电动力的电热校验时，主要是比较短路冲击电流所产生的电动力和热量是否超过了设备出厂时确定的极限通过电流能力和导体固定时所能承受的破坏力。除此之外，还应综合比较短路发生时，系统短路容量是否小于设备出厂时所确定的断流容量。

1. 短路电流的电动力效应

由电工基础的理论可知，当电流通过载流导体时，导体之间会产生电动力的作用。但在一般情况下，载流导体通过的是正常工作电流，它所产生的电动力数值不大，不会影响电器设备的正常工作；在供电系统发生短路时，短路电流特别是短路冲击电流很大，它所产生的电动力能达到很大的数值，虽然冲击电流维持的时间很短，但它足以使导体变形、电器设备的载流部分遭到严重的破坏。因此必须对短路电流产生电动力的大小加以计算，使供电系统中各元件能承受短路时最大电动力的作用，保证可靠地工作。通常把电路元件能承受电动力效应的能力称为电路元件的稳定度。也就是说，电路元件要具有足够的电动稳定度，才可以保证在供电系统发生短路时，电路元件不会被损坏，供电系统可以正常工作。

在供电系统中，三相线路发生三相短路时，中间相导体所受的电动力比两相短路时导体所受到的电动力要大，所以在校验电器和导体的动稳定度时，必须采用三相短路冲击电流 $[i_{sh}^{(3)}]$ 或采用短路发生后第一周期的三相短路全电流的有效值 $[I_{sh}^{(3)}]$ 作为计算依据。

对于一般电器，短路动稳定度的校验条件为：

$$i_{max} \geqslant i_{sh}^{(3)} \tag{4-3}$$

或
$$I_{max} \geqslant I_{sh}^{(3)} \tag{4-4}$$

式中　i_{max}——被校验电器设备的极限通过电流（峰值）（产品试验时计算出的数据），kA；

I_{max}——被校验电器设备的极限通过电流（有效值）（产品试验时计算出的数据），kA；

$i_{sh}^{(3)}$——电器设备所安装地点产生的三相短路冲击电流，kA；

$I_{sh}^{(3)}$——电器设备所安装地点产生的三相短路全电流的有效值（短路后第一个周期时），kA。

由于某些产品的生产厂家提供的技术数据有用三相短路冲击电流 $[i_{sh}^{(3)}]$ 值的，有时也用 $[I_{sh}^{(3)}]$，因此使用时要加以注意。

现代建筑中裸母线使用的较少，支承用的绝缘子也使用的较少。取而代之的是封闭式母线槽（插接式母线）。母线的动稳定度的校验工作已由封闭式母线槽的生产厂家的技术人员做好，作为建筑电气的设计人员只整体选择使用，这里不作详细介绍。

2. 短路电流的热效应

供电系统发生短路故障时，极大的短路电流通过电器设备或导体时，能在很短的时间内将电器设备的载流部分或导体加热到很高的温度，以使电器设备损坏。因此必须计算出短路电流的热效应。其目的在于确定从短路发生到断路器切除故障这段时间内导体所能达到的最高温度，并把它与导体短路时最高允许温度相比较以判断导体的热稳定度。

要计算短路后导体达到的最高温度 T_{max}，就必须求出短路期间实际的短路全电流 i_k 或 $I_{k(t)}$ 在导体中产生的热量 Q。但是实际 i_k 或 $I_{k(t)}$ 是一个变动的电流，要计算出热量 Q 相当困难，因此一般采用短路稳态电流 I_∞ 来等效计算实际短路电流所产生的热量。由于通过导体的短路电流不是稳态电流，因此就要假定一个时间，在这一时间内，导体通过 I_∞ 所产生的热量，正好与实际短路电流 i_k 或 $I_{k(t)}$ 在短路时间 t_k 内所产生的热量相等。通常在工程计算中称这一时间 t_k 为短路发热假想时间，有时也称为热效时间，用 t_{ima} 表示。

在无限大容量系统中发生短路时短路假想时间可用下式计算：

$$t_{ima} = t_k + 0.05s \tag{4-5}$$

式中　t_{ima}——短路假想时间，s；

　　　t_k——短路时间，s。

$$t_k = t_{op} + t_{oc} \tag{4-6}$$

式中　t_k——短路时间，s；

　　　t_{op}——短路保护装置实际最长的动作时间，s；

　　　t_{oc}——断路器的断路时间，s；

对于一般电器，热稳定度的校验条件按下式进行：

$$I_t^2 \cdot t \geqslant I_\infty^{(3)} t_{ima} \tag{4-7}$$

式中　I_t——电器的热稳定试验电流，kA；

　　　t——电器的热稳定试验时间，s；

　　　$I_\infty^{(3)}$——三相短路稳态电流，kA；

　　　t_{ima}——短路假想时间，s。

第三节　无限大容量电力系统三相短路电流的
计算方法和使用时注意事项

　　三相短路电流是产生与电源和短路点之间的电流。由于这时的电力系统属于无限大容量的电源，而在一般的民用建筑中的供电系统组成的形式也比较简单。通常工程中使用的方法有欧姆法（也称有名单位制法）、标幺值法（标幺制法）。这两种方法属于精确的理论计算方法，使用手工的计算比较麻烦。由于计算机技术的使用减少了计算量，这使得这两种方法使用的频率高起来，特别是目前计算机软件的编写也涉及这方面的内容。为更好的使用计算机的软件来进行短路电流的计算，必须要在理论上掌握该计算方法的内容。

　　无论是哪种方法来计算三相短路电流，它的理论根据式应有如下形式：

$$I_k = U_c/(\sqrt{3} \times Z_\Sigma) \tag{4-8}$$

式中　I_k——三相短路电流，kA；

　　　U_c——短路点的短路计算电压（也称平均额定电压见表4-2），kV；

　　　Z_Σ——短路回路总阻抗值，Ω。

　　由上式可见，求三相短路电流的实质就是求出短路回路的总阻抗。然后即可计算出三相短路电流和三相短路容量。

线路额定电压和计算电压对照表　　　　　　　　　　　　表4-2

额定电压（kV）	0.22	0.38	3	6	10	35	60	110
计算电压（平均电压）（kV）	0.23	0.4	3.15	6.3	10.5	37	63	115

　　在实际工程应用中，计算高压电路中的短路电流时只考虑电路中对短路电流值影响较大的电路元件。例如：发电机、变压器、电抗器、架空线路和电缆线路等。由于上述的各种元件在电路中所呈现的电阻值远远小于其自身的电抗值，因此在计算这些元件的阻抗时只考虑其电抗值。虽然所得到的计算结果和实际有一些误差，但这个误差的值很小，可以

满足工程计算精度的要求。如果架空线路或电缆线路特别长，短路回路的总电阻值大于总电抗值的 1/3 时，这时需要计算其电阻值。

另外，无论实际的短路点产生于系统中的何处，在计算短路电流时，都认为短路点的电压是该电压等级线路电压的平均值，也就是计算电压值。

一般来说，通常工程中使用的方法欧姆法（也称有名单位制法）适用于电压为 1000V 及以下的低压供电网络的短路电流计算，而标幺值法（标幺制法）则适用于高压供电网络。

短路电流的计算方法还有短路功率法等多种形式，它们均是由上述方法演变而成。

第四节　采用欧姆法进行短路电流计算

一、计算公式的介绍

由于计算机的使用使计算过程变得简单，但是计算公式的内容以及如何使用公式是必须掌握的理论基础，否则无法使用计算机进行短路电流计算。

（一）高压系统短路电流的计算

短路电流的计算关键是计算短路回路的总阻抗值，对于高压电路，忽略电阻，只确定短路回路的电抗值。

1. 短路回路各元件电抗值的确定

（1）电力系统电抗值（X_s）

$$X_s = U_c^2 / S_{oc} \tag{4-9}$$

式中　X_s——电力系统电抗，Ω；

$\quad U_c$——短路点的短路计算电压，kV；

$\quad S_{oc}$——系统出口处断路器的断流容量，MVA。

（2）电力变压器的电抗值（X_T）

$$X_T = U_k\% / 100 \times U_c^2 / S_N \tag{4-10}$$

式中　X_T——电力变压器的电抗，Ω；

$\quad U_k\%$——变压器的短路电压，可用阻抗电压 $U_z\%$ 表示（数据由产品样本上查找）；

$\quad S_N$——变压器的额定容量，kVA。

（3）电力线路的电抗值（X_{WL}）

$$X_{WL} = X_o l \quad (\Omega) \tag{4-11}$$

式中　X_o——导线或电缆单位长度的电抗，Ω/km；

$\quad l$——线路长度，km。

计算短路电路中电力线路阻抗时，应换算到短路点短路计算电压作用下的阻抗值。

$$X' = X \ (U'_c/U_c)^2 \tag{4-12}$$

$$R' = R \ (U'_c/U_c)^2 \tag{4-13}$$

式中　X；R；U_c——分别为换算前元件的电抗值，Ω；电阻值，Ω；元件所在处的短路计算电压，kV；

$\quad X'$；R'；U'_c——分别为换算后元件电抗值，Ω；电阻值，Ω；短路点的短路计算电压，kV。

2. 常用几种电抗网络的变换

为使之方便地求出电源至短路点间总的电抗，有时要将复杂的短路电路变为简单的形式，故进行网络变换，见表 4-3。

阻抗网络变换　　　　　　　　　　　　　　　　　　表 4-3

原来的结线图	简化或变换后的结线图	换 算 公 式
		$X = x_1 + x_2 + \cdots + x_n$
		$X = \dfrac{1}{\dfrac{1}{x_1} + \dfrac{1}{x_2} + \cdots + \dfrac{1}{x_n}}$ 当只有两支时，$X = \dfrac{x_1 \cdot x_2}{x_1 + x_2}$
		$X_1 = \dfrac{x_{12} \cdot x_{13}}{x_{12} + x_{13} + x_{23}}$ $X_2 = \dfrac{x_{12} \cdot x_{23}}{x_{12} + x_{13} + x_{23}}$ $X_3 = \dfrac{x_{12} \cdot x_{23}}{x_{12} + x_{13} + x_{23}}$
		$x_{12} = X_1 + X_2 + \dfrac{X_1 \cdot X_2}{X_3}$ $x_{23} = X_2 + X_3 + \dfrac{X_1 \cdot X_3}{X_2}$ $x_{13} = X_1 + X_3 + \dfrac{X_1 \cdot X_3}{X_2}$

3. 短路电流的计算公式：

（1）三相短路电流周期分量的有效值（I_p）

$$I_p = U_c / \sqrt{3} \times X_\Sigma \qquad (4\text{-}14)$$

式中　I_p——三相短路电流周期分量的有效值，kA；

　　　U_c——短路点所在处网络的计算电压，kV；

　　　X_Σ——短路回路的总电抗，Ω。

（2）三相短路冲击电流（i_{sh}）

$$i_{sh} = K_{sh} \times \sqrt{2} I'' = 2.55 I'' \left(R_\Sigma \leqslant \frac{1}{3} X_\Sigma \text{ 时} \right) \qquad (4\text{-}15)$$

式中　i_{sh}——三相短路电流冲击值，kA；

　　　K_{sh}——短路电流冲击系数 $K_{sh} = 1 + e^{-\frac{0.01}{T_f}}$，当回路总电阻 R_Σ 小于或等于回路总电抗

　　　　　1/3 时，（$K_{sh} \times \sqrt{2}$），取值 2.55。

（3）三相短路电流最大有效值（I_{sh}）

$$I_{sh} = 1.51 I'' (R_\Sigma \leqslant \frac{1}{3} X_\Sigma \text{ 时}) \qquad (4\text{-}16)$$

式中 I_{sh}——三相短路电流最大有效值，kA。

（4）两相短路电流

两相短路电流周期分量的有效值（$I_p^{(2)}$）

$$I_p^{(2)} = \sqrt{3}/2 \times I_p^{(3)} \tag{4-17}$$

式中 $I_p^{(3)}$、$I_p^{(2)}$——分别为三相、两相短路电流周期分量的有效值，kA。

两相短路电流的冲击值（$i_{sh}^{(2)}$）。

$$i_{sh}^{(2)} = \sqrt{3}/2 \times i_{sh}^{(3)} \tag{4-18}$$

两相短路电流最大有效值（$I_{sh}^{(2)}$）。

$$I_{sh}^{(2)} = \sqrt{3}/2 \times I_{sh}^{(3)} \tag{4-19}$$

上两式中 $i_{sh}^{(2)}$——两相短路电流冲击值，kA；

$I_{sh}^{(2)}$——两相短路电流最大有效值，kA；

$i_{sh}^{(3)}$——三相短路电流冲击值，kA；

$I_{sh}^{(3)}$——三相短路电流最大有效值，kA。

（5）单相接地电容电流（I_c）：电网中的单相接地电容电流，在工程上一般只计算线路部分和变电设备引起的增值。

电缆线路单相接地电容电流（10kV）估算

$$I_{CW} = 0.1 U_N L \tag{4-20}$$

式中 I_{CW}——单相接地电容电流，A；

U_N——线路额定电压，kV；

L——线路长度，km。

架空线路单相接地电容电流（10kV）估算。

$$I_{CW} = U_N L / 350 \tag{4-21}$$

式中各值同上。

除按上式估算的方法外，还可以通过查表（表 4-4）找出单相接地电容电流的平均值。

电缆和架空线路单相接地电容电流的平均值（A/km）   表 4-4

电压 （kV）	电缆线路线芯截面（mm²）											架空线路	
	10	16	25	35	50	70	95	120	150	185	240	单回路	双回路
6	0.33	0.37	0.46	0.52	0.59	0.71	0.82	0.89	1.1	1.2	1.3		
10	0.46	0.52	0.62	0.69	0.77	0.90	1.0	1.1	1.3	1.4	1.6		

按上述两种方式中无论哪种计算后，还应按表 4-5 加上变电设备引起电容电流增值才是完整的电容电流值，这时电容电流值为：

$$I_c = I_{CW} + I_{CW}^{(K)}\% \tag{4-22}$$

式中 I_c——考虑了线路和变电设备增值时，单相接地电容电流，A；

$I_{(CW)}^{(K)}\%$——变电设备造成的增值百分数。

变电设备造成电容电流增值（$I_{CW}^{(K)}$）				表 4-5
额定电压（kV）	6	10	35	110
电容电流增值（%）	18	16	13	10

（二）低压系统短路电流计算

1000V 及以下的低压系统短路电流计算时，首先要考虑如下几个方面的问题：

（1）一般认为是由无限大容量系统供电的电源；配电变压器高压侧的电压保持不变。

（2）低压系统中各元件的电阻对短路电流有一定的影响不可以忽略，因此要计算回路阻抗。

（3）短路电流的计算一般不采用相对单位制。

1. 变压器阻抗值

（1）变压器电阻（R_T）

$$R_T = \Delta P_K U_{T \cdot N \cdot 2}^2 / S_{T \cdot N}^2 \tag{4-23}$$

（2）变压器阻抗（Z_T）

$$Z_T = \Delta U_k \% / 100 \times U_{T \cdot N \cdot 2}^2 / S_{T \cdot N} \tag{4-24}$$

（3）变压器电抗（X_T）

$$X_T = \sqrt{Z_T^2 - R_T^2} \tag{4-25}$$

式中　R_T；X_T；Z_T——变压器的电阻，$m\Omega$；电抗，$m\Omega$；阻抗，$m\Omega$；

ΔP_K——变压器额定短路损耗，kW；

$U_{T \cdot N \cdot 2}$——变压器二次侧额定电压，V；

$S_{T \cdot N}$——变压器额定容量，kVA；

$\Delta U_k \%$——变压器短路电压百分数（有时也称阻抗电压，用 U_Z 表示，百分数为 $\Delta U \%$）。

除按上式计算变压器的阻抗值外，还可以利用表 4-6 和表 4-7 查出阻抗的平均值。两种方式误差不大在工程上是允许的。

电力变压器阻抗的平均值参考表（SL_9 系列）（$m\Omega$）　表 4-6

电压（kV）	容量（kVA）	短路电压（%）	短路损耗 ΔP_K（kW）	电　阻	电　抗
10.5	315	4	4.00	11.10	23.82
10.5	630	4.5	8.10	3.95	10.73
10.5	800	4.5	9.90	2.97	8.50
10.5	1000	4.5	11.60	2.32	6.82

以上讨论的是三相对称短路时变压器的阻抗。关于单相短路时变压器的阻抗值不使用该表。

2. 母线的阻抗值（三相对称阻抗）

（1）母线的电阻（R_m）

$$R_m = L / r \cdot S \times 10^3 \tag{4-26}$$

式中 R_m——母线电阻，$m\Omega$；

　　　L——母线长度，m；

　　　S——母线截面，mm^2；

　　　r——电导率，对铝母线为 $32m/（\Omega \cdot mm^2）$；对铜母线为 $53m/（\Omega \cdot mm^2）$。

（2）母线的电抗（X_m）

$$X_m = 0.145L\lg（4a_{av}/b）\tag{4-27}$$

式中 X_m——母线的电抗，$m\Omega$；

　　　L——母线长度，m；

　　　b——母线宽度，mm；

　　　a_{av}——母线相间几何均距，mm。

$a_{av} = \sqrt[3]{a_{12}a_{13}a_{23}}$，其中 a_{12}、a_{13}、a_{23} 为母线间的轴线距离，当三相母线水平布置，且相间距离相等时，则 $a_{av} = 1.26d$；

　　　d——相邻母线间的中心距离，mm。

（3）母线的阻抗（Z_m）

$$Z_m = \sqrt{R_m^2 + X_m^2}（m\Omega）\tag{4-28}$$

母线的阻抗亦可查表 4-7 得到。

三相母线阻抗值参考表（mΩ/m） 表 4-7

母线规格 $a \times b$ (mm×mm)	70℃时的电阻值		相间中心距 D 为下列数值时的电抗值	
	铝母线	铜母线	200（mm）	250（mm）
25×4	0.355	0.221	0.229	0.237
40×4	0.225	0.140	0.203	0.212
100×10	0.041	0.027	0.136	0.149

3. 电缆、架空配电线路的阻抗值（三相对称阻抗）

无论是电缆或架空线路均为导体，根据电工原理可知某种截面导体的电阻（R_{wl}）是导体单位长度的电阻值（R_0）和导体长度（L）的乘积。而导体的电抗（X_{wl}）不仅和导体单位长度的电抗值（X_0）、导体长度（L）有关，还与导体之间的距离有关。通常情况下各种型号的导体在生产产品后就将（R_0）和（X_0）测定出来供人们使用。也就是说；当确定了导体的型号和导体之间的距离后很方便地通过产品的技术参数得到（R_0）和（X_0）的数值。这时只需计算出导体的长度按下式进行确定（R_{wl}）和（X_{wl}）及 Z_{wl}。

$$R_{wl} = R_0 L\tag{4-29}$$

$$X_{wl} = X_0 L\tag{4-30}$$

$$Z_{wl} = \sqrt{（R_{wl}）^2 + （X_{wl}）^2}\tag{4-31}$$

各种型号导体的（R_0）和（X_0）的数值查找方法和表的使用自行练习。

下面列出几种典型的表供练习使用。

低压三芯铝导体各种绝缘电缆三相短路时的阻抗（mΩ/m）　　表 4-8

截面（mm²）	塑料绝缘		橡皮绝缘	
	电　阻	电　抗	电　阻	电　抗
3×50	0.754	0.075	0.754	0.080
3×70	0.538	0.073	0.538	0.078
3×95	0.397	0.072	0.397	0.077
3×120	0.314	0.071	0.314	0.075

低压四芯铝导体各种绝缘电缆三相短路时的阻抗（mΩ/m）　　表 4-9

截面（mm²）	塑料绝缘		橡皮绝缘	
	电　阻	电　抗	电　阻	电　抗
3×50+1×16	0.754	0.0820	0.754	0.082
3×70+1×25	0.538	0.081	0.538	0.079
3×95+1×35	0.397	0.081	0.397	0.083
3×120+1×35	0.314	0.078	0.314	0.079

低压三芯铜导体各种绝缘电缆三相短路时的阻抗（mΩ/m）　　表 4-10

截面（mm²）	塑料绝缘		橡皮绝缘	
	电　阻	电　抗	电　阻	电　抗
3×50	0.447	0.072	0.447	0.075
3×70	0.319	0.070	0.319	0.072
3×95	0.235	0.069	0.235	0.072
3×120	0.188	0.069	0.188	0.071

低压四芯铜导体各种绝缘电缆三相短路时的阻抗（mΩ/m）　　表 4-11

截面（mm²）	塑料绝缘		橡皮绝缘	
	电　阻	电　抗	电　阻	电　抗
3×50+1×60	0.447	0.079	0.447	0.082
3×70+1×25	0.319	0.078	0.319	0.079
3×95+1×35	0.235	0.076	0.235	0.080
3×120+1×35	0.188	0.076	0.188	0.078

220/380V 三相架空线路阻抗值（mΩ/m）　　表 4-12

导线截面 （mm²）	绝缘导体电阻值		绝缘导体电抗值
	铝导体	铜导体	导体排列方式、中心距离（mm） 400　　600　　400 L₁　　L₂　　N　　L₃
50	0.75	0.44	0.33
70	0.53	0.32	0.32
95	0.39	0.23	0.31
120	0.31	0.19	0.30

有时计算的精度要求不高时可用表 4-13 确定线路电抗的近似值。

电力线路的电抗近似值　　　　　　　　表 4-13

线路种类	额定电压（kV）	电抗（Ω/km）	线路种类	额定电压（kV）	电抗（Ω/km）
架空线路	6	0.35	电缆线路	6	0.07
	10	0.38		10	0.08
	0.22/0.38	0.32		0.22/0.38	0.066

室内穿管敷设的铝、铜芯绝缘导线的电阻和电抗值（Ω/km）　　　表 4-14

导线截面（mm²）	铝		铜	
	电阻（$R_0 = 65℃$）	电　抗	电阻（$R_0 = 65℃$）	电　抗
16	2.29	0.10	1.37	0.10
25	1.48	0.10	0.88	0.10
50	0.75	0.09	0.44	0.09
70	0.53	0.09	0.32	0.09
95	0.39	0.09	0.23	0.09

4. 低压电器设备的阻抗值

在供电系统中的低压电器设备包括电流互感器一次线圈阻抗、低压断路器过电流线圈、触点接触电阻、各种开关电器设备的触点接触电阻。由于这些设备是一个固定的装置，它们的阻抗是一个固定的值，通常在产品的技术参数上可以查到。基本形式见表 4-19、表 4-20。

（三）单相短路电流计算时阻抗的确定

在低压供电系统中，单相短路故障产生的机会较多，为了简化单相短路电流的计算过程，有许多方法可以使用，在实际工程中一般采用相—零回路电流法。这时需要确定短路回路中所有电器设备和导体的单相（相-零回路）阻抗。它包括如下内容：

1. 变压器的单相阻抗（是指变压器换算到电压侧的阻抗）

2. 电器设备和电流互感器等开关的接触电阻、电抗值

上述两相可以从设备自身的技术参数查到。见表 4-18～表 4-20。

3. 导体相—零阻抗

和电工原理所讲的原理一样，线路的相—零电阻（$R_{\phi 0}$）、电抗（$X_{\Phi 0}$）分别为：

$(R_{\phi 0}) = (R_1 + R_2 + R_{0\Phi} + 3R_{00})/3$；$X_{\Phi 0} = (X_1 + X_2 + X_{0\Phi} + 3X_{00})/3$。

阻抗为：$Z_{00} = \sqrt{(R_{\Phi 0})^2 + (X_{\Phi 0})^2}$

上式中：R_1、R_2、$R_{0\Phi}$、R_{00} 和（X_1、X_2、$X_{0\Phi}$、X_{00}）分别为：正序电阻、负序电阻、相电阻、零序电阻。（正序电抗、负序电抗、相电抗、零序电抗。）

我们可以通过上面的计算公式确定相—零阻抗，也可以通过查表得到。由于短路电流的计算大多数采用计算机进行，这里介绍查表求阻抗法。

架空导线相—零回路阻抗值　　　　　　　　表 4-15

导线截面 （mm²）	电 阻 （mΩ/m）	电 抗 （mΩ/m）	阻 抗 （mΩ/m）	导线截面 （mm²）	电 阻 （mΩ/m）	电 抗 （mΩ/m）	阻 抗 （mΩ/m）
3×50+1×25	2.09	0.694	2.71	3×95+1×50	1.16	0.651	1.33
3×70+1×35	1.63	0.673	1.77	3×120+1×50	1.08	0.643	1.26

室内架空橡皮绝缘线相—零回路阻抗值　　　　　表 4-16

导线截面 （mm²）	电 阻 （mΩ/m）	电 抗 （mΩ/m）	阻 抗 （mΩ/m）	导线截面 （mm²）	电 阻 （mΩ/m）	电 抗 （mΩ/m）	阻 抗 （mΩ/m）
3×50+1×16	2.96	0.584	3.02	3×95+1×35	1.42	0.540	1.52
3×75+1×25	1.96	0.359	2.25	3×120+1×50	1.35	0.532	1.45

导线穿管敷设时相—零回路阻抗值　　　　　　表 4-17

穿管管径 （mm）	导线截面 （mm²）	电 阻 （mΩ/m）	电 抗 （mΩ/m）	阻 抗 （mΩ/m）
40	35	1.64	1.19	2.03
50	50	1.068	1.02	1.47
50	70	0.888	1.00	1.34
70	95	0.69	0.77	1.03

变压器单相阻抗表　　　　　　　　　　　　表 4-18

变压器容量（kVA）	50	63	80	100	125	160	200	250	315	400	500	630	800	1000
阻抗（mΩ）	128.4	100.7	80.6	64.2	51.1	41.2	32.0	24.3	20.3	15.6	12.8	10.2	9.1	7.3
电抗（mΩ）	105.6	84.0	68.0	55.0	44.8	37.0	28.5	22.0	18.6	18.6	12.0	9.6	8.6	6.9
电阻（mΩ）	73.16	55.7	42.5	33.0	24.6	18.1	14.4	10.5	8.1	8.1	4.4	3.4	2.9	2.2

开关触头的接触电阻（mΩ）　　　　　　　　表 4-19

额定电流（A）	50	70	100	140	200	400	600	1000	2000	3000
低压断路器	1.3	1.0	0.75	0.65	0.6	0.4	0.25	—	—	—
刀开关	—	—	0.5	—	0.4	0.2	0.15	0.08	—	—
隔离开关	—	—	—	—	0.2	0.15	0.08	0.03	0.12	

低压断路器过电流线圈的阻抗（mΩ）　　　　　表 4-20

线圈的额定电流（A）	50	70	100	140	200	400	600
电阻（65℃）	5.5	2.35	1.30	0.74	0.36	0.15	0.12
电抗	2.7	1.3	0.86	0.55	0.28	0.10	0.094

电流互感器线圈的电阻和电抗值（mΩ）　　　　表 4-21

型　号	变流比	75/5	150/5	400/5
LQZ-0.5	电阻	2.66	0.667	0.125
	电抗	21.3	5.32	1.03

母线零序电抗值线（相或零相 $X_{0\Phi}$、X_{00}）　　　　　表 4-22

母线规格（mm×mm）	母线中心距为 D 时电抗值（mΩ/m）		
	D=200	D=250	D=350
80×8	0.183	0.188	0.198
100×10	0.169	0.174	0.184
120×10	0.158	0.164	0.173

1kV 及以下各种电缆零序电阻（$R_{0\phi}$、R_{00}）电抗值

（相或零相 $X_{0\Phi}$、X_{00}）（mΩ/m）　　　　　表 4-23

芯数×截面	橡皮、塑料电缆		橡皮电缆		塑料电缆	
3×（a）+1×（b）	零线电阻		零序电抗		零序电抗	
a-b	铝导体	铜导体	$X_{0\Phi}$	X_{00}	$X_{0\Phi}$	X_{00}
35—10	3.695	2.193	0.101	0.136	0.100	0.138
50—16	2.309	1.371	0.095	0.131	0.101	0.135
70—25	1.507	0.895	0.091	0.126	0.079	0.127
95—25	1.077	0.639	0.094	0.130	0.097	0.125

（四）短路电流的计算公式

（1）三相短路电流周期分量的有效值（I_p）

$$I_p = U_c / \sqrt{3} \times |Z_\Sigma| = U_c / \sqrt{3} \times \sqrt{R_\Sigma^2 + X_\Sigma^2} \quad (kA) \tag{4-32}$$

式中　U_c——短路点的计算电压（有时也称平均电压），V；

　$|Z_\Sigma|$——短路回路总阻抗（模）值，mΩ；

　　X_Σ——短路回路总电抗值，mΩ；

　　R_Σ——短路回路总电阻值，mΩ。

（2）三相短路冲击电流（i_{sh}）

$$i_{sh} = 1.84 I_p (kA) \tag{4-33}$$

（3）三相短路电流最大有效值（I_{sh}）

$$I_{sh} = 1.09 I_p (kA) \tag{4-34}$$

注：式（4-33）和式（4-34）适用于变压器低压侧出口母线处短路。当计算低压电网短路时，应将 1.84 改为 1.03，1.09 改为 1。

（4）两相短路电流的计算公式同式（4-17）～式（4-19）。

（5）单相短路电流的计算（以相—零回路电流方法）

$$I_k^{(1)} = U_c / \sqrt{3} / Z_{\phi 0} = U_c / \sqrt{3} / \sqrt{(\Sigma R_{\phi 0})^2 + (\Sigma X_{\phi 0})^2} \tag{4-35}$$

式中　　　$I_k^{(1)}$——单相短路电流，kA；

　　　　U_c——短路点计算电压，V；

　　　　$Z_{\phi 0}$——短路回路总相—零阻抗，mΩ；

$\Sigma R_{\phi 0}$、$\Sigma X_{\phi 0}$——短路回路总相—零电阻、总相—零电抗，mΩ。

（6）相-零回路总阻抗的确定

短路回路总相-零电阻（$\sum R_{\phi o}$）按下式确定：

$$\sum R_{\phi o} = \frac{1}{3}(\sum R_1 + \sum R_2 + \sum R_o) \tag{4-36}$$

短路回路总相-零电抗（$\sum X_{\phi o}$）按下式确定。

$$\sum X_{\phi o} = \frac{1}{3}(\sum X_1 + \sum X_2 + \sum X_o) \tag{4-37}$$

式中　R_1、R_2、R_o——元件的正序、负序、零序电抗值，$m\Omega$

X_1、X_2、X_o——元件的正序、负序、零序电抗值，$m\Omega$。

短路回路中各元件的各种电阻，电抗的值均可通过查有关表得到见计算示例。线路的零序电阻和零序电抗也可用下式计算求出。

$$R_o = R_{o\phi} + 3R_{oo} \tag{4-38}$$

$$X_o = X_{o\phi} + 3X_{oo} \tag{4-39}$$

式中　　　R_o、X_o——元件的零序电阻，零序电抗，$m\Omega$；

$R_{o\phi}$、$X_{o\phi}$、R_{oo}、X_{oo}——相线零序电阻、电抗，零线的零序电阻、电抗，$m\Omega$。

二、计算示例

【例 4-1】某供电系统如图4-3所示。求变电所 10kV 高压母线上（K-1 点）和 0.4kV 低压母线上（K-2 点）短路时的三相短路电流和短路容量。求商服中心进户电源处（K-3 点）短路时的三相短路电流和单相短路电流。

解：1. 求 K-1 点的三相短路电流和短路容量

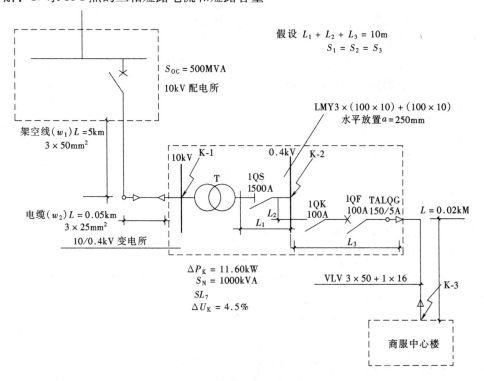

图 4-3　某供电系统图

（1）计算短路回路中各元件的电抗值并绘出等效电路图

①电力系统的电抗（配电所）：

查表 4-2：得 $U_{c1}=10.5\text{kV}$

$$X_s=U_{c1}^2/S_{oc}=10.5^2/500=0.22\Omega$$

②架空线路（W_1）电抗，电缆线路（W_2）电抗。

查表 4-13 得 X_{01}，X_{02}值，$X_{01}=0.38\Omega/\text{km}$

$$X_{02}=0.08\Omega/\text{km}$$

$$X_{W1}=X_{01}\cdot L_1=0.38\times5=1.9\Omega$$

$$X_{W2}=X_{02}\cdot L_2=0.08\times0.05=4\times10^{-3}\Omega$$

③K-1 点短路等效电路如图 4-4 所示：

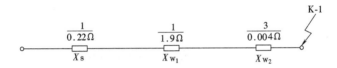

图 4-4　等效电路图

（2）求短路回路总电抗计算 K-1 点的三相短路电流和短路容量

①总电抗：

$$X_{\Sigma(K\text{-}1)}=X_s+X_{W1}+X_{W2}=0.22+1.9+0.004=2.124\Omega$$

②求三相短路电流（K-1 点）

由于电源为无限大容量，$I_p^{(3)}=I''^{(3)}=I_k^{(3)}=I_{20}^{(3)}$，现用 I_k 表示三相短路电流周期分量的有效值，只为表达方便和以往沿用的习惯而已。

三相短路电流周期分量的有效值

$$I_{K\text{-}1}^{(3)}=U_{c1}/\sqrt{3}\cdot X_{\Sigma(K\text{-}1)}=10.5/\sqrt{3}\times2.124=2.86\text{kA}$$

三相短路冲击电流

$$i_{sh(K\text{-}1)}^{(3)}=2.55I''_{(K\text{-}1)}=2.55\times2.86=7.29\text{kA}$$

三相短路电流最大有效值

$$I_{sh(K\text{-}1)}^{(3)}=1.51I''_{(K\text{-}1)}=1.51\times2.86=4.32\text{kA}$$

③三相短路容量：

由电工基础理论可知 $S=\sqrt{3}UI$

$$S_{K\text{-}1}^{(3)}=\sqrt{3}U_{c1}I_{k\text{-}1}^{(3)}=\sqrt{3}\times10.5\times2.86=52\text{MVA}$$

2. 求 K-2 点的三相短路电流和三相短路容量

（1）计算短路回路各元件的电抗并绘出等效电路图查表 4-2 得 $U_{c2}=0.4\text{kV}$，用上述公式时注意电抗的转换

①电力系统的电抗：

$$X'_s=U_{c2}^2/S_{oc}=0.4^2/500=3.2\times10^{-4}\Omega$$

②架空线路（W_1）电抗；电缆线路（W_2）的电抗：

$$X'_{W_1}=X_{01}l\ (U_{c2}/U_{c1})^2$$

$$=0.38\times5\times0.4^2/10.5^2$$
$$=2.76\times10^{-3}\Omega$$

$$X'_{W_2}=X_{02}l\ (U_{c2}/U_{c1})^2$$
$$=0.08\times0.05\times0.4^2/10.5^2$$
$$=5.8\times10^{-6}\Omega$$

③电力变压器的电抗：
$$X'_T=U_k\%/100\times U_{c2}^2/S_N$$
$$=4.5/100\times400^2/1000=7.2\times10^{-3}\Omega$$

④K-2 点短路等效电路如图 4-5 所示：

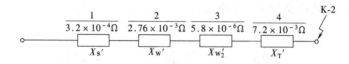

图 4-5　等效电路图（K-2 点短路）

（2）求短路回路总电抗　计算（K-2 点）的三相短路电流和三相短路容量。

①总电抗：
$$X_{\Sigma(K-2)}=X'_s+X'_{W_1}+X'_{W_2}+X_T$$
$$=3.2\times10^{-4}+2.76\times10^{-3}+5.8\times10^{-6}+7.2\times10^{-3}=0.0103\Omega$$

②求三相短路电流：

三相短路电流周期分量有效值
$$I_{K-2}^{(3)}=U_{c2}/\sqrt{3}X_{\Sigma(K-2)}=0.4/\sqrt{3}\times0.0103=22.43\text{kA}$$

三相短路冲击电流
$$i_{sh(K-2)}^{(3)}=1.84I''^{(3)}_{K-2}=41.27\text{kA}$$

三相短路电流最大有效值（用公式 8-25）
$$I_{sh(K-2)}^{(3)}=1.09I''^{(3)}_{K-2}=24.45\text{kA}$$

三相短路容量
$$S_{K-2}^{(3)}=\sqrt{3}U_{c2}I_{K-2}^{(3)}=\sqrt{3}\times0.4\times22.43=15.54\text{MVA}$$

3. 求 K-3 点的三相短路电流

（1）计算短路回路中各元件的阻抗值并绘出等效电路

①电力系统（高压系统）电抗值：
$$X''_s=U_{c2}^2/S_{oc}=400^2/500\times10^3=0.32\text{m}\Omega$$

注：此时的系统断流容量为 K-1 点的断流容量，也可以用三相短路容量代替。

②变压器阻抗值：
$$Z''_T=\Delta U_k\%/100\times U_{T\cdot N\cdot 2}^2/S_{T\cdot N}=4.5/100\times400^2/1000=7.2\text{m}\Omega$$

③变压器电阻值：
$$R''_T=\Delta P_k U_{T\cdot N\cdot 2}^2/S_{T\cdot N}^2=11.6\times400^2/1000^2=1.86\text{m}\Omega$$

④变压器电抗：
$$X''_T=\sqrt{Z_T^2-R_T^2}=\sqrt{7.2^2-1.86^2}=6.96\text{m}\Omega$$

（2）母线的阻抗

假设母线 L_1，L_2，L_3 各段的截面相同，且母线几何均距相同为 250mm 水平等距。实际工程中 L_3 段的截面小于 L_1，L_2；距离不相同需分别计算，但方法相同。请使用者不要省略。

①母线的电阻：
$$R_m = L/rS \times 10^3 = 10/32 \times 1000 \times 10^3 = 0.31 m\Omega$$

②母线的电抗：
$$X_{ml(L_1+L_2+L_3)}$$
$$= 0.145 \times L lg \ (4a_{av}/b) = 0.145 \times 10 lg \ (4 \times 1.26 \times 250/100) = 1.60 m\Omega$$

以上所求的变压器母线的阻抗可以从表 4-6 和表 4-7 查到近似值，作为工程上计算可以满足精度要求。查表结果如下：

①变压器的电抗 $X''_T = 6.82 m\Omega$，电阻 $R_T = 2.32 m\Omega$。

②母线的电抗 $0.149 \times 10 = 1.49 m\Omega$

母线电阻 $0.041 \times 10 = 0.41 m\Omega$。

（3）隔离开关 IQS 的接触电阻

查表 4-19 得，$R_{1QS} = 0.03 m\Omega$。

（4）低压断路器线圈阻抗及触头电阻

查表 4-20 得 $R_{1QF} = 1.30 m\Omega$，$X_{1QF} = 0.86 m\Omega$

查表（4-19）得 $R'_{1QF} = 0.75 m\Omega$。

（5）刀开关触头电阻

查表 4-19 得 $R_{qK} = 0.5 m\Omega$。

（6）电流互感器的阻抗

查表 4-21 得　$R_{TA} = 0.667 m\Omega$，$X_{TA} = 5.32 m\Omega$。

（7）电缆线路的阻抗

查表 4-9 得　$R_W = 0.754 m\Omega/m$，$X_W = 0.082 m\Omega/m$。

$R_W = 20 \times 0.754 = 15.08 m\Omega$。

$X_W = 20 \times 0.082 = 1.64 m\Omega$。

（8）K-3 点短路等效电路图如图 4-6 所示。

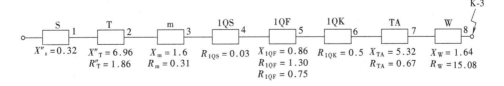

图 4-6　K-3 点短路等效电路图

（9）求 K-3 点短路总阻抗，求三相短路电流周期分量的有效值。

①总电抗 X_Σ
$$X_\Sigma = X''_s + X''_T + X_m + X_{1qF} + X_{TA} + X_W$$
$$= 0.32 + 6.96 + 1.6 + 0.86 + 5.32 + 1.64 = 16.7 m\Omega$$

②总电阻 R_Σ

$$R_\Sigma = R''_T + R_m + R_{1QS} + R_{1QF} + R'_{1QF} + R_{1QK} + R_{TA} + R_W$$
$$= 1.86 + 0.31 + 0.03 + 1.3 + 0.75 + 0.5 + 0.67 + 15.08 = 20.5 \text{m}\Omega$$

③总阻抗 Z_Σ

$$Z_\Sigma = \sqrt{R_\Sigma^2 + X_\Sigma^2} = \sqrt{20.5^2 + 16.7^2} = 26.44 \text{m}\Omega$$

④三相短路电流周期分量的有效值

$$I_{K\text{-}3}^{(3)} = U_{c2}/\sqrt{3}Z_\Sigma = 400(\text{V})/\sqrt{3} \times 26.44(\text{m}\Omega) = 8.74 \text{kA}。$$

⑤三相短路电流冲击电流 $i_{\text{sh(K-3)}}^{(3)}$ 根据公式（4-15）。后面的注取系数为 1.03，下同。

$$i_{\text{sh(K-3)}}^{(3)} = 1.03 \times 8.74 \ (\text{kA}) = 9.0 \text{kA}$$

⑥三相短路电流最大有效值 $I_{\text{sh(K-3)}}^{(3)}$

$$I_{\text{sh(K-3)}}^{(3)} = 1 \times 8.74 \ (\text{kA}) = 8.74 \text{kA}$$

注：在低压电网中，电阻值大，短路电流非周期分量衰减比高压电网快，也就是说时间短。若低压电网有一定的长度，在低压线路的末端不考虑非周期分量。只有在变压器低压母线的出口侧或低压配电屏接近变压器的地方短路时，才考虑其影响。

4. 求 K-3 点单相短路电流

（1）求相-零回路的总电阻　由于短路回路中各元件的正序电抗、正序电阻分别等正负序电抗和负序电阻，由于电力系统不计电阻，隔离开关和刀开关不计电抗，故求正、负电抗、电阻可见表 4-19、表 4-20，并可求零序电抗和零序电阻（求零序阻抗）。

①电力系统（S）：高压系统中没有零序电流流过，无零序阻抗。

②变压器的零序阻抗和单相阻抗（T）：变压器的零序阻抗与变压器使用材料及结构形式有关。一般应通过实测得到或查找有关产品的技术参数。如困难可以直接求出变压器的单相阻抗（见表 4-18）。表中所列的有关数据已换算到变压器的低压侧，变压器的单相阻抗值比零序阻抗值小，因此在工程上计算两者有误差。这个误差引起的后果，从对电器设备选择，保护，安全等角度来谈，是可以的；但从经济角度出发就差一些，目前两种方法均可以使用。取 $Z_{02} = 7.3 \text{m}\Omega$　$R_{02} = 2.2 \text{m}\Omega$　$X_{02} = 6.9 \text{m}\Omega$

③母线的零序阻抗：母线的零序电阻等于正序电阻。

查表 4-7 得 $R_{0\phi} = 0.041 \text{m}\Omega/\text{m}$ 零序电阻 $R_{03} = 10 \times 0.041 = 0.41 \text{m}\Omega$

母线的零序电抗见表 4-22，取 $X_{0\phi} = 0.174 \text{m}\Omega/\text{m}$

零序电抗：$X_{03} = 10 \times 0.174 = 1.74 \text{m}\Omega$

上述计算是假设相线和中性线型号和截面均相同而得到的结果，在工程中计算误差值是在允许范围内。

④隔离开关（1QS）的零序电阻 R_{04}：

隔离开关的零序电阻等于正序电阻。即

$$R_{04} = 0.03 \text{m}\Omega$$

⑤断路器（1QF）的零序阻抗 Z_{05}：

零序电阻 R_{05} 等于正序电阻，取值 2.05 mΩ

零序电抗 X_{05} 等于正序电抗，取值 0.86 mΩ

⑥刀开关（1QK）的零序电阻 R_{06}：

R_{06} 取值 $0.5\mathrm{m\Omega}$；道理同⑤条。

⑦电流互感器（TA）的零序阻抗 Z_{07}，$R_{07}=0.67\mathrm{m\Omega}$　$X_{07}=5.32\mathrm{m\Omega}$，道理同⑤条。

⑧电缆线路（W）的零序阻抗 Z_{08}，查表 4-23 得：

零序电抗：相线 $X_{0\phi}=0.101\mathrm{m\Omega/m}$，零线 $X_{\infty}=0.135\mathrm{m\Omega/m}$。零序电阻：相线 $R_{0\phi}$ 等于正序电阻，查表 4-8 为 $0.754\mathrm{m\Omega/m}$

零线 $\qquad\qquad\qquad R_{\infty}=2.309\mathrm{m\Omega/m}$

电缆线路的零序电抗（线路长 20m）

$$X_{08}=(X_{0\phi}+3X_{\infty})\times20=10.12\mathrm{m\Omega}$$

电缆线路的零序电阻

$$R_{08}=(R_{0\phi}+3R_{\infty})\times20=153.62\mathrm{m\Omega}$$

（2）求短路回路的总电抗、总电阻，总阻抗

①总电抗　　$\sum X_{\phi o}=1/3\Big[(\sum_1^6 X_1)+(\sum_1^6 X_2)+(\sum_1^5 X_0)\Big]$

$\qquad\qquad =1/3[(0.32+6.96+1.6+0.86+5.32+1.64)$

$\qquad\qquad\quad +(0.32+6.96+1.6+0.86+5.32+1.64)+(6.9+1.74$

$\qquad\qquad\quad +0.86+5.32+10.12)]=19.45\mathrm{m\Omega}$

②总电阻　　$\sum R_{\phi o}=1/3\Big[(\sum_1^7 R_1)+(\sum_1^7 R_2)+(\sum_1^7 R_0)\Big]$

$\qquad\qquad =1/3[(1.86+0.31+0.03+2.05+0.5+0.67+15.08)$

$\qquad\qquad\quad +(1.86+0.31+0.03+2.05+0.5+0.67+15.08)+(2.2$

$\qquad\qquad\quad +0.41+0.03+2.05+0.5+0.67+153.62)]$

$\qquad\qquad =66.82\mathrm{m\Omega}$

③总阻抗　　$Z_{\phi o}=\sqrt{\sum R_{\phi o}^2+\sum X_{\phi o}^2}=69.59\mathrm{m\Omega}$。

（3）求 K-3 点单相短路电流，

$$I_{K\text{-}3}^{(1)}=U_c/\sqrt{3}Z_{\phi o}=400\ (\mathrm{V})\ /\sqrt{3}\times69.59\ (\mathrm{m\Omega})=3.32\mathrm{kA}$$

通常计算单相短路电流时，要确定相-零阻抗，要用到正序、负序、零序的电抗或电阻，为计算方便列表 4-24 和表 4-25。

K-3 点短路回路中各元件的正、负序电抗、电阻值（$\mathrm{m\Omega}$）　　　　表 4-24

元件名称	S 电力系统	T 变压器	M 母线	IQS 隔离开关	1QF 断路器	1QK 刀开关	TA 电流互感器	W 电缆线路
编号	1	2	3	4	5	6	7	8
电抗	3.08	6.96	1.6		线圈 0.86		5.32	1.64
电阻		1.86	0.31	0.03	线圈＋触头 2.05	0.5	0.67	15.08

K-3 点短路回路中各元件零序电抗值零序电阻值（mΩ）　　　　表 4-25

元件名称	S 电力系统	T 变压器	M 母线	1QS 隔离开关	1QF 断路器	1QK 刀开关	TA 互感器	W 电缆线路
编号								
电抗	0	6.9	1.74		0.86		5.32	10.12
电阻	0	2.2	0.41	0.03	2.05	0.5	0.67	153.62

三、使用欧姆法进行短路电流计算时应注意的问题

1. 欧姆法是一个非常严谨的理论方法，在计算过程中特别注意每个物理量的使用单位。电流的单位是（kA）、电压的单位是（kV）、短路容量的单位是（MVA）、阻抗的单位是（Ω）。

2. 短路点的计算电压（有时称为平均电压）是按线路首端的电压值考虑的，而不是线路的额定电压。依照我国现行的电压标准，常用的高压有 10.5（kV）、37（kV），低压有 0.4（kV）。

3. 在进行短路电路阻抗计算时，如果电路中存在着不同的电压等级。电路中的所有元件的阻抗值都应按要进行短路计算的短路点处的计算电压值进行阻抗换算，而不是元件所在处电压值时所体现的阻抗值。换算是以功率损耗相等为条件的，换算的公式与电工原理相同。如果用 R'、X'、U'_c 表示换算后元件的电阻、电抗和要进行短路计算的短路点的计算电压，用 R、X、U_c 表示换算前元件的电阻、电抗和元件所在处实际的短路计算电压。则有如下换算式：

电阻为：$R' = R\ (U'_c/U_c)^2$　　　电抗为：$X' = X\ (U'_c/U_c)^2$。

实际上对于 10/0.4kV 的建筑供配电系统中需要进行阻抗换算的只有电力线路的阻抗要进行换算，而电力系统和电力变压器的阻抗不用换算。只需将计算公式中的计算电压用短路点的计算电压的换算值代替即可。

4. 对于低压电路的短路计算，由于短路电路的电阻是大于电抗的 1/3 的，这时必须计算线路的电阻。采用欧姆法进行短路电流的计算是最好的方法。

第五节　采用标幺制法进行短路电流计算

一、有关标幺制法的基础理论

标幺制是一种相对单位制，它把短路计算中所涉及的容量、电压、电流和阻抗等参数值用其相对应的标幺值表示，从而使短路的计算过程变得简单。

（一）有关标幺值的定义

某个物理量的标幺值就是其自身的实际值（也称有名值）和所设定的基准值之比。

1. 在短路计算中所涉及的各种参数的标幺值可表示如下：

容量的标幺值：　　　　　　　　　　$S_* = S/S_d$　　　　　　　　　　（4-40）

电压的标幺值：　　　　　　　　　　$U_* = U/U_d$　　　　　　　　　　（4-41）

电流的标幺值：　　　　　　　　　　$I_* = I/I_d$　　　　　　　　　　（4-42）

电抗的标幺值：　　　　　　　　　　$X_* = X/X_d$　　　　　　　　　　（4-43）

式中　S；U；I；X——分别为容量、电压、电流、电抗的实际单位值（与基准值的单位相同）；

　　　S_d；U_d；I_d；X_d——分别为容量、电压、电流、电抗的基准单位值（与实际值的单位相同）。

为了区别下角标为 $*$ 是标幺值；下角标为 d 的是基准值。

2. 实际工程中的基准值的规定。

基准值的确定应该是任意的，但在实际工程中，为了计算方便通常取基准容量 S_d $=100MVA$。而基准电压（U_d），则取短路点处线路的平均电压（U_c）（也称计算电压）的值。当基准容量、电压确定后，其他基准值也就随之确定了。它们之间的关系式如下：

基准电流：
$$I_d = S_d / \sqrt{3} U_d \tag{4-44}$$

基准电抗：
$$X_d = U_d / \sqrt{3} I_d = U_d^2 / S_d \tag{4-45}$$

特别注意：在短路回路中各物理量之间无论是用标幺值还是用基准值表示，它们之间的关系式必须符合电工原理。

（二）电力系统中各元件标幺值的计算公式（$S_d = 100MVA$，$U_d = U_c$ 时）

1. 电力系统的标幺值（X_{s*}）

在建筑供配电系统中由于电源多来自于 10kV 的线路，而这条线路是由 35/10.5kV 变电所的母线上引出，线路出线侧的保护装置通常采用断路器。这时电力系统容量以断路器的断流容量代之。电力系统的标幺值：

$$X_{s*} = X_s / X_d = U_c^2 / S_{oc} / U_d^2 / S_d = S_d / S_{oc} \tag{4-46}$$

式中　S_d——基准容量（取 100MVA）；

　　　S_{oc}——配电所或变电所出口侧断路器的断流容量（MVA）。

2. 电力变压器电抗标幺值（X_{T*}）

$$X_{T*} = U_k\% \cdot S_d / 100 S_N \tag{4-47}$$

式中　$U_k\%$——变压器短路电压的百分值；

　　　S_N——变压器的额定容量，kVA。

3. 电力线路电抗的标幺值（X_{WL*}）

$$X_{WL*} = X_{WL} / X_d = X_o l \frac{U_d^2}{S_d} = X_o l S_d / U_c^2 \tag{4-48}$$

式中　X_o——单位长度电力线路的电抗实际计算中常用近似值（见表 4-13），Ω/km；

　　　l——电力线路的长度，km。

4. 电抗器电抗的标幺值（X_{L*}）　为了减小短路电流常加入电抗器

$$X_{L*} = X_L / X_d = X_{LN}^* (U_{LN} / \sqrt{3} I_{LN})(S_d / U_c^2)$$

$$= U_L\% / 100 (U_{LN} / \sqrt{3} I_{LN})(S_d / U_c^2) \tag{4-49}$$

式中　$U_L\%$——电抗器绕组电抗百分值；

　　　U_{LN}——电抗器的额定电压，kV；

I_{LN}——电抗器的额定电流，A。

（三）短路回路总电抗标幺值的确定

用阻抗网络变换表 4-9 中换算公式进行。

（四）短路电流的计算公式

1. 三相短路电流周期分量的有效值（$I_P^{(3)}$）　　由于系统为无限大容量，用 $I_K^{(3)}$ 表示 $I_P^{(3)}$，I_K 是三相短路电流的有效值。

（1）求三相短路电流周期分量有效值的标幺值（$I_{K*}^{(3)}$）：

$$I_{K*}^{(3)}=I_K^{(3)}/I_d=\frac{U_c}{\sqrt{3}X_\Sigma}/\frac{S_d}{\sqrt{3}U_c}=U_c^2/S_dX_\Sigma=\frac{1}{X_{\Sigma*}} \tag{4-50}$$

（2）三相短路电流周期分量有效值（$I_K^{(3)}$）：

$$I_K^{(3)}=I_{K*}^{(3)}\cdot I_d=I_d/X_{\Sigma*} \tag{4-51}$$

2. 三相短路容量（$S_K^{(3)}$）

$$S_K^{(3)}=\sqrt{3}U_cI_K^{(3)}=\sqrt{3}U_cI_d/X_{\Sigma*}=S_d/X_{\Sigma*} \tag{4-52}$$

上三式中　　$X_{\Sigma*}$——短路回路总电抗标幺值；

$\qquad\qquad S_K^{(3)}$——三相短路容量，MVA；

$\qquad\qquad I_K^{(3)}$——三相短路电流，kA；

$\qquad S_d$、I_d——基准容量 100MVA；基准电流，kA；

$\qquad\qquad U_c$——短路计算电压。

3. 三相短路电流冲击值 i_{sh}，最大有效值 I_{sh}，两相短路电流的各值求法与欧姆法完全相同。

（1）三相短路冲击电流（i_{sh}）和三相短路电流最大有效值（I_{sh}）

在高压电路中发生三相短路时，一般冲击系数 $K_{sh}=1.8$，这时：

$$i_{sh}=2.55I'' \tag{4-53}$$

$$I_{sh}=1.51I'' \tag{4-54}$$

在 1000kVA 及以下的电力变压器二次侧及低压电器中发生三相短路时，一般可以取 $K_{sh}=1.3$，这时

$$i_{sh}=1.84I'' \tag{4-55}$$

$$I_{sh}=1.09I'' \tag{4-56}$$

（2）两相短路电流周期分量的有效值（$I_P^{(2)}$）

$$I_P^{(2)}=\sqrt{3}/2I_P^{(3)} \tag{4-57}$$

（3）两相短路电流的冲击值（$I_{sh}^{(2)}$）和最大有效值 $I_{sh}^{(2)}$

$$i_{sh}^{(2)}=\sqrt{3}/2i_{sh}^{(3)} \tag{4-58}$$

$$I_{sh}^{(3)}=\sqrt{3}/2I_{sh}^{(3)} \tag{4-59}$$

二、计算示例

用标幺制法求例 4-1 中的 K-1 点、K-2 点短路的三相短路电流和短路容量。

解：（1）确定基准值

$$S_d=100MVA；U_{c1}=10.5kV；U_{c2}=0.4kV$$

$$U_{c1}=U_{d1}；U_{c2}=U_{d2}$$

$$I_{d1}=S_d/\sqrt{3}U_{d1}=100/\sqrt{3}\times10.5=5.498kA\ 取\ 5.5kA$$

$$I_{d2}=S_d/\sqrt{3}U_{d2}=100/\sqrt{3}\times0.4=144.34kA\ 取\ 144kA$$

（2）确定短路回路中各元件电抗标幺值

①电力系统（X_{S*}）

$$X_{S*}=S_d/S_{oc}=100/500=0.2$$

②架空线路（W_1）（X_{W1*}）

$$X_{W1*}=X_{01}L_1S_d/U_{c1}^2\ 查表\ 4\text{-}13\ 取\ X_{01}=0.38\Omega/km$$

$$X_{W1*}=0.38\times5\times100/10.5^2=1.72$$

注：这里 U_c 取等于 U_{c1} 是因为线路所在处的计算电压为 U_{c1}。下同。

③电缆线路（W_2），（X_{W2*}）查表 4-13 取 $X_{02}=0.08\Omega/km$

$$X_{W2*}=X_{02}lS_d/U_{c1}^2=0.08\times0.05\times100/10.5^2$$

$$=3.6\times10^{-3}$$

④电力变压器（X_{T*}）

$$X_{T*}=U_k\%S_d/100S_N=4.5\times100/100\times1000$$

$$=4.5\times100\times10^3/100\times1000=4.5$$

（3）绘制等效电路（图 4-7）

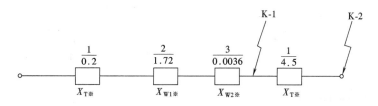

图 4-7　标幺制等效电路

（4）求 K-1 点的短路回路总电抗标幺制和三相短路电流和三相短路容量

①总电抗标幺值，根据图 4-7 可得

$$X_{\Sigma(K\text{-}1)*}=X_{S*}+X_{W1*}+X_{W2*}=0.2+1.72+0.0036=1.924$$

②三相短路电流周期分量的有效值（$I_{K-1}^{(3)}$）

$$I_{K-1}^{(3)}=I_{d1}/X_{\Sigma(K\text{-}1)*}=5.50/1.924=2.86kA$$

③三相短路容量（$S_{K-1}^{(3)}$）

$$S_{K-1}^{(3)} = S_d / X_{\Sigma(K-1)*} = 100/1.924 = 52.0\text{MVA}$$

④三相短路电流的其他各值：i_{sh}，I_{sh}，与例 4-1 中计算结果相同。

（5）求 K-2 点的短路回路总电抗标幺制和三相短路电流，三相短路容量。

①总电抗标幺值

$$X_{\Sigma(K-2)*} = X_{s*} + X_{W1*} + X_{W2*} + X_{T*} = 0.2 + 1.72 + 0.0036 + 4.5 = 6.42$$

②三相短路电流周期分量的有效值（$I_{K-1}^{(3)}$）

$$I_{K-2}^{(3)} = I_{d2} / X_{\Sigma(K-2)*} = 144/6.42 = 22.43\text{kA}$$

③三相短路容量 $S_{K-2}^{(3)}$

$$S_{(K-2)}^{(3)} = S_d / X_{\Sigma(K-2)*} = 100/6.42 = 15.58\text{MVA}$$

④三相短路冲击电流 $i_{sh}^{(3)}$；最大有效值 $I_{sh}^{(3)}$

$$i_{sh}^{(3)} = 1.84 \times I_{K-2}^{(3)} = 41.27\text{kA}$$

$$I_{sh}^{(3)} = 1.09 \times I_{K-2}^{(3)} = 24.45\text{kA}$$

注：由于取基准电流时有些误差，因此计算结果和欧姆法有点差别；若准确取值，没有一点误差。在实际应用中基准电流的取值和本题一致。

三、采用标幺值法进行短路电流计算应注意的问题

1. 基准值选取时，基准容量通常用 100MVA，而基准电压一定要取需计算短路点处的短路计算电压值。

2. 由于采用的是相对单位值，虽然电路中存在着不同的电压等级。电路中的所有元件的阻抗值都不必按要进行短路计算的短路点处的计算电压值进行阻抗换算。而将阻抗的标幺值直接相加得到总的阻抗。

3. 通过公式的推导可得到：短路电流的标幺值和短路容量的标幺值相等且它们都是短路回路总电抗标幺值的倒数。这就使计算变得简单了。

4. 由于低压电路中的电阻值是大于电抗值的 1/3，其阻抗值是不能忽略电阻值的，所以标幺值的方法不适用于 1kV 及以下的低压电路短路电流的计算。

第六节　短路电流的工程估算法

一、短路电流的图解法

在实际的工程中，为了简化计算，对于无限大容量系统的供电网络。在已知短路回路总的电抗值标幺值时，可以通过图直接查到短路电流和短路容量等数据。这就是短路电流的图解法。

短路电流的图解法是根据公式（4-50）～式（4-52）而绘制的。此外图 4-8 包含式（4-53）和式（4-54），图 4-9 包含式（4-55）和式（4-56）。横轴代表短路回路总的电抗标幺值；纵轴代表短路回路的短路电流。

使用该图的过程（见图 4-10）如下：

已知某短路回路的总电抗的标幺值（$X_{\Sigma*}$）。

查表过程如下：

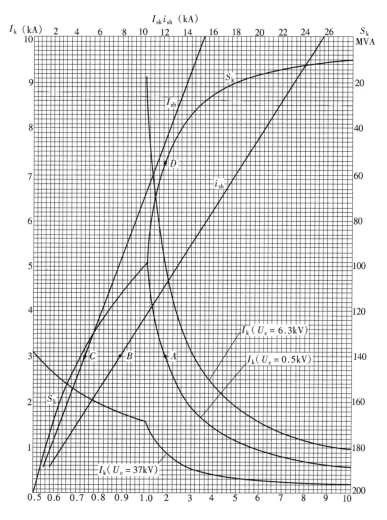

图 4-8　短路电流计算图（$i_{sh}=2.55 I_k$；$I_{sh}=1.51 I_k$）

1—2—3 查 I_k；3—4—5 查 I_{sh}。

3—6—7 查 i_{sh}；1—8—9 查 S_k。

已知短路容量（S_k）。

9—8—2—3 查 I_k；3—4—5I_{sh}。

3—6—7 查 i_{sh}；9—8—1 查 $X_{\Sigma *}$。

二、举例

采用短路电流的图解法确定例 4-1 中的 K-1、K-2 点短路时的三相短路电流和三相短路容量。

解：K-1 短路时总的电抗标幺值为 1.92。查图 4-8 短路计算图（$i_{sh}=2.55I_k$；$I_{sh}=1.51I_k$ 时）。按照图的使用方法和步骤得到：

A 点所对应的是 $I_{K-1}^{(3)}$ 值为 2.86kA。

B 点所对应的是 $I_{sh(K-1)}^{(3)}$ 值为 4.32kA。

C 点所对应的是 $i_{sh(K-1)}^{(3)}$ 值为 7.29kA。

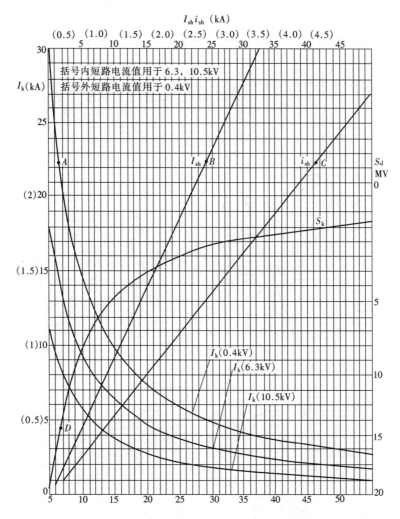

图 4-9 1000kVA 及以下变压器短路电流计算图

$(i_{sh}=1.84I_k$；$I_{sh}=1.09I_k)$

D 点所对应的是 $S_{K-1}^{(3)}$ 值为 52MVA。

K-2 短路时总的电抗标幺值为：6.42。查图 4-9 短路计算图 $(i_{sh}=1.84I_k$；$I_{sh}=1.09I_k$ 时)。

按照图的使用方法和步骤得到：

A 点所对应的是 $I_{K-2}^{(3)}$ 值为 22.43kA。

B 点所对应的是 $I_{sh(K-2)}^{(3)}$ 值为 24.45kA。

C 点所对应的是 $i_{sh(K-2)}^{(3)}$ 值为 41.27kA。

D 点所对应的是 $S_{K-2}^{(3)}$ 值为 15.54MVA。

三、短路电流的查表法

短路电流的查表法是应用标幺值计算短路电流的一种工程方法，它通过已经制成的一系列表格查找到短路电路中各元件的阻抗标幺值；将其相加查找总阻抗值所

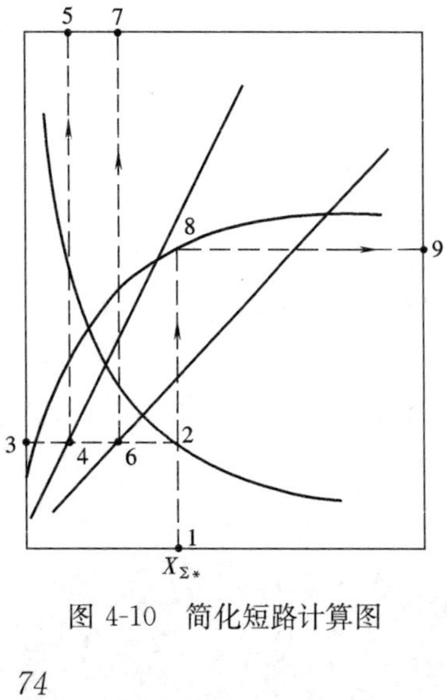

图 4-10 简化短路计算图

对应的短路电流表得到短路计算的各个值。这种方法简单方便，但是需要查找的表必须是准确和完整的。

本 章 小 结

短路电流的计算目的是为了选择高压、低压电器设备时找到其一个方面的可靠依据，从而保证电力系统正常运行。目前短路电流的计算可以使用计算机作为辅助手段来进行，许多软件已经广泛地使用在工程中。学习短路电流计算的关键在于掌握公式的来源、公式中每个符号所代表的含义以及公式的使用。

复 习 思 考 题

1. 正确理解在短路计算中所谓无限大容量电力系统的意义。

2. 短路电流的计算方法中的欧姆法和标幺值法各有什么特点？

3. 短路电流的热效应和电动力效应各是短路电流哪个值造成的，为什么？

4. 短路发热假想时间的概念以及如何计算。

5. 分别用欧姆法和标幺值法进行短路电流的计算。某供电系统如例题 4-1 所示。$S_{oc}=200MVA$，输出的 10kV 的线路均为电缆长度 6km，变压器容量 800kVA，其他数据见图 4-3。求变压器低压出口处三相短路电流、两相短路电流、三相短路冲击电流、三相短路电流最大有效值、三相短路容量的值。（出口处不是 K-2 点是指 1QS 的前端）。

第五章　高、低压电气设备

高低压电气设备是组成建筑供配电系统的必备元件。本章主要介绍 10kV 及以下变电所常用的高低压电气设备，作为从事施工和管理人员，应了解这些电气设备的使用功能、结构特点、工作原理及其选择，并熟悉其常用型号和使用要求。此外还介绍了变电所的关键设备电力变压器，以及用于测量和继电保护装置的互感器等。

第一节　高压电气设备

电气设备按其工作电压可分为高压电气设备和低压电气设备；按其在系统中的作用和地位可分为一次设备和二次设备。变配电工程中的电气设备有电力变压器、高压一次设备、低压一次设备、二次设备、电缆及母线槽等。

高压电路的控制和保护采用高压电气设备。10kV 及以下供配电系统中常用的有高压熔断器、高压隔离开关、高压负荷开关、高压断路器、高压避雷器、高压开关柜等。

一、高压熔断器（文字符号 FU）

（一）用途及特点

高压熔断器是一种简单实用的保护电器。用于小功率高压线路和小容量变压器的短路及过载保护；与串联电阻配合使用时，还可以切断较大的短路电流。通常与负荷开关配合使用。

当系统发生故障时，熔断器依靠熔体在电流超过限定值时熔化，将电路切断，从而避免由于过电流而使用电设备损坏，或者由于过电流而使电网事故蔓延。熔断器的特点是结构简单、体积小、重量轻、成本低廉、维护方便、动作可靠，唯一的缺点是熔断电流值和熔断时间分散性大，此外由于受灭弧功能的局限性，只能用于小容量的供电系统中，代替断路器作为过载和短路保护之用。

（二）分类及型号含义

熔断器的种类很多，按使用场合可分为户内式（RN 型）和户外式（RW 型）；按工作性能可分为固定式和自动跌落式；按工作特性可分为限流式和非限流式。实际中应根据具体需要选用。

高压熔断器的型号含义如下：

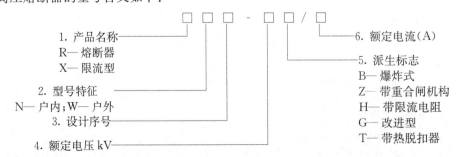

（三）结构及工作原理

1. RN 型户内高压熔断器

RN 型高压熔断器如图 5-1 所示，它由熔体管、接触导电部分、支持绝缘子和底座等组成。熔体管为长圆形瓷管或玻璃管，管内熔丝绕在瓷芯上，并充以石英砂。当过电流使熔丝熔断时，管内产生电弧，由于石英砂对电弧的冷却和去游离作用，使电弧在密闭的熔管中被迅速熄灭。为使石英砂有效地灭弧，管内的熔丝有时采用多根并联的方式，并使熔丝之间及对管壁之间保持一定距离，以免烧坏瓷管或短接弧道。RN 型熔断器灭弧能力很强，当通过短路电流时，能在电流未达到最大值之前将电弧熄灭。因此属于限流式熔断器，可以降低对被保护设备动、热稳定的要求。由于在开断电流时，无游离气体排出，也无强烈的声光干扰现象，因此适用于在户内使用。

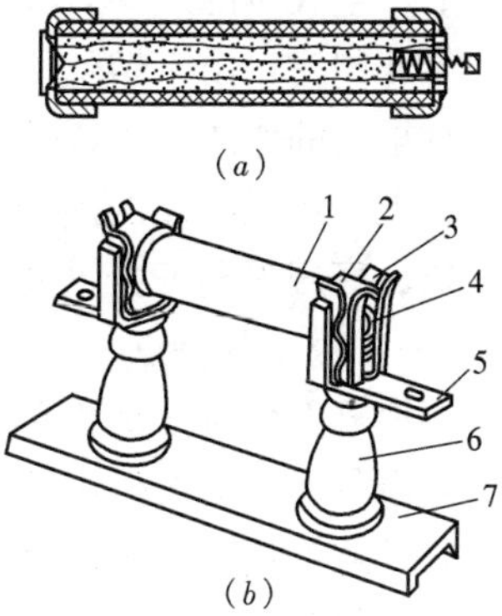

另一种容量较大的熔断器是设有石英砂填料，熔丝装在纤维管内。当熔丝熔断产生电弧时，使纤维管内壁纤维气化产生很高的压力，亦能在短路电流未达到最大值之前灭弧，实现限流的目的。熔断器动作后，有指示器弹出指示信号。

RN 型高压熔断器常用的有 RN1 型和 RN2 型。RN1 型用作小容量电力变压器、配电线路和电力电容器的保护之用；RN2 型只能用作电压互感器的保护之用。

2. RW 型户外式高压熔断器

10kV 及以下高压户外熔断器主要是跌落式熔断器，俗称跌落保险。它因熔丝熔断后，熔管自动跌落断开电路而得名。

跌落式熔断器结构简单、安装简便、操作容易、有明显的断开点，不仅具有过载和短路保护的功能，还可作为开关利用专用的绝缘棒（俗称令克棒）进行正常分、合闸操作，因而被广泛用于小型变压器的电源侧作为控制保护设备，一般安装于高压侧进线电杆的横担上。但是如果使用不当，很容易发生事故，不仅起不到应有的保护作用，其本身反而成为事故跳闸的根源。因此，正确安装和使用跌落式熔断器，对提高安全供电有十分重要的意义。

如图 5-2 所示，跌落式熔断器由瓷或硅橡胶绝缘支柱、上下触头座和跌落式熔丝管、安装板等部件组成。在正常工作时，熔丝管下部导电触头嵌在绝缘支柱的下部导电静触头挂钩内，熔丝管上部导电触头合到绝缘支柱上部导电静触头的弹性触头夹内，并依靠熔丝的拉力使熔丝管上部的活动关节锁紧，借以保持合闸状态。当熔丝通过超过其额定电流的故障电流时，在管内产生电弧，管内衬的消弧管在电弧的高温

图 5-1　RN 型高压管式熔断器

（a）熔管剖面示意图；

（b）熔断器的外形结构

1—瓷熔管；2—金属管帽；3—弹性触座；4—熔断指示器；5—接线端子；6—瓷绝缘子；7—瓷底

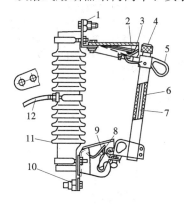

图 5-2　RW 型跌落式高压熔断器

1—上接线端子；2—上静触头；3—上动触头；4—管帽（带薄膜）；5—操作环；6—熔管；7—铜熔丝；8—下动触头；9—下静触头；10—下接线端子；11—绝缘瓷瓶；12—固定安装板

作用下产生大量的气体，压力升高，气体高速向外喷出将电弧拉长熄灭，故障电流被分断。与此同时，由于熔丝的熔断，熔丝的拉力消失，熔丝管上部的活动关节脱落，熔丝管在自身重力的作用下，以熔丝管下部触头挂钩为转轴旋转跌落，悬挂在熔断器下部静触头的挂钩上，形成明显的断开点。

二、高压隔离开关（文字符号 QS）

（一）用途及特点

隔离开关俗称隔离刀闸，在高压配电装置中使用最多，是高压开关的一种。其作用是：当电气设备需要停电检修时，用它来隔离高压电源，造成明显可见的断开间隙。此时将需要检修的设备与带电部分可靠地断开，以保证人身和设备安全。它还可与断路器配合使用进行倒闸操作，改变系统的供电方式。即当断路器检修时，为使线路对用户不停电，由正常母线供电换成其他（旁路）母线供电等。

由于隔离开关没有灭弧装置，只有微弱的灭弧能力，因此不能用来切合负荷电流或短路电流，只能在无负荷而有电压的情况下允许分合电路。

但从经济方面考虑，对于 6～10kV 的配电所，当回路中未装断路器时，在以下情况下允许使用隔离开关进行操作。

1. 控制励磁电流不超过 2A 的空载变压器；
2. 控制电压互感器和避雷器的线路；
3. 控制电流不超过 5A 的电容器空载电流；
4. 控制电压为 10kV 及以下电流不超过 15A 的线路；
5. 控制电压为 10kV 及以下、环路均衡电流在 70A 以下的环路。

（二）分类及型号含义

隔离开关根据安装地点不同，可分为户内式和户外式；根据结构不同可分为单柱式、双柱式和三柱式。户内式可安装在墙壁或支架上，多用于高压成套配电装置内；户外式安装在架空线路的电杆上。

隔离开关采用配套的操作机构，一般用手力进行操作。图 5-3 是 GN8—10/600 型户内高压隔离开关外形结构图。

高压隔离开关的型号含义如下：

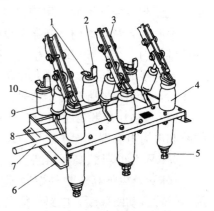

图 5-3　GN8—10/600 型户内高压隔离开关
1—上接线端子；2—静触头；3—闸刀；
4—套管绝缘子；5—下接线端子；
6—框架；7—操纵轴；8—拐臂；
9—升降绝缘子；10—支柱绝缘子

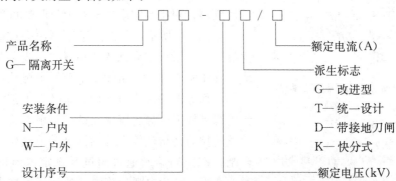

产品名称
G— 隔离开关

安装条件
N— 户内
W— 户外

设计序号

额定电流（A）

派生标志
G— 改进型
T— 统一设计
D— 带接地刀闸
K— 快分式

额定电压（kV）

（三）使用注意和操作要求

1. 使用注意

操作隔离开关时，必须严格遵守规范，遵循等电位的原则，严禁带负荷拉合闸。与断路器配合使用时，应先合隔离开关，后合断路器及先拉断路器，后拉隔离开关。倒换母线操作时，应在两端等电位的条件下才能拉合隔离开关。如果误操作，不仅使隔离开关因电弧而烧毁，而且还容易发生三相弧光短路烧坏设备，甚至操作人员被电弧烧伤。

为了防止误操作，必须在隔离开关与断路器之间加装闭锁装置，其目的是避免发生断路器处于合闸位置时，隔离开关拉不开、合不上的现象，以免造成隔离开关带负荷拉闸和合闸的危险。

2. 操作要求

（1）操作前应确保断路器在分闸位置。

（2）解除闭锁后应按规定方向迅速果断地操作，即使发生带负荷拉、合隔离开关，也禁止再返回原状态，以免造成事故扩大，但也不要用力过猛，防止损坏隔离开关。

（3）拉合负荷及空载电流应符合上述有关规定。

（4）发现隔离开关绝缘子断裂时，应根据规定拉开相应断路器。

（5）操作时应戴好安全帽、绝缘手套，穿好绝缘靴。

三、高压负荷开关（文字符号 QL）

（一）用途及特点

高压负荷开关主要用于切断和接通负荷电流，它具有简单的灭弧能力，但不能断开短路电流。在使用中，通常与高压熔断器串联配合使用，代替昂贵的断路器，即用负荷开关承担正常情况下回路的分、合闸操作，而用高压熔断器切断过负荷电流及短路电流。这种配合方式一般用在负荷不太大，而且比较平稳，冲击电流不大的场合。有的负荷开关也具有跳闸线圈，但是只起过负荷保护的作用。

负荷开关断开后，也具有明显可见的断开点，所以它兼有隔离高压电源的功能。如果采用真空负荷开关或六氟化硫负荷开关，因其没有明显断开点，应在电源侧装设隔离开关。如采用手车柜，因其有隔离插头，可不必另装隔离开关。

（二）分类及型号含义

高压负荷开关实际是在隔离开关结构的基础上加装一个灭弧装置。主要由带简单灭弧装置的刀闸、绝缘子、底座、操作机构等部分组成。按灭弧介质不同，可分为压缩空气灭弧、固体产气材料灭弧以及真空灭弧和六氟化硫灭弧。按使用环境不同，又可分为户内式和户外式两种。

高压负荷开关的型号含义

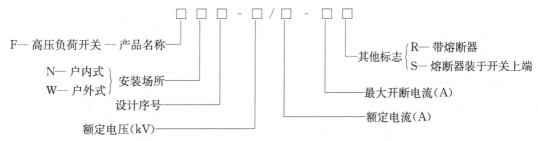

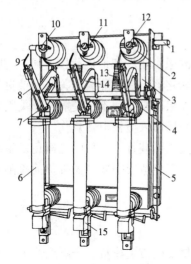

图 5-4　FN3—10RT 型
高压压气式负荷开关

1—主轴；2—上绝缘子兼汽缸；3—连杆；
4—下绝缘子；5—框架；6—（RN1 型）
高压熔断器；7—下触座；8—闸刀；9—弧
动触头；10—绝缘喷嘴（内有弧静触头）；
11—主静触头；12—上触座；13—断路
弹簧；14—绝缘拉杆；15—热脱扣器

（三）结构及工作原理

如图 5-4 所示是 FN3—10RT 型高压压气式负荷开关外形结构图。

压缩空气灭弧装置由压气装置和喷嘴构成。压气装置包括气缸和活塞。气缸不仅起支持上绝缘子的作用，而且内部有活塞，其作用类似打气筒。绝缘子上部装有喷嘴和弧静触头。当负荷开关进行分闸时，传动机构带动活塞在气缸内运动，压缩空气产生高压气流经喷嘴喷出，将电弧迅速熄灭。闸刀分主闸刀和辅助闸刀。合闸时，辅助闸刀先闭合，主闸刀后闭合；分闸时，靠分闸弹簧的作用使主闸刀先打开，辅助闸刀后打开，电弧在辅助闸刀上发生和熄灭，从而保护了主闸刀不受烧损。负荷开关也采用配套的操动机构用手力操作。

四、高压断路器（文字符号 QF）

（一）用途及特点

高压断路器实际上属于自动装置的执行元件，是变电所的主要设备。它具有完善的灭弧装置和足够大的断流能力，不仅能通断正常的负荷电流，还可以在电网发生故障时，通过继电保护装置自动跳闸，迅速地切断短路故障电流，减少停电范围。无论在电气设备空载、负载或短路故障时，它都能可靠地工作，所以高压断路器在电路中担负着控制和保护的双重任务。

高压断路器没有明显可见的断开间隙，在电气设备检修时，为了保证人身安全，在断路器的前端或后端应加装高压隔离开关。

高压断路器主要由导电部分、灭弧部分、绝缘部分、操动机构和传动部分等组成。

（二）分类及型号含义

高压断路器按使用环境可分为户内式、户外式和防爆式三种；按断开速度不同，可分为低速断路器和高速断路器两种；按灭弧介质分有油断路器、压缩空气断路器、真空断路器、六氟化硫断路器、自产气断路器和磁吹断路器等。根据发展趋势，10kV 供电系统将以真空断路器和六氟化硫断路器为主，并将取代其他断路器。按操作机构分有手动式（CS 型）、电磁式（CD 型）、气动式（CQ 型）、液压式或弹簧式（CT 型）。

高压断路器的型号含义如下：

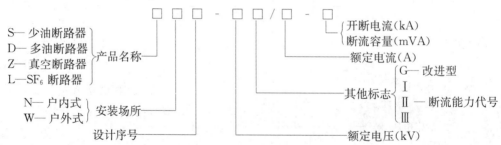

（三）几种常见断路器的性能及应用

1. 油断路器

油断路器是以绝缘油作为灭弧介质而工作的。按照油量的不同分为多油断路器和少油断路器。

（1）多油断路器

多油断路器目前一般不采用。其缺点是油量大，体积大，断流容量小，原材料消耗多，而且在运行中增加了爆炸、火灾的危险性。此外，油量太多给检修也带来了很多困难，一般情况下不推荐使用。

（2）少油断路器

少油断路器是一种十分常见的、得到广泛应用的高压断路器，因其充油量仅为多油断路器的1/25～1/20，故称为少油断路器。

1）结构特点　少油断路器油箱本身带电，其触头及灭弧装置对地的绝缘是由支持绝缘子、瓷套管和有机绝缘部件等组成的。少油断路器依靠绝缘油灭弧，用油量少、体积小、质量轻、断流量大、价格便宜。少油断路器可配用电磁操作机构、液压操作机构或弹簧储能操作机构。早先10kV以下户内少油断路器曾一度采用手动合、分闸操作机构，由于分、合闸速度太慢，现在已淘汰不用。

2）灭弧系统　少油断路器的灭弧方式有纵吹灭弧、横吹灭弧和纵横吹灭弧等几种方式。现以SN10—10少油断路器为例加以说明。

如图5-5所示为少油断路器外形图。

其灭弧系统由铝帽、绝缘套筒、逆止阀和灭弧室组成。灭弧室的结构示意如图5-6所示。当动静触头分离时产生电弧，在高温电弧的作用下，变压器油气化，分解成大量气体，形成气窝，使静触头周围的油压增高；当压力增高到一定程度时，静触头上的逆止阀钢球被压上升，堵住通向铝帽的回油孔，使灭弧室内的封闭压力迅速增高。当导电杆继续向下运动，灭弧片上的三道横吹口和下面的纵吹沟相继被打开。灭弧室内储存的高温、

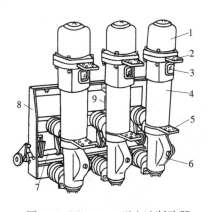

图 5-5　SN10—10型少油断路器
1—铝帽；2—上接线端子；3—油标；
4—绝缘筒；5—下接线端子；6—基座；
7—主轴；8—框架；9—断路弹簧

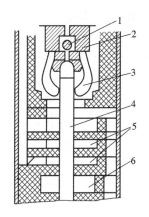

图 5-6　SN10—10型少油断路器的
灭弧室结构示意图
1—逆止阀；2—静触头触座；
3—静触头触指；4—动触头导电
杆；5—横吹喷口；6—纵吹沟

高压气体及油蒸气以很高的速度从三个横吹口和一个纵吹囊吹出，产生强烈的纵横吹效应，使电弧被冷却、拉长、熄灭。与此同时，随着导电杆的向下运动，形成向上运动的附加油流，通过灭弧片间的通道和灭弧片与导电杆之间的间隙射向电弧，使电弧冷却熄灭。由此可见，SN10—10 型高压少油断路器利用多级横吹和纵吹，以及机械油流吹灭电弧。油气混合物从灭弧室出来后，进入有足够空间体积的上帽内，经过惯性膨胀式油气分离器的作用，油与气体分开，气体从上帽的排气口排出断路器体外。

3）使用注意事项

a. 少油断路器的装油量不宜过多或过少，否则将引起爆炸危险，必须保持标准水平；

b. 少油断路器在分、合大电流一定次数后，油质劣化，绝缘强度降低，必须更换新油。特别是分断短路故障时，一般就要检查油质，勤于换油。因此，少油断路器不适用于大电流频繁操作。

2. 真空断路器

（1）特点及应用

高压真空断路器近年来发展很快，是利用真空灭弧的一种断路器。它是将触头装在具有一定真空度的灭弧室内，由于真空室具有较高的绝缘强度，同时又没有气体的游离作用，因此随着触头的分离即能灭弧。主要缺点是：当用于感性负载时，会产生操作过电压，所以当高压出线断路器采用真空断路器时，为避免变压器（或电动机）产生操作过电压，以保护设备的安全，必须装设浪涌吸收器，并装设在小车上。高压出线断路器的下侧应装设接地开关和电源监视灯（或电压监视器）。

真空断路器具有动作迅速、体积小、重量轻、寿命长，无火灾及爆炸的危险，灭弧室又不需要检修，运行维护工作量小等优点，特别是由于具有可连续多次操作，寿命可达万次以上，故适用于频繁操作的负荷配电装置，尤其适用于高层建筑内的高压配电装置。

（2）结构及工作原理

真空断路器主要由真空灭弧室、操动机构、相间隔板、传动机构、底架等组成。真空灭弧室由静触头、动触头、屏蔽罩、外壳、保护帽、动导电杆、静端盖板、动端盖板等组成。真空灭弧室如图 5-7 所示。

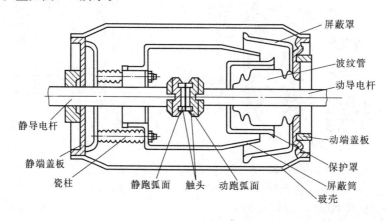

图 5-7　真空灭弧室示意图

真空灭弧室采用了新型触头，一般选用多元合金材料制成，它具有抗熔焊、耐电流、含气量低、截流水平低等特点。各元件被密封在具有一定真空度的玻璃壳内，利用真空的绝缘性能强迫灭弧，灭弧时没有游离气体产生，电弧容易熄灭，触头不会烧损。

真空断路器在拉闸的瞬间，触头间将形成高温液态的金属桥，金属桥被拉断时蒸发，产生金属蒸气，使触头间隙击穿产生电弧。电弧电流流过触头时，将产生横向磁场，驱使电弧在电流过零时熄灭，或在过零前被强迫熄灭。在熄灭的瞬间，金属蒸气离子在横吹磁场作用下，被迅速扩散，并被吸附在触头和金属屏蔽罩上，金属分子的密度迅速降低，使触头间隙的介质绝缘强度恢复，不在被较高的电压击穿，使电弧熄灭，不在重燃。

（3）使用注意事项

真空断路器使用一段时间后，因慢性漏气使其真空度有所下降。检测真空度的方法通常是将断路器先退出工作，进行工频耐压试验，在动静触头两端施加工频试验电压，若无击穿放电现象，则灭弧室真空度良好，可以继续使用。另外，也可以用真空测试仪进行检测。

3. 六氟化硫（SF_6）断路器

（1）特点及应用

目前在10kV配电网络中，户外柱上中压六氟化硫断路器已多有应用。六氟化硫断路器的特点是：体积小、重量轻、开断性能好、运行稳定、安全可靠、寿命长。但六氟化硫断路器对加工精度要求高、密封性能要求好，对材质、气体质量要求很高。SF_6气体化学性能非常稳定，是一种无色、无味、无毒、不会燃烧的惰性气体，它具有优良的电气绝缘性能和灭弧性能，主要起绝缘、灭弧和散热作用。在开断过程中SF_6气体损耗甚微，触头的电磨损也很轻微，能够适用于频繁操作。

（2）结构及工作原理

SF_6断路器主要由工作缸、主储压器、灭弧室、均压电容、三联箱、支柱、连接座、密度继电器、供排油阀和辅助油箱等组成，是一种密封式组合电器。其工作过程是：当工作缸内的活塞受到来自油阀的压力后，驱使支柱内的绝缘杆上下运动，经过三联箱内连杆机构变换后，使灭弧室的压气缸、主动触头和弧静触头随之运动，从而实现合闸和分闸。其灭弧结构一般采用单压力变开距双吹式。

断路器的灭弧原理如下：分闸时，可动部件使压气室的SF_6气体压缩，压力升高，使主动触头与主静触头首先分离，电流被转移到弧动触头和弧静触头上，当灭弧触头分离产生电弧时，压气室的高压经喷嘴向电弧吹气，气体在喷嘴出口处分成两路，一路喷向静触头，一路喷向动触头，形成高速气流的双向吹弧，在电流过零时使电弧熄灭。SF_6断路器灭弧室的特点是：动作快、燃弧时间短，电弧在第一个零点就能被熄灭，燃烧时间一般不超过20ms，很少复燃。

（3）使用注意事项

1）使用SF_6断路器时，对SF_6气体必须加强监视。当气体中的含水量超过标准时，如温度在200℃以上或者在电弧高温的作用下，会产生水解，并形成氢氟酸等有毒的腐蚀性气体，使SF_6气体的绝缘性能下降，而且危及人的安全，故在断路器内必须设置活性氧化铝、合成沸石等吸附剂。

2）运行中要注意压力和温度的变化，防止SF_6气体液化，以免影响灭弧效果。如果在使用环境温度低于气体液化温度时，则需装设加热装置。

3）SF₆ 断路器的密封必须良好，避免出现漏气而影响正常运行。应根据厂家提供的 SF₆ 气体压力与温度的关系曲线和密度继电器上压力表测出的 SF₆ 气体压力值，判断有无泄露和泄露的程度，确定是否需要补气。

五、高压避雷器（文字符号 F）

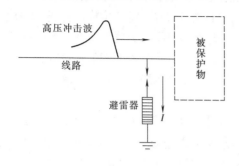

图 5-8　避雷器保护原理

（一）用途

室外的高压架空线路很容易受到雷击，将高压冲击波引如室内的高压设备，威胁它们的安全；对高压电路进行操作（如开关分断）也会产生过电压，同样威胁着设备的安全，此时需采用高压避雷器进行保护，其原理如图 5-8 所示。

正常时，避雷器的间隙保持绝缘状态，不影响运行。当高压冲击波沿线路侵袭时，避雷器间隙被击穿而接地，从而强行截断冲击波。这时能够进入被保护设备的电压仅为雷电流通过避雷器及其引线和接地装置而产生的所谓残压。雷电流通过以后，避雷器间隙恢复绝缘状态，保证系统运行。

（二）常用阀型避雷器

常用阀型避雷器有普通阀型避雷器、磁吹阀型避雷器、氧化锌阀型避雷器。

1. 普通阀型避雷器

（1）结构及工作原理

普通阀型避雷器是指碳化硅阀型避雷器。它由火花间隙、阀型电阻片及瓷套等组成。火花间隙是由多个放电间隙串联组成的火花间隙组，每个放电间隙均由上下两个黄铜电极和一个云母垫圈组成。阀片是由金刚砂（碳化硅）颗粒和水玻璃混合后，在高温下焙烧而成，阀片的电阻阻值随电流大小而变化。

接于电力系统运行的阀型避雷器，由于火花间隙组具有足够的对地绝缘强度，正常运行时它不会被工频电压击穿，这时阀型电阻片也不会有电流通过。当电力系统出现过电压（如雷电过电压），这时火花间隙被击穿，雷电流通过火花间隙经阀片电阻进入大地。当雷电压作用在阀片电阻上时，使金刚砂颗粒间的小气隙被击穿，接触面积增大，电阻降低，雷电流容易通过，而且在阀片电阻上的压降（残压）减少。由于被保护电气设备和阀型避雷器是并联连接的，所承受的电压即是避雷器上的残压，通过适当配置阀片参数，可使残压不超过被保护电气设备的绝缘水平，以保护电气设备的安全。

当雷电流通过以后，工频电流也跟着通过的火花间隙和阀片电阻，这个工频电流称为工频续流，由于比雷电流小得多，因此阀片电阻迅速上升，限制其通过，与此同时火花间隙将电弧熄灭，使避雷器恢复对地绝缘状态，电力系统恢复正常运行。

（2）常用型号

普通阀型避雷器常用的有 FZ 和 FS 两种型号。

FZ 型避雷器的火花间隙旁并联有均压电阻，这样既保证了一定的工频电压，又尽量降低了冲击电压，使避雷器的保护性能得到改善。主要用于保护大、中容量的配电装置，如发电机、变压器等电气设备的防雷保护。

FS 型避雷器的火花间隙旁没有并联均压电阻，因此性能不如 FZ 型，但比 FZ 型结构简单，体积要小，残压要低。主要用于10kV及以下配电线路、配电变压器和开关设备的防雷保护。如图5-9所示为FS-10型阀型避雷器外形示意图。

2. 磁吹阀型避雷器

磁吹阀型避雷器也是由火花间隙和阀片串联组成，只是间隙的结构形状与普通阀型避雷器不同，而且增加了磁吹部分，使电弧在磁场作用下被拉长，得到更好的去游离作用，使电弧易于熄灭。

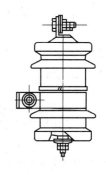

图5-9　FS—10型
阀型避雷器
外形示意图

磁吹阀型避雷器的灭弧性能好，工频放电电压和残压都可以做得较低，有很好的保护性能，可以用作绝缘裕度较低的电气设备的防雷保护和内部过电压保护。磁吹阀型避雷器有FCD型和FCZ型，前者用于保护旋转电机，后者用于发电机和变电所。

3. 氧化锌阀型避雷器

氧化锌阀型避雷器亦称压敏电阻器，是以氧化锌阀片为主体的无间隙金属氧化物避雷器，它具有非线性伏安特性。正常运行时，在工频电压下氧化锌电阻片具有极高阻值，使带电母线对地处于绝缘状态。当出现雷电过电压或内部过电压时，电压超过启动值后，阀片呈低电阻状态，泄放电流，限制避雷器两端的残压，以保护电气设备不受过电压损坏。待过电压结束后，避雷器立即恢复极高阻值，继续保持绝缘状态，对地流过不超过1mA的泄漏电流，保证电力系统的正常运行。因此，氧化锌阀型避雷器可以不需要设置火花间隙，也不需要进行灭弧。它具有动作迅速、通流量大、残压低、无续流，对大气过电压和内部过电压都能起到保护作用。

在6～10kV供电系统中，利用氧化锌阀型避雷器限制并联补偿电容器和电动机操作过电压已取得很好的效果。在空间比较紧凑的户内配电装置（例如手车柜）中，氧化锌阀型避雷器作为操作过电压保护也得到广泛应用。

六、高压成套设备（高压开关柜）

（一）特点及类型

10kV变电所均采用成套式高压开关柜。所谓高压开关柜是指由高压断路器、负荷开关、熔断器、隔离开关、接地开关、互感器等主要设备以及控制、测量、保护等二次回路和内部连接件、辅助件、外壳、支持等组成的成套配电装置，其内的空间以空气或复合绝缘材料作为介质，在变电所中主要用于变压器和高压线路的控制和保护。其优点是体积小、安装运行维护方便，土建工程简单，价格便宜，便于标准化生产。

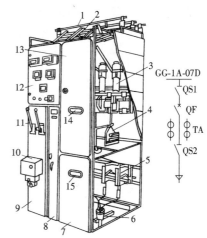

图5-10　GG—1A（F)-07D高压开关柜

1—母线；2—母线隔离开关；3—少油断路器；4—电流互感器；5—线路隔离开关；6—电缆头；7—下检修门；8—端子箱门；9—操作板；10—断路器的电磁操动机构；11—隔离开关的操动机构手柄；12—仪表继电器门；13—上检修门；14、15—观察窗口

高压开关柜的结构形式有固定式和手车式两大类型。我国以前使用较多的固定式高压开关柜有GG—1A、GG—1A（F）等型号，如图5-10所示。这类开关柜的电气设备均固定于柜

内的构架上，其特点是：结构简单，安全距离充裕，维修简便，缺点是占地面积大，敞开式易进小动物，目前新建变电所一般都不采用。后来对 GG 型高压开关柜经过改进，推出了新型号 KGN—10 型金属铠装固定式高压开关柜，为金属封闭铠装型结构，并具备"五防"闭锁功能，已逐步取代了 GG—1A 型开关柜。

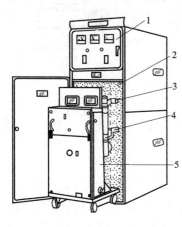

图 5-11　GC—10 型手
车式高压开关柜

1—仪表门（内为仪表室）；2—手车室；3—上触头（兼起隔离开关作用）；4—下触头（兼起隔离开关作用）；5—断路器（SN10-10 型手车（尚未推入））

手车式高压开关柜是将高压断路器等主要设备安装在可以拉出和推入开关柜内具有互换性的手车上。当设备出现故障需要检修时，可随时拉出。为了不影响供电，再推入相同备用手车顶替使用。图 5-11 是常用 GC—10 型手车式高压开关柜外形图。因此采用手车式开关柜较之采用固定开关柜具有检修安全、并可大大缩短停电时间等显著优点，目前已得到广泛应用。

手车柜有较严密的防误闭锁装置，具有"五防"功能，即：防止带负荷拉（合）隔离开关；防止误分（合）断路器；防止带电挂地线；防止带地线合隔离开关；防止误入带电间隔室。由于手车柜的"五防"性能优于 GG—1A 型柜，对防止人身触电有利。而且密封性能好，因此能较好地防止小动物进入。

但是手车柜如果机械加工粗糙，则断路器手车的推进拉出吃力，有的甚至很费劲。另外，由于手车柜内部尺寸紧凑，电气间隙小，容易出现内部空气间隙击穿放电或者出现绝缘隔板沿面滑闪放电事故，使用时应特别注意。

（二）高压开关柜的型号含义

一般情况下，高压开关柜的型号含义如下：

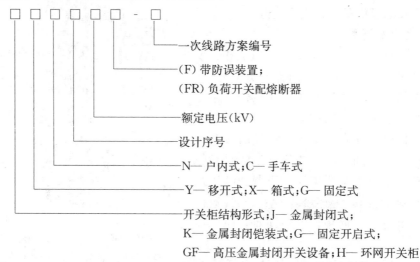

一次线路方案编号

（F）带防误装置；
（FR）负荷开关配熔断器

额定电压(kV)

设计序号

N— 户内式；C— 手车式

Y— 移开式；X— 箱式；G— 固定式

开关柜结构形式：J— 金属封闭式；
K— 金属封闭铠装式；G— 固定开启式；
GF— 高压金属封闭开关设备；H— 环网开关柜

（三）JYN2—10 型手车柜

JYN2—10 型手车式开关柜为金属封闭间隔式、移动手车户内式开关设备。本开关柜用 2.5mm 厚的钢板弯曲焊接而成，由柜体和手车两部分组成。柜体用钢板或绝缘板分隔成手车室、母线室、电缆室和继电仪表室四个部分。手车底部装有 4 只滚轮，能沿水平方向移动，还装有接地触头、导向装置、脚踏锁定机构及手车杠杆推进机构的扣攀等构成。手车拉出后，可利用附加转向小轮使手车灵活转向移动。

JYN2—10 型手车柜安全可靠、结构合理，缺点是手车推进插入柜体内时，动触头进入静触头内是碰撞插入，振动冲击较大，动触头的插入深度不易控制，仅凭操作人员的感觉而定。而且在小车推进、拉出时剧烈振动，对真空断路器等设备可能造成一些不利因素。

JYN2—10 型手车柜内的手车按其功能有多种配置，常见的有 7 种：断路器手车、电压互感器手车、避雷器或连同电压互感器手车、隔离手车、所用变手车、电容器手车以及接地手车等。

如图 5-12 所示为 JYN2—10—05 型手车式开关柜的结构示意图。型号中的 05 为带地刀闸的断路器手车柜一次线路方案编号。

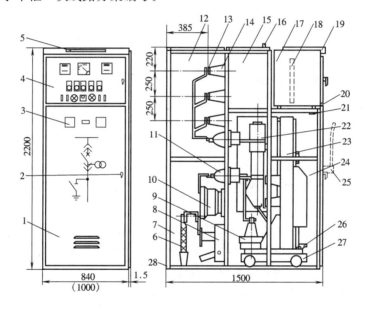

图 5-12　JYN2—10—05 型手车式开关柜外形

1—手车室门；2—门锁；3—观察窗；4—仪表屏；5—用途标牌；6—一次电缆；7—电缆室；8—接地开关；9—电压互感器；10—电流互感器；11—一次触头隔离罩；12—母线室；13—一次母线；14—支持绝缘子；15—排气通道；16—吊环；17—继电仪表室；18—继电器屏；19—小母线室；20—减震器；21—二次插座；22—油断路器；23—断路器手车；24—手车室；25—接地开关；26—脚踏锁定跳闸机构；27—手车推进机构扣攀；28—接地母线

（四）KYN—10 型手车柜

KYN—10 型为金属铠装移开户内式手车柜，如图 5-13 所示。该型号开关柜由继电器和仪表室、手车室、母线室和电缆室四个部分组成。各部分用钢板分离，螺栓连接，具有架空线路和电缆进出线以及左右联络的功能。

KYN—10 型手车柜具有摇把式手车推进功能，手车拉出推进时用力平稳、插入深度适宜，冲击振动小，因此日益得到广泛应用。

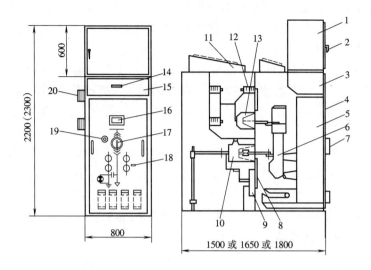

图 5-13 KYN—10 型手车开关柜外形图

1—继电器、仪表室；2—手柄；3—端子室；4—手车面板；5—手车；
6—断路器；7—手车把手；8—活门；9—接地开关；10—LDG 型电流互感器；
11—防护罩；12—支持绝缘子；13—一次触头盒；14—铭牌；15—端子室盖；
16—观察窗；17—手车位置指示及锁定旋钮；18—分合观察孔；
19—紧急跳闸按钮；20—套管

KYN—10 型手车柜具有完善的"五防"功能。在手车面板上装有位置指示旋钮的机械闭锁装置，只有断路器处于分闸位置时，手车才能抽出或插入，实现了防止带负荷接通或断开隔离触头的功能。

断路器与接地开关之间装有机械连锁，只有断路器分闸、抽出后，接地开关才能合闸；手车在工作位置时，接地开关不能合闸，防止了带电合接地开关。接地开关接地后，手车只能推进到试验位置，防止带接地合隔离触头。

柜后上、下门装有连锁，只有在停电后手车抽出、接地开关接地后，才能打开后下门，再打开后上门。通电前，只有先关上后上门，再关上后下门，接地开关才能分闸，然后手车才能插入工作位置，防止人员误入带电间隔。

仪表板上装有带钥匙的 KK 控制开关（或防误型插座），可防止误分、误合主开关。

七、高压电气设备的选择与校验

（一）基本原则

供电系统是由各种电气设备按需要组合而成的。要使供电系统安全可靠，首先必须正确选择设备。高压电气设备的选择，除了必须满足正常运行条件下的工作要求外，还应按短路电流所产生的电动力效应和热效应进行校验。因此，"按正常运行条件选择、按短路条件进行校验"，这是高压电气设备选择的基本原则。

电气设备按正常条件下的工作要求选择，就是要考虑电气装置的环境条件和电气要求。环境条件是指电气装置所处的安装位置、环境温度、海拔高度以及有无纺尘、防腐、防火、防爆等要求；电气要求是指电气装置对设备的电压、电流等方面的要求；对一些断流电器（如熔断器和开关）还要考虑其断流能力。

电气设备按短路条件进行校验就是校验其短路时的动稳定度和热稳定度。因为发生短路时，电气设备在短路电流的作用下会产生很高的温度，如果超过该设备所能允许的最高温度时，就必将被烧毁，因此必须进行热稳定校验，以保证设备的运行安全。当电气设备流过冲击短路电流时，将产生很大的作用力，如果大于其设备所能承受的作用力时，必将遭到破坏，因此必须进行动稳定校验。

断路器、隔离开关、负荷开关等设备都必须进行短路稳定度校验。用熔断器保护的设备及用限流电阻保护的设备如电压互感器等可不进行短路稳定度校验。

（二）按正常工作条件选择的内容有：

1. 周围环境温度应在 $-30 \sim +40℃$ 之间，当高于 $+40℃$ 情况下使用时，必须按生产厂家提供的降低负荷程度使用。

2. 开关设备安装地点的海拔高度不超过 1000m，在大于 1000m 的地方使用时，需采用对电气外部绝缘的冲击和工频试验电压相应增大后合格的产品。

3. 不得在有火灾、爆炸、严重腐蚀金属及绝缘材料的化学气体、蒸汽及剧烈震动的场所内使用。

（三）选择开关设备时，应满足下列要求：

1. 开关设备的额定电压 U_n 应大于电器装设地点的电网工作电压 U_g

即
$$U_n \geqslant U_g \tag{5-1}$$

2. 开关设备的额定电流 I_n 应大于长期允许通过的电流 I_g。

即
$$I_n \geqslant I_g \tag{5-2}$$

3. 开关的断流容量 S_n 应大于该电路的短路容量 $S_k^{(3)}$，才能安全可靠地切断短路电流。

即
$$S_n \geqslant S_k^{(3)} \tag{5-3}$$

4. 开关设备最大允许电流幅值 i_{max} 或有效值 I_{max} 应大于短路冲击电流的幅值 $i_{sh}^{(3)}$ 或有效值 $I_{sh}^{(3)}$，以满足动稳定要求。

即
$$i_{max} \geqslant i_{sh}^{(3)} \tag{5-4}$$

或者
$$I_{max} \geqslant I_{sh}^{(3)} \tag{5-5}$$

式中　i_{max}、I_{max}——电器允许通过的最大电流的幅值或有效值，kA；

　　　$i_{sh}^{(3)}$、$I_{sh}^{(3)}$——三相短路冲击电流峰值或有效值，kA。

5. 开关设备最大的热稳定电流 I_t，在指定的时间 t 秒内所产生的热量，不应烧坏开关设备，以满足热稳定要求。可用下式表示：

$$I_t^2 \cdot t \geqslant I_\infty^{(3)2} \cdot t_i \tag{5-6}$$

或者
$$I_\infty^{(3)} \leqslant I_t \sqrt{t/t_i} \tag{5-7}$$

式中　I_t——电器在秒内允许通过的热稳定电流，kA；

　　　t——电器的热稳定试验时间，s；

　　　$I_\infty^{(3)}$——三相短路电流的稳态值，kA；

　　　t_i——短路发热的假想时间，s。

（四）选择熔断器时应满足下列要求：

1. 熔断器的额定电压应大于被保护装置所在处的额定电压。

2. 熔断器的额定电流应等于或大于熔体的额定电流。

（1）保护电力线路的熔断器熔体额定电流，应满足下列条件：

$$I_n \geqslant I_c \tag{5-8}$$

式中　I_n——熔断器熔体的额定电流，A；

　　　I_c——线路计算电流，A。

（2）保护电力变压器的熔断器熔体额定电流，应满足下式要求：

$$I_n = (1.5 \sim 2.0) \, I_{ln} \tag{5-9}$$

式中　I_{ln}——变压器一次侧额定电流，A。

（3）保护电压互感器的熔断器熔体额定电流，其熔断器采用专用的 RN2 型熔断器，熔体额定电流为 0.5A。

3. 校验熔断器的断流能力

（1）对限流式熔断器（如 RN1、RN2 型），选择用短路电流次稳态电流进行校验。

即

$$I_{oc} \geqslant I_k''^{(3)} \tag{5-10}$$

式中　I_{oc}——熔断器的最大分断电流，kA；

　　　$I_k''^{(3)}$——熔断器安装处的三相短路次稳态电流有效值，kA。

（2）对限流式熔断器（如 RW4 型），选择用短路电流的冲击电流有效值进行校验。

即

$$I_{oc} \geqslant I_{sh}^{(3)} \tag{5-11}$$

式中　$I_{sh}^{(3)}$——熔断器安装处的三相短路冲击电流有效值，kA。

（3）对具有断流能力上、下限的熔断器（如 RW3、RW4 型等跌落式熔断器），应按线路末端的两相短路电流校验。

即

$$I_{ocmin} \leqslant I_k^{(2)} \tag{5-12}$$

式中　I_{ocmin}——熔断器的最小分断电流，kA；

　　　$I_k^{(2)}$——熔断器所保护线路末端的两相短路电流有效值，kA（对中性点不接地的电力系统）。

选择高压一次设备时，应校验的项目如表 5-1 所列。

选择高压一次设备应校验的项目　　　　　　　　　　表 5-1

校验项目 设备名称	电压 (kV)	电流 (A)	断流能力 (MV·A)	短路电流校验	
				动稳定度	热稳定度
高压熔断器	✓	✓	✓	—	—
高压隔离开关	✓	✓	—	✓	✓
高压负荷开关	✓	✓	✓	✓	✓
高压断路器	✓	✓	✓	✓	✓

续表

设备名称＼校验项目	电压（kV）	电流（A）	断流能力（MV·A）	短路电流校验	
				动稳定度	热稳定度
电流互感器	√	√	—	√	√
电压互感器	√	—	—	—	—
高压电容器	√	—	—	—	—
母线	—	—	—	√	√
电缆	√	√	—	√	√
支柱绝缘子	√	—	—	√	—
绝缘套管	√	√	—	√	—

注：1. 表中"√"表示必须校验，"—"表示不要校验。

2. 选择变电所高压侧的电气设备和导体时，其计算电流取主变压器高压侧额定电流。

（五）高压开关柜的选择

高压开关柜的选择，主要是根据变电所主接线系统图确定台数，再根据负荷大小、负荷性质及用途来确定开关柜的型号、容量和保护方式。

1. 形式选择

一般小型工厂从经济方面考虑，选用固定式高压开关柜较多，而大中型工厂及高层建筑常选用手车式高压开关柜，以保障供电的可靠性、连续性，而且比较美观、结构紧凑。

2. 高压断路器的选择

一般工厂的变配电所采用独立式，或者对防爆、防火的要求不太高，因而可选用性能优良、价格较低的户内少油断路器。而高层建筑或居民区防火要求高，因此，高压配电室设置在地下层的高压开关设备采用具有不可燃的真空断路器或六氟化硫断路器。

3. 开关柜的选择

由中心开关站直配的变压器馈电回路及对容量小的配电变压器的馈电回路，或组环网的供电系统，可选用真空断路器开关柜或负荷开关加熔断器的高压开关柜。

第二节 低 压 电 气 设 备

低压电器通常指用于交流电压为1000V及以下，直流电压为1200V及以下电路的电气设备。按操作方式可分为自动电器和手动电器；按用途可以大致分为低压配电电器和低压控制电器两大类。本节主要介绍低压配电电器。

低压配电电器主要用于电力网系统，起到电路的通断、保护作用，主要技术要求是分断能力强、限流效果好，动稳定和热稳定性高和操作过电压低。属于这一类的电器主要有刀开关、熔断器、低压断路器、低压配电屏等。

低压控制电器主要用于电力拖动和自动控制系统，起到电路的控制、调节作用。主要技术要求是要有适当的转换能力，操作频率高、寿命长。属于这一类的电器主要有各种控制继电器、接触器、启动器、主令电器等。

此外，低压电器还可以按灭弧介质、外壳防护等级、污染等级、安装类别和防触电等级等进行分类。

低压电器的型号繁多，很多厂家还有自己的产品代号，表5-2为部分低压电器类组代号。

部分低压电器型号类组代号表　　　　表5-2

第二字母＼第一字母	H 刀开关和刀形转换开关	R 熔断器	C 接触器	Q 启动器	D 自动开关	J 控制继电器	L 主令电器
A				按钮式			按钮
C		插入式		电磁式			
D	刀开关						
H	封闭式负荷开关	汇流排式					
K	开启式负荷开关		真空				主令控制器
L		螺旋式			漏电保护	电流	
M		封闭管式	灭磁		密封灭磁		
R	熔断器式刀开关					热	
S	刀形转换开关	快速	时间	手动	快速	时间	主令开关
T		有填料封闭管式	通用			通用	足踏开关
W					框架式	温度	万能转换开关
X				星三角	限流		行程开关
Z	组合开关	自复式	直流	综合	塑料外壳	中间	

一、低压熔断器

（一）用途及分类

低压熔断器是最简单的保护电器，其功能是用来防止电器和设备长期通过过载电流和短路电流。使用时，熔断器串联在被保护的电路中。当通过熔体的电流达到额定熔断电流值时，熔体发生过热迅速熔断而自动切断电路，实现对电路的保护。由于它具有结构简单、体积小、维护方便、分断可靠性高、价格低廉等特点，所以在强电或弱电系统中都获得较广泛的应用。

低压熔断器按结构不同可分为开启式、半封闭式和封闭式。开启式很少用，半封闭式如RC系列，封闭式熔断器按填充材料方式，可分为有填料管、无填料管及有填料螺旋式等；按性能特性分种类很多，有快速熔断器（如 RS0、RS3 系列）、自复式熔断器（如 RZ 系列）、限流式熔断器（如 RT0 系列）、非限流式熔断器（如 RM 系列封闭管式熔断器）等。

（二）型号含义

低压熔断器的型号含义如下：

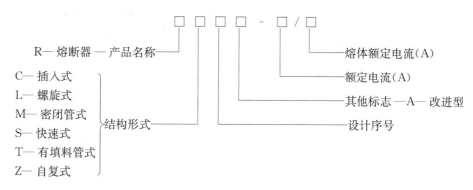

（三）常用低压熔断器的性能及应用

1. 无填料熔断器

无填料熔断器分插入式和封闭管式。

（1）插入式熔断器。常用的有 RC1 系列瓷插式熔断器，它是常见的一种结构简单的熔断器，俗称"瓷插保险"。瓷插式熔断器尺寸小、价格低廉，更换方便，但分断能力低，一般用于低压线路的末端、分支配电线路及居民住宅电气设备的短路保护。其结构如图 5-14 所示，它由瓷盖、瓷底、触头、熔体四部分组成。额定电流较大的熔断器在灭弧室内垫有石棉编制物，可防止熔体熔断时引起金属颗粒飞溅。熔体随额定电流大小选用不同材料，小电流选用软铅丝、大电流采用铜丝、铜片。

（2）封闭管式熔断器。常用的有 RM1、RM7、RM10 等系列产品。图 5-15 所示为 RM10 型封闭管式熔断器结构图，它由熔断管、熔体及触座等组成。熔断管采用耐高温的绝缘纤维制成密封保护管，内装熔丝或熔片，电流较大的熔体有两片并联使用。当熔体熔化时，在管内形成高气压起到灭弧的作用，同时纤维管本身还会分解出大量气体，

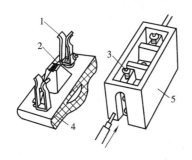

图 5-14 RC1A 型瓷插式熔断器
1—动触头；2—熔丝；3—静触头；
4—瓷盖；5—瓷座

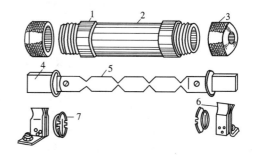

图 5-15 RM10 型封闭管式熔断器
1—黄铜圈；2—纤维管；3—黄铜帽；4—刀形接触
片；5—熔片；6—刀座；7—特种垫圈

加速电弧的熄灭，故分断能力较强。这种熔断器常用在容量较大的动力配电箱作短路保护。

2. 有填料熔断器

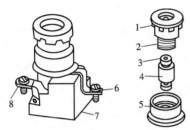

图 5-16　RL1 型螺旋式熔断器

1—瓷帽；2—金属管；
3—色片；4—熔丝管；5—瓷
套；6—上接线端；7—底座；
8—下接线端

常用的有 RL1 系列、RT0 系列、RS0、RS3 系列等。

（1）RL1 系列螺旋式熔断器。该熔断器俗称"螺旋保险器"，多用于配电线路的过载和短路保护。图 5-16 所示为 RL1 型螺旋式熔断器的外形及结构，它是由瓷制底座、带螺纹的瓷帽、熔管和瓷套制成。熔管内装有熔丝，并充满石英砂。熔体焊接在熔管两端的金属盖帽上，瓷帽顶部有玻璃圆孔，中央有熔断指示器，当熔体熔断时指示器被弹出脱落，显示熔断器熔断，便于维护检识。熔体熔断时产生的电弧在石英砂中受到强烈的冷却而熄灭，所以这种熔断器的分断能力比瓷插式要高，大电流者更为显著。螺旋式熔断器具有较大的热惯性，过负荷熔断时间较长，因此也常用作电动机的保护装置。

（2）RT 系列有填料封闭管式熔断器。常用的有 RT0、RT10 系列。它的主要特点是具有较高的极限分断能力，并有一定的限流作用，适用于具有较大短路电流的电力系统和成套配电装置中，在供电线路、变压器的出线保护中得到广泛采用。

如图 5-17 所示为 RT0—1 型填充料式熔断器的外形及结构图，它由熔断管、熔体、指示器等组成。熔断管采用高频电瓷制成，管内装有熔体和石英砂。石英砂的作用是冷却电弧、使电弧快速熄灭，从而提高了分断电路的能力。熔体由紫铜片冲成栅状，中间部分用锡桥连接，具有良好的安秒特性。

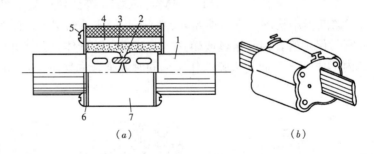

图 5-17　RT0—1 型填充料式熔断器

（a）结构图；（b）外形图

1—闸刀；2—熔体；3—石英砂；4—指示器熔丝；5—指示器；6—盖板；7—瓷管

RT 系列熔断器的指示器为一机械信号装置，指示器有一与熔体并联的康铜丝。当熔体熔断后，电流流经康铜丝使其立即烧断，依靠弹簧释放的弹力弹出一个红色指示器，表示熔体已熔断。

（3）RS 系列有填料封闭管式熔断器。常用的有 RS0、RS3 系列。这两种熔断器主要作为硅整流元件及其成套装置中的过载保护和短路保护。其结构与 RT0 系列相似，也是由熔断管、红色动作指示器等组成。熔断管也装有熔体和石英砂，所不同的是 RS0、RS3 系列熔断器的熔体采用银片冲制而成，为单片或多片变截面熔片，其窄部特别细，极易熔断，从而保证了熔断器的快速熔断。采用银作为熔体与铜片相比，银的导电性能好，而且熔点较铜低，熔化系数较低，在高温工作下性能较稳定。另一个不同之处是接线端头不用接触闸刀和夹座，而是做成汇流排式导电接触板，表面镀有银层，可以直接用螺钉紧固在母线排上，接触可靠。

3. 自复式熔断器

熔断器熔体熔断后，不需更换，在短路电流由电源侧的自动开关分断后，熔体能自动恢复原状，可以继续使用的熔断器称为自恢复式熔断器，或简称自复式熔断器。

自复式熔断器的接线原理如图 5-18 所示。

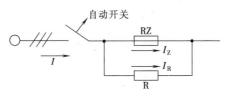

图 5-18 自复式熔断器的线路图

自复式熔断器本身不能分断电路，故常与自动开关串联使用。如图 5-19 所示是自复式熔断器结构图，其内部有一装满金属钠的绝缘细管，正常工作时，电流从一个导电端经过金属钠传到另一端子。当发生短路故障时，短路电流使金属钠急剧气化，形成高温高压高电阻的等离子状态，从而限制短路电流的增加，与此同时，金属钠气化产生的高压使钠电路的活塞向外移动，防止钠气压上升过高。此时，串联在外电路上的低压断路器自动跳闸，将电路分断。故障电流被切断后，金属钠的温度下降，压力也随之下降，于是活塞在高压氩气的作用下恢复原位，并压缩气化的金属钠回到原来状态，恢复为能导电的金属钠，熔断器可以继续使用。

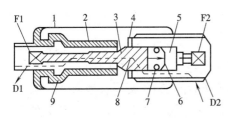

图 5-19 自复式熔断器

D1、D2—端子；F1、F2—阀门；1—金属外壳；
2—陶瓷圆筒（BeO）；3—钠；4—垫圈；
5—高压气体；6—活塞；7—环；
8—电流通路；9—特殊陶瓷

由以上介绍可知，自复式熔断器与自动开关串联使用时，故障电流实际上是由自动开关分断的，自复式熔断器所起的作用，只是限制故障电流的数值，而自动开关分断的电流实际上是被自复式熔断器限制了的电流。这样就减轻了自动开关的断流容量，改善了自动开关的灭弧能力，可以在短路容量较大的电路里使用断流能力较小的自动开关。

二、低压刀开关

（一）用途及分类

低压刀开关俗称刀闸，是一种结构最简单的开关电器，广泛应用于不是频繁操作的低压配电装置和供电线路中，起到分断和隔离电源的作用。

低压刀开关的种类很多，按操作方式分有手柄式、杠杆式和电动式等几种；按极数分有单极、双极和三极，每种又有单投（HD 型）和双投（HS 型）之分。按灭弧结构分有不带灭弧罩和带灭弧罩等。不带灭弧罩的刀开关一般只能在无负荷下操作，作为隔离开关使用；带灭弧罩的刀开关能通过一定的负荷电流，并使其产生的电弧有效地熄灭。

低压刀开关的型号含义如下：

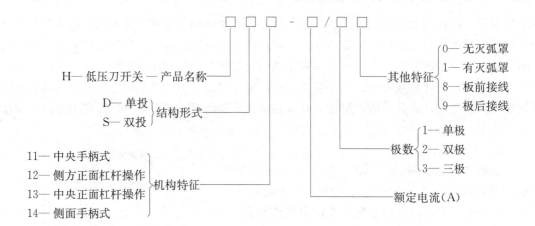

H— 低压刀开关 — 产品名称

D— 单投
S— 双投 结构形式

11— 中央手柄式
12— 侧方正面杠杆操作
13— 中央正面杠杆操作
14— 侧面手柄式 机构特征

0— 无灭弧罩
1— 有灭弧罩
8— 板前接线
9— 极后接线 其他特征

1— 单极
2— 双极
3— 三极 极数

额定电流(A)

（二）低压隔离开关

常用的有 HD 系列低压隔离刀闸，其作用是起隔离电路、使电路有明显的断开点，它没有灭弧罩，不能带负荷操作，只能与低压断路器配合使用。只有当低压断路器切断电路后，才允许操作隔离开关。如图 5-20 所示为 HD13 型低压刀开关外形示意图，它是由操作手柄、动触刀、静触座、接线端子和绝缘底座等构成，虽然装有简单的灭弧装置，也只能分断不大于其额定电流的负荷电流。

（三）低压刀熔开关

低压刀熔开关是由低压隔离开关与低压熔断器组合的熔断器式刀开关，它具有熔断器和刀开关的双重功能。常见的有 HR 系列熔断器式刀开关，它有两种结构：一种是将刀开关和熔断器组装在一起；另一种是直接用较高分断能力的 RT0 系列有填料式熔断器作动触刀，制成两断口并带有灭弧室的刀熔开关，如图5-21所示为 HR3 型刀熔开关外形示意图。其结构有前操作前检修、前操作后检修、侧操作前检修、侧面杠杆操作等多种形式。采用这种组合方式经济实用，广泛应用在低压配电屏上安装使用，适用于交、直流低压电路、负荷电流小于 600A 的配电系统中，可作为分、合电路，并具有过负荷和短路保护的作用。

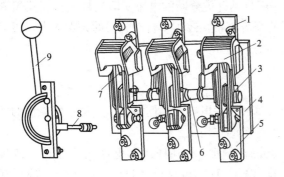

图 5-20　HD13 型低压刀熔开关外形示意图
1—上接线端子；2—钢栅片灭弧罩；3—闸刀；4—底座；
5—下接线端子；6—主轴；7—静触头；
8—连杆；9—操作手柄

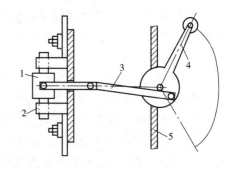

图 5-21　HR3 型刀熔开关外形示意图
1—RT0 型熔断器熔管；2—HD 型刀开关静触头；3—连杆；4—操作手柄；5—低压配电屏面板

（四）组合开关

组合开关也是一种刀开关。常用的有 HZ 系列，其外形结构如图 5-22 所示。这种刀开关的动静触头分层装设于绝缘的触头座内，再将多层触头座按顺序叠装组合在一起。旋转操作手柄，各层动触头即同时转动，完成开关的接通或断开。组合开关的内部采用扭簧储能机构，以加速开关的动作。

组合开关有多种型号规格，它们有不同的触头组合配置和叠和层数，其外部接线也有多种方式。组合开关适用于低压电气线路中作不频繁地接通和分断电路，如负载或电源的切换、电压测量及换相等多种用途。

图 5-22　组合开关
（a）外形；（b）结构；（c）符号

三、低压负荷开关

低压负荷开关可以通断负荷电流，且由熔断器进行短路保护，具有操作方便，安全经济等特点。常用的有开启式负荷开关和封闭式负荷开关，其型号含义如下：

HH— 封闭式负荷开关
HK— 开启式负荷开关
产品名称
产品序号
额定电流（A）
极数

（一）开启式负荷开关

开启式负荷开关又称胶盖瓷底闸刀开关，是最常见的低压开关设备。常用的有 HK1、HK2 型，如图 5-23 所示。开关的全部导电零件都固定在一块瓷质底版上，上面用胶盖盖住，胶盖起绝缘防护作用，胶盖的内面则将各极分隔开，防止开关操作时可能发生的极间飞弧短路。它的优点是具有防护外壳，价格低廉，有安装熔丝的接线端子，缺点是没有灭弧装置，安全性能差，一般用于小容量的照明电路。虽然这种刀开关内部装设熔丝，能兼作电路的短路保护作用，但在建筑工程中规定不许采用，而是在刀开关外另装瓷插熔丝，原装熔丝的地方用铜丝代替。

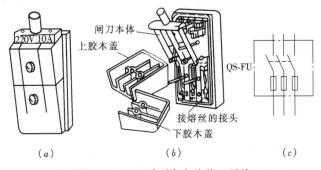

图 5-23　HK 系列瓷底胶盖刀开关
（a）外形图；（b）内部结构；（c）线路符号

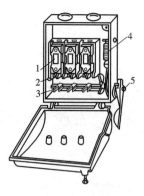

图 5-24 HH 系列铁壳开关
1—熔断器；2—支座；
3—闸刀；4—转轴弹簧；
5—操作手柄

这种刀开关在使用时应垂直安装于控制盘上，在接通位置时，手柄应朝上，电源进线接静触头（夹座）一端。刀闸内的熔丝应根据电路实际需要，选用合适的规格。因为没有专门灭火装置，操作时应迅速，并注意不要面对开关，以防意外的电弧伤害。

（二）封闭式负荷开关

封闭式负荷开关又称铁壳开关。常用的有 HH3、HH4 系列，其结构如图 5-24 所示。它由刀开关、熔断器、灭弧装置、操作机构和铁制外壳构成。操作手柄和铁壳间有连锁装置，当铁壳打开时不能合闸，分闸时壳盖不能打开，以保证操作人员的安全。此外，铁壳开关采用储能式操作机构，当扳动分合闸手柄时，联动机构使弹簧储存一定的能量，一旦手柄转过某一角度，突发的弹簧力使刀闸快速闭合与分断，有利于迅速切断电弧。因此，铁壳开关的安全性能比胶盖瓷底闸刀开关高得多，一般用于负荷较大的低压电路里。

四、低压断路器

（一）用途和结构

低压断路器又称自动空气断路器，一般简称为自动开关或空气开关，是低压配电系统中重要的保护电器。正常情况下，它可作为接通和断开电路之用，并作为配电线路和电气设备的过载、欠压、失压和短路保护之用。当电路发生上述故障时，能自动断开电路。自动开关装设有完善的电气触头和灭弧装置，具有较强的电流分断能力，它的动作值可调整，而且动作后一般不需要更换零部件。在建筑供配电系统中，用作配电线路的主要控制开关，也可用于电动机、照明供电线路及一般居民的电源控制，应用极为广泛。

自动开关由触头系统、灭弧装置、操动机构和各种保护装置组成。如图 5-25 所示是自动开关工作原理图。由图可见，开关合闸后（用手动或电动）主触头闭合，并由锁钩锁定在合闸状态，使主电路接通。自动开关常见的保护装置有过电流脱扣器、失电压脱扣器等自动保护装置。过电流脱扣器有电磁式过电流脱扣器和双金属片热脱扣器。电磁式过电流脱扣器的电磁线圈，当通过电流大于一定数值时，可延时或瞬时动作，使开关跳闸切断电路，可作为短路保护之用。双金属片热脱扣器具有反时限特性，当电路发生过载时，双金属片弯曲，将锁扣顶开使自动开关因脱扣而跳闸。

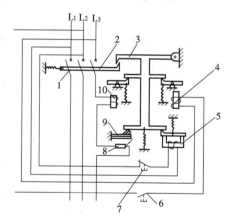

图 5-25 低压断路器工作原理图
1—主触头；2—跳钩；3—锁扣；4—分励脱扣器；5—失压脱扣器；6—常开（动合）脱扣按钮；7—常闭（动断）脱扣按钮；8—热元件（电阻）；9—热脱扣器；10—过流脱扣器

失压脱扣器多为电磁线圈组成，一般安装在自动开关右下侧，正常情况下电磁线圈都加有电压，使衔铁吸合，同时克服弹簧拉力脱扣机构能保持合闸状态。当电压降低时（通常降低到额定电压的 75% 以下)，衔铁吸力减小，当不能克服弹簧的拉力时，在弹簧拉力的作用下，开关自动脱扣跳闸。一般要求当电压降低到额定电压的 40% 时，失压装置必须可靠跳闸。

除上述常见的脱扣器外，自动开关还装有分励脱扣器和电子型脱扣器。分励脱扣器装在自动开关的左下侧，其作用原理与失压脱扣器相似，但是它是由操作人员或继电保护发出指令后执行开关跳闸。此外，分励脱扣器的电磁线圈由控制电源供电，正常时不通电，当需要自动开关分闸操作时，才给分励脱扣器一个控制电压，使其瞬间动作跳闸。电子型脱扣器用半导体元件制造，可具有过负荷、短路和欠压保护功能。

(二) 类型

常用低压自动开关按结构分有框架式和塑料外壳式两种类型。框架式自动开关原称万能式自动开关，塑料外壳式自动开关原称装置式自动开关；按动作速度分有一般型和快速型两大类。其型号含义如下：

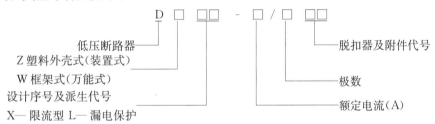

脱扣器及附件代号：00—无脱扣器；10—热脱扣器；20—电磁脱扣器；30—复式脱扣器。

1. 框架式低压断路器

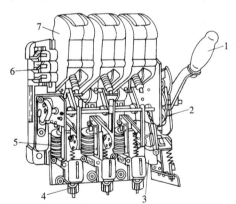

图 5-26 DW10 型万能式低压断路器
1—操作手柄；2—自由脱扣机构；
3—失压脱扣器；4—过流脱扣器调
节螺母；5—过电流脱扣器；6—
辅助触点 (连锁触点)；7—灭弧罩

框架式自动开关为敞开式，一般大容量自动开关多为此结构，主要用于低压配电系统中作为过载、短路及欠电压保护之用，在操作上可以通过各种传动机构实现手动或自动。此外，框架式自动开关还有数量较多的辅助触头，便于实现连锁和辅助电路的控制，广泛用于变配电所、发电厂及其他主要的场合。

如图 5-26 所示为 DW10 型万能式低压断路器外形结构图。所有的组件如触头系统、脱扣器、保护装置均装在一个框架式底座上，传动部分由四连杆及自动脱扣机构组成，以保证开关的自动脱扣机构瞬时断开。开关合闸时，自动脱扣机构被锁住，开关处于合闸位置。当有故障时，开关带有瞬时动作的电磁式过流脱扣器和分励脱扣器使开关自动跳闸。

2. 塑料外壳式低压断路器

常见的有 DZ 系列自动开关，如图 5-27 所示为 DZ20 系列塑料外壳式低压断路器结构图。其特点是结构紧凑、体积小、重量轻，使用安全可靠，适用于独立安装。它是将触头、灭弧系统、脱扣器及操作机构都安装在一个封闭的塑料外壳内，只有板前引出的接线导板和操作手柄露在壳外。这种自动开关的体积要比框架式小得多，其绝缘基座和盖都采用绝缘性能良好的热固性塑料压制，触头则使用导电性能好、耐高温又耐磨的合金材料制作，在通过大电流时，不会发生熔焊现象。该系列开关的灭弧室多用去离子栅片式，操作机构则为四连杆式，操作时瞬时闭合、瞬时断开，与操作者的速度无关。

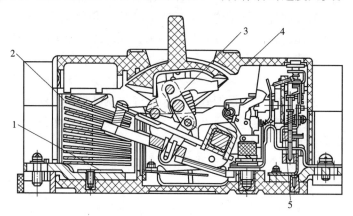

图 5-27　DZ20 系列塑壳式低压断路器结构图

1—触头；2—灭弧罩；3—自由脱扣器；4—外壳；5—脱扣器

DZ 系列自动开关的保护装置一般装有复式脱扣器，同时具有电磁脱扣器和热脱扣器。由于内部空间有限，失压脱扣器和分励脱扣器仅装其中一种，而且额定电流较框架式自动开关要小，除用来保护容量不大的用电设备外，还可作为绝缘导线的保护及供建筑中作照明电路的控制开关。

（三）安装和使用注意事项

1. 按规定垂直安装，上下导线要使用规定截面的导线；

2. 工作时不可将灭弧罩取下，灭弧罩损坏应及时更新；

3. 过流脱扣器的整定电流调好后不要随意更动。

五、交流接触器

（一）用途

交流接触器属于控制电器。在低压电路中，交流接触器广泛应用于各种容量电路的接通和分断，可以远距离频繁地操作。其主要控制对象是电动机，也可用于其他电力负荷，如电热器、照明、电炉和电容器等。此外，它与继电器等配合使用可实现自动控制及过负荷、过电流等保护作用。但需指出，由于接触器触头及灭弧栅较小，不能用来切断短路电流。交流接触器有主、辅触头，分别用于通断主电路和二次控制回路。主、辅触头的极对数根据各种用途的需要有不同的数目。目前国内应用较多的为 CJ 型交流接触器。

（二）结构及工作原理

交流接触器的结构包括电磁吸合系统、灭弧装置、触头系统等构成。如图 5-28 所示为 CJ 型交流接触器外形及结构示意图。

电磁吸合系统有铁芯、线圈、衔铁、分闸弹簧等几部分组成。当电磁线圈通电后形成磁场，吸引衔铁闭合，辅助触头常开闭合、常闭断开。当电磁线圈断电时，在分闸弹簧反

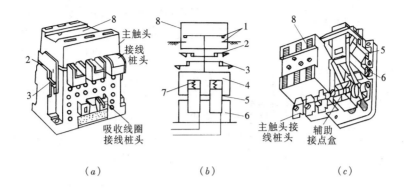

图 5-28 CJ 型交流接触器外形及结构示意图

(a) CJ10-40；(b) 线路示意；(c) CJ10-100

1—主触头；2—常闭辅助触头；3—常开辅助触头；

4—动铁芯；5—吸引线圈；6—静铁芯；7—反作用弹簧；8—灭弧罩

作用力的作用下，衔铁恢复原位，主触点分闸，辅助触点也各自恢复原位。

交流接触器的灭弧装置用来熄灭主触头开断时产生的电弧。对于电流在 10A 以下的小容量接触器，利用桥式触点的双断口触点电流反向流动所产生的电动斥力拉长电弧，使电弧迅速熄灭。电流较大的交流接触器则利用灭弧栅灭弧，有的接触器为了增强灭弧效果，采用油浸式、真空式等不同灭弧介质。

六、漏电保护器

在低压 220/380V 中性点直接接地的系统中，为了防止电气设备或线路因漏电而造成的触电事故，当前广泛采用漏电保护器，简称触保器，是漏电电流动作保护器的简称。

（一）用途及分类

漏电保护器安装在低压电网电源端或进线端，以实现对所属网络的整体保护。漏电保护器只作为直接接触防护中基本保护措施的附加保护，仅能对电路相线或零线的对地漏电或触电提供保护，对相与相之间的触电是不起保护作用的。

漏电保护器按其保护功能和结构特征分有漏电开关、漏电断路器、漏电继电器、漏电保护插座。漏电保护插座有单相、三相之分，插座数有 1～4 只。按其工作原理分有电压动作型、电流动作型、脉冲型等。电压动作型漏电保护器只能用于中性点不接地的变压器系统，而且只能作低压总保护，不能作分保护，现已被淘汰。

（二）漏电保护原理

电流动作型漏电保护器可分为电磁式和电子式两种。电磁式漏电保护器可靠性好，没有放大部件，一般动作电流不小于 30mA。当其检测到漏电电流而且达到规定值时，该部件的输出就能使脱扣机构动作，推动执行部件分断电路。

鉴于检测部件输出的功率往往很小，而漏电脱扣器又希望有较大的输出，便在两者之间增加一个电子放大部件，这样就构成了电子式漏电保护器。它可以把检测到的漏电电流放大，指挥快速跳闸，灵敏度高。

电流动作型漏电保护器由零序电流互感器、半导体放大器和低压断路器（含脱扣器）等三部分组成，其工作原理如图 5-29 所示。

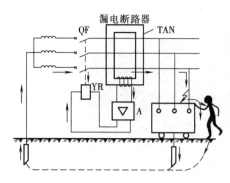

图 5-29　电流动作型漏
电开关工作原理示意图
TAN—零序电流互感器；A—放大器；
YR—脱扣器；QF—低压断路器

在正常情况下，通过零序电流互感器 TAN 的三相电流向量和为零，故互感器铁芯中没有磁通量，其二次侧没有输出信号，断路器 QF 不动作。当被保护线路发生人身触电或漏电故障时，故障电流就通过大地返回变压器的中性点，此时三相电流向量和不为零，这时零序电流互感器 TAN 的铁芯中产生磁通量，其二次侧有电流输出。当触电或接地故障电流达到某一规定值时，经放大器 A 放大后，通过脱扣器 YR 使断路器 QF 跳闸，从而切断电源达到保护的目的。

七、低压配电屏

（一）用途

低压配电屏是按一定的线路方案将有关一、二次设备组合而成的一种低压成套配电装置，适用于低压配电系统中动力和照明配电之用。

（二）分类及型号含义

低压配电屏的结构形式有固定式和抽屉式两大类型。其型号含义如下：

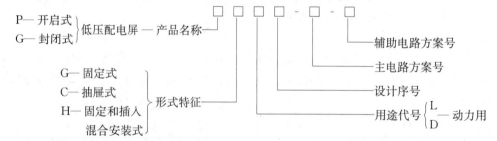

固定式的所有电器元件都固定安装，而抽屉式的某些电器元件按一次线路方案可灵活组合组装，按需要抽出或推入各个抽屉中，若某回路发生故障，将该回路的抽屉抽出，再将备用的抽屉推入，能迅速恢复供电。

（三）固定式低压配电屏

固定式低压配电屏比较简单经济，它应用广泛。按维护方式分有单面维护和双面维护两类，其中以离墙安装、双面维护应用为多。

1. PGL1、PGL2 型固定式低压配电屏

它的结构合理，互换性好，技术先进，安全可靠，目前还应用较多。它由刀开关、转换开关、熔断器、交流接触器、继电器、互感器、各种测量以表、信号灯和金属框架等组合而成。

如图 5-30 所示为 PGL1、PGL2 型固定式低压配电屏外形图，其中框架角钢或槽钢上有多个槽形孔，是为便于不

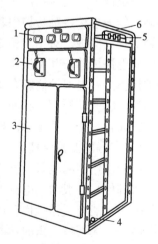

图 5-30　PGL1、PGL2 型
低压配电屏
1—仪表板；2—操作板；3—检修门；
4—中性母线绝缘子；5—母线绝缘框；
6—母线防护罩

同电器元件组合安装而设置的。

2. GGD 系列交流低压配电屏

它的分断能力高，动、热稳定性好，接线方案灵活，组合方便，结构新颖，防护等级高，是低压成套开关设备的更新换代产品，适用于变电所、高层建筑等电力用户的配电系统，作为动力、照明及配电设备的电能转换、分配与控制之用。

3. GGL1 型固定式低压配电屏

它的技术性能先进，采用新型低压断路器、隔离触头和高分断能力熔断器等，并设有中性线（N 线）及保护导体（PE）排，适用于各种方式的进出线，动、热稳定性好，安全性能也好。

（四）抽屉式低压配电屏

抽屉式（又称抽出式）低压配电屏结构紧凑、通用性好，安装灵活方便，防护安全性能好，因而越来越被广泛使用。由于生产厂家及引进技术不同，其形式很多，现以 MSG 型及 DOMINO 型为例加以介绍。

1. MSG 型抽屉式低压配电屏

它以较小的空间能容纳较多功能单元，能满足各种结构形式、防护等级及使用环境的要求。它采用标准模块设计，分别可组成控制、保护、操作、转换、调节、测量、指示等标准单元，如图 5-31 所示。其抽屉有五种尺寸，都是以一定高度为基准，这样五种抽屉单元既可在一个柜体中作单一组装，也可以作混合组装。其内装有各种新型断路器、负荷开关、熔断器及热继电器等。

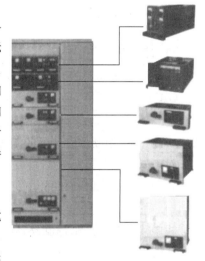

2. 多米诺（DOMINO）组合式低压配电屏

它采用组合式柜架结构，只用很少的柜架组件就可以按用户需要组装成多种尺寸、多种类型的柜架，并有抽屉式、固定式和混合式三种结构。与传统的低压配电屏比较，它具有以下主要特点：①屏内有电缆通道，顶上及底部有电缆进出口；②回路采用间隔布

图 5-31 MSG 型抽屉式
低压配电屏结构示意图

置，故障发生时互不影响；③门上设有机械连锁和电气连锁；④具有自动排气防爆功能；⑤抽屉有很好的互换性，有工作、试验、断离和抽出四个位置；⑥断流能力大等。

屏内使用的主要电器元件有：各种低压断路器、熔断器、交流接触器、并联电容器和电流互感器等。

八、低压电气设备的选择

低压电气设备的选择与高压电气设备的选择一样，必须满足正常运行条件下和短路故障条件下的工作要求；同时，设备应工作安全可靠，运行维护方便，投资经济合理。

（一）低压电气设备按正常工作条件选择的内容有：

1. 周围空气的温度在 $-5 \sim +40$℃之间，24h 的平均值不超过 $+35$℃；

2. 安装地点的海拔高度不超过 2000m；

3. 大气相对湿度在周围空气湿度为 $+40$℃时不超过 50％。最湿月的平均最大相对湿度为 90%，同时该月的月平均最低温度为 25℃，并允许产品表面因温度变化而发生凝露；

4. 电器的安装均应按规定执行，若重力能影响动作性能，则安装倾斜度不得超过 5°；

5. 无明显的颠簸、冲击和振动；

6. 介质无爆炸危险，且无足以腐蚀金属和破坏绝缘的气体及导电尘埃；

7. 无雨雪侵袭。

（二）低压电气设备按短路工作条件选择，应遵循下列原则：

1. 可能通过短路电流的电器，如刀开关、熔断器式刀开关等，应尽量满足在短路条件下短时和峰值耐受电流的要求。主要是指满足动、热稳定电流的条件且与高压一次设备相同。

2. 断开短路电流的保护电器，如熔断器、低压断路器等，应尽量满足在短路条件下分断能力的要求。具体为：

（1）满足 1 中所列动、热稳定性的要求。

（2）满足分断能力的要求。

对熔断器

1）对于限流式熔断器 $\qquad I_{oc} \geqslant I_K''^{(3)}$ (5-13)

式中 I_{oc}——熔断器的极限分断电流，kA；

$I_K''^{(3)}$——熔断器安装处的三相短路次暂态电流有效值，kA。

2）对于非限流式熔断器 $\qquad I_{oc} \geqslant I_{sh}^{(3)}$ (5-14)

式中 $I_{sh}^{(3)}$——熔断器安装处的三相短路冲击电流有效值，kA。

对于低压断路器

1）对框架式低压断路器（DW 型）$I_{oc} \geqslant I_K''^{(3)}$ (5-15)

2）对塑料外壳式低压断路器（DZ 型）$\qquad I_{oc} \geqslant I_{sh}^{(3)}$ (5-16)

式中 I_{oc}——低压断路器的极限分断电流，kA；

$I_K''^{(3)}$、$I_{sh}^{(3)}$——与式（5-13）、式（5-14）相同。

选择低压一次设备时，应校验的项目如表 5-3 所列。关于低压电流互感器、电压互感器、电容器及母线电缆、绝缘子等的选择校验项目与表 5-1 相同。低压配电屏的选择，要由其在低压配电系统中的用途（如动力、照明、联络等）、工程的先进性及投资条件、装置地点要求等综合确定。

<table>
<tr><td rowspan="2">设备名称　校验项目</td><td rowspan="2">电压
（kV）</td><td rowspan="2">电流
（A）</td><td rowspan="2">断流能力
（kA）</td><td colspan="2">短路电流校验</td></tr>
<tr><td>动稳定度</td><td>热稳定度</td></tr>
<tr><td>低压熔断器</td><td>√</td><td>√</td><td>√</td><td>—</td><td>—</td></tr>
<tr><td>低压刀开关</td><td>√</td><td>√</td><td>√</td><td>√</td><td>√</td></tr>
<tr><td>低压负荷开关</td><td></td><td>√</td><td>√</td><td>√</td><td>√</td></tr>
<tr><td>低压断路器</td><td>√</td><td>√</td><td>√</td><td>√</td><td>√</td></tr>
</table>

选择低压一次设备应校验的项目　　　　　表 5-3

注：表中"√"表示必须校验，"—"表示不必校验。

第三节 电力变压器与互感器

一、电力变压器（文字符号 T）

（一）用途及分类

变压器是根据电磁感应原理制成的一种静止电器。它的基本作用是变换交流电压、传输电能，是电力系统中的关键设备。

电力变压器的种类很多，有各种不同的分类方法，常用的有下列几种：按相数分，有单相和三相两种；按结构分，有双绕组和单绕组之分；按绝缘介质分，有油浸式和干式等；按冷却方式分，有自然冷却、风冷却和水冷却等；按调压方式分，有无载调压和有载调压两种；按用途分，有升压变压器和降压变压器。

（二）结构性能和工作原理

1. 结构性能

变压器的主要部件是铁芯和绕组，它们彼此相互绝缘地套装在一起，构成变压器的器身。

铁芯是变压器的磁路部分，为了减少铁芯内的磁滞损耗与涡流损耗，通常用导磁性能良好的硅钢片叠装而成。硅钢片的厚度为 $0.35\sim0.5\text{mm}$，表面涂有绝缘漆使各片相互绝缘。铁芯有"口"字形（芯式）和"日"字形（壳式）两种。

绕组是变压器的电路部分，它是用绝缘的导线（扁线或圆线）绕成筒状套装在铁芯上。变压器一般有两套绕组，接在电源一侧的绕组称为一次绕组（亦称原绕组）；接在负载一侧的称为二次绕组（亦称副绕组）。两套绕组之间及绕组与铁芯之间均用绝缘材料隔开，绕组的引出线端经绝缘套筒（内有导电杆）引至油箱外，供作外部接线。

（1）油浸式变压器

如图 5-32 所示为三相油浸式电力变压器外部结构图。它有油箱、油箱上的散热器、防爆管以及保护变压器用的瓦斯继电器、温度继电器等。变压器油是良好的绝缘介质和冷却介质，通过油受热后加速空气的对流作用，及时将绕组和铁芯的热量传到油箱壁和散热器壁，以扩散四周，改善了变压器的散热条件。为了减轻油的劣化，变压器还装有防潮和抗氧化等附属设施，例如装置吸湿器（空气过滤器），油枕中加装隔膜保护，以防止空气中的潮气进入油中，并在变压器油中添加抗氧化剂，以阻止绝缘油的氧化。瓦斯继电器又称气体继电器，当内部发生局部击穿短路时，油受到破坏而产生气体，当气体压力足够大时，继电器便会报警，直至接通继电保护装

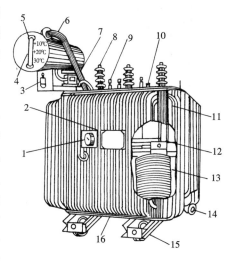

图 5-32 三相油浸式电力变压器外部结构图

1—信号式温度计；2—铭牌；3—吸湿器；4—油枕；5—油表；6—安全气道；7—瓦斯继电器；8—高压套管；9—低压套管；10—分接开关；11—油箱；12—铁芯；13—线圈及绝缘；14—放油阀门；15—小车；16—接地端子

置将电源切断。防爆管是一根油管，其下端与油箱连通，上端用玻璃板（安全膜）密封，用一根小管与油枕上部连通。变压器正常工作时，防爆管内的少量气体通过油枕上部排出。当变压器发生严重故障时，油被分解产生大量气体使油箱内压力骤增，当压力超过一定限度时安全膜爆破，油气喷出，从而避免油箱破裂，减轻事故危害程度。此外，一般变压器的箱盖上还装有分接开关，可在空载情况下改变高压绕组的匝数。

油浸式变压器的缺点是有可能发生火灾。一旦油浸式变压器着火，扑救很困难。因此，对防火有特殊要求的地方一般不采用油浸式变压器，而改用干式变压器或其他不可燃液体浸渍的阻燃型变压器。

（2）干式变压器

干式变压器是针对油浸式变压器的缺点研制的。其特点是没有变压器油，具有防火、防爆和低噪声的优点，且维护简单、无污染，在民用建筑工程中广泛应用。干式变压器有下列几种类型：

1）普通干式变压器。有带外壳的封闭式和不带外壳的非封闭式两种，为无载调压，空气自冷。

2）有载调压干式变压器。分无外壳和有外壳两种，可带负载手动或自动调压，空气自冷。

3）环氧树脂干式变压器。为无载调压，分防振和不防振两种。高低压绕组全部用环氧树脂浇注，并同轴套在铁芯柱上。高低压绕组之间有冷却气道，使绕组散热。它具有防火、防潮、防尘和低损耗、低噪声、安装面积小等特点，尤其适用于高层建筑物、大型商场、旅馆、影剧院、医院、居民小区、车站、码头、工矿企业等户内使用。如图 5-33 所示为 SC9 型环氧树脂浇注干式变压器外形图。

干式变压器不论何种类型，全做成户内式，采用 H 级或 B 级绝缘。

图 5-33　SC9 型干式变压器

干式变压器冷却方式分自然空气冷却（AN）和强迫空气冷却（AF）。自然冷却时，变压器可在额定容量下长期连续运行；强迫风冷时，变压器输出容量可提高 50%，适用于断续过负荷运行或应急过负荷运行。由于过负荷时，负载损耗和阻抗电压增幅较大，处于非经济运行状态，故不应使其长时间处于连续过负荷运行。

干式变压器的过载能力与环境温度、过载前的负载情况（起始负载）、变压器的绝缘散热情况和发热时间常数有关。

2. 工作原理

（1）变压器的空载运行

将变压器的一次绕组接交流电源，二次绕组接负载（开路状态），叫做变压器的空载运行，如图 5-34 所示。

当变压器的一次绕组接入电源时，在外加电压 u_1 的作用下，绕组中就有空载电流 i_0 通过，这个变化的电流在铁芯中产生交变主磁通 Φ（工作磁通），还有很少的漏磁通 Φ_{1s}。由于一、二次绕组绕在同一个铁芯上，所以铁芯中的主磁通同时穿过一、二次绕组，因此在一次绕组中产生自感电动势 e_1 的同时，在二次绕组中也产生了互感电动势 e_2。

设主磁通 $\Phi = \Phi_M \sin\omega t$，根据法拉第电磁感应定律，可得一、二次绕组的感应电动势为：

$$E_1 = 4.44 f N_1 \Phi_M \tag{5-17}$$

$$E_2 = 4.44 f N_2 \Phi_M \tag{5-18}$$

如果忽略一次绕组电阻及漏磁通的影响，则有 $u \approx E$。因为空载时二次绕组电流 $I_2 = 0$，二次绕组端电压 $U_{20} = E_2$。

由式（5-17）、式（5-18）可得：

$$\frac{U_1}{U_{20}} \approx \frac{E_1}{E_2} = \frac{N_1}{N_2} = K_u \tag{5-19}$$

上式表明，变压器空载时一、二次绕组的电压之比，近似为两绕组的匝数比。式中 K_u 为变压器的变压比。只要适当地选择变压比，就可实现改变电压大小的目的。当 $K_u > 1$ 时为降压变压器；$K_u < 1$ 时为升压变压器。

（2）变压器的负载运行

将变压器的一次绕组接电源，二次绕组两端接负载时，称为变压器的负载运行，如图 5-35 所示。

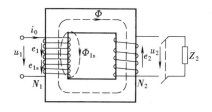

图 5-34　单相变压器
空载运行原理示意图

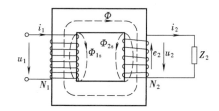

图 5-35　单相变压器
负载运行原理示意图

此时在变压器的二次绕组电路中，由于感应电动势 e_2 的作用，就有电流 i_2 流过负载。从前面的分析可以知道，变压器是从电源吸收能量并以电磁形式进行能量转换，以另一个电压把电能输送给负载。在这个过程中，变压器只起一个传递能量的作用。根据能量守恒定律，在忽略变压器损耗时，变压器一次侧的输入功率与二次侧的输出功率是相等的，则有

$$U_1 I_1 = U_2 I_2 \tag{5-20}$$

即：

$$\frac{I_1}{I_2} = \frac{U_2}{U_1} = \frac{N_2}{N_1} = K_i = \frac{1}{K_u} \tag{5-21}$$

上式表明，变压器负载时一、二次绕组的电流之比，等于它们匝数比的倒数。式中 K_i 为变压器的变流比。这个结论还表明，变压器在变换电压的同时，也变换了电流。从变压器的结构看，高压侧电流小、绕组匝数多、导线细；低压侧电流大、绕组匝数少、导线粗。

综上所述，变压器一、二次绕组之间并没有直接电的联系，它是通过一系列电磁转换过程，把从电源吸收的电能供给负载，实现电能的等功率传递。

（三）三相电力变压器

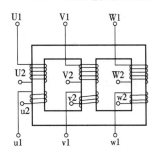

图 5-36 三相变压器的绕组

1. 结构

由于电力系统采用三相输电，因此用于改变三相交流电压的是三相变压器。三相变压器的结构有两种形式：一种是由三个单相变压器构成的三相变压器组；另一种是常用的三相芯式变压器，如图 5-36 所示。它的铁芯有三个铁芯柱，每个铁芯柱上套装着同一相的一、二次绕组。三相变压器中的每一相都相当于一台独立的单相变压器，因此三相变压器的工作原理及运行特性与单相变压器是相同的。

2. 三相变压器的联结组标号

变压器的联结组标号实际上是表示变压器各侧绕组的联结方式及与此有关的各侧电压相互之间的相位差。

（1）联结组时钟序数表示法

电力变压器的联结组根据国家标准《电力变压器联结组别标准》GB 1094.1—2013 规定，高压绕组相量图以 A 相指向 12 点为基准，低压绕组 a 相的相量按感应电压关系确定，低压绕组所指钟表的时间序数即为变压器的联结组标号。

（2）三相变压器的联结组标号

三相变压器的绕组联结方式有星形、三角形和曲折形三种方式。对于高压绕组，星形、三角形和曲折形分别用大写字母 Y、D 和 Z 表示；对于低压绕组，则用同一字母的小写形式 y、d 和 z 表示。对有中性点引出的星形、曲折形联结方式，在字母后面加一个 N（或 n）。下面以图 5-37 为例加以说明。

图（a）是三相变压器三相绕组的联结图。图中高压绕组 A、B、C 接成星形，而低压绕组 a、b、c 接成三角形。首先画出高压绕组三个相电势的相量，并将 A 相指向时钟的 12 点，然后按照感应电动势的关系画出低压绕组三相感应电动势。因为在同一铁芯柱上的 A、B、C 各

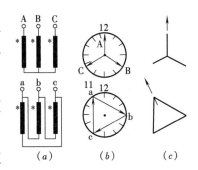

图 5-37 时钟序数表示法，Yd11 联结组
（a）接线方式；（b）相量图；
（c）相量示意图

相，高低压绕组是同极性，因此 a、b、c 三相的感应电动势与高压绕组 A、B、C 分别并行，但低压绕组为三角形接线，这个三角形在时钟内，a 相的相量端点正好指向时钟的 11 点，因此该变压器的联结组标号为 Yd11，如图（b）所示，图（c）是它的相量示意图。

6～10kV 变电所电力变压器常用的联结组有 Yyn0 和 Dyn11 两种。在下列情况下宜选用 Dyn11 联结：（1）三相不平衡负荷超过变压器每相额定功率 15% 以上者；（2）需要提高单相短路电流值，确保单相保护动作灵敏度者；（3）需要限制三次谐波含量者。

（四）变压器的铭牌

目前国产电力变压器有 S7、SL7、SF7、SZL7、S9 等系列，其中 S9 系列产品具有体积小、质量轻、损耗低、噪声低、效率高等特点的节能产品，各生产厂家为了使变压器安全、合理、经济地运行，对自己的产品规定了安全运行的技术数据，将其写在变压器外壳的铭牌上。这些主要的数据有：

1. 变压器的型号

变压器的型号含义如下：

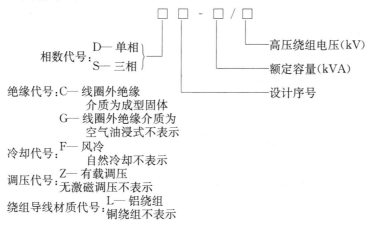

2. 额定容量

变压器的额定容量是指在规定的额定工作状态下，其二次侧输出的视在功率。额定容量反映变压器带负载能力的大小，而实际输出功率的大小，决定于负载的大小和性质。

3. 额定电压

变压器的一次绕组额定电压 U_{1n} 是指变压器正常运行时，电网电源加在一次侧的规定电压；二次绕组的额定电压 U_{2n} 则是指变压器空载运行时，一次侧加上额定电压后，二次侧的输出电压 U_{20}。对于三相变压器，均指线电压。

4. 额定电流

变压器的额定电流是指变压器在允许温升规定值下，一、二次绕组长期工作所允许通过的最大电流 I_{1n}、I_{2n}。对于三相变压器，均指线电流。

单相变压器
$$I_{1n}=\frac{S_n}{U_{1n}} \qquad I_{2n}=\frac{S_n}{U_{2n}} \tag{5-22}$$

三相变压器
$$I_{1n}=\frac{S_n}{\sqrt{3}U_{1n}} \qquad I_{2n}=\frac{S_n}{\sqrt{3}U_{2n}} \tag{5-23}$$

5. 短路电压

也称阻抗压降。是指在额定频率下，变压器一侧短接，另一侧施加电压，当电流达到额定值时外施的电压，用百分数表示。

6. 联结组标号

它是指变压器一次绕组和二次绕组的联结方式及相位关系。

7. 温升

它是指变压器在额定状态下运行允许超过周围环境的温度值，它取决于变压器所用绝缘材料的等级。

（五）变电所变压器的选择

1. 变压器台数的选择

选择变压器台数时，应考虑以下因素：

（1）应满足用电负荷对供电可靠性的要求。对供有大量一、二级负荷的变电所，宜采用两台变压器，以便当一台变压器发生故障或检修时，另一台能对一、二级负荷继续供电。

（2）对于一级负荷的场所，邻近又无备用电源联络线可接，或季节性负荷变化较大时，宜采用两台变压器。

（3）是否装设变压器，应视其负荷的大小和与邻近变电所的距离而定。当负荷超过320kVA时，任何距离都应装设变压器。

2.变压器容量的选择

（1）只装有一台变压器的变电所，变压器的额定容量应满足全部用电设备计算负荷的需要。

（2）装有两台变压器的变电所，每台变压器的额定容量应同时满足以下两个条件：

1）任一台变压器单独运行时，应满足全部一、二级负荷的需要；

2）任一台变压器单独运行时，宜满足全部用电设备70%的需要。

（3）变压器正常运行时的负荷率应控制在额定容量的70%～80%为宜，以提高其运行效率。

3.变压器绝缘结构的选择

根据绝缘结构方式不同，一般有矿物油变压器、硅油变压器、六氟化硫变压器、干式变压器及环氧树脂浇注变压器等。

多层或高层主体建筑内变电所，一般选用不燃或难燃型变压器。在多尘或有腐蚀性气体严重影响安全运行的场所内，应选用防尘型或防腐型变压器。

二、电流互感器（文字符号 TA）

（一）用途

电流互感器又称变流器，其主要作用是：

（1）将大电流变为小电流，以供测量、计量、继电保护等使用。因而可以扩大仪表、继电器的使用范围，通过互感器测量任意的电压和电流值，并使测量仪表和继电器的仪表制造标准化，可实现远距离的测量和控制。

（2）将电气仪表和继电器的电流回路与高压系统可靠地隔离，保证了人身和设备的安全。

（二）结构及工作原理

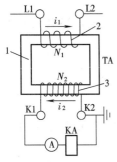

图 5-38　电流互感器的基本结构与接线原理
1—铁芯；2—一次绕组；3—二次绕组

1.结构

电流互感器的工作原理与变压器类似，也是按电磁感应原理工作的。如图 5-38 所示，其结构主要由铁芯、一次绕组、二次绕组、引出线和绝缘结构等构成。所不同的是：电流互感器的一次绕组匝数很少，只有几匝，甚至一匝，导线相当粗。使用时，二次绕组串联在被测电路中，通过的电流是被测电路的电流，其大小不决定于电流互感器的二次负载，只决定于被测电路的负荷状态。二次绕组的匝数比一次绕组多，十几匝至几百匝不等，导线很细，电流根据变流比的大小而定。

电流互感器的二次侧与测量仪表和继电器等电流线圈串联使用，由于这些线圈的阻抗很小，所以电流互感器工作时接近于短路状态，这是与电力变压器的主要区别。二次绕组的额定电流一般为 5A。

2.工作原理

根据变压器的工作原理，电流互感器的一次电流与二次电流之间的关系如下：

$$\frac{I_1}{I_2} = \frac{N_2}{N_1} = K_i \tag{5-24}$$

即
$$I_1 = K_i \cdot I_2 \tag{5-25}$$

式中　N_1、N_2——电流互感器的一次和二次绕组的匝数；

K_i——电流互感器的变流比，一般均以一、二次侧额定电流的比值表示，如 100/5A、300/5A 等。

（三）分类及型号含义

电流互感器的种类很多。按一次电压分有高压和低压两大类；按一次绕组的结构分有单匝式（穿墙式、支柱式、母线式、瓷套式）和多匝式（如线圈式）等；按绝缘结构分有瓷绝缘、浇注式、电缆电容式、塑料外壳绝缘式等；按用途分有测量和保护用两大类。

电流互感器的型号有数字和字母组成，其排列方式如下，字母含义如表 5-4 所示。

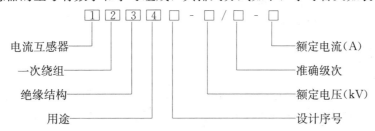

电流互感器型号字母含义　　　　　　　　　　表 5-4

字母排列次序	代 号 含 义
1	L—电流互感器
2	A—穿墙式；B—支持式；C—瓷套式；D—单匝贯穿式；F—复匝贯穿式；M—母线式；Q—线圈式；R—装入式；Z—支柱式；Y—低压的；J—接地保护
3	C—瓷绝缘；G—改进型；K—塑料外壳；L—电缆电容型绝缘；S—速饱和型；J—树脂浇注；Z—浇注绝缘；W—户外式；X—小体积柜用
4	B—保护级；D—差动保护用；J—加大容量；Q—加强式

高压电流互感器多制成两个铁芯，两个二次绕组，分别接仪表、继电器，以满足测量和保护的不同要求。

（四）常用类型

如图 5-39 所示为户内低压 380V 的 LMZJ6—0.5 型（300～3000/5A）母线式环氧树脂浇注绝缘加大容量的电流互感器外形图，它本身没有一次绕组，母线从中穿过即是它的一次绕组（1 匝），它广泛应用于低压配电屏及其他低压电路中。

如图 5-40 所示是目前常用于 10kV 高压开关柜中的户内线圈式环氧树脂浇注绝缘加强型电流互感器外形图。其一次绕组绕在两个铁芯上，每个铁芯上分别绕有一个二次绕组，0.5 级的接测量仪表，3 级的接继电保护。

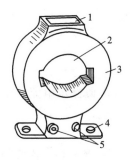

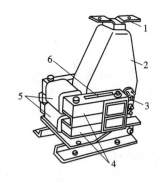

图 5-39　LMZJ6—0.5 型电流互感器外形
1—铭牌；2——次母线穿孔；
3—铁芯，外绕二次绕组（环氧树脂浇注）；
4—底座；5—二次接线端子

图 5-40　LQJ—10 型电流互感器外形
1——次绕组接线端子；2——次绕组（环氧
树脂浇注）；3—二次接线端子；4—铁芯
（两个）；5—二次绕组（两个）；6—警告牌

（五）常用接线方式

1. 一相式接线

如图 5-41（a）所示，其电流线圈的电流，反应一次电路对应相的电流，通常装接在第二相（L2）。它适用于负荷平衡的三相电路中进行测量电流，或在继电保护中作为过负荷保护的结线。

2. 两相不完全星形（V 形）接线

如图 5-41（b）所示，即用两台电流互感器串入三相电路的两相中，其二次侧结成两

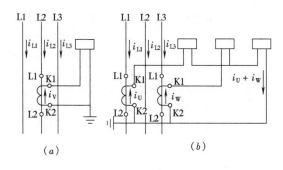

（a）　　　　　　　　　　　　　（b）

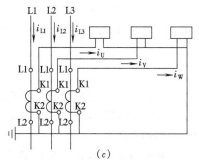

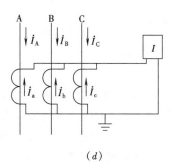

（c）　　　　　　　　　　　　　（d）

图 5-41　电流互感器的常用接线方式
（a）一相式；（b）两相 V 形；（c）三相 Y 形；（d）三相零序结线

相不完全星形，接在公共线上的电流线圈，反应的是两个互感器二次电流的相量和，恰好是未接互感器 L2 相的二次电流。

两相 V 形结线简单、经济，广泛应用于中性点不接地的三相三线制电路中，供测量三相电流及接三相功率表、电能表之用，并常用于继电保护装置中的两相两继电器结线。

3. 三相星形（Y 形）接线

如图 5-41 (c) 所示，其三个电流线圈通过的电流分别反映了各相的电流，因而它广泛用于三相负荷不论是否平衡的三相三线制、三相四线制系统中，供测量或继电保护用。

4. 三相零序保护接线

如图 5-41 (d) 所示，这种接线用于零序接地保护。

（六）使用注意事项

1. 电流互感器在工作时二次侧不允许开路。一旦二次侧开路，铁芯中的磁通随一次电流的增大而急剧增大，不仅引起铁芯严重过热，导致绕组绝缘损坏，而且在二次侧感应产生很高的电压，对二次回路绝缘有严重危害，甚至击穿烧毁，危及人身和设备的安全。

电流互感器是否开路，可根据声音判断，若互感器的声音近似变压器满负荷时"吱"的声响，则多数为二次开路所致。从指示仪表也可以直观判断，如电流为零或保护装置的电流回路无电流，此故障一般为电流互感器二次侧断路引起。

因此，电流互感器安装时，二次侧接线一定要牢靠地接触良好，不得串接熔断器或开关。当需要检修、更换二次侧的任何负载时，最好停电进行。如果不能停电，则必须先将该负载接线端可靠短接后方能进行操动。短接时，应采用短路片或专用短路线，禁止采用熔丝或用导线缠绕。

2. 电流互感器的二次侧必须一端接地。这是为了防止一、二次绕组之间绝缘击穿时，一次侧的高压窜入二次侧，危及人身和设备的安全。

3. 电流互感器一、二次侧的极性要一致。所谓"极性"是指互感器一、二次侧感应电动势的方向。当一、二次侧绕组的绕向或首尾连接端的标志（文字符号）改变时，其感应电动势的方向将改变：同名端相同、绕向相同时，则两感应电动势的方向相同，称为减极性；若其同名端相反，标志或绕向不同，则两感应电动势的方向相反，谓之加极性。分别如图 5-42、图 5-43 所示。

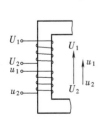

图 5-42 减极
性示意图

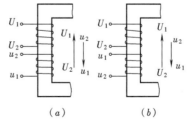

图 5-43 加极性示意图
(a) 同名端改变；(b) 绕向改变

电流互感器一次侧绕组的首尾接线端通常以 L1、L2 表示，二次侧的两个出线端一般用 K1、K2 表示，则两绕组绕向相同时，L1 与 K1、L2 与 K2 是同名端（或称同极性端）。由于我国通常采用减极性接线，因此同名端在同一瞬间具有同一极性。如电流互感器一次侧 L1 为电流流入，则二次侧电流从 K1 流出，如图 5-38 所示。若极性接错，则会影响测量的准确度和继电保护的可靠性，甚至烧坏设备、引起事故。

（七）电流互感器的选择和校验

电流互感器应按装置地点的条件及额定电压、额定电流、准确度级别等条件进行选择，对按继电保护用的电流互感器，还应满足 10％误差特性曲线的要求。具体可用下列关系式表示。

1. 额定电压应大于工作电压

即：
$$U_n \geqslant U_g \qquad (5-26)$$

2. 额定电流应大于工作电流

即：
$$I_n \geqslant I_g \qquad (5-27)$$

3. 二次侧额定容量应大于二次侧负荷

即：
$$S_{2n} \geqslant S_2 \qquad (5-28)$$

4. 短路稳定度校验

（1）动稳定度校验

$$K_d \cdot \sqrt{2} I_{ln} \geqslant I_{sh}^{(3)} \qquad (5-29)$$

或者
$$i_{max} \geqslant I_{sh}^{(3)} \qquad (5-30)$$

式中　i_{max}——电流互感器允许通过的最大电流的幅值，A；

　　　$I_{sh}^{(3)}$——三相短路冲击电流的峰值，kA；

　　　I_{ln}——电流互感器一次额定电流，A；

　　　K_d——电流互感器的动稳定倍数，可查产品样本。

（2）热稳定度校验

$$(k_t \cdot I_{ln})^2 t \geqslant I_{\infty}^{(3)} t_i \qquad (5-31)$$

或者
$$I_{\infty}^{(3)} \leqslant k_t \cdot I_{ln} \sqrt{t/t_i} \qquad (5-32)$$

式中　k_t——电流互感器的热稳定倍数，可查产品样本；

　　　$I_{\infty}^{(3)}$——三相短路电流稳态值，kA；

　　　t_i——短路电流发热假想时间，s。

三、电压互感器（文字符号 TV）

（一）用途

电压互感器是一种特殊的变压器，其作用是：①将高电压变成低电压，并在相位上与原来保持一定的关系，扩大了量程，而且使仪表与继电器制造标准化，为实现遥测遥控提供了方便；②可以使仪表等与高压侧可靠地隔离，保证了人身和设备的安全，同时还可以降低对仪表的绝缘要求。

（二）结构及工作原理

电磁式电压互感器的原理与变压器完全相同，也是由一次和二次绕组、铁芯、引出线以及绝缘结构等组成。如图 5-44 所示，其特点是一次绕组匝数很多，而二次绕组匝数很少，相当于降压变压

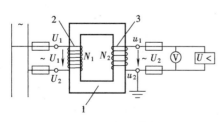

图 5-44　电压互感器的
基本结构与接线原理

1—铁芯；2——一次绕组；3—二次绕组

器。工作时，一次绕组并联在供电系统的一次电路中，而二次绕组并联仪表、继电器的电压线圈。由于这些电压线圈的阻抗很高，电压互感器在工作时，二次绕组接近于空载状态，其额定电压一般为100V。

根据变压器的工作原理，电压互感器一次电压与二次电压之间的关系如下：

$$\frac{U_1}{U_2}=\frac{N_1}{N_2}=K_u \tag{5-33}$$

即
$$U_1=K_u \cdot U_2 \tag{5-34}$$

式中　N_1、N_2——电压互感器一、二次绕组的匝数；

　　　　K_u——电压互感器的变压比，一般用额定一、二次电压的比值表示。如1000/100V或10/0.1kV等。

（三）分类及型号含义

电压互感器按电压分有高压（1kV以上）和低压（0.5kV以下）；按相数分有单相式和三相式；按绕组分有双绕组和三绕组；按绝缘方式分有干式、环氧树脂浇注式、油浸式等。

电压互感器的型号由字母和数字组成，其排列方式如下，字母含义如表5-5所示。

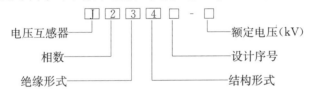

电压互感器──相数──绝缘形式──结构形式──设计序号──额定电压(kV)

电压互感器型号字母含义　　　　　　　　　　　　表5-5

字母排列顺序	代号含义	字母排列顺序	代号含义
1	J—电压互感器	3	C—瓷箱式、G—干式、J—油浸式、Z—浇注式
2	D—单相、S—三相C—单相串激式	4	B—带补偿绕组、J—接地保护、W—五柱三绕组

（四）常用类型

如图5-45所示为JDG6—0.5型、JDZ6—10型电压互感器外形图。

JDG6—0.5型电压互感器为单相双绕组干式户内型产品，适用于低压电路中，供测量电压、电能和功率以及继电保护、自动装置用，它可用于单相线路。当两台电压互感器接成V/V形接线后，可用于三相线路。

JDZ6—10（3、6）型电压互感器为单相双绕组半浇注式户内型产品，适用于10kV及以下电路中，供测量电压、电能和功率以及继电保护、自动装置用。其外铁芯为半浇注式，一次绕组两端为全绝缘结构。其一次绕组引出端标志为U_1、U_2，二次绕组引出端标以u_1、u_2，它可用于单相和三相线路。

JDZX6—10(3、6)型电压互感器为单相三绕组半浇

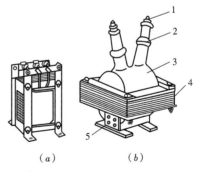

（a）　　　　　（b）

图5-45　电压互感器外形图
（a）JDG—0.5型；（b）JDZ—10型
1—一次接线端子；2—高压绝缘套管；3——、二次绕组（环氧树脂浇注）；4—铁芯（壳式）；5—二次接线端子

注式户内型产品，适用于中性点不接地的 10kV 及以下电路中。"X" 表示带有剩余电压绕组（接成开口三角形）。一次绕组的一端为全绝缘，另一端为非全绝缘。所有绕组完全浇注在环氧树脂中，具有优良的绝缘性能，耐冲击和机械应力，并可使绕组防潮。其一次绕组引出端标志为 U_1、U_2，二次绕组引出端标以 u_1、u_2，如图 5-46 所示。

（五）常用接线方式

电压互感器在三相电路中常用的接线方式如图 5-46 所示。

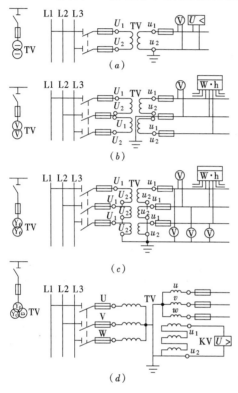

图 5-46　电压互感器的接线方式
（a）单相式接线；（b）两相 V/V
形接线；（c）三相 YNyn 接线；
（d）三相 YNynd0 接线

1. 单相式接线

如图 5-46（a），可供仪表、继电器接于三相回路某两相间的线电压。

2. 两相 V/V 形接线

如图 5-46（b），这种方式又称不完全星形接线，适用与中性点不接地或经消弧线圈接地的三相三线制系统，可供仪表、继电器接于各相间的线电压，广泛应用于 6～10kV 变电所高压配电装置中。

3. 三相 YNyn 接线

如图 5-46（c），它用于供电给要求线电压的测量仪表及继电器。当接入三只相电压的电压表（需按线电压选择）时，可作为中性点不接地系统单相接地的绝缘监察。

4. 三相 YNynd0 接线

用三个单相三绕组电压互感器或一个三相三绕组五芯柱式电压互感器接成如图 5-46（d）时，可供电给要求线电压的测量仪表、继电器及作为绝缘监察的电压表。其二次侧有两套绕组，其中一组接成星形并将中性点接地，另一组接成开口三角形的辅助绕组，专门供电给作为绝缘监察的电压继电器 kV，以监测电网对地绝缘。当一次电路正常工作时，开口三角形两端电压近于零；而当某一相发生单相接地短路时，该相对地电压为零，相对应的二次侧绝缘监察的电压表所指示的相电压亦为零，其余两相的电压则上升为线电压，这时开口三角形两端产生近 100V 的零序电压，使电压继电器 kV 动作，并通过信号继电器发出报警信号，这种接线方式在 6～10kV 系统中被广泛应用。

（六）使用注意事项

1. 电压互感器在工作时，其二次侧不得短路。如果发生短路，将产生很大的短路电流，则有可能烧毁互感器，甚至影响一次电路的安全运行。因此，电压互感器的一、二次侧都必须装设熔断器作为短路保护。但是用作电能计量或供某些继电保护用的电压互感器，为了防止熔丝无故脱落和熔断，影响计量的正确性，或者为了防止继电保护误动作而造成危险的停电事故，有时要求电压互感器的一、二次侧不要装设熔断器。

2. 电压互感器的二次侧有一端必须接地。这与电流互感器二次侧接地的目的相同，也是为了防止一、二次绕组的绝缘击穿时，一次侧的高压窜入二次侧，造成对人身和设备的危害。

3. 电压互感器在联结时，一、二侧绕组的次极性要一致。其同名端（同极性端）U1-u1、U2-u2 等及三绕组式的 U1-u1-u1$_D$、V1-v1、W1-w1、U2-u2-u2$_D$、V2-v2、W2-w2 应一致。

（七）电压互感器的选择

电压互感器的选择应按装置地点的条件及额定电压、准确度级别等条件进行选择。由于电压互感器有熔断器保护，故不需校验短路电流的稳定度。具体应满足下列关系：

1. 额定电压 U_n 应大于工作电压 U_g，即：

$$U_n \geqslant U_g \tag{5-35}$$

2. 二次侧的额定容量 S_{2n} 应大于二次侧负荷 S_2，即：

$$S_{2n} \geqslant S_2 \tag{5-36}$$

低压供电系统常用电气设备图例如表 5-6 所示。

供电系统常用电气设备图例　　　　　　　　　　　　表 5-6

图　例	设备名称	图　例	设备名称
	电力变压器		电流互感器
	隔离开关		电压互感器
	负荷开关		电抗器
	断路器		避雷器
	熔断器		母线

续表

图　例	设备名称	图　例	设备名称
	跌落式熔断器		单极开关
	熔断器式刀开关		多极开关

第四节　成套箱式变电站

箱式变电站是一种将高压开关设备、配电变压器和低压配电装置，按一定接线方案组成在一起由电器设备组装成的成套配电设备。这些设备安装在一个防潮、防锈、防尘、防鼠、防火、防盗、隔热、全封闭、可移动的钢结构箱体内，可以独立的安装在室外，不占有建筑物内的面积，是住宅小区和建筑群体广泛采用的新型的成套变配电装置。图 5-47 为箱式变电站的外形图。

图 5-47　箱式变电站的外形图

一、箱式变电站的特点和结构

（一）特点

1. 工厂预制化

箱式变电站可以在工厂预先制作成型、只要设计人员根据变电站的实际要求，作出一次主接线图和箱外设备的设计，就可以选择由厂家提供的箱变规格和型号，所有设备在工厂一次安装、调试合格，真正实现变电站建设工厂化，缩短了设计制造周期；现场安装仅需箱体定位、箱体间电缆联络、出线电缆连接、保护定值校验、传动试验及其他需调试的工作，整个变电站从安装到投运大约只需几天的时间，大大缩短了建设工期。

2. 完成室内变电站的所有功能

全站智能化设计实现自动化，保护系统采用变电站微机综合自动化装置，分散安装，可实现"四遥"，即遥测、遥信、遥控、遥调，每个单元均具有独立运行功能，继电保护功能齐全，可对运行参数进行远方设置，对箱体内湿度、温度进行控制和远方烟雾报警，根据需要还可实现图像远程监控。

3. 单元组合方式使得供电方案灵活以满足各种需求

箱式变电站由于结构比较紧凑，每个箱均构成一个独立系统，这就使得组合方式灵活多变，一方面可以全部采用箱式箱式变电站没有固定的组合模式，使用单位可根据实际情况自由组合一些模式，以满足安全运行的需要。

4. 投资时减少土建工程费用经济性能较好

箱式变电站较同规模常规变电所减少土建工程（包括征地费用）的投资，可充分利用街心、广场安装，符合国家节约土地的政策。从运行角度分析，在箱式变电站中，由于先进设备的选用，特别是无油设备运行，从根本上彻底解决了常规变电所中的设备渗漏问题，变电站可实行状态检修，减少维护工作量，每年可节约运行维护，箱式变电站可以实现无人值班。

5. 箱式变电站的适用范围

变电站是预装式成套变配电设备，适用于环网、双线、终端供电方式，且三种方式互换性极好。进线方式可采用电缆线或架空绝缘线，按照使用环境和不同用途任意选择。由于占地面积小，适合于在一般负荷密集的工矿企业、港口和居民住宅小区等场所，可以使高电压供电延伸到负荷中心，减少低压供电半径。对于建筑工地临时供电性和户外作业的码头、仓储也适用。无论是高压计量，还是低压计量或无计量方式箱式变电站均可实现；无论是高压集中补偿还是低压集中补偿和无需补偿的功能都可实现。

（二）箱式变电站的结构

1. 箱式变电站的构成

箱式变电站（简称箱变）一般采用各单元相互独立的结构，分别设有变压器室、高压开关室、低压开关室，通过导线和母线组成一个完整的供电系统。图 5-48 为箱式变电站结构示意图。

图 5-48　箱式变电站结构示意图

变压器室一般放在后部，为了方便用户维修、更换和增容的需要，变压器可以很容易地从箱体内拉出来或从上部吊出来。由于变压器放在箱变外壳内，可以防止阳光直接照射变压器而产生的温升，同时也可以有效地防止外力碰撞、冲击及发生触摸感电事故；不利因素是变压器的散热效果不好。

高压开关室内安装有独立封闭的高压开关柜，低压室内安装有独立封闭的低压配电屏。高低压系统的组成形式是根据不同实际需要有设计部门进行设计而成，和一般的配电装置没有区别。变压器的型号、高压开关柜和低压配电屏的选型没有统一要求，目前应用较多的箱变的变压器一般均采用 S9 全密封低损耗变压器，国外有的产品已经采用非晶合金做变压器铁芯，以求得降低损耗。变压器容量一般在 100～1250kVA 为宜。

2. 箱体结构

无论是哪种箱式变电站都必须符合《高压/低压预装式变电站》GB/T 17467—2010 的标准和《箱式变电站技术条件》SD 320—89。箱式变电站的箱体是由：底座、外壳、顶盖三部分构成底座一般用槽钢、角钢、扁钢、钢板等，组焊或用螺栓连接固定成形；为满足通风、散热和进出线的需要、还应在相应的位置开出条形孔和大小适度的圆形孔。箱体外壳、顶盖槽钢、角钢、钢板、铝合金板、彩钢板、水泥板等进行折弯、组焊或用螺钉、铰链或相关的专用附件连接成形。箱变壳体，按标准要求必须具备：防晒、防雨、防尘、防锈，防小动物等进入的五防功能，对于变压器室外部的壳体要考虑通风散热的功能。壳体的表面采用传统的喷漆、烤漆、喷塑等方法进行处理；也可在壳体外贴上彩色瓷砖，或贴贴面等方法进行表面处理，安装在住宅小区的箱变外观应考虑和小区建筑物的风格、色彩协调。

二、箱式变电站的安装与运行维护

1. 箱式变电站的基础和通风

箱式变电站放置的地坪应选择在较高处，不能放在低洼处，以免雨水灌入箱内影响设备运行。浇制混凝土平台时要在高低压侧留有空档，便于电缆进出线的敷设。开挖地基时，如遇垃圾或腐土堆积而成的地面时，必须挖到实土，然后回填较好的土质并夯实后，再填三合土或道砟，确保基础稳固。箱变水平安放在事先做好的基础上，装好地脚螺栓，然后将箱变底座与基础之间的缝隙用水泥沙浆抹封，以免雨水进入电缆室。通过高、低压室的底封板接入高、低压电缆。电缆与穿管之间的缝隙密封防水。

变压器室的通风形式有两种即自然通风和强制通风目前箱式变电站以自然风循环冷却为主。因此，在其周围不能违章堆物，尤其是变压器室门不应堵塞，还应经常清除百叶窗通风孔上附着物，以确保不超过最大允许温度。强制通风是根据需要可以加装室温监视装置和自启动的通风冷却装置，以保证变压器在规定环境条件下满负荷运行。

2. 箱式变电站的外壳和接地

箱式变电站箱壳门应向外开，应有把手、暗闩和锁，暗闩和锁应防锈。变压器应能从箱顶部或侧门进出。箱式变电站噪音水平不应大于规定的变压器噪声水平。

箱壳不论采用金属的或非金属的材料，箱体金属框架均应有良好的接地，有接地端子，并标明接地符号。箱式变电站接地和零线共用一接地网，接地网一般在基础四角打接地桩，然后连成一体，从接地网引至接地引线应不少于两条。箱式变电站运行后，应经常检查接地连接处，应不松动、无锈蚀。定期测量接地电阻值，接地电阻应不大于 4Ω。

3. 箱内设备

箱式变电站内除了变压器以外都是高低压成套电器设备它们应符合自身的技术要求，对于箱式变电站高压配电装置中的环网开关、变压器、避雷器等设备应定期巡视维护，发现缺陷及时整修，定期进行绝缘预防性试验。箱式变电站停用时间超过 3 个月，再投运前应进行全项预防性试验。

4. 箱式变电站在安装、验收、运行与维护

在遵守当地电力主管部门要求和各项规定的同时。还应注意以下事项：用户收货时应按有关规定仔细检查，对于不马上安装的产品，应按正常使用条件规定，存放于适当的场所。产品应采用专用吊具底部起吊。箱式变电站在安装完毕或维修后，投运前应进行如下检验和试验。产品在安装完毕或维修后，投运前应进行如下检验和试验。变电站内是否清洁。操作机构是否灵活。主要电器的通断是否灵活可靠。电器辅助触头的通断是否可靠准确。表计及继电器动作是否准确无误。仪表及互感器的变比及接线极性是否正确。所有电器安装螺母是否拧紧，安装是否牢固可靠。母线连接是否良好，其支持绝缘子，夹持件是否安装可靠。电器的整定值是否符合要求，熔断器熔心规格是否正确。主电路及辅助电路的接点是否符合电气原理图要求。产品内部保护接地系统的电阻应小于 0.01 欧姆。各部分应根据相应的电压等级进行耐压试验。

箱式变电站中所有元件按各自规定的技术要求进行维护。若选用的变压器为油浸式，每年应按规定至少进行一次油样分析检查。运行中的高压开关设备，经 20 次带负荷或 2000 次无负荷分合闸操作后，应检查触头情况和灭弧装置的损耗程度，发现异常应及时检修或更换。低压开关设备自动跳闸后，应检查分析跳闸原因，待排除故障后，方能重新投运。避雷器每年应在雷雨季节到来之前进行一次预防性试验。检修高压开关设备或整体维修时，必须先切断变电站进线电。

本 章 小 结

1. 高压熔断器、高压隔离开关、高压负荷开关、高压断路器和高压避雷器是变电所高压电路中重要的控制和保护电器。

2. 高压熔断器有户内式（RN 型）和户外式（RW 型）两种。户内式用于高压配电线路、小容量变压器、电力电容器等电气设备的过载和短路保护。户外式常用 RW4 型跌落式熔断器，它不仅具有过载和短路保护的功能，还被广泛用于小容量变压器的电源侧作为控制设备使用，但要注意正确操作。安装时应牢靠，并倾斜一定角度，且保险管的长度要适当，选择时要查看产品质量，使用一定时间后应注意检查和更换。

3. 高压隔离开关没有灭弧装置，只能在对电力线路和设备进行检修时使用。与断路器配合使用进行倒闸操作时，要注意操作顺序。高压负荷开关具有简单的灭弧能力，通常与高压熔断器配合代替断路器使用，即：用负荷开关承担正常情况下的分、合闸操作，而用高压熔断器切断过载电流及短路电流。

4. 高压断路器是变电所的主要设备，它具有完善的灭弧装置和足够大的断流能力，在电路中担负着控制和保护的双重任务。常用的有少油断路器、真空断路器和六氟化硫（SF_6）断路器等。少油断路器运行中装油量不宜过多或过少，在分合大电流一定次数后，应检查触头、部件、油质等，并及时换油。真空断路器无火灾及爆炸危险，不需要检修，可频繁操作，它最适用于高层建筑的高压配电装置，使用中应注意检查真空度。六氟化硫断路器多用于户外 10kV 配电网络中，它具有优良的灭弧性能，能够频繁操作。使用时要

注意压力和温度，并应设置吸附剂，以防止 SF$_6$ 气体液化；还应检查其密封性，避免漏气而影响正常运行。

5. 高压避雷器是用来防止雷电波侵入变电所和电路产生操作过电压而威胁电气设备的安全。使用时与被保护设备并联，装在被保护设备的电源侧。普通阀型避雷器常用的有 FZ 型和 FS 型两种。FS 型主要用于 10kV 及以下配电线路、配电变压器和开关设备的防雷保护；FZ 型主要用于大、中容量变电所电气设备的防雷保护。氧化锌阀型避雷器在供电系统中，用来限制并联补偿电容器和电动机作为操作过电压保护以及在高压开关柜中得到广泛应用。

6. 低压电器按用途分有低压配电电器和低压控制电器两大类。低压配电电器主要有低压刀开关、低压熔断器和低压断路器等。

7. 低压熔断器用于防止电气设备过载和短路保护，其种类很多，可分为无填料式、有填料式和自复式等。其中 RT0 系列具有较高的极限分断能力和一定的限流作用，广泛应用于具有较大短路电流的电力系统或成套配电装置中。自复式熔断器是与自动开关并联使用的，短路电流由自动开关分断，熔断器只起限制故障电流的数值，因而改善了自动开关的灭弧能力。

8. 低压刀开关广泛应用于低压配电线路和低压配电装置中不频繁地通断电路和隔离电源，其中低压隔离开关起隔离电源的作用，而低压刀开关可作为分合电路、并具有过负荷和短路保护的作用。

9. 低压断路器又称自动空气断路器，一般简称为自动开关，在建筑供电系统中用作配电线路的主要控制开关。它设有完善的灭弧系统，既具有较强的电流分断能力，又具有过载、欠压、失压和短路等保护作用。常用的类型有框架式（DW 型）和塑料外壳式（DZ 型）两大类。

10. 高低压电气设备应按工作电压、工作电流、使用环境及用途来选择。断开短路电流的电器如熔断器、断路器等应校验断流能力；隔离开关、负荷开关、断路器等设备都必须进行短路稳定度校验。

11. 漏电保护器作为直接接触防护中基本保护措施的附加保护，仅能对电路相线或零线的对地漏电或触电提供保护，它安装在低压电网的电源端或进线端。按动作原理分有电压动作型漏电保护器和电流动作型漏电保护器，目前常用的电流动作型漏电保护器又分为电磁式和电子式两种。电磁式漏电保护器可靠性好，电子式漏电保护器可以把检测到的漏电电流放大，故动作迅速、灵敏度高。

使用时要注意工作环境，避开强磁场，接线要正确，安装后要操作试验按钮，检验其工作特性，确定正常后才能使用。

12. 电力变压器是供电系统中的关键设备，它的基本作用是变换交流电压、实现电能的传递。按绝缘方式分有油浸式和干式两种。由于油浸式变压器是以变压器油为绝缘介质，一旦发生火灾扑救很困难，因而在对防火级别要求高的场所，如高层建筑而采用干式变压器或其他阻燃型变压器。

三相电力变压器的联结组标号采用时钟序数表示，额定电压为 10/0.4kV 的电力变压器常用的联结组有 Yyn0 和 Dyn11 两种。

13. 电流互感器可以将大电流变换为小电流，电压互感器可以将高电压变换为低电压，以供测量、计量、继电保护等使用，并且能将仪表和继电器与高压系统可靠地隔离，保证了人身和设备的安全。它们的工作原理与变压器相同，一般电流互感器二次侧的额定电流为5A，电压互感器二次侧的额定电压为100V。

使用时应根据需要选择不同的接线方式，并注意工作时电流互感器二次侧不允许开路，电压互感器二次侧不允许短路，二次侧都必须有一端接地，连接时要注意端子极性。

复 习 思 考 题

1. 高压熔断器的作用是什么？它有哪几种类型？分别适用于什么场合？

2. 什么叫限流式熔断器？说明其工作原理。

3. 试述跌落式熔断器的结构及工作原理，并说明其安装应符合哪些技术要求？使用时应注意哪些事项？

4. 高压隔离开关的作用如何？使用时应如何操作？

5. 高压隔离开关与断路器配合使用时，为何要在两者之间加装闭锁装置？

6. 高压负荷开关的作用如何？它可装什么保护装置？在什么情况下自动跳闸？

7. 高压断路器的作用是什么？它有哪几种类型？

8. 高压少油断路器、真空断路器和SF_6断路器各自的灭弧介质是什么？灭弧性能如何？各适用于什么场合？

9. 少油断路器有哪几种灭弧方式？使用时应检查哪些项目？

10. 真空断路器有何优缺点？如何抑制其操作过电压？如何检查真空度？

11. 说明真空断路器的基本结构和工作原理。

12. SF_6断路器有哪些优点？使用时为何要设置吸附剂？

13. 试述SF_6断路器的结构和工作原理。

14. 高压避雷器的作用是什么？常用的阀型避雷器有哪几种类型？分别适用于什么场合？

15. 阀型避雷器火花间隙上并联均压电阻的作用是什么？

16. 高压开关柜有哪几种类型？各有何特点？开关柜的"五防"功能指的是什么？

17. 选择高压开关设备和高压熔断器应满足哪些条件？高压开关为何要进行短路稳定度校验？

18. 低压熔断器的主要作用是什么？常用的类型有哪些？分别用于什么场合？

19. 熔断器的额定电流与熔体的额定电流是否一样？如何选择熔体的额定电流？

20. 低压刀开关和低压负荷开关各有哪几种类型？分别用于什么场合？

21. 低压断路器有何用途？它由哪几部分组成？常用的脱扣器有哪几种形式？

22. 低压断路器按结构分有哪几种类型？分别用于什么场合？

23. 漏电保护器的保护范围如何？它是如何分类的？

24. 电流动作型漏电保护器的工作原理是怎样的？电磁式漏电保护器和电子式漏电保护器各有何特点？

25. 安装和使用漏电保护器时应注意哪些问题？

26. 变压器的作用是什么？它是怎样工作的？电力变压器如何分类？

27. 干式变压器有何特点？适用场合如何？它有哪几种类型？

28. 什么是变压器的联结组标号？三相电力变压器的联结组如何表示？

29. 我国6～10kV变电所电力变压器常用哪两种联结组？什么情况下采用Dyn11联结组？

30. 变压器铭牌上标有哪些技术数据？其含义是什么？

31. 如何选择变电所变压器的台数、容量和绝缘结构？

32. 互感器有哪几种类型？各有何用途？

33. 电流互感器有哪几种接线方式？适用范围如何？

34. 电压互感器有哪几种接线方式？适用范围如何？

35. 使用电流互感器和电压互感器时应注意哪些事项？

36. 三相五柱式电压互感器的结构如何？它是怎样工作的？

第六章　变、配电所以及变、配电所的运行和维护

变、配电所是建筑所需电能供应的核心。它所设置的位置以及它的结构形式，是取决于建筑物的性质、用电负荷的等级等多种因素。它的运行方式是以保证各个用电负荷的可靠性为原则。在本章中是以读懂变、配电所的设备布置图，变、配电所的高、低压一次系统图，二次系统图为目的讲述变、配电所的运行、维护和管理的有关知识。

第一节　变、配电所的结构和设备布置图

一、变、配电所的设置

（一）配电所的设置

从理论上讲配电所是进行电能分配或者说只进行同等级电压的分配的场所，变电所是进行电压调整（电压升级的称升压所、电压降级称降压所）及电能分配的场所。有时一个场所同时完成上述两个功能，我们称这类的场所为变、配电所。在对民用建筑群中（居住小区）供电设计时涉及变、配电所的位置设置问题。通常情况下确定建筑群的配电所位置的原则是，它将若干个变电所视为用电负荷按照配电所应该设置在负荷中心的原则并考虑了电源进、出线均方便等许多因素后进行具体位置的确定。对于配电所的数量的确定，一般民用建筑群中当建筑总面积为 40 万 m² 左右时设置一个配电所，或一个建筑群体（居住小区）统一管理的变电所在 6 个及以上时可设一个配电所。这个配电所也可以兼顾变电所的功能，即变、配电所。

（二）变电所的设置

变电所的位置选择时考虑的一般原则是：接近负荷中心，降低电能消耗；尽量靠近电源侧，保证电源线路的进、出方便；避开周围不利环境对变电所的影响；便于运输和今后的发展。

1. 变电所的形式

变电所的形式从变电所整体结构上可分为：室内、室外两种形式。室外型中又有露天变电所和杆上变电所，以及将变压器及所有的电器设备装设在一个封闭式箱内的封闭式变电所（也称箱式变电所）。室内型中按照设置的方式又分为独立式（变电所是一个独立的建筑体）和附属式（附设在建筑物内的某个位置）。

2. 变电所的位置

（1）一般民用建筑变电所位置

一般民用建筑是指 9 层及以下的多层建筑，这些建筑多属于住宅、机关、学校和一般的商业服务网点。它们的用电负荷量不是很大且对电源可靠性的要求不高，负荷的等级多为三级。通常情况下几栋建筑共用一个变电所，而变电所多为室外型的，以前采用露天式和杆式变电所，现在用封闭式变电所，这种变电所一般落地安装外部形状可以根据不同的

要求任意改变；电源的进、出线的方式为地下电缆敷设；这样在保证安全的同时也对环境的美化有一定的好处。

（2）高层建筑变电所的位置

现代高层建筑中，无论是住宅还是商业服务建筑和其他建筑。它们的建筑面积大用电负荷量也很大，且对电源可靠性的要求比一般建筑要高，在同一建筑物中同时具有三级用电负荷和二级用电负荷，有时还会有一级负荷。另外它们的负荷分布也有特点，大容量的用电负荷比较集中，像空调机、冷冻机和各种健身娱乐的设施都在首层或二层。为了保证变电所靠近负荷中心和减少占用建筑的经济面积，变电所一般设置在靠近用电负荷处的地下室和首层。有时建筑高度很高在建筑物中间层也有一些大容量的用电设备，（在建筑物的中间专门设置安装设备的楼层通常称设备层）这时变电所的数量可设置几个，除了在地下室和首层设置以外，还可以在建筑中间的设备层处设置分变电所专门给中间层的用电设备供电。

二、变电所的结构

由于室外变电所的结构形式比较简单，另外国家已经有了《20kV及以下变电所设计规范》（GB 50053—2013）的标准图集，封闭式的变电所也由生产厂家对其结构确定了。由于室内变电所受建筑物的性质和用电负荷等级多样化等多种条件的限制，不同的建筑结构形式的不同变电所的结构也有所不同。这里我们仅对室内变电所加以论述。

室内变电所的结构取决于变电所的组成。在民用建筑中的变电所的基本组成部分有高压配电室、电力变压器室和低压配电室。另外根据不同的使用要求设置控制室、电容器室、值班室、休息室、维修室等附属房间。当变电所设置在建筑物内部时，使用的高、低压电器设备包括变压器都有一定的要求和限制。如果满足一定的要求，这时可将变压器、高、低电器设备设置在同一个房间内。其他的房间可以根据具体要求设置。另外变电所的组成形式是根据供电系统的形式不同所决定的。但是它的主要目的是为了保证操作、使用方便和安全，同时还要考虑经济性等多方面因素。

如果变电所中各个室独立设置时，它们各自的结构有着一定的特点。

三、变电所中各室之间的位置关系

高压配电室担负着高压进线和分配任务，为了保证进线方便和安全，它的位置一般靠近高压电源的引入位置。变压器室在考虑了安装和维护方便的同时还要考虑到变压器低压侧的电流值特别大，为了减少电能的损耗一般采用母线作为输送电能，从节约有色金属的角度出发，变压器室应尽量靠近低压配电室。低压配电室除了考虑上述的条件外，还应考虑低压配电回路的输出问题，保证低压配电线路的输出方便。其他各个辅助房间的位置要考虑的是保证人身安全和操作维护方便即可。在考虑了上述条件外还必须考虑建筑、采暖、通风和给、排水等各个专业对各个房间的影响。

变电所各个房间对建筑等各个专业的要求可以参照各个专业的有关规定。

四、变电所中高压配电室、变压器室和低压配电室电气方面的要求

高、低压配电室和变压器室结构形式和高、低压开关柜及变压器的形式有关，在国家的标准中已经制定了各种类型的标准方案。设计者可以参照全国通用的电气装置标准图集中的《附设式电力变压器室布置》及《变配电所常用设备构件安装》等图集的有关内容进行设计。

从操作和使用的角度来说，高、低压配电室和变压器室对电气方面有着下列要求：

（一）高压配电室

1. 高压配电装置中带有可燃油的高压开关柜是不能设置在建筑物内部的变电所内。建筑物内部变电所的高压开关柜中的开关只能采用真空断路器和六氟化硫等无油的断路器。

2. 当变电所为独立式时，可以采用带可燃油的高压开关柜。但是宜装设在独立的高压配电室内。如果高压开关柜的数量不超出5台及以下时，可以和低压配电装置装设在同一个房间内。如果高压、低压配电装置均为金属封闭式且外壳的防护等级符合 IP2X 级，高压开关柜和低压开关柜可以共用一个房间。

3. 单列布置的高压开关柜维护通道最小宽度为：0.8m。操作通道的最小宽度为：当高压开关柜为固定式时 1.5m；高压开关柜为移开式（手车式）时：宽度是车长加 0.9m。如果双列布置时或两面都有开关设备时，维护通道最小宽度为 1.0m，操作通道最小宽度为 2m；手车式为双车长加 0.6m。

（二）低压配电室

1. 当配电室内仅有低压配电屏时（包括低压电容补偿装置等），应考虑操作和维护方便。这时一般情况下成排布置，其配电屏前后通道的宽度不应小于表 6-1 所列的数值。

配电屏前后通道的宽度（m）　　　　　　　　　　　　　表 6-1

布置方式 装置种类	单列布置		双列对面布置		双列背对背布置	
	屏前	屏后	屏前	屏后	屏前	屏后
固定式	1.5	1.0	2.0	1.0	1.5	1.5
抽屉（手车）式	1.8	0.9	2.3	0.9	1.8	1.5
其他控制屏	1.5	0.8	2.0	0.8	—	—

注：在特殊情况下（例如：通道内墙面有突出的柱子时）数值适当减少。

2. 有一些小型的变电所中的低压配电室兼作值班室，这时配电屏正面居墙不宜小于 3m。

3. 同一配电室内的分段母线，如果任一母线上有一级负荷，则母线分段处应有防火隔断措施。

4. 如果低压配电室和高压配电室职工用一个房间，各种要求必须满足高压配电室的要求。

（三）变压器室

1. 从防火的角度要求含可燃油的变压器是不能设置在建筑物内的变电所中。独立设置的变电所没有要求。

2. 市内的变电器按着推入方式有宽面和窄面推进两种；按照安装的地面高度分为高式和低式两种。

五、常见的几种变电所布置形式

变电所的布置形式和变压器、高压开关柜、低压配电屏的型号以及电源的引入和引出方式有关。为了表示清楚变电所中各个设备之间的平面和高度，在实际的工程中通常用平面布置来表示各个平面之间的关系，用各种剖面图来表示高度的关系。

（一）几种独立式变电所的布置方案介绍（见图 6-1、图 6-2）

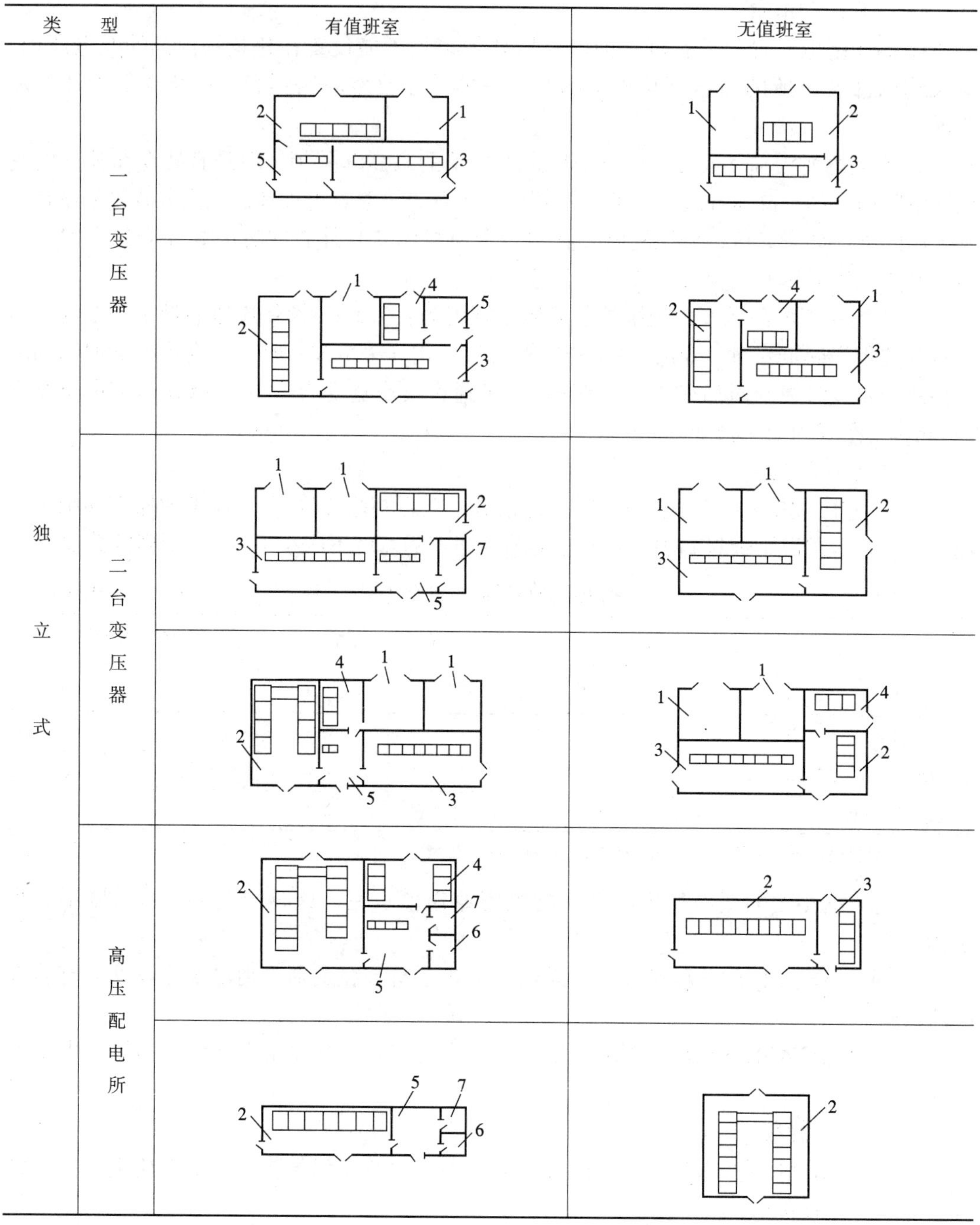

类　　型		有值班室	无值班室
独　立　式	一台变压器		
	二台变压器		
	高压配电所		

图 6-1　常见的几种 6～10kV 变电所布置方案

1—变压器室；2—高压配电室；3—低压配电室；

4—高压电容器室；5—值班室；6 和 7—维修室或其他辅助用房

（二）变电所的布置方案举例

　　在实际工程中，变电所的布置图由变电所的平面布置图和几个剖面图所组成。在平面图中要表示变电所变压器、高压配电设备、低压配电设备之间的相对位置，以及这些设备

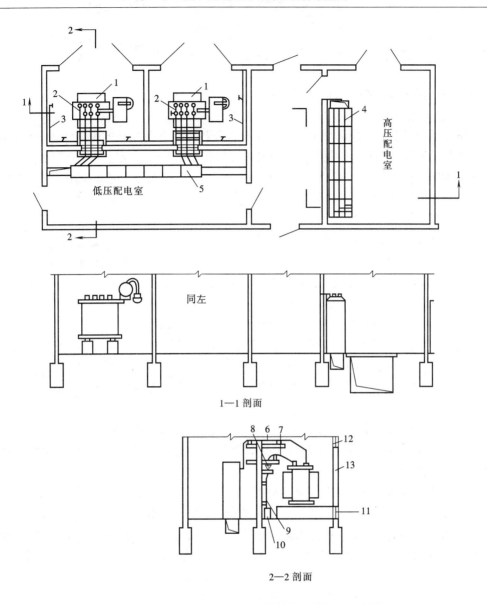

图 6-2 高压计量低压电容器补偿的变电所布置示意图

1—变压器；2—保护中性线；3—保护线，4—高压开关柜；

5—低压配电屏；6—低压母线和固定装置；7—高压母线和固定装置；

8—电缆头；9—电缆；10—保护管；11—出风口；12—出风口；13—大门

在各自房间的具体位置。同时也要表示出这些设备的操作、维护和检修通道的宽度。而剖面图所表示的是这些设备的安装高度以及在某种高度时这些设备的连接方式等。剖面图的数量是根据能完整的表示上述几个方面的问题来确定的。

图 6-2 是一个两台变压器的变电所。变压器是油浸式的电力变压器，采用高式安装方式，高压配电装置采用的是移开式前检修式的封闭开关柜。低压配电装置是采用抽屉式的配电屏。供电系统的基本形式为：两台变压器是并列运行、高压侧集中进行电能计量、低压侧集中电力电容器进行无功补偿。

第二节　变电所的高压配电系统和低压配电系统

一、高压供配电系统组成的一般原则

（一）供电电压

用电单位的供电电压应从用电容量、用电设备特征、供电线路的距离、供电的回路数量、用电单位的远景规划，以及当地公共电网现状和它的发展规划经济合理等多方面考虑。一般情况下用电容量在 250kW 或需要变压器容量在 160kVA 及以上者应采用高压供电方式。在不超出上述数值时应采用低压供电方式。有些特殊情况也可以采用高压供电方式。

（二）电压等级的确定

一般民用建筑中，用电单位的高压配电电压多用 10kV，如果 6kV 的用电设备总容量比较大，也可以采用 6kV。在特殊的时候配电电压可以有两种同时出现。但是对于需要两个回路电源同时供电的民用建筑的变电所应该采用同等级的电压值。

（三）高压供配电系统组成时应注意的几个问题

1. 供配电系统应该简单可靠，同一级电压值的配电级数不宜超出两级。

2. 在设计供配电系统时，对于一级负荷中的特别重要负荷，应考虑其中任一个电源发生故障时，而另一个也同时发生故障的严重情况下，应能保证有第三个电源自动供给。

3. 供配电系统应有较大的适应性。根据负荷的性质、负荷的分布及线路的走向等情况确定主接线方案。

4. 从控制和保护的角度考虑尽量做到控制线路简单保护准确可靠。

5. 供配电系统的组成要考虑到节约投资和今后的发展需要，要预留一定的空间以便设备的更新和换代。

二、单电源供电的高压供配电系统的组成

对于民用建筑的高压供配电系统，一般是指从城市电力网的 10kV 电源开始，经过线路传输到为建筑提供 220/380V 电源的变压器之间的部分。它包括对电能的计量、分配及对运行情况的检测，对电器设备的保护功能等。称完成这种功能的图为高压供配电系统图有时也称高压主接线，或称一次主电路图。如果从计量方式上分类，一类是高压侧有计量的供配电系统，另一类是高压侧无计量的供配电系统。

（一）高压侧无计量的单电源供电系统

根据电业部门的要求，高压侧无计量的供配电系统一般用于容量较小且只有一台变压器作为低压供电电源的场所。它的操作简单、保护装置简单。没有母线，高压的开关设备为单独式一般不用成套装置。通常安装于室外的变压器台上，根据使用的容量不同，有图 6-3 所示的几种接线方案（以常见的电缆引入和架空引入加电缆引入段为例）。

（二）高压侧有计量的单电源供电系统

这类系统基本是以高压或成套设备（高压开关柜）组成。有较完善的各种保护功能，又可以实现自动操作，大多设置在变电所内，而这个变电所既可以是独立的，也可以在建筑物内部。变电所内的变压器容量也相对较大。

要保证系统保护功能、操作功能、计量功能的完备，在系统组成时应考虑有如下设置（图 6-4）。

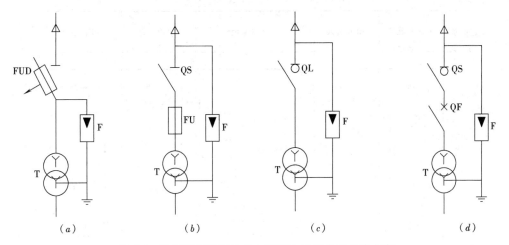

图 6-3　高压侧无计量的单电源配电系统常用接线方案

(*a*) 装跌开式熔断器加避雷器，多用于室外；(*b*) 装隔离开关加熔断器和避雷器，多用于室内；
(*c*) 装负荷开关和避雷器，多用于室内；(*d*) 装隔离开关加断路器和避雷器，多用于室内

各方框具有的功能如下：

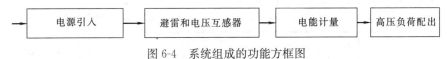

图 6-4　系统组成的功能方框图

（1）电源引入。应具备对电源带负荷的通断能力及对高压系统的各种保护能力。

（2）避雷和电压互感器。避雷功能是不可能少的部分。电压互感器一方面是为了对母线的绝缘监察用，另一方面可以提供一个操作的电流并能对电压测量以观察母线的电压变化。

（3）电能计量。主要对有功电能，无功电能，功率因数等值计量。为确保结果准确和管理方便等因素，一般设专用的开关柜。

（4）高压负荷配出。主要供给的高压负荷包括电力变压器、高压补偿装置和高压配电线路等。每一部分都应有保护装置和带负荷可以操作通断装置。

常用的接线方案有以下几种形式（图 6-5～图 6-8）。

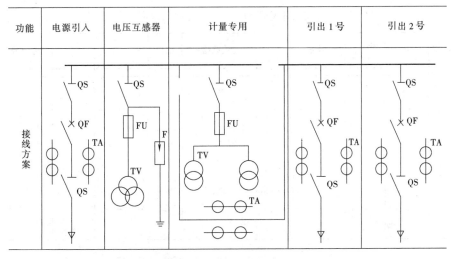

图 6-5　电缆引入方案

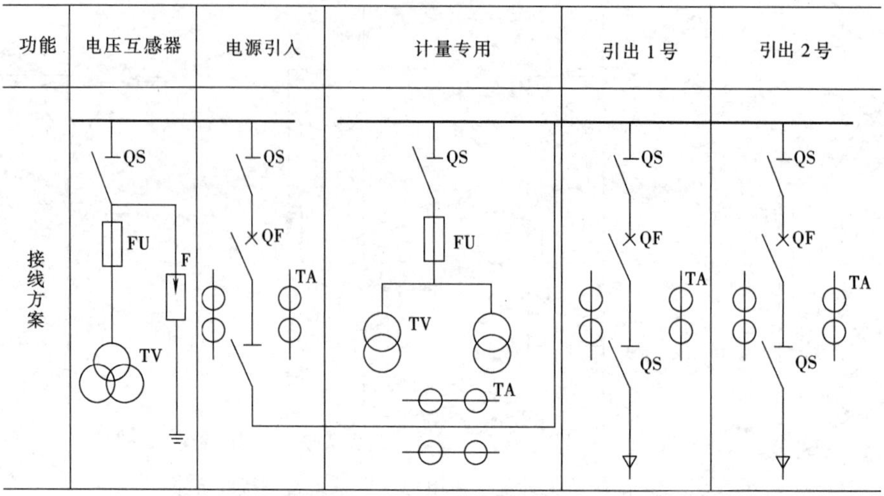

功能	电压互感器	电源引入	计量专用		引出 1 号	引出 2 号
接线方案						

图 6-6　架空引入方案

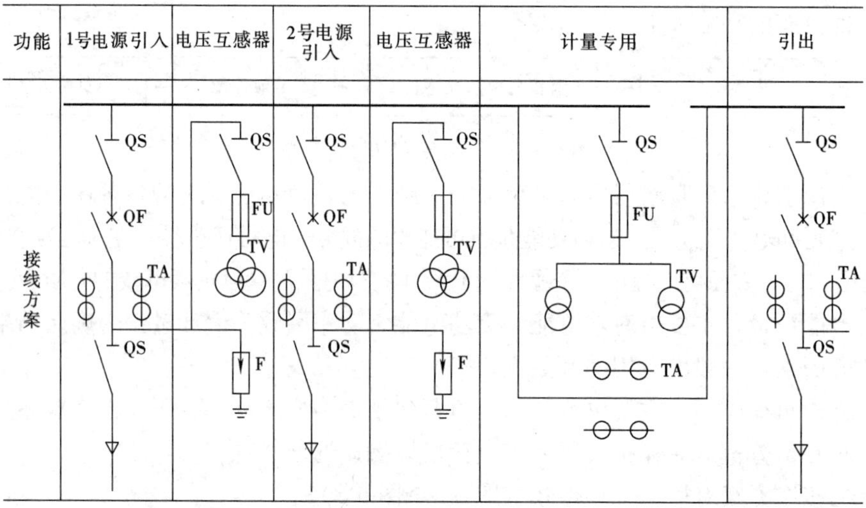

功能	1号电源引入	电压互感器	2号电源引入	电压互感器	计量专用		引出
接线方案							

图 6-7　母线不分段的高压供、配电系统常用形式

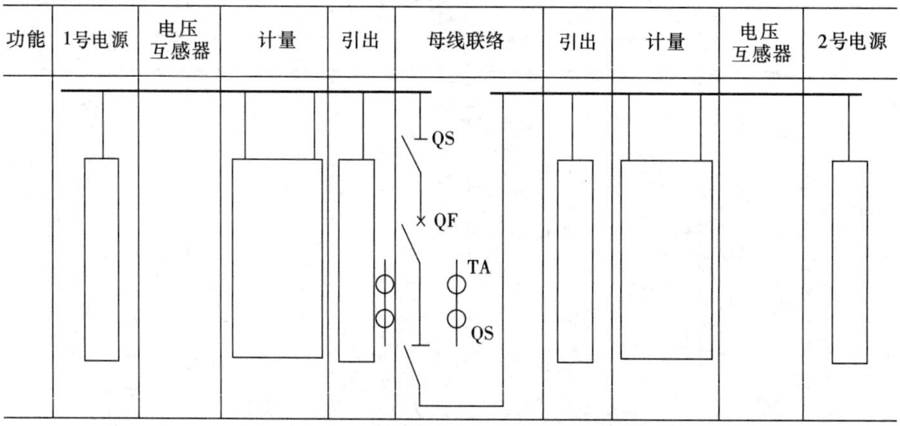

功能	1号电源	电压互感器	计量	引出	母线联络	引出	计量	电压互感器	2号电源

图 6-8　母线分段高压供电配电系统常用形式

上两种方案均为电源由左侧引入，若右侧引入则将排列的顺序调换一下即可。

三、双电源供电的高压供、配电系统的组成

双电源的供电系统，从母线的形式上可分为单母线不分段系统和单母线分段系统，从分段的形式又分为用隔离开关分段和断路器分段。

单母线分段的供电系统，一路电源工作，另一路备用。一般适用于给二级用电负荷供电。采用隔离开关作分段母线开关的母线分段系统，工作电源可以同时工作，也可以不同时工作，一般工作状态由手动控制隔离开关达到，一般适用于给二级、三级用电负荷供电。当母线的分段开关采用了断路器时，两种电源可以视情况自动切换，保证供电可靠性，一般适用于出线回路较多的配、变电所，供一级或二级负荷用电。

另外，对于双电源还有双母线（双干线）的供配电系统形式。这种形式特点是供电可靠性高。两组母线同时工作，也互为备用。适用于引出回路较多的系统，给一级负荷供电。但操作过程复杂，一般在民用供电系统中不常用。

图中未画出部分同图6-6，右侧部分根据左侧排（原理相同）。

图中母线联络靠断路器来实现。

因为建筑电气中常用低压补偿形式，上述介绍的高压供配电系统均未考虑高压电容补偿。若要采用高压补偿，只需在母线上加入高压补偿电容等相应的装置即可。

四、变电所低压配电系统组成的一般原则

这里所指低压配电系统是变电所内低压配电系统的组成，也称低压主接线或称低压一次电路图。变电所作为一个给用电设备提供电源的中心，而低压系统部分直接起到接受电源、分配电源等作用，从保证用电设备的电源可靠性的角度上看，低压系统部分是一个非常重要的环节。它必须保证供电可靠性、运行操作的灵活性、经济性等条件。因此对于建筑行业来说低压系统的组成显得更加重要。

低压系统的组成从用电设备的方面来讲，一般采用低压成套设备。从功能方面来讲，这些低压成套设备应具有如下几个部分：

1. 电源引入部分

它的作用是将变压器低压侧的电源引入到低压配电屏上，由于低压的电流值比较大，引入的方式通常使用裸母线或封闭式母线作为导体。作为电源的总引入部分的低压配电屏还应具有带负荷通断主电路和对主电路进行监测保护等作用。

2. 向用电单元负荷供电部分

作为变电所的低压配电系统，一般是给用电单元供电而不给具体的用电设备供电。低压回路的划分是要同时满足负荷容量和用电负荷使用的特点。例如：照明供电的专用配电屏、动力专用的配电屏等。

3. 母线的连接部分

有时同一个性质的用电设备容量很大，配出的回路需要很多，可以用几个配电屏来完成。这时连接配电屏的任务由母线来实现。所谓母线就是截面很大的导体。

4. 低压电力电容补偿装置部分

这个部分主要完成功率因数的提高以满足电业部门的要求。由于目前民用建筑多采用低压补偿的方式，所以这个部分在低压系统中使用的较多。

五、低压配电系统常用的接线形式

（一）一台变压器供电的接线方式（见图 6-9）

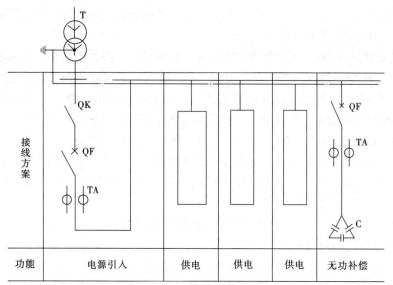

图 6-9　一台变压器供电的接线方式

（二）两台变压器供电的接线方式（见图 6-10）

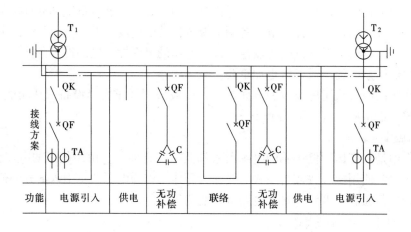

图 6-10　两台变压器供电的接线方案

这是两台分列运行的变压器，联络方式由右到左但是也可以由左到右。可以单独运行的两台变压器提供了两个独立的电源，满足了高等级用电负荷对电源的要求。

（三）一台变压器加一台发电机供电方式的接线方式（见图 6-11）

这种接线方式的电源分别来自于城市的电力网和自备发电机组，比较适合用电负荷等级较高的场所。两个电源的自动切换是靠电源引入装置中特定机构进行，变压器提供的电源供给一般照明和一般动力负荷，消防用电负荷所需要的双电源有变压器和发电机同时提供。对于一些不需要自动切换的负荷，例如生活用水的水泵可以通过联络装置中的手动装置进行切换以保证其电源供应。当然有些场合也可以进行自动切换。

这种接线方式灵活，并且可以针对负荷的不同特点进行供电以保证不同负荷对供电

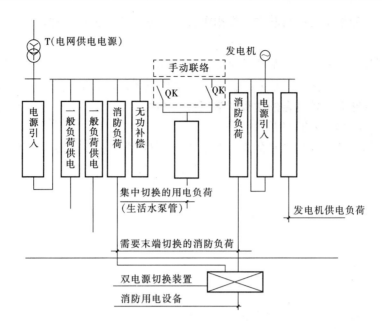

图 6-11 一台变压器加一台发电机供电的接线方案

电源的不同要求。目前的大多数民用建筑中都具有多个等级的用电负荷，采用该方式即可。

如果将发电机取消改为另一路低压电源同样可以完成上述功能。而另一路电源通常是由上一级变电所的不同母线分断上出线作为低压电源的引出位置。这样也可以保证电源的可靠性。

第三节　变电所的继电保护

一、继电保护的任务

（一）电力系统的工作状态

根据电力系统的运行情况，其工作状态可分为正常运行、故障状态及异常运行三种。

电力系统正常运行时，三相电压和电流对称或基本对称，电气设备和系统的运行参数都在允许范围内变动。但是由于外力破坏、内部绝缘击穿，以及过负荷、误操作等原因，可能造成电气设备故障或异常状态。电气设备最为常见和严重的故障是各种形式的短路，其中包括三相短路、两相短路、大电流接地系统的单相接地短路，以及变压器、电机类设备的内部线圈匝间短路。

故障和异常运行都可能在电力系统中引发事故：一是造成电力系统或部分的正常运行被破坏，而对用户造成停电或少供电的事故；二是造成人身伤亡或电气设备损坏的事故。

（二）继电保护的任务

（1）当电气设备或线路发生短路故障时，有选择性地、自动而迅速地将故障设备从电力系统中切除；

（2）针对各种不正常运行状态，发出警报信号通知值班人员处理，把事故限制在最小范围内；

（3）当正常供电的电源因故中断时，通过继电保护和自动装置可以迅速投入备用电源，使重要设备能继续供电，提高供电系统运行的可靠性。

二、变电所继电保护装置的类型和常见接线方式

（一）继电保护装置的类型

继电保护装置是由各种类型的继电器、电流互感器或电压互感器等保护元件组成，它们按照一定的保护原理及保护方式，联结组成一个自动控制系统进行保护。

6～10kV 变电所常见的继电保护装置有过电流保护、电流速断保护、变压器瓦斯保护和低电压保护等。

1. 过电流保护

当电气设备发生短路事故时，将产生很大的短路电流，利用这一点可以设置过电流保护和电流速断保护。

过电流保护的动作时限有两种实现方法：一种是采用时间继电器，其动作时间一经整定后就固定不变，即构成定时限过电流保护；另一种方式是动作时间随电流大小而变化，电流越大，动作时间越短。由这种继电器构成的过电流保护装置称为反时限过电流保护。

2. 电流速断保护

电流速断保护是按照被保护设备的短路电流来整定的，并依靠上下级保护的整定时间差别来选择，因此可以实现快速跳闸，切除故障。电流速断保护为了防止越级动作，其动作电流要选得大于被保护设备（线路）末端的最大短路电流，因此在被保护设备的末端有一段保护不到的死区，这时就必须依靠过电流保护作为后备。

由此可见，瞬时电流速断保护动作迅速，但不能保护线路的全长；过电流保护能保护线路的全长，但动作不迅速，如果这时过电流保护的时间又较长，则为了实现快速切断故障，可以采用带时限的电流速断保护——限时电流速断保护。

3. 低电压保护

反映电压降低而动作的继电保护称为低电压保护。在用电单位的中小型变电所中，常常使用失压跳闸装置（简称失压线圈），也属于低电压保护。低电压保护常用于以下场合：

（1）因事故等原因，当电源电压突然剧烈降低或瞬间消失时，为了保证重要负荷的电动机的自启动，对不重要的电动机装设低电压保护动作于瞬间跳闸。

（2）6～10kV 配电线路由于事故等原因瞬间跳闸后，为了减少自动重合闸时线路上变压器的激磁涌流，以防止激磁涌流过大引起线路继电保护第二次跳闸而使重合闸动作失败，对一般用电负荷装设低电压保护，在线路失压后动作于瞬间跳闸。

4. 其他保护

6～10kV 变电所采用的继电保护，除了上述几种保护装置外，还有变压器的瓦斯保护。有的双电源变电所还采用备用电源自投入装置。

（二）继电保护装置的接线方式

以下介绍常见的电流互感器和继电器之间的联结方式。

1. 三相三继电器式完全星形接线

如图 6-12 所示，这种接线方式能保护任何形式的短路故障，保护装置灵敏度较高，可靠性好，但所用互感器和继电器的数量较多，投资较大，多用于大电流接地系统。

2. 两相两继电器式不完全星形接线

如图 6-13 所示，这种接线方式又称 V 形接线，能保护各种不同形式的相间短路和装有互感器两相的接地短路，但未装设互感器一相的接地短路则不能保护。

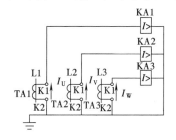 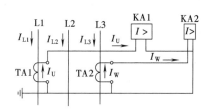

图 6-12　三相三继电器式完全星形接线　　图 6-13　两相两继电器式（V 形）接线

在中性点直接接地的系统中，采用这种接线方式时必须装设附加接地保护，否则不能采用这种接线方式，故多用于小电流接地系统。

3. 两相三继电器式不完全星形接线

如图 6-14 所示，由于两相两继电器式不完全星形接线方式，在 Dyn11 变压器回路中不能反映未装设互感器一相的接地短路电流，为了克服这一缺点，可以在公共线上装设第三个继电器。

4. 两相一继电器式接线

如图 6-15 所示，它采用两个电流互感器和一个继电器接在两相电流差上，这种接线方式结构简单，投资少，但保护可靠性差，灵敏度较低，它只适用于 10kV 中性点不接地系统中的多相短路故障保护，常用于 10kV 系统中不重要线路和高压电动机的多相短路故障保护。

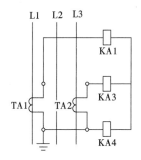 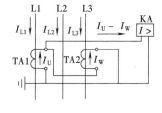

图 6-14　两相三继电器式不完全星形接线　　图 6-15　两相一继电器式接线

三、继电器的分类、型号含义及符号表示

（一）分类

继电器的种类很多。

（1）按用途分有控制继电器和保护继电器两大类；

（2）按结构原理分有电磁型、感应型、整流型和晶体管型等；

（3）按所反应物理量的性质分有电流继电器、电压继电器、瓦斯继电器、温度继电器等；

（4）按使用功能分有中间继电器、信号继电器和时间继电器等；

（5）按反应量的变化分有过量（如过电流继电器）和欠量继电器（如欠电压继电器）。

（二）型号含义

常用保护继电器的型号含义如下：

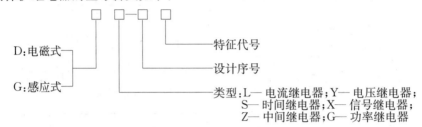

- D：电磁式
- G：感应式
- 类型：L— 电流继电器；Y— 电压继电器；S— 时间继电器；X— 信号继电器；Z— 中间继电器；G— 功率继电器
- 设计序号
- 特征代号

（三）继电器的符号表示

1. 继电器的图形和文字符号见表6-2。

继电器的图形和文字符号　　表6-2

序　号	1	2	3	4	5	6	7	8	9
符　号	□	⊏	KA	KV	KT	KM	KS	KD	KG

注：1—继电器；2—继电器的触点和线圈引出线；3—电流继电器；4—电压继电器；5—时间继电器；6—中间继电器；7—信号继电器；8—差动继电器；9—瓦斯继电器

2. 继电器触点的图形符号见表6-3。

继电器触点的图形符号　　表6-3

序号	名　称	新　图　形
1	常开触点	
2	常闭触点	
3	切换触点	
4	延时闭合的常开触点	或
5	延时返回的常开触点	或
6	延时闭合和延时返回的常开触点	
7	延时断开的常闭触点	或
8	延时返回的常闭触点	

四、常用继电器

（一）电磁式继电器

供电系统中常用的电磁式继电器有 DL 系列电流继电器、DJ 系列电压继电器、DS 系列时间继电器、DZ 系列中间继电器和 DX 系列信号继电器，它们都是应用电磁感应原理而结构不同所派生出的各种系列。

1. 电磁式电流继电器

电流继电器常用在定时限过电流保护和电流速断保护的回路中。如图 6-16 所示为 DL—10 系列电磁式电流继电器的结构图。

（1）动作原理

当线圈 2 中通过交流电流时，铁芯 1 中产生磁通，对可动舌片 3 产生一个电磁吸引转动力矩，欲使其顺时针转动，但弹簧 4 产生一个反作用力矩，使其保持原来位置。当流过继电器的电流达到整定值时，电磁转动力矩克服弹簧 4 的反作用力矩，于是可动舌片 3 顺时针转动，带动动触头 5 与静触头 6 接通，即所谓继电器动作。

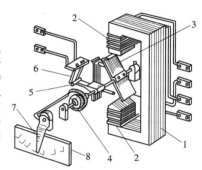

图 6-16　DL—10 系列电磁式电流
继电器结构图
1—铁芯；2—线圈；3—可动钢舌片；4—反
作用弹簧（游丝）；5—动触头；6—静触头；
7—动作电流调整把手；8—刻度盘

当线圈电流减小时，电磁力小于弹簧的反作用力，可动舌片逆时针回转，于是触头断开返回原来位置，继电器停止动作。

能使过电流继电器开始动作的最小电流，称为该继电器的动作电流，用 I_{op} 表示；在继电器动作后，当电流减小时，使继电器可动触头开始返回原位的最大电流，称为其返回电流，用 I_{re} 表示。

继电器的返回电流与动作电流的比值，称为返回系数，用 K_{re} 表示，即：

$$K_{re} = I_{re}/I_{op} \tag{6-1}$$

对于过量继电器，K_{re} 总是小于 1，一般要求在 $0.85 \sim 0.9$ 之间，K_{re} 越接近 1，则动作越灵敏。如果低于 0.85，则返回电流太小，容易引起误动作；如果大于 0.9，则触点压力不足，造成接触不良，影响工作的可靠性，则必须进行调整。对于欠量继电器的 K_{re} 总是大于 1，一般要求在 1.25 左右。

（2）动作电流的调整方法

1）可以通过改变调整把手的位置进行均匀地调整，即改变继电器游丝弹簧的反作用力矩，并在刻度盘上读出整定值。

2）改变电磁线圈的匝数。当线圈由串联改为并联时，线圈匝数减小一半，动作电流将增大一倍；反之，当线圈由并联改为串联时，动作电流将减小一半。

3）调整继电器磁极间的空隙，即改变磁阻。如调整继电器的停止档，改变衔铁的初始位置。

电流继电器用于发电机、变压器及输电线路的过负荷或短路的继电保护装置中，为瞬时动作继电器。目前常用的有 DL—10、DL—20C、DL—30 等系列。

2. 电磁式电压继电器

电磁式电压继电器与电流继电器的构造及工作原理相似，所不同的是电压继电器的线圈是经过电压互感器与电网相连接，输入的信号是电压信号，因此其线圈匝数多、阻值大。电压继电器有过电压和低电压（欠电压）两种。

使电压继电器动作的最小电压，称为动作电压，用 U_{op} 表示；使其回到原来位置的电压，称为返回电压，用 U_{re} 表示。同样返回系数即：

$$K_{re} = U_{re}/U_{op} \qquad (6\text{-}2)$$

对过电压继电器，K_{re} 一般小于 1，通常 $K_{re}=0.85\sim0.9$；对低电压继电器，K_{re} 大于 1，常 $K_{re}=1.25$。

电压继电器用于发电机、变压器及输电线路的电压升高（过电压保护）或电压降低（低电压闭锁）的继电保护线路中。目前常用的有 DY—10、DY—20C、DY—30 等系列电压继电器，其用途和结构原理与 DJ 型电压继电器相同，为组合式继电器，是改进后的产品。

3. 电磁式时间继电器

电磁式时间继电器是用于在继电保护装置中获得延时要求（延时闭合或延时断开）的自动电器。它作为各种保护和自动装置中的辅助元件，使被控制元件达到所需的延时。在交流操作回路中，常用的电磁式时间继电器有 DS—110、DS—120 系列，其外形与电磁式电流继电器相仿，结构如图 6-17 所示。

由图可见，该时间继电器主要由电磁元件、钟表延时机构及各对触头三部分组成。

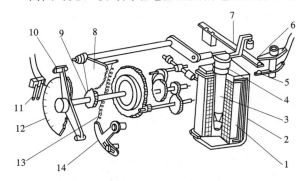

图 6-17 DS—110、120 系列时间继电器结构图
1—线圈；2—电磁铁；3—衔铁；4—返回弹簧；5、6—瞬时静触头；7—瞬时动触头；8—扇形齿轮；9—传动齿轮；10、11—主动、主静触头；12—刻度盘；13—拉引弹簧；14—弹簧调节器

其动作原理是：当线圈 1 通电时，衔铁 3 瞬时被吸住，通过扇形齿轮 8 带动传动齿轮 9 使钟表机构释放。与此同时，瞬时动、静触头 5、6、7 被切换，在拉引弹簧 13 的作用下，经过事先整定的延时，使主触头 10、11 闭合。

时间继电器的延时长短，可通过改变主触头 11 的位置在刻度盘上的时间范围内进行调节。

4. 电磁式信号继电器

在继电保护中，电磁式信号继电器广泛用来发出指示信号。根据所发出的信号，值班人员就能很方便地分析事故和统计保护装置正确动作的次数。它发出的指示信号通常有两种：一是掉牌，由红色信号牌指示被保护电路发生过负荷或短路故障，故障消除后要旋动手动旋钮手动复归；二是接通信号电路，使有关光字牌灯亮，指示过负荷或短路故障的电路及状态，并发出音响信号（警笛、电铃或蜂鸣器的声响）。当事故消除后，自动复归并断开信号电路。

如图 6-18 所示为 DX—11 系列信号继电器的结构图。在正常运行时，线圈 1 不通电，衔铁 4 未吸合被弹簧 3 拉住，信号牌 5 由衔铁的边缘支持着保持在水平位置。当线圈 1 通电时，衔铁 4 被电磁铁 2 吸合，信号牌 5 在本身质量的作用下掉落，这时可由继电器外面的观察孔看见一带有颜色标志的信号牌。与此同时，固定信号牌的轴随之转动带动动触头

8 与静触头 9 闭合，并接通外接信号电路，发出灯光及音响信号。如要使信号停止，可旋动复归旋钮 7 复原以断开信号电路，并使信号牌复归。

高压断路器的事故信号显示事故情况下的工作状态，用闪光信号表示。闪光信号由闪光继电器作信号指示。当主要保护继电器动作时，通过闪光继电器的触头周期性的接通和断开，控制各种灯光信号发出闪光。

5. 电磁式中间继电器

在继电保护和自动装置中，中间继电器作为辅助继电器，其主要作用有：①增加触头的数量，以便同时控制几个不同的回路；②增大触头的容量，以便接通或断开电流较大的回路。

常用的 DZ—10 系列电磁式中间继电器的基本结构如图 6-19 所示。当线圈 1 通电时，衔铁 4 克服弹簧 3 的拉力被电磁铁 2 快速吸合，从而使中间继电器各对动合触头闭合、动断触头断开。而当线圈断电时，衔铁瞬间被释放，各对触头自动返回起始位置。

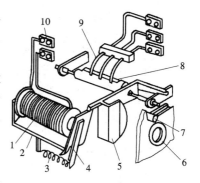

图 6-18　DX—11 系列电磁式信号
继电器结构图

1—线圈；2—电磁铁；3—反作用弹簧；
4—衔铁；5—信号牌；6—观察孔；
7—手动复归旋钮；8—动触头；
9—静触头；10—接信号电路端子

中间继电器的用途广，种类多。常用的电磁式中间继电器有一般用途的 DZ 型、交流操作的 DZJ 型、延时动作的 DZS 型、带自保线圈的 DZB 型以及快速动作的 DZK 型等。

（二）感应式电流继电器

1. 特点及应用

感应式电流继电器由电磁元件和感应元件两部分组成。电磁元件构成电流速断保护，感应元件构成带时限过电流保护。其动作时间与电流大小有关，电流大、动作时间短；电流小、动作时间长，因此也称为反时限保护。这种继电器的触头容量大，不需要时间继电器和中间继电器即可构成过电流保护和电流速断保护，且使用交流操作电源。此外，继电器本身具有掉牌信号装置，可省掉信号继电器，从而大大简化了继电保护装置，故结构紧凑，投资节省。但它结构复杂，精度不高，动作可靠性不如电磁式继电器可靠，动作特性的调节比较麻烦，且误差较大，因此一般仅适用于中小变电所及其他不重要的供电系统中。

2. 结构及原理

如图 6-20 所示为系列感应式电流继电器内部结构图。

电磁元件主要包括线圈 1、电磁铁 2 和衔铁 15 等。正常情况下，衔铁 15 与电磁铁芯之间有一定的间隙，而当保护线路和设备发生故障，线圈 1 中通过的瞬时启动电流达到动作电流（速断电流）时，衔铁被电磁铁吸合，带动触头 12 闭合，即继电器动作。其动作时间约为 $0.05\sim0.1s$。动作电流的整定，可通过调节速断整定旋钮来改变衔铁与电磁铁之间的空气间隙来实现。

感应元件主要包括线圈 1、电磁铁 2 及其短路环 3、铝盘 4 和铝框架 6 及制动永久磁铁 8、扇形齿轮 9、蜗杆 10 等。当线圈 1 中通过电流时，将产生在相位上相差约 90°的磁通（即穿过短路环的磁通与未穿过短路环的磁通，见图 6-21），这两个磁通穿过夹在铁芯中的铝盘 4 的两个不同部位，作用于铝盘上的转矩为 $T_1 \propto \Phi_1\Phi_2\sin\Phi$（$\Phi$ 为 Φ_1 与 Φ_2 间的相位差，近于 90°，故 $\propto \Phi_1\Phi_2$），而磁通 Φ_1、Φ_2 都与通过线圈的电流成正比，因此 $T_1 \propto I_{KA}^2$。

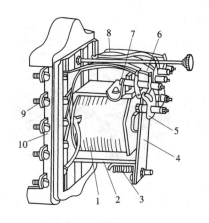

图 6-19　DZ—10 系列电磁式中间继电器结构图

1—线圈；2—电磁铁；3—弹簧；4—衔铁；

5—动触头；6、7—静触头；8—连接线；

9—接线端子；10—胶木底座

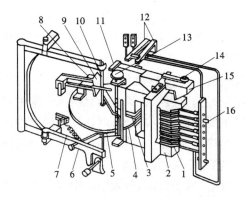

图 6-20　GL—10、GL—20 系列感应式电流继电器结构图

1—线圈；2—电磁铁；3—短路环；4—铝盘；
5—钢片；6—框架；7—调节弹簧；8—制动
永久磁铁；9—扇形齿轮；10—蜗杆；11—扁
杆；12—继电器触头；13—时限调节螺杆；
14—速断电流调节螺钉；15—衔铁；16—动
作电流调节插销

铝盘在 T_1 的作用下转动，将切割永久磁铁 8 两极间的磁通，由此在铝盘上产生涡流。该涡流与永久磁铁的磁通相互作用产生力矩 T_2 与铝盘的旋转方向（即 T_1 的方向）相反，起到阻尼作用。T_2 的大小与铝盘的转速 n 成正比，即 $T_2 \propto n$，当 $T_1 = T_2$ 时，铝盘匀速转动；当线圈 1 中通过电流 I_{KA} 达到或超过继电器的动作电流（整定电流）值时，铝盘受到的力可克服弹簧 7 的反作用力而带动铝框架 6 偏转，使蜗杆 10 与扇形齿轮 9 啮合。随着铝盘的转动，扇形齿轮沿蜗杆作上升运动，当扇形齿轮的杠杆触及扁杆 11 时，扁杆上升使电磁铁的铁芯与衔铁 15 接近，当接近到一定距离时，衔铁被电磁铁的铁芯吸合，触头 12 闭合，即继电器动作。与此同时，扁杆作用于信号牌掉牌。电流越大，铝盘转动越快，触头闭合的时间越短，从而得到了继电器动作的时间与电流平方成正比关系的反时限特性。

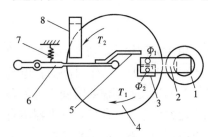

图 6-21　感应式电流继电器感
应部分工作原理说明

1—线圈；2—电磁铁；3—短路环；

4—铝盘；5—钢片；6—框架；

7—调节弹簧；8—制动永久磁铁

使蜗杆与扇形齿轮啮合的最小电流称为继电器感应元件的动作电流 I_{op}，如果流入继电器线圈的电流减小，蜗杆与扇形齿轮就要脱离，使两者再分开的最大电流称为继电器感应元件的返回电流 I_{re}，则返回系数 K_{re} 为：

$$K_{re} = I_{re} / I_{op} \tag{6-3}$$

K_{re} 一般在 $0.8 \sim 0.9$ 之间。

继电器铝盘开始不间断转动的最小电流称为继电器的始动电流，其值应不大于感应元件整定电流的 40%。

3. 动作电流和动作时间的调整方法

继电器的动作电流可利用调节插销 16 以改变线圈匝数来进行调整，也可是利用调节弹簧 7 的拉力来进行细调。

继电器的动作时间是利用时间调节旋钮来改变与蜗杆啮合的起始位置来调整。

（三）气体继电器（或称瓦斯继电器）

1. 用途

气体继电器用于油浸式变压器内部故障的保护装置中。当油浸式变压器内部发生短路故障时，绝缘物质和变压器油受热或在电弧作用下分解而产生气体，利用这一特点实现的变压器保护装置称为瓦斯保护。构成瓦斯保护的继电器称为气体继电器或瓦斯继电器，它安装在变压器油箱与油枕之间的连通管上，如图 6-22 所示。为保证油箱内的气体通过继电器排向油枕，变压器在制造时，其连通管对油箱顶部已有 2%～4% 的坡度；同时安装时应将有油枕的一侧垫高，再形成 1%～1.5% 的坡度，以保证气体继电器可靠、灵敏地动作。

2. 结构及原理

如图 6-23 所示为 FJ3—80 型瓦斯继电器结构示意图。其动作原理是：在变压器正常运行时，继电器容器内及上、下开口油杯都充满变压器油，且上、下油杯因平衡锤的作用而上浮，上、下两对动、静触头都处于断开状态。

当变压器内部发生轻微故障（匝间短路）时，会产生少量气体，经连通管进入瓦斯继电器的上部，迫使油面下降而造成上开口油杯因力矩不平衡而降落，将上部动、静触头闭合，接通信号回路发出音响和灯光信号。这就是轻瓦斯动作，如图 6-24（b）所示。调节上平衡锤的位置，可以改变上油杯的动作容积，亦即轻瓦斯信号开始动作时继电器内的气体量的大小。

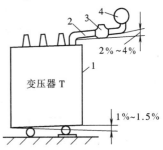

图 6-22　瓦斯继电器及
变压器的安装

1—油箱；2—连通管；3—瓦
斯继电器；4—油枕

一旦变压器内部发生严重的短路故障（如三相、两相短路），则油箱中会产生大量瓦斯气体，带动油流剧烈地通过连通管冲击瓦斯继电器的挡板和下开口油杯进入油枕，使下油杯降落，这时下部动、静触头闭合，接通断路器跳闸回路，而使断路器跳闸。同时通过

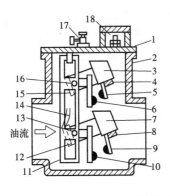

图 6-23　FJ3—80 型瓦斯继电器结构示意图

1—盖；2—容器（储油）；3、7—上、下开口油杯；
4、8—永久磁铁；5、6—上动、静触头；9、10—下
动、静触头；11—支架；12—下油杯平衡锤；
13—下油杯转轴；14—挡板；15—上油杯平衡锤；
16—上油杯转轴；17—放气阀；18—接线盒

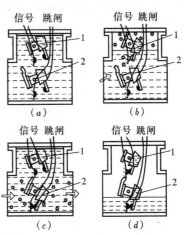

图 6-24　瓦斯继电器动作原理图

（a）正常状态；（b）轻瓦斯动作；
（c）重瓦斯动作；（d）严重漏油
1—上开口油杯；2—下开口油杯

信号继电器发出声响和灯光信号。这就是重瓦斯动作，如图 6-24（c）所示。

如果变压器发生油箱漏油，致使油位降低超过规定，则当油位降低到使上开口油杯下降时将接通信号回路发出报警信号；下降到下开口油杯以下时，将使断路器跳闸并发出跳闸信号，如图 6-24（d）所示。

五、油浸式变压器的保护

（一）变压器故障的种类

变压器的故障可分为内部故障和外部故障两种。内部故障是指变压器内所发生的故障，主要有绕组的相间短路或匝、层间短路和单相接地（碰壳）短路等，这种故障是最为危险的，它会因为产生的电弧有可能使变压器油猛烈气化而导致油箱爆炸。外部故障是指油箱外引出线套管发生故障，引起变压器相间短路和单相接地短路等。

变压器的不正常运行有：由外部短路或过负荷引起的过电流、不允许的温度升高或油面降低等。

（二）继电保护的设置

对 6～10kV 变电所，根据故障种类和异常运行方式，变压器的保护装置有下列几种：

（1）过电流保护。保护变压器外部相间短路故障。

（2）电流速断保护。如过电流保护的动作时间超过 0.5～0.7s 时，容量在 400kVA 以上的变压器应装设电流速断保护。用于保护变压器绕组相间短路、内部和外部相间短路以及接地短路等。

（3）瓦斯保护。用于保护容量在 800kVA 以上的变压器内部故障和油面降低。轻瓦斯动作于信号，重瓦斯动作于跳闸。

（4）过负荷保护。用于保护并联运行的容量在 400kVA 及以上或并联运行且作为备用电源的变压器过负荷动作于信号。

（5）单相接地保护。用于 6～10kV 线路容量在 400kVA 及以上绕组为 Yyn0 连接的低压侧中性点直接接地的变压器，其低压侧单相短路保护。

（三）变压器的过电流保护

过电流保护是通过电流互感器，将被保护线路的电流接入过电流继电器，当线路发生短路时，短路电流超过预先整定值，引起继电器动作的一种保护装置。按其动作电流与动作时间的关系，分为定时限过电流保护和反时限过电流保护两种。

1. 定时限过电流保护

定时限过电流保护的动作时间是固定的，与故障电流的大小无关。

如图 6-25 所示，其中（a）为原理接线图，（b）为展开图。图示为两相两继电器式（V 形）接线，采用需要直流电源的电磁式继电器组成定时限过电流保护。其工作原理如下：

当变压器外部一次电路发生相间短路时，电流继电器 KA1、KA2 瞬时动作，其动合触头闭合，使时间继电器 KT 启动，经过整定的时限后，其延时动合触头闭合，使信号继电器 KS 和中间继电器 KM 动作。KM 的动合触头闭合，经断路器的辅助触头 QF_{1-2}（变压器运行时已闭合）将跳闸线圈 YR 接通，使断路器自动跳闸；与此同时，信号继电器 KS 一方面指示牌掉下，另外动合触头闭合，接通信号回路发出声光信号。

断路器跳闸后，其辅助触头 QF_{1-2} 随即断开，KA、KT、KM 因失电而自动返回起始

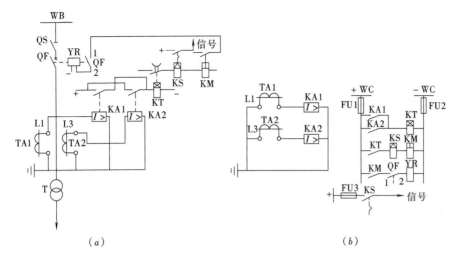

图 6-25 变压器定时限过电流保护原理电路图

(a) 接线图；(b) 展开图

QS—隔离开关；QF—断路器；T—变压器；TA1、TA2—电流互感器；KA1、KA2—电流
继电器（DL 型）；KT—时间继电器（DS 型）；KS—信号继电器（DX 型）；KM—中间继
电器（DZ 型）；YR—跳闸线圈；WB—控制小母线；FU1～FU3—熔断器

状态，但 KS 则需要手动复归。

2. 反时限过电流保护

反时限过电流保护的动作时间与故障电流的大小成反比关系。如果故障电流超过整定值若干倍（一般约为 6 倍）以后，动作时间不再成反比关系变化，而趋于恒定者，则称为有限反时限过电流保护。

反时限过电流保护一般由 GL 型感应式电流继电器组成，如图 6-26 (a) 为直流操作电源、两相两继电器接线反时限过电流保护原理电路图。其工作原理如下：

当变压器一次电路发生相间短路时，流经电流继电器 KA1、KA2 线圈的电流达到整定值后，经过反时限延时，其动合触头闭合、动断触头断开（"先合后断"），接通高压断路器的跳闸线圈 YR1、YR2，使断路器跳闸。

GL 型电流继电器在跳闸的同时，其红色信号牌掉下，指示保护装置已经动作。在短路故障切除后，继电器自动返回起始状态，但信号牌需手动复归。

如图 6-26 (b) 为交流操作电源、两相单继电器接线反时限过电流保护原理电路图。当保护区内一次电路发生短路时，电流经继电器 KA 的常闭触点流过其线圈启动 KA，经过反时限延时后，常开触点先接通，常闭触点随后断开。此时瞬时电流脱扣器 OR 串入电流互感器二次回路，利用短路电流使断路器跳闸，同时继电器发出掉牌信号。短路故障切除后，继电器 KA 和脱扣器 OR 均返回原状态，但继电器信号牌仍需手动复归。

3. 过电流保护动作电流 I_{op} 的整定计算

带时限的过电流保护，无论是定时限还是反时限保护，其动作电流 I_{op} 应躲过一次电路的最大负荷电流 $I_{L \cdot max}$，以免在属于正常运行状态下的最大负荷电流通过时，保护装置发生误动作，而且其返回电流 I_{re} 也应躲过 $I_{L \cdot max}$，否则保护装置也会发生误动作。

$$I_{op} = \frac{K_{rel} K_w}{K_{re} K_i} I_{L \cdot max} \tag{6-4}$$

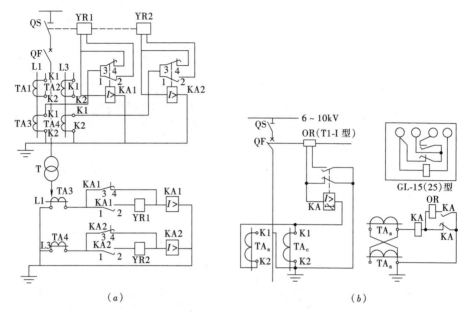

图 6-26　变压器反时限过电流保护原理电路图

（a）两相两继电器接线反时限过电流保护原理电路图；（b）两相单
继电器接线反时限过电流保护原理电路图

QS—隔离开关；QF—断路器；T—变压器；TA1、TA2—接测量仪表电流互感器；TA3、TA4—接继
电保护电流互感器；KA1、KA2—电流继电器（GL 型）；YR1、YR2—跳闸线圈；OR—电流脱扣器

式中　$I_{L \cdot max}$——变压器一次侧最大负荷电流，A；

$\qquad I_{L \cdot max} = (1.5 \sim 3) I_{1n}$，$I_{1n}$ 为变压器一次额定电流，A；

$\qquad K_{rel}$——保护装置的可靠系数，DL 型继电器取 1.2，GL 型继电器取 1.3；

$\qquad K_w$——保护装置的接线系数，三相三继电器式（完全星形联结）和两相两继电

器式接线为 1，两相一继电器式（两相电流差）接线为 $\sqrt{3}$；

$\qquad K_{re}$——保护装置的返回系数，可查产品目录；

$\qquad K_i$——电流互感器的变流比。

如采用断路器手动操动机构中的过电流脱扣器 YR（直动式）作过电流保护，则脱扣
器动作电流按式（6-5）整定：

$$I_{op(YR)} = \frac{K_{rel} K_w}{K_i} I_{L \cdot max} \tag{6-5}$$

式中，已计入脱扣器的返回系数，K_{rel} 取 $2 \sim 2.5$。

4. 定时限过电流保护与反时限过电流保护的比较

定时限过电流保护整定简便，动作时间和动作电流比较精确，误差小，而且其动作时
间与故障电流大小无关，因此不会产生因短路电流小而动作时间长，造成延长故障时间、
扩大故障范围的问题。但所需继电器数量多，接线复杂，尤其是需直流操作电源，故投资
较大，运行维护和检修复杂，而且，为了满足选择性要求，越靠近电源的保护装置，其动
作时限越长，这在靠近电源发生短路故障时显然更为不利。定时限过电流保护用于大中型
变配电所要求动作时间准确、前后级选择性配合良好的供电系统。

反时限过电流保护所需继电器数量少，接线简单，而且可以同时实现电流速断保护，
特别是它采用交流操作电源，使保护装置大为简化，投资降低，所以更加经济。但其动作

时间整定繁琐，且动作误差大，而且由于动作时间与故障电流大小成反比关系，当短路电流较小时，其动作时间将可能延长短路故障的持续时间。反时限过电流保护广泛应用于 6～10kV 小型变配电所的电力线路、变压器、高压电力电容器及高压电动机的过电流保护中。

（四）变压器的电流速断保护

上述带时限的过电流保护，虽然能反映变压器的外部故障，也能反映变压器的内部故障，但存在一个明显的问题：短路地点越靠近电源，短路回路的总阻抗越小，其短路电流和短路容量越大，但由于选择性要求，靠近电源的过电流保护的动作时间比靠近负荷侧的要长，因而一旦靠近电源发生短路，造成的危害更加严重。当靠近变压器侧发生短路时，电源侧的保护装置也会因选择性要求而延长了动作时间，造成短路故障时间延长。为此，当过电流保护的时限超过 0.5～0.7s 时，400kVA 及以上的电力变压器应设电流速断保护。

电流速断保护是一种瞬时动作的过电流保护。

1. 组成及原理

（1）直流操作电源电流速断保护

采用 DL 系列电流继电器的电流速断保护与图 6-25 相似，由于电流继电器的触点容量小，不能直接闭合断路器的跳闸线圈，因而必须要经过中间继电器来完成，只是不用时间继电器，且与定时限过电流保护共用一套电流互感器。如图 6-27 所示，其中，KA1、KA2 与 KT、KS、KM 组成定时限过电流保护，而 KA3、KA4 与 KS、KM 组成电流速断保护。

（2）交流操作电源电流速断保护

采用 GL 系列电流继电器，则可利用其电磁元件实现电流速断保护，同时利用

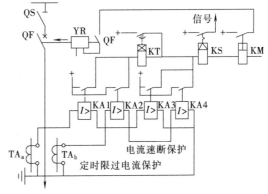

图 6-27　定时限过电流保护和电流速断保护原理电路图

其感应元件来实现反时限过电流保护。因此，其组成原理电路图与图 6-26（a）完全相同。

考虑到在变压器空载投入或突然恢复电压时将出现激磁涌流，因此为避免速断保护误动作，可在速断保护整定后，将变压器空载试投若干次，以检查速断保护是否误动作。根据经验，当速断保护的一次动作电流比变压器一次额定电流大 3～5 倍时，速断保护一般能躲过激磁涌流，不会误动作。

2. 电流速断保护动作电流（速断电流）的整定计算

为了保证前后两极瞬动的电流速断保护的选择性，变压器电流速断保护的动作电流应躲过当其低压侧母线短路时，三相短路电流周期性分量的有效值，即：

$$I_{qb} = \frac{K_{rel}K_w}{K_i} I_{k\cdot max}^{(3)} \tag{6-6}$$

式中　I_{qb}——速断电流，A；

K_{rel}——可靠系数，对 DL 型继电器，取 1.2~1.3；对 GL 型继电器，取 1.4~1.5；对过流脱扣器，取 1.8~2；

K_w——接线系数；

K_i——电流互感器的变流比；

$I_{k\cdot max}^{(3)}$——变压器低压母线的三相短路电流周期性分量有效值 $I_{k\cdot 2max}^{(3)}$ 换算到高压侧的电流值，即 $I_{k\cdot max}^{(3)} = I_{k\cdot 2max}^{(3)}/K_u$（$K_u$ 为变压器的变压比）。

（五）变压器的过负荷保护

变压器的过负荷保护反映变压器正常运行时的过载情况，一般动作于信号。容量在 400kVA 及以上的电力变压器，当可能发生过负荷时，应装设过负荷保护。由于变压器的过负荷电流是三相对称或基本对称的，因此过负荷保护只需在变压器高压侧的一相上装设电流互感器，接一个电流继电器，接线如图 6-28（a）。为了防止在短路时发出不必要的信号，还应加装一个时间继电器给予一定的延时，通过信号继电器给予报警信号。但如果变压器已装有过电流保护装置，则过负荷保护装置的电流继电器 KA 的线圈就串接在作为过电流保护电流源的电流互感器 TA 的二次回路中。如图 6-31 和图 6-56 所示。

过负荷保护的动作电流应按躲过变压器一次侧额定电流来整定，即：

$$I_{op(OL)} = (1.2 \sim 1.3)\frac{I_{ln}}{K_i} \qquad (6-7)$$

式中 I_{ln}——变压器一次侧额定电流，A；
K_i——电流互感器变流比。

（六）变压器的瓦斯保护

瓦斯保护主要采用安装在变压器油箱和油枕之间的瓦斯继电器，油箱内发生的气体都要经过瓦斯继电器通向油枕。当变压器发生轻微故障时，产生的气体很少，轻瓦斯触头动作，通过信号继电器发出信号；当发生严重故障时，产生大量气体，加上热油膨胀，迫使变压器油从油箱迅速冲向油枕，使重瓦斯触头接通而动作于跳闸。

1. 组成及原理

如图 6-28 所示为变压器的瓦斯保护原理电路图。当变压器内部发生轻瓦斯气体时，瓦斯继电器的上触头 KG_{1-2} 闭合接通轻瓦斯动作信号回路，发出报警信号。

当变压器内部发生严重故障时，KG 的下触头 KG_{3-4} 闭合，一方面经中间继电器 KM 接通 YR，使断路器跳闸，同时，接通信号回路发出信号。在检修或试验

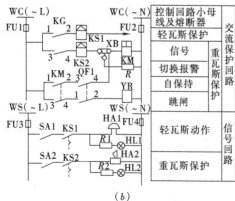

图 6-28 变压器瓦斯保护原理电路图
（a）原理图；（b）展开图

T—变压器；KG—瓦斯继电器；KS1、KS2—信号继电器；XB—联结片；KM—中间继电器；YR—跳闸线圈；~L、~N—交流操作电源；R—限流电阻；SA1、SA2—控制开关；HA1—电铃；HA2—电笛

时，如不要断路器跳闸，可把联结片 XB 切换，经串接限流电阻 R，只发出报警信号。

为了避免因油流剧烈冲击可能会使下触头 KG$_{3-4}$ 发生接触时断时续的"抖动"现象，使断路器可靠地跳闸，可利用中间继电器 KM$_{1-2}$ 为自保持触头。自保持可以用按钮手动解除，也可在 QF 跳闸后，QF$_{1-2}$ 断开跳闸回路，QF$_{3-4}$ 断开自保持回路，KM 自动返回起始状态。

瓦斯保护的主要优点是接线简单，动作迅速，灵敏度高，能全面反映变压器油箱内部的各类故障，尤其是匝数较少的匝间短路故障。但它不能反映变压器油箱外部的故障，而且可能会有误动作发生。有的用户把瓦斯继电器停用或把重瓦斯联结片 XB 切换到信号位置，而导致变压器发生重瓦斯动作时断路器不能跳闸，这将可能引起变压器的烧损事故。

2. 使用和维护

（1）变压器在带电状态下进行滤油、注油、大量放油、放气，开闭连接管道阀门等，应将重瓦斯保护从跳闸改接为信号，并采取措施防止空气大量进入，待工作结束后，空气排尽，无报警信号发生时再从信号改接为跳闸。

（2）变压器运行中发现油面突然升高或降低时，应查明原因，在瓦斯跳闸联结片未改变信号位置前，禁止打开各种放气、放油阀门，以防误跳闸。

（3）当变压器轻瓦斯信号动作后，应尽快查明原因，并做好记录。如信号动作时间逐渐缩短时，说明变压器内部有故障可能会跳闸，此时应将每次信号动作时间进行详细记录，并立即向有关部门汇报。

（4）当重瓦斯保护动作后，若变压器已跳闸停电，必须对变压器做外观检查，再进行绝缘试验，在确定变压器绝缘正常，瓦斯气体分析又未发现有故障，系继电器本身引起的误跳闸后，才可重新将变压器投入运行。

（5）当重瓦斯保护接在信号位置，其动作后变压器仍在继续运行中，此时应立即汇报有关部门，尽快转移或限制负荷，将变压器紧急停电，进行检查试验。

（6）户外应保证瓦斯继电器的端盖有可靠保护，以免水分侵入。

（七）变压器低压侧的单相短路保护

对变压器低压侧的单相短路保护，可用下列方法：

（1）在变压器低压侧总电路装设熔断器

可用以低压侧的相间短路保护及单相短路保护。虽然它简单经济，但可靠性较差，引起停电时间长，因此只能用于不重要负荷的变压器保护。

（2）在变压器低压侧装设三相都带过电流脱扣器的低压断路器

低压断路器既可作为变压器低压侧总电路的主开关，同时又可作为低压侧相间短路及单相短路保护。它投资虽比用熔断器高，但动作可靠，操作灵活方便，因此被广泛应用。

（3）在变压器低压侧中性线上装设零序过电流保护

如图 6-29 所示，在三相供电系统正常运行时，三相电流的相量和几乎等于零。当某相发生接地故障时，零序电流互感器的二次侧将出现较大的电流，这个电流叫零序电流，

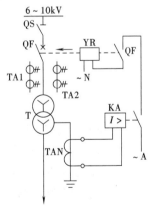

图 6-29　变压器的零序过电流保护

QF—断路器；T—变压器；TA1、TA2—电流互感器；TAN—零序电流互感器；KA—电流继电器（GL 型）；YR—跳闸线圈

利用系统接地时产生的零序电流动作的保护装置叫零序过电流保护。

零序过电流保护的动作电流应按躲过变压器低压侧中性线上最大不平衡电流来整定，

即：

$$I_{op(o)} = \frac{K_{rel}}{K_i} \times 0.25 I_{2n} \tag{6-8}$$

式中　K_{rel}——可靠系数，用于变压器低压侧单相接地保护时取 1.2；

K_i——零序电流互感器 TAN 的变流比；

I_{2n}——变压器二次侧的额定电流，A。

同时，变压器零序过电流保护的动作电流还要与低压出线上的零序保护相配合，即：

$$I_{op(o)} = K_o \frac{I_{op(o) \cdot 2}}{K_{i \cdot 2}} \tag{6-9}$$

式中　K_o——配合系数，取 1.1；

$I_{op(o) \cdot 2}$——变压器低压分支线上零序保护的动作电流，A；

$K_{i \cdot 2}$——分支线零序电流互感器的变流比。

（4）采用两相三继电器式接线或三相三继电器式接线的过电流保护

如图 6-30 所示。当变压器低压侧发生单相接地短路时，短路电流穿越反映到变压器高压侧，这种接线都能灵敏地起到保护作用。

以上两种接线的保护装置动作电流的整定与过电流保护相同。

这种接线使用继电器多，接线复杂，投资较高，整定也比较麻烦，因而一般很少采用。

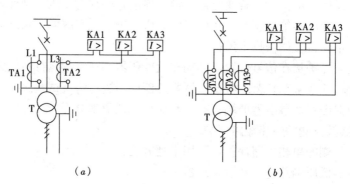

图 6-30　用于变压器低压侧单相短路保护的继电器接线方式
（a）两相三继电器式；（b）三相三继电器式

以上四种方法中，以第二种方法应用最为普遍。

如图 6-31 所示为采用直流操作电源的 10kV、容量在 800kVA 及以上油浸式电力变压器保护的综合电路图。各继电保护的动作原理及相应的回路由读者自行分析。

六、干式变压器的温度保护

（一）用途及原理

干式变压器虽然没有油，但其散热条件比油浸式变压器差，其安全运行和使用寿命，很大程度上取决于变压器绕组绝缘的安全可靠，温度过高时将加速绝缘材料的老化，当绕组温度超过绝缘耐受温度使绝缘破坏，是导致变压器不能正常工作的主要原因，因此对变压器运行温度的监测及报警控制是十分重要的。

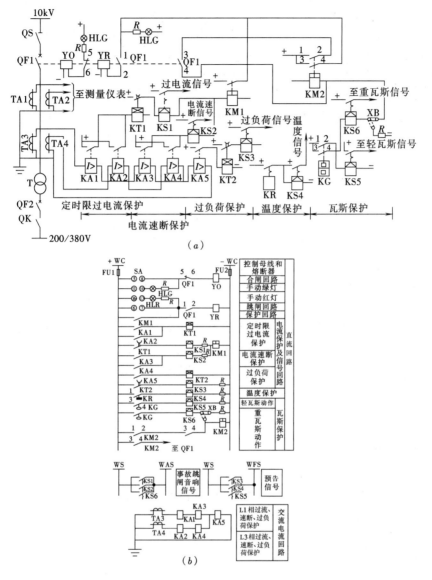

图 6-31　采用直流操作电源的变压器保护综合电路

(a) 原理接线图；(b) 展开图

KA1、KA2、KA5—电磁式电流继电器　DL—11/20 型；KA3、KA4—电磁式电流继电器　DL—11/50 型；

KT1、KT2—电磁式时间继电器　DS—112/220 型；KS1～6—电磁式信号继电器　DX—11/0.05 型，

串电阻 20W、2kΩ；KM1、KM2—电磁式中间继电器　DZ—17/110 型，串电阻 20W、2kΩ；

KG—瓦斯继电器　FJ3—80 型；KR—温度继电器；XB—跳闸连接片

温度保护装置是由温度继电器、信号继电器及温度控制仪等组成。它是利用埋入低压绕组的感温元件（PTC 热敏电阻和铂电阻 Pt100）为发热元件（传感器），分别测量各绕组和铁芯的温度，当温度达到某一设定值时，继电器的触头接通启动风机，或通过信号继电器报警，使变压器迅速跳闸，起到保护变压器的作用。

（二）温度控制系统

常见的 SC9 型环氧树脂浇注干式变压器配套的温度控制系统有：

1. 风机自动控制系统

通过预埋在低压绕组最热处的热敏电阻测取温度信号。当变压器负荷增大，运行温度上升，绕组温度升高达到一定值时，温度继电器接通，自动启动风机冷却；当绕组温度低于一定值时，温度继电器断开，自动停止风机。

2. 超温报警、跳闸

通过预埋在低压绕组中的热敏电阻采集绕组或铁芯温度信号，当变压器绕组温度继续升高，达到某一设定值时，温度继电器动作，并输出超温报警信号；若温度继续上升达到极限值时，变压器已不能继续运行，须向二次保护回路输送超温跳闸信号，使变压器迅速跳闸。

3. 温度显示系统

通过预埋在低压绕组中的热敏电阻测取温度变化值，直接显示各相绕组温度（三相巡检及最大值显示）。若需传输至远方计算机，可加配计算机接口，一只变流器，可同时监测多台变压器，以便了解变压器的运行状况。

考虑到高层建筑的电源引入线很短，即使一般工厂中的高压电源线路也较短；除了大中型变配电所的高压母线采用分段和并联高压电容器外，小型变配电所的高压母线并不分段，提高功率因数只在低压母线上并联电容器，因此，对高压线路、高压母线分段、高压电容器及高压电动机的继电保护，本书不再讲述，读者在掌握变压器的继电保护知识后，可举一反三，比较容易地学习其他设备的继电保护有关知识。

第四节 变电所的信号系统和断路器的控制回路

一、信号系统

信号系统是用于指示一次设备运行状态的二次系统。为了实时地指示变电所中各种电气设备的运行状态，变电所中必须装设各种信号装置。由信号电源、信号装置及连接线组成的回路称为信号回路。

按信号的性质分有断路器位置信号、事故信号及预告信号等；按回路的电源分有交流与直流两种。

（一）位置信号

用于指示断路器及隔离开关等设备的工作状态，也就是断路器处于合闸还是分闸，隔离开关处于分闸还是合闸。断路器多利用灯光信号来指示工作状态，隔离开关多用其本身带有的位置信号指示器（如 MK—9 型位置信号指示器）来指示工作状态。

（二）事故信号

用于当断路器由于系统内出现某种故障而跳闸时，能及时地发出音响信号，并使相应的断路器灯光位置信号闪光。事故音响信号使用的设备是蜂鸣器，是为了唤起值班人员的注意，当值班人员发现事故跳闸后，即可将事故信号解除。事故灯光信号为绿灯闪光，由各断路器专用，以便于值班人员能及时判断出跳闸的断路器。

（三）预告信号

用于对一次电路设备出现不正常运行情况时，或在故障初期发出报警信号。例如变压器过负荷运行、轻瓦斯动作以及中性点不接地系统发生单相接地等，就发出预告音响信号和灯光信号，以便值班人员进行处理。但为了与事故信号相区别，预告音响信号使用的是电铃。预告灯光信号使用的是光字牌，光字牌平时熄灭，只有当发生不正常情况时，才接通电路点亮光字牌，显示出不正常运行情况的内容。

二、断路器控制回路

（一）概述

变电所在运行时，由于负荷的变化或系统运行方式的改变，经常需要操作断路器和隔离开关等设备。断路器控制回路就是控制（操作）断路器跳、合闸的回路，它是通过操动机构来完成的，所以控制回路即是用以控制操动机构的回路。

断路器的操动机构有手动式（CS 型）、电磁式（CD 型）、液压或弹簧式（CT 型）等形式。当配电装置为就地控制、出线回路少、变压器容量在 630kVA 及以下，且额定开断电流在 6kA 以下时可采用手动操动机构。手动和弹簧操动机构的操作电源可以用交流，也可以用直流，但电磁操动机构的操作电源必须用直流。

对断路器控制回路的基本要求：

断路器的控制回路随着断路器的形式、操动机构的类型以及运行上的要求不同而有所区别，但基本要求是一致的。

（1）能进行断路器的跳、合闸。由于断路器操动机构的合闸与跳闸线圈都是按短时通过电流设计的，长时间通电就会烧坏跳、合闸线圈，因此在跳、合闸动作完成后即自动断电。

（2）能准确指示断路器的跳、合闸位置。

（3）断路器不仅能用控制开关及控制电路进行跳闸及合闸操作。而且能用继电保护及自动装置实现跳闸及合闸操作。

（4）能够实现实时地监视控制电源及控制回路的完好性，以便能保证下一次跳、合闸顺利进行。

（5）有防止断路器多次合闸的防"跳跃"闭锁装置，简称"防跳"装置。如果断路器操动机构本身不带机械"防跳"装置，应在控制回路中装设防止跳跃的电气"防跳"装置。

（6）接线应可靠、简单。

（二）操作电源及操作方式

操作电源是供给高压断路器跳闸、合闸和继电保护装置、测量回路、信号系统、绝缘监视装置及其他二次回路所需用的电源，有直流和交流两类。

交流操作电源取自电压互感器或变配电所的所用变压器和电流互感器，它受系统故障影响大，可靠性差，但运行维护简单，投资少，灵活方便，一般用于设备数量少、继电保护装置简单、要求不高的小型变电所。直流操作电源大多采用硅整流器电容储能电源或直流发电机配以适当容量的蓄电池组，变电所规模不大时，可采用复式整流器，并以电容器组取代蓄电池。直流操作的优点是可靠性高，不受系统故障和运行方式的影响，缺点是系统复杂，维护量大，投资大，直流接地故障点难找，故多用于重要的、容量较大的变电所。

变电所断路器的操作方式，按操作地点的不同，可分为就地操作和远方操作两种。就地操作即分散操作，是在各设备安装处对各断路器分别进行操作，它可以减少控制室的建筑面积和节省控制电缆，中小型变电所多采用此种操作方式；对于高压、大容量以及出线回路较多的变电所，采用就地操作很不安全，而采用远方操作即集中操作，是在距各断路器所在高压配电室几十米左右的中央控制室分别对其进行操作。按操作的方式不同，可分为强电按对象分别操作和弱电选线操作两种。所谓强电按对象分别操作就是在控制台上用一个控制开关控制一台断路器，操作电源为交流或直流110V、220V；所谓弱电选线操作，就是在控制台上用一个控制开关，分别控制多台断路器，操作电源一般为直流6 V、24 V、48 V，电流在1A以下。对于用电单位的高压变电所，目前用得较多的是就地强电按对象分别操作的方式，对中小型变电所尤其如此。若变电所为远方操作，且出线的数量较多时，宜采用弱电选线操作。

（三）控制开关

控制开关是控制回路中的主要元件，又称万能转换开关，或简称万能开关，是用手动操作断路器的操作开关。断路器操作过程中是由控制开关发出跳、合闸命令的，因此控制开关俗称"操作把手"。在用户变配电所的220V交直流强电控制电路中，多采用具有两个固定位置的LWX1-Z型和LW2-Z型控制开关，其外形如图6-32（a）所示。

现以LWX1-Z型为例加以说明。它由胶木外壳、转动手柄及若干个不同形式的触头盒组成。控制开关正面为一个手柄，安装于控制屏前，和手柄同在一个转轴上安装有数个触头盒，触头盒安装于控制屏后。每个触头盒内有4个固定触头和一个随轴转动的动触头，如图6-32（b）所示。由于动触头凸轮与弹簧片的形状及安装起始位置不同，可以构成24种不同形式的触头盒。不同形式的触头盒用不同的代号表示。LWX1-Z型的触头盒代号有1a、4、6、6a、40、40。LW2-Z型的触头盒代号有1a、4、6a、20。必须注意：控制开关手柄所处的每一位置，各触头盒中触头的通断情况是不一样的，图6-32（c）为表示触头盒内触头通断的表图。由表可见，控制开关在水平分闸位置时，触头3-4、11-12、14-15、18-19、22-23接通，其余触头是断开的，这时断路器处于分闸位置；如果要合闸，便将手柄顺时针旋转90°至N1预备合闸位置，再旋转45°至N2合闸操作位置（暂时位置）断路器进行合闸；将手柄放开，手柄在弹簧作用下自动复归（逆时针方向）返回45°至N合闸位置。

有时为了看图方便，在控制回路展开图上用6根垂直虚线表示控制开关触头的通断状态。其方法是：在控制开关触头通断图上，左右两侧分别用三根虚线表示控

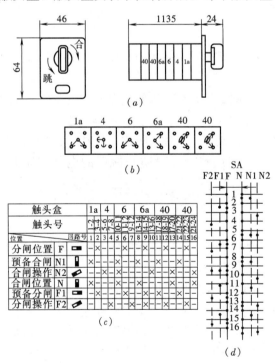

图6-32 LWX1—Z型强电控制开关

（a）外形图；（b）触头盒结构图（分闸位置）；

（c）触头通断表（"×"表示接通，"－"表示断开）；（d）触头通断图（虚线表示转动手柄的位置，"·"表示触头接通）

制开关手柄的六个不同位置时各触头的通断状态，如图 6-32（d）所示。图中左边自右至左表示开关手柄在"分闸位置"、"预备分闸"、"分闸操作"三个位置时的触头通断状况；图中右边自左至右表示开关手柄在"合闸位置"、"预备合闸"、"合闸操作"三个位置时的触头通断状况。这 6 根垂直虚线称为示位线，在示位线上画有黑点的表示开关手柄对应位置的对应触头是接通的，如果没有画点，则表示对应位置的对应触头是断开的。水平箭头表示触头复归位置。

LW 型控制开关常用的有两种类型：一种是手柄内不带信号灯，具有自复机构和定位功能的，加用字母"Z"标记，即 LW2—Z 系列；另一种是手柄内带信号灯，具有自复机构和定位功能的，加用字母"XZ"标记，即为 LWX1—Z 系列。所谓自复机构和定位功能是指控制开关在合闸操作时，开关手柄旋转到"合闸操作"位置，开关合闸成功后，操作人员将手柄放开，在弹簧的作用下，开关手柄自动回到"合闸位置"；当分闸操作时，开关手柄旋转到"分闸操作"位置，在完成分闸后，操作人员将手柄松开，在弹簧的作用下，开关手柄自动回到"分闸位置"。

（四）控制回路常用接线方式

1. 采用手动操动机构的断路器控制回路和信号系统

如图 6-33 所示为手动操作的断路器控制回路和信号系统。其工作原理分析如下：

（1）断路器未合闸

QF_{1-2} 动断触头闭合，这时绿色指示灯 HLG 灯亮，表明电源有电和回路①及控制回路（包括熔断器 FU1、FU2）完好。

（2）断路器合闸

扳合手动操动机构手柄使断路器合闸，这时动合触头 QF_{3-4} 闭合，红色指示灯 HLR 灯亮，指示断路器已经合闸。与此同时，QF_{1-2} 断开，HLG 灯灭。表明回路②及控制回路（包括 FU1、FU2 及跳闸线圈 YR）完好。

其中，由于串接了限流电阻 R2，回路②中电流小，因而跳闸线圈 YR 不会动作使断路器跳闸。

（3）断路器分闸

扳下操动机构手柄使断路器跳闸，QF_{3-4} 断开，切除跳闸电源，HLR 灯灭；同时 QF_{1-2} 闭合，HLG 灯亮，指示断路器已经分闸。

（4）事故跳闸

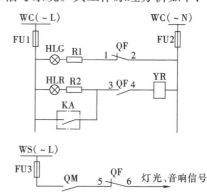

图 6-33 采用手动操动的断路器控制回路和信号系统

WC—控制小母线；WS—信号小母线；$QF_{1\sim6}$—断路器辅助触头；QM—手动操动机构 CS2 的辅助触头；YR—跳闸线圈（脱扣器）；KA—继电保护触头；HLR—红色指示灯；HLG—绿色指示灯；R1、R2—限流电阻；FU1～FU3—熔断器

在断路器正常操作分、合闸时，QM 与 QF_{5-6} 是同时切换的，总是一开一合，所以事故信号回路是不通电的。事故信号电路是按"不对应原理"接线的。当手动操作手柄操动机构未扳动、断路器未合闸时，QM 断开，QF_{5-6} 闭合，信号回路④不通电；扳动手动操动机构使断路器合闸后，QM 闭合，但 QF_{5-6} 断开，因此信号回路④仍不通电，不会发出事故信号。

当一次电路发生短路故障时，继电器触头 KA 闭合，经 QF₃₋₄ 接通跳闸线圈 YR 的回路，使断路器跳闸，HLR 灯灭，HLG 灯亮。这时，操动机构的操作手柄虽然还在合闸位置，但指示牌掉落，表明断路器自动跳闸。由于操动机构仍在合闸位置，因此与操动机构联动的辅助触头 QM 仍然是闭合的，而 QF₅₋₆ 已因 QF 跳闸后返回闭合位置，因此信号回路④通电，发出事故音响和灯光信号。在值班人员得知事故信号后，可将操作手柄扳向跳闸位置，QM 断开，指示牌随之返回，事故音响灯光信号也予以解除。

控制回路中的电阻 R1、R2 是限流电阻，用来防止红、绿指示灯的灯座短路造成断路器误跳闸，或引起控制电路短路。

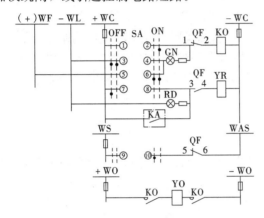

图 6-34　采用电磁操动机构的断路
器控制回路及信号系统
WC—控制小母线；WL—灯光指示小母线；WF—闪
光信号小母线；WS—信号小母线；WAS—事故音
响小母线；WO—合闸小母线；SA—控制开关；
KO—合闸接触器；YO—电磁合闸线圈；YR—跳
闸线圈；KA—继电器触头；QF₁₋₆—断
路器辅助触头；GN—绿色指示灯；
RD—红色指示灯

2. 采用电磁操动机构的断路器控制回路及信号系统

如图 6-34 所示为采用电磁操动机构的断路器控制回路及信号系统，其操作电源采用硅整流器带电容储能的直流系统。该控制回路采用 LW5 型控制开关，它是具有两个固定的 45° 及自动复归至 0° 的三个位置的双向自复式万能转换开关。其手柄正常为垂直位置（0°）。顺时针扳转 45°，为合闸（ON）操作，手松开即自动返回（复位），保持合闸状态。反时针扳转 45°，为跳闸（OFF）操作，手松开也自动返回，保持合闸状态。

其工作原理分析如下：

（1）断路器合闸

将控制开关 SA 手柄顺时针扳转 45°，这时其触点 1-2 接通，经 QF₁₋₂ 接通接触器 KO 线圈，其主触点闭合，使电磁合闸线圈 YO 通电，断路器合闸。合闸完成后，控制开关 SA 自动返回，其触点 1-2 断开，断路器辅助触点 QF₁₋₂ 也断开，切断合闸电源；同时 QF₃₋₄ 闭合，红灯 RD 亮，指示断路器在合闸位置，并监视跳闸回路的完好性。

（2）断路器分闸

将控制开关 SA 手柄反时针扳转 45°，这时其触点 7-8 接通，经 QF₃₋₄ 接通跳闸线圈 YR，使断路器跳闸。跳闸完成后，控制开关 SA 自动返回，其触点 7-8 断开，断路器辅助触点 QF₃₋₄ 也断开，切断跳闸电源；同时 SA 的触点 3-4 闭合，QF₁₋₂ 也闭合，绿灯 GN 亮，指示断路器在跳闸位置，并监视合闸回路的完好性。

由于红、绿指示灯兼起监视跳、合闸回路的完好性的作用，长时间投入工作耗能较多，为了减少储能电容器能量的过多消耗，因此这种回路设有灯光指示小母线 WL（＋），专用来接入红绿指示灯。

（3）事故跳闸

当一次电路发生短路故障时。继电器触点 KA 闭合，经 QF₃₋₄ 接通跳闸线圈 YR 回路，使断路器跳闸。随后 QF₃₋₄ 断开，使红灯 RD 灭，并切除跳闸电源；同时 QF₁₋₂ 闭合，而

SA 在合闸位置，其触点 5-6 也闭合，接通闪光电源 WF（＋），使绿灯 GN 闪光，表示断路器自动跳闸。由于自动跳闸，SA 在合闸位置，其触点 9-10 闭合，而断路器已跳闸，其触点 QF_{5-6} 也闭合，因此事故音响信号回路接通，又发出音响信号。值班员得知事故信号后，可将控制开关 SA 的操作手柄扳向跳闸位置（左旋 $45°$ 后放开），使 SA 的触点与 QF 的辅助触点恢复对应关系，全部事故信号立即解除。

3. 采用弹簧操动机构的断路器控制回路及信号系统

对于采用弹簧操动机构的断路器控制回路，与电磁操动机构控制回路的不同点主要是：在断路器的合闸回路中串入了弹簧闭锁触点，只有在合闸弹簧拉紧时，此触点才闭合，才允许合闸操作。当合闸弹簧未拉紧时，操动机构内合闸弹簧的两个辅助触点闭合，电动机的启动回路接通，只要操作电源投入熔断器，储能电动机即启动储能，使合闸弹簧拉紧。合闸弹簧拉紧后，两个辅助触点断开，电动机停电。

如图 6-35 所示为常用的采用弹簧操动机构的断路器控制回路及信号系统举例。图中二次回路的电器元件见表 6-4。

图 6-35 中电器元件明细表　　　　　　　　　　　　　　　　表 6-4

序号	文字符号	名　称	型号规格	单　位	数　量	备　注
1	FU1～FU3	熔断器	R1-10/6	只	3	
2	M	储能电动机	HDZ-213，～220V	只	1	450W，$t<5s$，内附
3	SQ	储能限位开关	LX12-2	只	1	CT8 内附
4	S	转换开关	HZ10-10/1	只	1	
5	SA	控制开关	LW5-15B4810/3	只	1	
6	ST1，ST2	行程开关	JW2-11Z/3	只	2	由制造厂配供
7	QF2	高压断路器	SN10-101/630	台	1	
8	$QF2_{1\sim6}$	断路器辅助开关	F4-12	只	3	CT8 内附
9	YO	合闸线圈	～220V，5A	只	1	CT8 内附
10	YR	分闸脱扣器	4 型，～220V，1.2A	只	1	CT8 内附
11	R1～R3	限流电阻	ZG11-25，2kΩ	只	3	
12	HLR1，HLR2	红色指示灯	XD5，～220V，15W	只	2	
13	HLG	绿色指示灯	XD5，～220V，15W	只	1	
14	HLW	白色指示灯	XD5，～220V，15W	只	1	
15	HA	电铃	～220V	只	1	

该电路为某 10kV 变电所 JYN—10—02 型编号为 Y4 的高压开关柜所用 CT8 型弹簧操动机构的控制及信号回路。其交流操作电源来自避雷器-电压互感器柜（JYN—10—23 型）的电压互感器（JDZ6—10 型，容量 400VA）的二次侧，经控制变压器 BK-500、100/220 供给。

CT8 型弹簧操动机构采用的是 220V 电源，电动机储能，电动合闸（SA_{3-4}），电动分

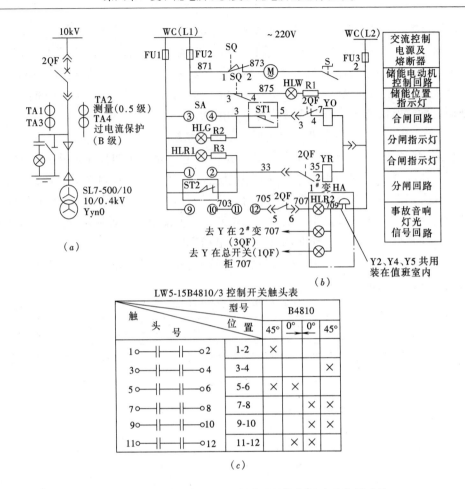

图 6-35　采用弹簧操动机构的断路器的控制回路及信号系统

（a）一次电路图；（b）控制及信号回路；（c）控制开关触头表

闸（SA_{1-2}），过电流时则通过过电流保护回路的过电流脱扣器作用于断路器而跳闸切除故障。储能电动机 M 在额定电压下的储能时间不超过 5s。图中 SQ 为电动机储能限位开关，当转换开关 S 合上时，在 M 储能的过程中 SQ_{1-2} 是闭合的，故 M 通电，使操动机构弹簧储能，而 SQ_{3-4} 是断开的，所以白色指示灯 HLW 灭；当 M 储能完毕，SQ_{1-2} 断开，SQ_{3-4} 闭合，这时 HLW 灯亮，表示操动机构处于弹簧储能状态。

ST1 和 ST2 是与高压开关柜手车连锁的行程开关。当手车拉出开关柜或推入开关柜柜体但还未完全到位时，ST2 是闭合的，在手车推入到位后，ST2 即断开，ST1 接通。

其工作原理分析如下：

（1）合闸弹簧储能

合上 S→M 通电，合闸弹簧开始储能→（约经过 5s）→

SQ_{1-2} 断开 → M 停止
SQ_{3-4} 闭合 → HLW 灯亮 ⎫合闸弹簧储能完毕

（2）电动合闸

将控制开关 SA 顺时针旋转 45°→SA_{3-4} 接通→ST1（已闭合）

158

→2QF$_{3-4}$动断触头（未合闸时仍闭合）→合闸线圈 YO 通电→断路器 2QF 合闸→

┌→2QF$_{3-4}$ 断开 → HLG 红灯灭

└→2QF$_{1-2}$ 接通 → HLR1 绿灯亮（表明已合闸）

虽然这时分闸脱扣器 YR 通电，但由于回路中串接有限流电阻 R3，电流小，YR 不会作用于断路器跳闸。

（3）电动分闸

把 SA 逆时针旋转 45°→SA$_{1-2}$接通→2QF$_{1-2}$（闭合）→分闸脱扣器 YR 通电

→ 断路器分闸 ┬→2QF$_{1-2}$ 断开 → HLR1 灯灭

└→2QF$_{3-4}$ 闭合 → HLG 灯亮（指示已可靠分闸）

（4）事故跳闸

在一次电路发生短路故障后，过电流保护装置动作使断路器跳闸，并发出音响灯光信号。根据前述"不对应原理"，当 SA 顺时针旋转 45°使 SA$_{3-4}$接通后，SA 自动复归到 0°位置，由图 6-35（c）触头表可知，这时 SA$_{9-10}$、SA$_{11-12}$都是接通的。正常运行状态下，因 2QF 合闸后 2QF$_{5-6}$断开，所以事故音响灯光信号回路不会接通，但在 2QF 事故跳闸后，2QF$_{5-6}$闭合，这时 SA$_{9-10}$、SA$_{11-12}$也是接通的，因而事故音响灯光信号回路通电，HLR2（或光字牌）亮，电铃 HA 发出音响。要解除事故信号，可把 SA 逆时针旋转 45°，SA 自动复归后 SA$_{9-10}$将断开事故音响灯光信号回路。

对于液压式操动机构的控制回路，增加了油压异常的预报信号。即正常运行时，当油压低于某一压力时，油泵启动；高于一定压力时，油泵停止工作。还可根据油压的下降情况不同，发出油压下降、控制断路器不允许合闸、跳闸等。如果油压上升超过一定限度，则发出油压异常信号。

（五）操作断路器的基本要求

1. 断路器的位置指示器与指示灯信号及表针相对应。

2. 液压机构在压力异常信号发出时，禁止操作弹簧储能机构；在储能信号发出时，禁止合闸操作。

3. 断路器跳闸次数临近检修周期时，需解除重合闸装置。

4. 操作时控制开关不应返回过快，应待信号发出后再放手，以避免分、合闸线圈短时通电而拒动。电磁机构不应返回过慢，防止辅助开关故障，烧毁合闸线圈。

三、绝缘监视装置

（一）交流电网绝缘监视装置

1. 用途

电力系统中单相接地是常见的一种临时性频繁故障。在小电流接地系统中，发生单相接地后，故障相对地电压降低，非故障相的两相电压升高，由此该接地系统中相电压由对称变为不对称，但线电压仍是对称的，并未被破坏，所以仍能继续运行一定时间，但不能长期对外供电。这是因为升高的非故障相电压，可能在绝缘薄弱处引起击穿，继而造成相间短路。为此按有关规定，在这种电网中应装设绝缘监视装置，以便在单相接地时，能及时发出预告信号，提醒值班人员注意或进行处理。

对于 6～10kV 变电所的高压系统属于小电流接地系统，通常在变电所的高压母线上装设绝缘监视装置。对低压系统如 IT 系统，因其中性点不接地或经阻抗接地，也属于小电流接地系统，因此也需装设绝缘监视装置。

2. 低压系统的绝缘监视装置

对于电压为 380V 以下的低压 IT 系统，不需要电压互感器，可用三个电压表直接接母线进行绝缘监视。三个电压表应接成星形，且将中性点接地，否则电压表不能测出各相对地电压。正常运行时，三个电压表都指示为相电压。当某一相接地时，对应于该相的电压表为零，另外两相电压表的读数为线电压。用一个电压表时，应增设转换开关，单相接地时，操作转换开关能够分别测出各相对地电压，以便判断接地相。

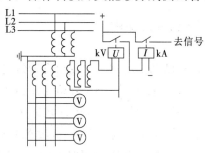

图 6-36　交流系统绝缘监视装置

3. 高压系统的绝缘监视装置

小电流接地系统的绝缘监视装置，是利用接地后出现的零序电压给出信号的。可采用如图 5-46（c）所示的接线方式，用三只单相双绕组电压互感器和三只接在相电压上的电压表进行绝缘监视。但一般多采用如图 5-46（d）所示的接线方式，即三相五柱式电压互感器接成 Y0ynd 的接线，接成星形的二次侧的绕组上接有三只电压表，以测量各相对地电压；另一个接成开口三角形的二次辅助绕组接过电压继电器，反映单相接地时出现的零序电压。如图 6-36 所示。

在系统正常运行时，三相电压对称，无零序电压出现，开口三角形两端的电压接近于零，过电压继电器 kV 不动作，三相电压表指示为相电压。当一次电路中的某相发生单相接地故障时，与其对应相的电压表指示为零，其他两相电压表读数升高为线电压，这样开口三角形两端产生将近 100V 的零序电压，使过电压继电器 kV 动作，从而接通信号回路，发出音响和灯光信号。此时观察三只电压表的指示值，即可判断是哪一相发生故障，但不能指出是哪一回路发生故障，故障线路只能采用依次断开各回路的方法寻找。因此，这种监视装置只适用于出线回路不多且允许短时停电的中小型变电所。

（二）直流系统的绝缘监视装置

由于变电所中许多二次设备都采用直流电源，其系统复杂，外露部分多，容易受到外界环境因素的侵蚀，使所在系统绝缘水平降低，甚至可能发生绝缘损坏而接地。如果正、负两极都接地，此时故障回路的熔断器熔丝熔断，使相应部分的直流系统停电。如果发生一极接地，尚不致引起危害，但不允许长期运行，否则当再有另一点发生接地时，就会引起严重后果，可能造成继电保护、信号系统和控制回路的误动作，使高压断路器误跳闸或拒绝跳闸。为了防止这种危害，对变电所的直流系统必须装设足够灵敏度的绝缘监视装置，以便及时发现系统中某点接地或绝缘能力降低。当 220V 直流系统中任何一处的绝缘电阻下降到 15～20kΩ 时，其绝缘监视装置应发出灯光和音响信号。

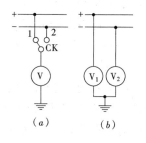

图 6-37　直流系统绝缘
监视装置
(a) 一块电压表接线图；
(b) 两块电压表接线图

如图 6-37 所示是最简单的绝缘监视装置，将电压表接在直流系统的主母线上。图 6-37（a）用一个电压表，正常时转动转换开关 CK 至"＋"或"－"时电压表无指示。若"－"极发生接地，则 CK 转至位置 2（"－"极）电压表无指示，转动到位置 1（"＋"极）电压表有指示。图 6-37（b）用两块电压表，在正常时两块电压表指示是一样的，各是直流回路电压的一半。若"－"极接地时，则电压表 V_2 指示数下降，电压表 V_1 指示数增高。当某极完全接地时，其中一块表指示值升至全电压，另一块表指示值为零。

目前普遍采用的几种直流系统的绝缘监视装置多是利用接地漏电电流原理构成的，其接线如图 6-38 所示。图 6-38（a）是利用两种 DX—11 型继电器 KE1、KE2 和两个 5000Ω 的电阻与正、负极对地绝缘电阻构成电桥电路。正常时两极对地电阻相同，继电器中电流一样，双向指示的毫安表中无电流，指示为零。当正极接地时，继电器 KE1 中电流减小，KE2 中电流增大，毫安表中电流由下向上流；当负极接地时，继电器 KE2 中电流减小，KE1 中电流增大，毫安表中电流由上向下流。适当整定 KE1 与 KE2 的动作值，由其接点可接通预告音响信号及光字显示。图 6-38（b）采用一只 DX-11/0.05 型的电流型信号继电器 KE，串联在双向指示的毫安表回路中，其工作原理和图 6-38（a）完全相同。若任一极发生接地时，均由 KE 动作发出预告信号，并可通过毫安表的指向或按下按钮判断哪一极接地。

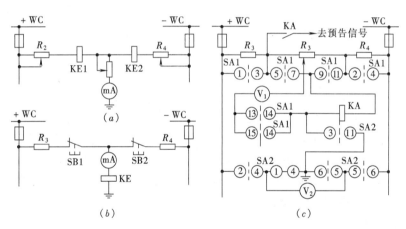

图 6-38　直流系统绝缘监视装置

在大型变电所应用较多的另一种绝缘监视装置，其接线如图 6-38（c）所示。它是由三只 1000Ω 的电阻 R_3、R_4、R_5，两只高内阻 100kΩ 的直流电压表 V_1 与 V_2，一只 DL-11/2.45 型电流继电器以及两个操作开关 SA1、SA2 组成。这种监视装置可以测出两极对地总的绝缘电阻，并加以适当运算，可求出各极对地绝缘电阻，同时还能发出信号。在正常运行时，操作开关 SA1 置于中间竖直"母线"位置，SA2 置于竖直"信号"位置，即 SA1 的 7-5、9-11 以及 SA2 的 3-11、2-1、5-8 各触头均闭合，R_5 被短接，电压表 V_2 接在正负极之间，可测出母线电压。电压表 V_1 并未接入，电流继电器 KA 接于 R_3、R_4 与两极对地电阻 R_1、R_2 组成电桥的平衡臂上。正常时两极对地绝缘电阻相等，KA 中无电流，其接点不能闭合，无信号发出。

当正极或负极接地或绝缘电阻降到一定程度时，两极对地绝缘电阻相差较大，电极失去平衡，继电器 KA 中则有电流流过，使其动作接通预告音响和光字信号。此时，应切换 SA2 并借助电压表 V_2 的指示，可判别出哪一极接地或绝缘电阻降低。如将操作开关 SA2

扳向"－"位置，其接点 1-4、5-8 接通，V₂ 指示若小于母线电压，说明正极绝缘能力降低，若指示值为母线电压，则说明正极完全接地；若将 SA2 扳向"＋"位置，其接点 2-1、6-5 闭合，电压表 V₂ 如指示母线电压，说明负极接地，若指示值小于母线电压，则说明负极绝缘电阻降低。

必须指出，由于上述绝缘监视装置是利用电桥平衡原理设计的，所以当直流母线正、负极对地绝缘电阻均等下降时，不能及时反应发出预告信号，有待于更加完善。

四、常用电气测量仪表

变电所的测量仪表是保证供配电系统安全、可靠、优质并经济合理地运行的重要工具之一，是变电所值班人员监视系统运行、计算及积累技术资料的重要依据，而测量仪表是二次回路的重要组成部分。

（一）对测量仪表的基本要求

1. 为使控制室电气测量仪表正确地反映电气设备的运行情况，对测量仪表的精度等级规定：①交流仪表不应低于 2.5 级；②直流仪表不应低于 1.5 级；③频率表为 0.5 级。

与仪表连接的分流器、附加电阻的精度等级不低于 0.5 级；互感器一般为 1 级。

2. 互感器的变比和仪表的量程，应保证电气装置在正常运行时，仪表指示在其刻度尺的 70%～100%处，并应考虑过负荷时，能有适当的指示。

3. 对于可能出现两个方向电流的直流回路和两个方向功率的交流回路中，应装设双向标度尺的仪表。

一般电气测量仪表和电能表与继电保护装置共用电流互感器时，应将一般测量仪表和电能表连接在一个精度较高的二次绕组上，而将继电保护装置单独接在另一个精度较低的二次绕组上；如果由于继电保护装置的要求，使电流互感器的变比过大而不能符合测量仪表和电度表的要求时，应尽量分开接用单独的电流互感器；若受条件限制而共用电流互感器的一个二次绕组时，应有必要的安全措施，并不得超过电流互感器的额定容量。

（二）变配电装置中的仪表配置

1. 变电所电源进线

为观测负荷情况，进线上应装设 1 只（L2 相可加电流转换开关）或 3 只电流表。为计量消耗的电能，必须装设计费用的三相有功和无功电能表，宜采用全国统一标准的电能计量柜。

2. 电力变压器

为了解变压器的负荷情况，在双绕组变压器的一侧（一般为高压侧）应装设电流表（1 只或 3 只）及有功功率表、无功功率表。需要计量电能时，应加装三相有功和无功电能表各 1 只。

3. 高、低压母线

每段母线都应装设 3 只电流表及 1 只电压表（加电压转换开关），以检查各个线电压。对于 6～10kV 中性点不接地系统的各段母线还应加装监视交流系统的绝缘装置，如图 6-39 所示。

4.6～10kV 高压配电线路

为了解线路的负荷情况，线路中应装设 1 只电流表，如需计量电能，还需装设三相有功和无功电能表各 1 只。如图 6-48 所示。

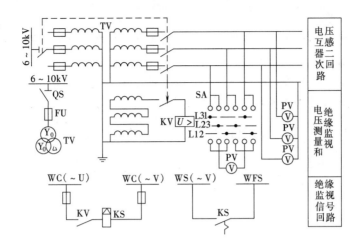

图 6-39　6～10kV 母线的电压测量和绝缘监视电路

QS—隔离开关；FU—熔断器；TV—电压互感器；KV—电压继电器；

KS—信号继电器；SA—电压转换开关；PV—电压表；WS—信号

小母线；WC—控制小母线；WFS—预告小母线

5. 低压配电线路

无论是 TN-C、还是 TN-S 或是 TN-C-S 系统，都带有中性线，可连接单相负荷，因此应装设 3 只电流表，或 1 只电流表加上电流转换开关，用以测量三相不平衡负荷电流。如果需计量电能，则需装设 1 只三相四线有功电能表。如果是三相负荷平衡的动力线路，则可只装 1 只电流表和 1 只单相有功电能表。

6. 电力电容器

为了了解其三相负荷是否平衡，必须装设 3 只电流表、1 只功率因数表。为了监视其电压水平，还需装设 1 只电压表（加电压转换开关）。如需计量其无功电能，则需装设 1 只无功电能表。

（三）常用电气测量仪表的接线方式

1. 电流测量电路

电流测量有直接测量和间接测量两种，低压小电流电路常用直接测量方式，而高压大电流电路常用间接测量方式。如图 6-40 是用电磁式仪表测量交流电流的常用接线方式。

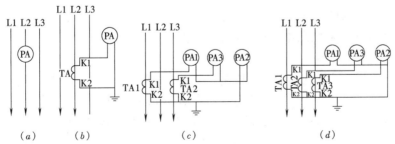

图 6-40　电流测量电路的常用接线

（a）直接串联接线；（b）单相式电流互感器接线；（c）两相电流互感器 V 形接线；

（d）三相电流互感器三只电流表接线

2. 电压测量电路

电压测量也有直接测量和间接测量两种。低压（大多数为 380V 及以下）电路用直接测量，高压电路用间接测量方式。

交流电压表利用电磁系测量机构，与电压互感器配合使用时，可以测量各高电压值。如图 6-41 所示是电压测量电路的常用接线方式。

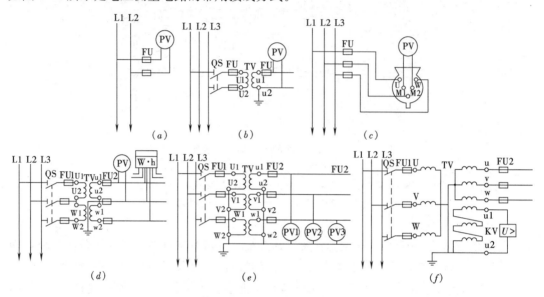

图 6-41 电压测量电路的各种接线

(a) 直接测量电路；(b) 单相电压互感器测量电路；(c) 一只电压表测量三相线电压的测量电路；
(d) 两只单相电压互感器接电压表的测量电路；(e) 三只单相电压互感器接三只电压表的测量电路；
(f) 三只单相三绕组电压互感器接成 Ynynd 的测量电路

3. 功率测量电路

电功率的测量分为有功功率测量和无功功率测量两种，它可以采用电动系功率表、静电系或热电系功率表进行测量，但大多采用电动系测量机构。

无论哪种功率表接线时，都必须遵守"发电机端规则"，即功率表上标有（*）号的电流端钮必须接到电源的一端，而将另一电流端钮接负载端，把电流线圈串接在电路中；功率表上标有（*）号的电压端钮，可以接到电流端钮的任何一端，而另一电压端钮跨接在负载的另一端。

（1）有功功率测量电路

如图 6-42 所示为有功功率测量电路的各种接线。

（2）无功功率测量电路

单相和三相无功功率的测量，主要用于并联电容器的电路，可分别利用单相和三相无功功率表进行测量。其外接接线方式与有功功率表相同，区别在于无功功率表的内部接线使电压线圈的磁通滞后于外加电压 90°，所以可直接指示无功功率。

如图 6-43 所示为无功功率测量电路的常用接线方式。

4. 电能测量电路

测量电能使用电能表，分别用电动系直流电能表测量直流电能，用感应系交流电能表测量交流电能，这里介绍交流电能表的测量电路。

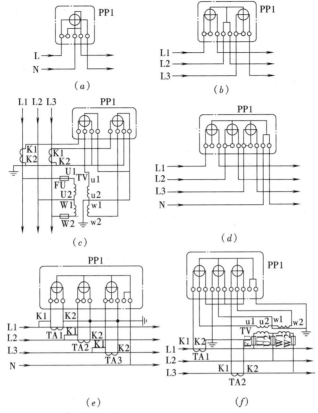

图 6-42　有功功率测量电路的各种接线

（a）一元件有功功率表测量电路；（b）两元件三相有功功率的表测量电路；（c）两元件三相经互感器接入的有功功率测量电路；（d）三元件直接接入的三相有功功率测量电路；（e）三元件经互感器接入的三相有功功率测量电路（一）；（f）三元件经互感器接入的三相有功功率测量电路（二）

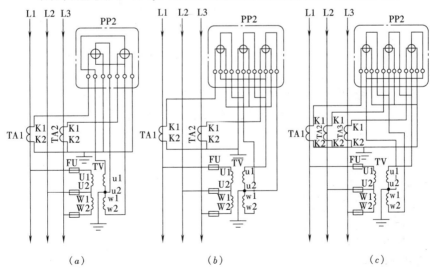

图 6-43　无功功率测量电路的常用接线

（a）两元件三相无功功率表测量电路；（b）、（c）三元件三相无功功率表测量电路

（1）有功电能测量电路

如图 6-44 所示。

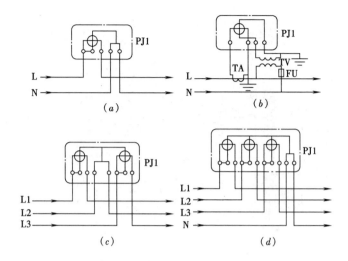

图 6-44　有功电能测量电路的接线

（a）单相有功电能表测量接线（直接接入式）；（b）单相有功

电能表测量接线（间接接入式）；（c）两元件三相有功电能表测

量接线；（d）三元件三相有功电能表测量接线

（2）无功电能测量电路

接线如图 6-45 所示。

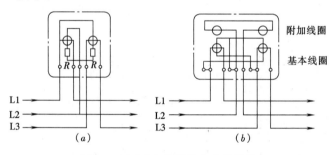

图 6-45　无功电能测量电路的接线

（a）移相 60°型无功电能表测量电路；（b）两元件三相无功电能表测量电路

如果在图 6-45 电路中接入互感器，则可用于测量高压大电流电路无功电能。

如图 6-46 所示为 6～10kV 线路使用的 ZFB410CT 型全电子式多功能三相三线电能

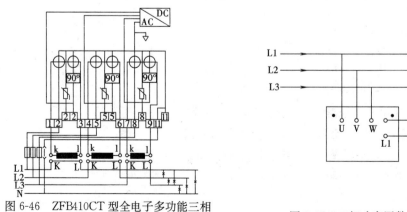

图 6-46　ZFB410CT 型全电子多功能三相
三线电能表的接线

图 6-47　三相功率因数测量电路

表的接线图。这种电能表可以直接精确地测量出每一相的有功和无功电能，并依据相应费率和需量等要求进行处理。

5. 功率因数的测量

为了测量变配电所或某一大中型负载的功率因数值，并测定在采取补偿措施后，功率因数是否达到规定要求，以及变配电所或某一负载在运行过程中的功率因数变动情况，电路中便要装设功率因数表。

功率因数表既有电流线圈，又有电压线圈，三相功率因数测量电路的接线如图 6-47 所示，它适用于低压小电流电路的测量。如果接入互感器，则可用于高压大电流电路的功率因数测量。

图 6-48 为 6～10kV 高压线路的电气测量仪表电路图，读者可自行分析其仪表配置及接线。

（四）电气测量仪表的校验

电气仪表在运行中，应按规定进行定期校验。内容包括：

1. 外观检查

外观检查包括检查玻璃、指针、调零器等是否完好无损，刻度盘是否变形、变质，读数是否清晰。对新装仪表交接试验，则应检查仪表的型号、规格是否符合要求。

2. 通电试验

在开始校对仪表的读数误差之前，应先对仪表做通电试验，观察指针是否被卡住，有无冒烟或出现糊焦味。

通电试验时最好将仪表的所有外部连线都摘除。有时为了检查二次回路接线是否正确，也可以进行整组通电试验。在做这种试验时，电流回路和电压回路要分开，以免烧坏设备。最好在试验之前，将电压互感器的一、二次开关（或熔丝）断开，以免从低压向电压互感器的高压反向充电，造成事故。

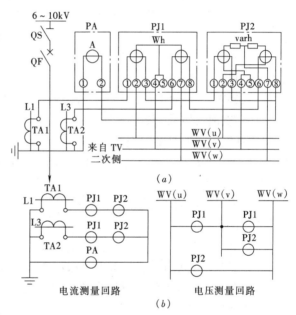

图 6-48　6～10kV 高压线路电气测量仪表电路图
(a) 接线图；(b) 展开图
TA1、TA2—电流互感器；TV—电压互感器；WV—电压小母线；PA—电流表；PJ1—三相有功电度表；
PJ2—三相无功电度表

3. 校验误差

误差校验一般都用对比法，即将被校表与标准表接在同一回路内进行比较。选择标准表时，应考虑电流性质是直流、还是交流，同时还要考虑量限和准确等级，被校表与标准表的量限最好相同。标准表上量限最多不超过被校表上量限的 1/4，否则标准表的相对误差增大太多，影响校验的精度。标准表的准确等级一般要比被校表高 3 级。

在校验误差时，需根据实际情况设计电源线路，特别是要准确选择电压、电流的调节方法。理想的校验接线应能做到：在被校表的全部刻度范围内，能均匀地调节被测数值，而且粗调和细调都应不受限制。

试验功率表或电能表的准确度常用"虚负荷法"，即电压和电流分别由两个不同电路供给，这样可减少电源设备的容量，同时也减少线路损耗。

（五）电能表的选择和安装

1. 电能表的选型

电能表的选型，其基本原则就是准确计量和合理计算电费。具体要求如下：

（1）要符合额定电压和额定电流的要求。对于高压计量方式所使用的电能表，都经过电压互感器和电流互感器的二次侧，输出电压都是 100V，输出电流都是 5A，因此电能表的额定电流、电压一般不必作特殊考虑。

（2）要根据不同的计量对象，满足不同的精度要求。

（3）要根据负载的类别选用类型。例如低压单相负荷应选用单相电能表；三相负荷则要选用三相电能表。三相三线制供电和三相四线制供电对电能表的选型要求也并不一样。

2. 电能表的安装要求

（1）电能表应安装在干燥、不受振动的场所，且应便于安装、调试和抄表。因此在下列场所不允许安装电能表：

1）在易燃、易爆的危险场所。

2）有腐蚀气体或高温的场所。

3）有磁场影响及多灰尘的场所。

（2）电能表应安装在干净、明亮的场所。装在开关柜上时，高度应以 1.4～1.7m 为宜，不允许低于 0.4m。

（3）装表地点的环境温度应在 0～40℃之间。对加热系统的距离不得小于 0.5m。一般不得装在室外。

（4）电能表的安装应垂直，倾斜度不要超过 1°。

（5）当几只电能表装在一起时，表间距离不应小于 60mm。

（6）电能表如经电流互感器安装，则二次回路应与继电保护回路分开。电流二次线应采用绝缘铜线，线芯截面面积不小于 2.5mm^2。

第五节　变电所二次系统

一、概述

（一）一次系统和二次系统

变电所中担负输送和分配电能任务的电气设备，称为一次设备，包括变压器、互感器、各种高低压开关、母线、熔断器和避雷器等。由一次设备连接形成的回路称为一次回路或一次系统。

对一次设备进行监视、测量、操纵控制和保护的辅助设备，称为二次设备，如各种继电器、信号装置、测量仪表、控制开关、操作电源等。由二次设备连接形成的回路称为二次回路或二次系统。

如图 6-49 所示为一次设备与二次设备相互关系的方框图。粗线框内的设备为一次设备，细线框内的设备是为一次设备服务的二次设备。

二次系统的任务是反映一次系统的工作状态，控制一次系统，并在一次系统发生故障时，能使事故部分退出工作。二次系统与一次系统相比，二次系统中的设备都是低压或弱电设备，且数量较多，有时有上千根导线互相连接。因此，熟悉二次设备的符号、图形及二次回路的接线图，对保证二次系统的正常工作，进而确保一次系统的安全运行，有着十分重要的意义。

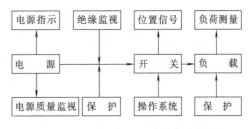

图 6-49　一次设备和二次设备方框图

（二）二次回路分类

二次回路按电源性质分有交流电流回路、交流电压回路和直流回路；按照二次设备的用途来分，则可分为继电保护回路、开关控制及信号回路、测量仪表回路、自动装置回路和操作电源回路等。

二、二次系统图

二次系统图也称二次回路图，它是用国家统一规定的电气图形符号和文字符号表示二次设备按一定顺序相互连接的图形。按照用途的不同，二次系统图有原理图、接线图（表）和位置图三类。

（一）二次原理图

也称二次原理电路图、二次电路图，是用来反映变配电系统中二次设备的继电器、电气测量、信号报警、控制及操作等系统工作原理的图形。

二次原理图的表示方法有集中式表示法和展开式表示法两种。习惯上，把按集中式表示法绘制的图叫做原理接线图（简称原理图），把按展开式表示法绘制的图叫做展开接线图（简称展开图）。

1. 原理接线图

其特点是一、二次回路绘制在一起，将装置中所有组成电器的元件（如继电器、仪表、开关等二次设备）按接线顺序以整体的形式绘出，因而清楚、形象地表明了二次回路的接线和动作原理，使看图者对整个装置的构成有一个完整的概念。

如图 6-50（a）所示为按集中式表示法绘制的定时限过电流保护原理图。该保护装置主要由电流互感器、过电流继电器、时间继电器、信号继电器及中间继电器等组成。其功能是当线路中发生短路或过载时，需延时一短暂的时间，主开关才跳闸，切除线路供电电源。

保护电路的构成：线路与继电保护线路是通过电流互感器联系的。KA1、KA2 是电磁式电流继电器，其线圈与电流互感器 TA1、TA2 的二次线圈串联，反映线路中该相电路的电流。KA1 和 KA2 的常开触点并联后与时间继电器 KT 的线圈相连接。KT 的常开延时闭合触点与信号继电器 KS 和中间继电器 KM 的线圈串联后，并通过它们的常开触点，经断路器的辅助常开触点 QF_{1-2} 至 QF 的跳闸线圈 YR，构成一个跳闸回路。整个继电保护系统采用直流电源供电。保护电路的工作原理前已叙述，这里不再赘述。

原理接线图绘出的是二次回路中主要元件的工作概况，对简单的二次回路可以一目了然，但在线路设备比较复杂时，绘图和读图都很麻烦，也不便于施工，所以在实际工作中用得较多的是展开接线图。

2. 展开接线图

其特点是将二次设备整个装置中的电器元件（如仪表、继电器等的线圈和触头）按其所在电路（电压回路、电流回路、保护回路、操作回路、信号回路等）分别独立绘制在所属回路中。为了避免混淆，对同一元件的线圈和触头用相同的文字符号表示，如图 6-50 所示。

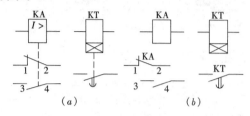

图 6-50　完整图形符号的表示示例

(a) 集中式表示法；(b) 展开式表示法

展开接线图可按回路的作用、电压性质和高低等组成各个回路，每一回路的右侧通常有文字说明，以表明回路的作用。

如图 6-50 (b) 所示为按展开式表示法绘制的定时限过电流保护原理图，它分为以下几个回路：

（1）交流电流回路。由电流互感器 TA1、TA2 和电流继电器 KA1、KA2 的线圈构成。

（2）时间继电回路。由电流继电器 KA1、KA2 的常开触点和时间继电器 KT 的线圈组成。

（3）直流跳闸回路。由时间继电器的常开延时闭合触点、信号继电器 KS 的线圈、中间继电器 KM 的线圈及常开触点、断路器 QF 的辅助常开触点 QF_{1-2}、跳闸线圈 YR 组成。

（4）信号回路。信号继电器 KS 常开触点闭合，输出报警信号。

比较一下原理接线图和展开接线图可知：展开接线图可使图线避免或少交义，因而图面清晰、易于阅读，在复杂电路中尤为突出，而且给分析回路功能和标注回路标号带来了方便，便于进行正确连接。因此，展开图比原理图用途更为广泛，它不但便于安装施工时接线，在正常运行时查找、维护和检修也离不开它。在实际工作中，不论是变电所的运行值班人员还是安装维护人员，都要学会看展开图，并且要熟练地掌握。特别是变电所的调试人员和值班人员更应该熟悉展开图，这样在设备发生问题时，才能迅速地找到问题所在，使变电所尽快恢复正常运行。

3. 二次原理图的识读方法及步骤

二次原理图是电气工程中较难分析的一种图，在分析时可参照以下几点：

（1）首先要了解二次原理图的作用，把握图纸所表达的主题。

（2）要熟悉国家规定的图形符号和文字符号，了解这些符号所代表的具体意义。可对照这些符号查对设备明细表，弄清其名称、型号、规格、性能和特点，将图纸上抽象的图形符号转化为具体的设备，有助于对电路的了解。

（3）原理图中的各个触点都是按原始状态（线圈未通电、手柄置零位、开关未合闸、按钮未按下）绘出，但看图时不能按原始状态分析，而要选择某一状态来分析。

（4）看原理接线图时，先要分清主电路和二次回路，交流电路和直流电路，再按照先看主电路、后看二次回路的顺序读图。

看主电路时，一般是由上向下即由电源经开关设备及导线向负载方向看；看二次回路时，则从上向下、从左向右（少数也有从右向左），即先看电源，再依次看各个回路，分析各二次回路对主电路的控制、保护、测量、指示、监视功能、组成及工作原理。

（5）看展开接线图时，应结合原理接线图一起进行。看图时，一般先看展开回路名称，然后从上到下、从左到右识读。但需要指出的是，一些展开图的回路在分析其功能时，往往不一定是按从上到下、从左到右的顺序动作的，可能是交叉的，如图6-35所示采用弹簧操纵机构的断路器控制机构及信号系统即是如此。

（6）要特别注意在展开图中，同一电气元件的各部分是按其功能分别画在不同回路中（同一电气元件的各部件均标注同一项目代号，其项目代号通常由文字符号和数字标号组成），因此，读图时要注意该元件各部件动作之间的联系。例如在图6-25中的电流继电器KA1，其线圈在交流回路中，而一对动合触头在直流过电流保护回路的与时间继电器KT线圈相串联的回路中。

任何一个复杂电路都是由若干个基本回路组成。看图时应分成若干个环节，一个一个地分析，即化整为零看环节，最后结合各个环节的作用，综合分析整个电路的作用，即积零为整看电路。碰到一时难以弄懂的回路，可暂时放下，先看其他回路，等大部分看懂了，再来看疑难环节，就容易多了。切忌"眉毛胡子一把抓"，头绪纷纷，无从下手，降低工作效率。

（二）二次回路接线图

二次回路接线图是表示二次设备中各元器件之间的连接关系，用以进行安装、接线、调试、检查、维护和故障处理的一种简图（或表格）。它主要包括端子排图、屏后接线图等。

接线图和接线表可以单独使用，也可以组合使用。在实际应用中，接线图常与原理图和位置图一起使用。

在安装接线图中，各种仪表、电器、继电器及连接导线等，都必须按照它们的实际图形、相对位置及连接关系绘制。接线图中设备的相对位置、设备编号应与位置图相符，屏面布置与屏内布置的位置相符。

1. 端子排图

表示端子排内端子与内外设备之间导线联结关系的图，称为端子排接线图，简称端子排图。在屏（或柜）体设备与屏外和屏顶设备联结、同一屏体中两个单元之间的设备联结都是通过端子板（多个端子板相连于一体的称为端子排）再加上控制电源（导线）来实现的，以减少各设备连接线之间的交叉及便于在不断开二次回路的情况下进行试验和检修。同一屏内同一单元的设备相互联结时，不需要经过端子排。

端子排的设置是按一定规律顺序排列的。接线端子按用途可分为普通端子、联结端子、试验端子和终端端子等。如图6-51所示。

1）普通端子用来连接由屏外引入至屏上，或由屏上引至屏外的导线。

2）联结端子用于连接或开断与相邻两端子连接的二次回路。

3）试验端子用于在不中断电流的情况下，校验二次回路中测量仪表和继电器的准确度，或进行更换检修。

4）终端端子用于固定端子排的上下两端，

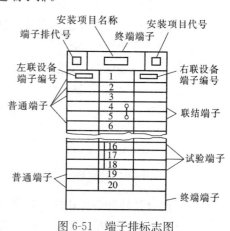

图6-51 端子排标志图

或隔开不同安装单元的端子排。

在接线图中，端子板的文字代号为"X"，端子的前缀符号为"："。

端子排上的编号方法是：左侧一般与屏内设备相连，写上设备编号和符号；右侧一般与屏外设备或小母线相连，写上二次展开图上该设备的符号和编号。端子中间编有顺序号，在最后编2～5个备用端子号。向外引出的电缆，按其去向分别编号，并用一根线条表示。

一个端子只允许接一根导线，导线截面一般不超过 6mm²。在特殊情况下，个别端子允许最多接两根导线。

端子排垂直布置时，排列由上而下；水平布置时，排列由左而右。其顺序是交流电流回路、交流电压回路、控制回路、信号回路和其他回路等。

2. 屏后接线图

屏后接线图是屏内配线、接线和查找的重要图纸，应标明屏内各设备在屏背面引出端子间以及与端子排间的连接情况。在屏后接线图上，设备的排列与屏前布置是相对应的，但屏后接线图是背视图，设备左右布置正好与屏前布置相反。

设备的安装位置与实际安装位置应严格相符合，设备的轮廓与实际尺寸应尽量相似，有的用图形符号表示。外形尺寸可不按比例画。设备的引出端是按实际排列画出，设备的内部接线可不画出。

屏后接线图中的电气设备要用一定的符号和数字用点画线围框后进行编号，并标注与原理接线图一致的该电气设备的文字符号及与设备明细表一致的该设备的型号。具体标注方法为：在设备图形符号内部标注接线图的设备端子号，在其上方标出设备代号及设备的文字符号。如图 6-52 所示，该电气设备的代号为 X5，文字符号为 KT，设备型号为 JS7，是时间继电器。

屏后接线图中设备之间的内部连线一般不直接画出，多采用中断线和相对编号法表示。相对编号法是这样表述的：如有甲乙两个设备的接线端需要连接起来，那么在甲设备接线端子旁标出乙设备的代号和接线端子号，同时在乙设备的接线端子旁标出的甲设备的代号和接线端子号，即两个接线端子的编号相对应，表明甲乙两个设备的相应接线端子应该连接起来。此编号法目前在二次回路中已得到广泛应用。如图 6-53 所示，甲设备代号为 X2，乙设备代号为 X4；X2 的接线端子①与 X4 的接线端子③相连，则在甲设备的接线端子①旁标上"X4：3"，在乙设备的接线端子③旁标上"X2：1"。

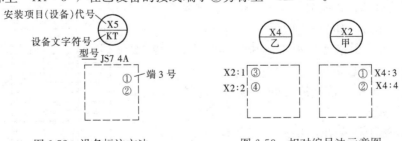

图 6-52　设备标注方法　　　　　图 6-53　相对编号法示意图

如果屏内设备与端子排相连，则在屏内设备的接线端子旁标出端子排代号和端子顺序编号；在该端子上则标出屏内设备的代号和接线端子号。

在屏后接线图上，某些引线少且又布置在一起的设备，如熔断器、电阻、光字牌、信号灯等，其相互间的连线采用直接连接法，并简单地标注文字符号，而不采用相对编号法，同一设备不同接线端子的连线也用直接相连。直接连接法在二次回路中应用也比较多。

3. 二次接线图的识读方法及步骤

二次安装接线图是二次回路的主要图纸，应用十分广泛。看图时应注意以下几点：

（1）依然是先看主电路，再看二次回路。看主电路时，从电源引入端开始，按顺序经开关设备、线路到负载（用电设备）；看二次回路时，从电源一端到另一端，按元件连接顺序依次对回路进行分析。

（2）安装接线图是由展开接线图绘制而来的，因此首先要弄通展开图，然后去看安装接线图，并结合展开图对照起来识读。

（3）看安装接线图时，先从左右两旁的端子排看起，从上到下每个端子的标号都可以在展开图上找到相应的回路，然后查找屏前布置图，看这个电气元件是在本屏还是在其他屏。如果属于本屏上的元件，根据相对编号法则，即可找到对应元件；如果是外屏设备，就根据电缆引向找到另外一张安装接线图，并在该图上找到相应的端子编号。按这个方法一个端子一个端子看下去，理通每个端子的来龙去脉，这样就能把整张安装图看懂。

（4）牢牢记住相对编号法则，寻找本屏上的电气元件，只要正确应用相对编号法则，就一定能找到。

（5）由于安装接线图表示了屏上所有设备，因而图纸较大，线条较多比较复杂，容易看花眼或看漏端子，为此可准备一个直尺或三角板压在所看的端子上，每走通一个回路就用铅笔在旁边做上记号，逐个端子看下去就不会遗漏了。

（三）位置图

位置图是表示二次设备在屏前及屏内实际位置的图，如图 6-54 所示。

常见的二次设备屏主要有两种类型，一种是纯二次设备屏，如各种控制操作屏、继电器屏；另一种是屏内装一次设备，屏前装二次设备及开关操作手柄，如高压开关柜等。

屏前布置图上应成比例的画出各设备的安装位置，用简易外形图表示，并标注尺寸。屏前有各种二次设备，一般从上到下依次布置仪表、继电器、信号灯、指示牌、按钮、控制开关等，其设备应按一定顺序从上到下、从左到右用阿拉伯数字编号，并在简易外形图框内标注与原理图及其他图相对应的文字符号或数字符号，但设备的具体结构不表示。屏内设备布置的基本格式是：屏顶装控制、信号电源小母线；屏后两侧装端子排、熔断器；屏背面上方钢架上安装电铃、警铃、蜂鸣器等。

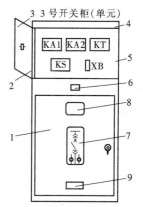

图 6-54　某高压开关柜位置图
1—仪表门；2—继电器室；3—室左侧端子排；4—出厂标牌；5—小车室；6—观察窗；7—模拟接线；8—厂铭牌；9—小母线室

（四）识图举例

【例 6-1】如图 6-55 所示为高压配电线路二次回路接线图。全图由四部分组成，其分析过程如下：

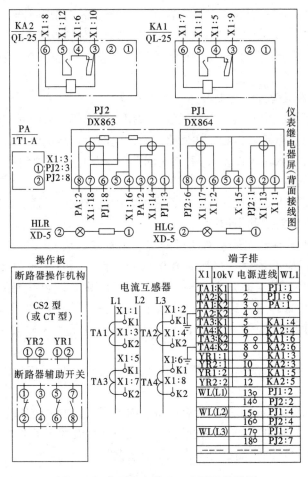

图 6-55 高压配电线路二次回路接线图

1. 主电路

参见图 6-26，这里仅画出了电流互感器的接入部分，TA1、TA2 接测量仪表，TA3、TA4 接继电保护装置。

2. 端子排

图中 3-4、7-8、13-14、15-16、17-18 为连接端子，其余为屏（柜）内导线相互连接及进行试验的试验端子，因为这些端子是电流互感器和电流继电器以及有功电能表联系的桥梁，安装完毕后和日后维护都需要用这几个端子进行试验，故选用试验端子。

端子排上标注了安装项目名称（10kV 电源进线）、安装项目代号（WL1）和端子排代号（X1）；中列为各端子编号（1～18）；左侧连接各设备（图示为电流互感器、断路器跳闸线圈及电压小母线）的端子编号；右侧为连接各仪表、继电器的端子编号。

3. 屏后接线图

表示了仪表和继电器 KA1、KA2、PJ1、PJ2、PA 以及指示灯 HG、HR 的相互安装位置和各接线端子的接线，每个元件的上方或其他紧靠元件处都标注了元件的编号及代号。各元件之间的连接线采用中断线和相对编号法表示。如连接 TA1 的端子 K1 与端子排 X1 的 1 号端子的导线，分别标注 X1：1 和 TA1：K1；连接端子排 X1 的 1 号端子与有功电能表 PJ1 的 1 号端子的导线，分别标以 PJ1：1 和 X1：1 等。

4. 操作板

表示了断路器操作机构及其辅助开关触头的接线。

【例6-2】如图6-56所示为采用交流操作电源的油浸式变压器保护综合电路，它是6～10kV用户变压器容量在800～1600kVA常用的保护及电气测量接线方式。现分析如下：

1. 主电路

变压器由6～10kV母线经隔离开关QS（图示为手车式开关柜的隔离插头）、断路器QF、电流互感器TA及电缆供电给此变压器T，降压为230/400V后向低压负荷配电。

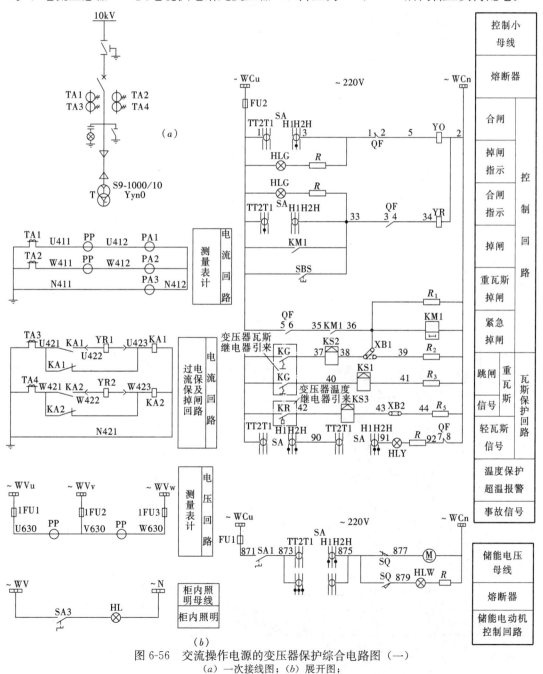

图6-56　交流操作电源的变压器保护综合电路图（一）

（a）一次接线图；（b）展开图；

1/19　WCu　FU1
1/20　WCn　FU2

LW2-Z-1a,4,6a,20/F8控制开关"SA"接线表

在"跳闸后"位置的手把的样式和触头盒的接线图	合 1 2 5 6 9 10 13 14 / 跳 3 4 8 7 12 11 16 15				
手柄和触头盒的型式 F8	1a	4		6a	20
触头号	1-3 2-4	5-8 6-7	9-10 10-12	13-15 13-14	14-16
T 跳闸后	⊟		×	×	×
H1 预备合闸	×	×		×	
H2 合闸		×	×		×
H 合闸后	×	×		×	
T1 预备跳闸	⊟				
T2 跳闸			×	×	×

	1		
PP	1	U411	TA1
PP	2	W411	TA2
PA3	3	N411	TA1
N	4		
KA1	5	U421	TA3
KA2	6	W421	TA4
KA1	7	N421	TA3
N	8		
	9		
YR1	10	U422	KA1
YR1	11	U423	KA1
YR2	12	W422	KA2
YR2	13	W423	KA2
	14		
PP	15	U630	WVu
PP	16	V630	WVv
PP	17	W630	WVw
	18		
	19		
	20		
PU1	21		WCu
HW	22	871	WCn
SA/10	23	875	SO
S0	24	877	HW
	25		
FU2	26		WCu
YO	27	2	WCn
SA/5	28	1	FU2
KG	29		
KR	30		
KS2	31	37	KG
KS1	32	40	KG
KS3	33	42	KR
	34		
	35		
KM1		33	QF
HR			
HY		92	QF

去变压器

代号	文字符号	名称	型号规格	数量	备注
23	R1~4	限流电阻	ZG11-25 2kΩ	4	
22	KR	温度继电器		1	随变压器配供
21	KG	瓦斯继电器	FJ3-80 型	1	随变压器配供
20	XB1.XB2	连接片	YY1-S	2	
19	KM1	中间继电器	ZJ4~220V	1	
18	KS1~3	信号继电器	DX-11/0.05	3	
17	SA	控制开关	LW2-Z-1A.4.6A.20/F8	1	
16	PP	有功功率表	42L5-W	1	
15	PA1~3	电流表	42L6-A	3	
14	M	储能电动机	HDZ-213~220V	1	操动机构内附
13	HLY	信号灯	XD5~220V 黄色	1	
12	HLR	信号灯	XD5~220V 红色	1	
11	HLG	信号灯	XD5~220V 绿色	1	
10	HLW	信号灯	XD5~220V 白色	1	
9	SA1~3	指令开关	LA18-22X	3	
8	FU1.FU2	熔断器	RT14-204A	2	
7	SBS	跳闸按钮	LA18-22 红色	1	
6	YR	跳闸线圈	4 型 CT19-1~220V1.2A	1	操动机构内附
5	YO	合闸线圈	CT19-1~220V	1	操动机构内附
4	QF1~8	断路器辅助接点	F4-12	1	操动机构内附
3	SQ	储能位置开关	LX12-2	2	操动机构内附
2	KA1.KA2	过电流继电器	GL25/5	2	
1	YR1.YR2	过电流脱扣器	1 型 CT19-1　114 5A	2	操动机构内附
代号	文字符号	名称	型号规格	数量	备注

设　备　表

(c)

图 6-56　交流操作电源的变压器保护综合电路图（二）
(c) 设备明细表、控制开关接线表及端子排

其中，两只双绕组电流互感器的 TA1、TA2 的二次侧接电气测量仪表有功电能表 PJ1、无功电能表 PJ2、有功功率表 PP1、电流表 PA，TA3、TA4 接电流继电器 KA1、KA2。如果加一只电流互感器的 TA5（零序电流互感器，也有用符号 TAN 表示）可作为变压器低压侧单相接地保护的交流操作电源。

变压器一、二次绕组采用 Yyn0 接法。

2. 交流操作电源

断路器操动机构采用弹簧式（今用 CT19 型）（工作原理参见图 6-35），其 220V 交流操作电源引自避雷器-电压互感器高压开关柜中电压互感器的二次侧；继电保护的交流操作电源也引自避雷器-电压互感器高压开关柜中电压互感器的二次侧。

3. 继电保护的配置

（1）反时限过电流保护及电流速断保护。由 TA3、TA4 及两只 GL-21（22）型电流继电器结成两相两继电器式所组成。

（2）单相接地保护。可由零序电流互感器 TA5 与 GL-21（22）型电流继电器 KA3（又称接地电流继电器）组成变压器低压侧单相接地保护，但本设计中变压器低压侧总电路采用三相带过电流脱扣器的 HA1-2000/200 型低压断路器，兼作变压器低压侧单相接地保护，不用零序电流保护方式。

（3）瓦斯保护。由瓦斯继电器 KG 进行变压器内部故障的轻、重瓦斯保护。

（4）温度保护。使用温度继电器 KR 实施温度保护，作用于信号继电器 KS3 发出信号。

4. 电气测量仪表

今配置有功率表 PP 一只、电流表 PA 三只。

5. 信号回路

有断路器位置信号指示灯 HLG、HLR；预告信号的重瓦斯动作信号继电器 KS2、轻瓦斯动作信号继电器 KS1、温度保护信号继电器 KS3；事故跳闸信号回路按"不对应原理"构成，可由信号小母线 WS 及事故音响小母线 WAS 单独接事故音响（图示接在控制小母线回路）。

6. 设备表、控制开关接线表及端子排在图 6-56 中已详细标出。

7. 各控制、保护、测量、信号回路工作原理由读者依据所学知识自行进行分析。

第六节　变电所一、二次系统的运行管理和维护

变电所的运行与维护是责任性、技术性很强的重要工作，其可靠的运行和完善的管理是保证建筑发挥应有功能的必要条件之一，值班人员上岗前必须经过专业培训和实际技能训练，并且取得上岗资格后方可上岗。同时，应结合变电所的实际情况，建立完善的技术管理制度和安全运行制度。主要包括有：

变电所值班制度；电气安全工作规程；电气设备操作规程；电气设备事故处理规程；电气设备巡视检查制度；电气设备维护检修制度等。

一、变电所值班人员的职责

（一）变电所值班人员应具备的条件

1. 熟悉本岗位有关规程制度，本所设备的运行方式、操作要求和步骤，能正确独立

地编写、执行操作票及安全措施。

2. 掌握本所一次设备的构造、原理、参数、规范等。

3. 了解全所继电保护及自动装置的定值、保护原理、保护范围，能进行一般保护定值的调整操作。

4. 能进行各种方式下本所设备的倒闸操作，一般事故处理，异常现象分析和处理。

（二）变电所值班人员的职责

1. 严格执行各种规章制度，严禁违章作业。在值班班长的领导下，坚守岗位、精神集中，随时监视、准备应付可能发生的异常现象。

2. 接受调度命令填写操作票，认真执行倒闸操作和事故处理。

3. 按时抄表，并计算有功、无功电量，保证正确；进行无功、电压调整，确保设备经济可行。

4. 负责按时巡视设备，并做好记录，发现问题及时上报，并主动配合处理；发现违章应立即纠正或上报有关领导。

5. 负责填写各种记录，保管好工具、仪表、器材、钥匙和备件，并应按时移交。

6. 做好所用二次回路熔丝检查，事故照明试验以及设备维护和清洁卫生。

7. 熟悉变电所的主接线方式和运行操作特点，各电气设备的技术性能及运行特点、继电保护方式及运行特点。做到能正确监视设备的运行状态，判断设备的工作是否正常，能正确进行异常情况处理。

二、变电所的安全措施和制度

（一）变电所的安全措施

变电所的安全、经济、合理、无故障的运行是保证建筑内各功能正常运转和安全的重要条件。尤其在高层建筑中，可靠的供电是保证大楼安全最重要的前提。

保证变电所安全、无事故的运行，必须有可靠的技术措施和严格的组织措施。

1. 保证安全的技术措施

在全部停电或部分停电的设备上工作，保证安全的技术措施有四个方面：停电、验明无电、装设接地线、悬挂标示牌和装设遮拦。这些措施必须由变电所当班值班人员执行。对于无经常值班人员的电电气设备，由断开电源人执行，并应有监护人在场监护。

（1）停电

停电时必须注意以下两方面：

1）对检修设备停电，必须把各方面的电源完全断开（任何运行中的星形设备的中性点，必须视为带电设备）。禁止在只经断路器断开电源的设备上工作，必须拉开隔离开关或刀开关，使各方面至少有一个明显的断开点。与停电设备有关的变压器和电压互感器，必须从高低压两侧断开，防止向停电设备反送电。

2）停电操作后必须断开断路器和隔离开关的操作电源，隔离开关的操作手柄必须锁住。

（2）验电

待检修的电气设备停电完毕，在悬挂接地线前必须验电。

1）验电时，必须使用电压等级合适而且合格的验电器，在待检修设备的进出线两侧各相分别验电。

2）验电前，先检查验电器的外观应完好，并在带电的设备上进行试验，以确证验电器是否良好。

3）高压验电必须戴绝缘手套，验电时应使用相应电压等级的专用验电器。

（3）装设接地线

1）验电之前应先准备好接地线，装设接地线必须由两人操作。先接接地端，后接导体端。拆除接地线时与此顺序相反。

2）当验明设备确实已无电压后，应立即将设备接地并三相短路。这是保护工作人员在工作地点防止突然来电的可靠安全措施，同时设备断开部分的剩余电荷也应接地而放尽。所装接地线与带电部分之间应符合安全距离的规定。

3）临时接地线应采用多股软裸铜线，其截面应符合短路电流的要求，但不得小于 $25mm^2$。接地线必须使用专用的线夹固定在导体上，严禁用缠绕的方法进行接地或短路。

4）每组接地线均应编号，并存放固定地点。存放位置亦应编号，接地线号码与存放位置号码必须一致。

5）装拆接地线应做好记录，交接班时应交代清楚。

（4）悬挂标示牌及装设遮拦

标示牌有禁止类、警告类、指令类及提示类等类型。

标示牌的式样有统一的规定，见表6-5。

标 示 牌 式 样

表6-5

序号	名　称	悬　挂　处　所	式　样		
			尺寸（mm）	颜　色	字　样
1	禁止合闸，有人工作！	一经合闸即可送电到施工设备的断路器和隔离开关手把上	200×100 和 80×50	白底	红字
2	禁止合闸，线路有人工作！	线路的断路器和隔离开关手把上	200×100 和 80×50	红底	白字
3	禁止攀登，高压危险！	工作人员上下的铁架临近可能上下的另外铁架上，运行中变压器的梯子上	250×200	白底红边	黑字
4	止步，高压危险	施工地点临近带电设备的遮拦上，室外工作地点的围栏上；禁止通行的过道上；高压试验地点；室外构架上；工作地点临近带电设备的横梁上	250×200	白底红边	黑字，有红色危险标志
5	在此工作！	室外和室内工作地点或施工设备上	250×250	绿底中有直径210mm白圆圈	黑字写于白圆圈中
6	在此上下！	工作人员上、下的铁梯子上	250×250	绿底中有直径210mm白圆圈	
7	已接地！	悬挂在已接地线的隔离开关操作手把上	240×130	绿底	黑字

在部分停电的工作中,当安全距离小于"设备不停电时安全距离"规定的未停电设备,应装设临时遮拦。临时遮拦与带电部分的距离也不得小于规定的距离,并严禁工作人员在工作中移动或拆除遮拦。

2. 保证安全的组织措施

在电气设备上工作,为保证安全,除了可靠的技术措施外,还必须有严格的组织措施。一般包括工作票制度;工作许可制度;工作监护制度;工作间断、转移和终结制度。

(二) 工作票制度

变电所的安全运行,主要包括防止人身事故和设备事故两个方面。为了防止事故的发生,除保证安全的技术措施外,还必须严格执行规章制度。工作票制度就是防止变电所在运行、检修工作中可能发生的人身事故。

工作票是准许在电气设备上工作的命令,其方式有三种,即:填用第一种工作票;填用第二种工作票;口头或电话命令。这三种方式各有自己的适用范围,不允许随意变通。

1. 第一种工作票

下列工作必须填写第一种工作票:

(1) 在高压设备上工作需要全部停电或部分停电时;

(2) 在高压室内的二次接线和照明等回路上工作,需要将高压设备停电或布置安全措施时。

第一种工作票应在工作前的一日内交给值班员,临时工作可在工作开始以前直接交给值班员。

第一种工作票的有效期,以批准的检修期为准,如工作到期尚未完成,应由工作负责人办理延期手续。工作票有破损不能使用时,应重新填写工作票。

第一种工作票的格式如下:

变电所第一种工作票 第_____号

工作负责人(监护人):_____班组_____

工作班人员:_____共_____人

工作地点和工作内容:_____

_____

计划工作时间:自___年___月___日___时___分

至___年___月___日___时___分

安全措施:

停电范围图:(带电部分用红色,停电部分用蓝色)

安全措施:

应拉开的断路器和隔离开关,包括填写前已拉断路器和隔离开关(注明编号):

_____

应装接地线(注明确实地点):_____

应设遮拦、应挂标志牌:_____

工作票签发人签名:_____

收到工作票时间:_____年_____月_____日_____时_____分

值班负责人签名:_____

下列由工作许可人(变配电所值班员)填写

已拉开的断路器和隔离开关(注明编号):_____

_____

已装接地线(注明接地线编号和装设地点):_____

已设遮拦、应挂标志牌（注明地点）：_____

工作地点保留带电部分和补充安全措施：_____

工作许可人签名：_____

值班负责人签名：_____

许可工作时间：_____年_____月_____日_____时_____分

工作许可人签名：_____工作负责人签名：_____

工作负责人变动（工作过程中更换工作负责人时填写）：

原工作负责人_____离去，变更_____为工作负责人。

变动时间：_____年_____月_____日_____时_____分

工作票签发人签名：_____

工作票延期（工作需延期，安全措施不变时填此栏）：

有效期延长到_____年_____月_____日_____时_____分

工作负责人签名：_____值班负责人签名：_____

工作终结：

工作班人员已全部撤离，现场已清理完毕。

接地线共_____组已拆除，_____号处接地刀闸已断开。

临时遮拦共_____处已拆除，永久遮拦_____处已恢复。

标示牌共_____处已拆除，更换标志牌_____处已完成。

全部工作于_____年_____月_____日_____时_____分结束。

工作负责人签名_____工作许可人签名_____

值班负责人签名_____

备注：_____

_____

2. 第二种工作票

下列工作应填写第二种工作票：

（1）进行带电作业和在带电设备外壳上工作时；

（2）在控制盘和低压配电屏、配电箱、电源干线上工作时；

（3）在二次回路上的工作，无需将高压设备停电时；

（4）转动中电机的励磁回路上的工作；

（5）非当值班员用绝缘棒和电压互感器核相或用钳形电流表测量高压回路的电流。

第二种工作票应在进行工作的当天预先交给值班员。第二种工作票的有效时间以批准的工作时间为限。

第二种工作票的格式如下：

变配电所第二种工作票　　　第_____号

工作负责人（监护人）：_____班组_____

工作班人员：_____

工作任务：_____

_____

计划工作时间：自_____年_____月_____日_____时_____分

　　　　　　　至_____年_____月_____日_____时_____分

工作条件（停电或不停电）：_____

_____

_____

注意事项（安全措施）：_____

_____

工作票签发人签名：_____

许可开始工作时间：_____年_____月_____日_____时_____分

工作许可人签名：_____ 工作负责人签名：_____

工作结束时间：_____年_____月_____日_____时_____分

工作负责人签名：_____工作许可人签名：_____

备注：_____

_____

_____

3. 口头或电话命令

在第一种工作票和第二种工作票工作范围以外的工作内容，可以采用口头或电话命令方式。当采用口头或电话命令方式时，发令必须清楚、正确。值班人员应将发令人、负责人及工作任务详细记入操作记录中，并向发令人复诵核对一遍。

（三）操作票制度

电力系统由一种状态改变到另一种状态或变更运行方式时需要进行的一种操作叫做电力系统倒闸操作。如电力线路停、送电操作，电力变压器停、送电操作，倒换母线操作等。变电所值班人员由于操作不当，可能引起事故，即通常所说的误操作事故。为了防止误操作事故，必须认真执行操作票制度。我们平常所说的"两票"制度就是指工作票制度和操作票制度，前者是在高压电气设备上工作时防止人身触电的重要组织措施之一，后者是在高压电气设备上倒闸操作时防止误操作的重要措施。

1. 适用范围

变电所高压开关和刀闸的倒闸操作必须填写操作票。只有下列工作可以不用操作票，但需在值班记录簿上做好记录。①事故处理；②拉合开关的单一操作；③拉开接地刀闸或拆除仅有的一组接地线的单一操作。

除了上述情况外，其他在变电所高压设备上的倒闸操作都必须执行操作票制度，必须填写操作票。

2. 操作票的填写

倒闸操作必须在接到上级调度的命令后执行，根据调度命令下达的操作任务填写操作票。值班人员在接受调度下达的操作任务时，受令人应复诵无误，如有疑问应及时提出。

倒闸操作由操作人填写操作票，其格式见表6-6。具体要求如下：

变电所操作票示例　　　　　　　　　　　　　　　　　　**表6-6**

操作开始时间		年 月 日 时 分	操作终了时间	年 月 日 时 分
操作任务			×××小区变电所检修后恢复送电	
	顺　序		操　作　项　目	
	1		拆除临时接地线	
	2		拆除警告牌	
	3		合 QS2	
	4		检查进线三相电压是否正常	
	5		合 QS1	
	6		合 QF1	
	7		检查高压侧三相电流是否正常	
	8		合 QF2	
	9		检查低压母线三相电压是否正常	
	10		合低压出线开关	
备　　注				

操作人_____ 监护人_____ 工作许可人_____

（1）操作票上的操作项目要详细具体，必须填写被操作开关设备的双重名称，即设备的名称和编号。拆装接地线要写明具体地点和地线编号。

（2）填写字迹要清楚，不得任意涂改。严禁并项、涂项以及用勾画的方法颠倒顺序。

（3）下列检查内容应列入操作项目：

1）拉合刀闸前，检查开关的实际开合位置；

2）操作中拉合开关或刀闸后，检查实际开合位置；

3）并解列时，检查负荷分配；

4）设备检修后，合闸送电前，检查送电范围内的接地刀闸是否确已分开，接地线是否确已拆除。

（4）应使用规定的术语填写操作票：

1）开关、刀闸和熔断器的切合闸用"拉开"、"合上"；

2）检查开关、刀闸的运行状态用"检查在开位"、"检查在合位"；

3）拆装接地线分别用"拆除接地线"和"装设接地线"；

4）检查负荷分配用"指示正确"；

5）继电保护回路压板的切换用"启用"、"停用"；

6）验电用"验电确无电压"表示。

（5）一个操作任务填写一份操作票。即使对于连续运行的停、送电操作也应分开填写两份操作票。

3. 倒闸操作的步骤

（1）填写好操作票后，必须由操作监护人和操作人共同在模拟板或电气接线图上核对无误后签字盖章，并经值班负责人审核签字盖章，还要在上级调度允许开始操作的命令之后方可操作。

（2）倒闸操作必须按照以下顺序：

1）受电时，应先合刀闸，后合开关；

2）停电时，应先停二次配出，再拉一次开关或负荷开关；

3）操作刀闸之前，必须先检查本回路，要求开关在开位。如开关在合位，则不允许操作刀闸，以免发生带负荷拉、合刀闸引起电弧短路事故。

（3）倒闸操作应由两人进行，一人操作，一人监护。监护人必须对设备十分熟悉，监护每个操作步骤是否正确。

（4）核对电气回路和开关设备的名称、编号及运行状态是否与操作票上所填内容一致。

（5）在执行操作时，监护人唱票，操作人员复诵，每完成一项操作，监护人应立即在操作票上打钩记录，以免操作漏项。

（6）在执行倒闸操作任务时，不允许出现与操作内容无关的对话，以免分散精力，造成操作错误，也不允许无故中断操作。

（7）倒闸操作结束后，在操作记录簿上填写执行操作命令完成情况。按照操作完成后的实际情况，改变模拟板，使之符合设备实际运行状态，然后向发布命令的上级调度值班人员汇报。

已执行的操作票和注明"作废"的操作票，按规定应保存一个月，为此可将每个月的操作票集中装订在一起，以备查用。

三、变压器的运行、操作与维护

变压器是变电所最重要的设备，如果变压器发生故障造成停电，不仅损失大，而且常常在短期内难以恢复，因此对变压器的投运操作和运行监视是一项十分重要的工作。

（一）投运前的检查

在新安装的变压器投运之前，对变压器本体以及和变压器连接的所有设备都要进行详细检查。检查内容包括：

（1）油枕和套管的油位。对于停运中的变压器，油枕的油位应在与周围环境气温相对应的油标刻度附近。

（2）变压器接地引下线与接地网连接可靠。

（3）冷却系统是否已在正常状态。各阀门开闭是否正确。

（4）调压分接开关位置指示器是否正常，是否指示所需要的位置。

（5）一、二次侧有无短路接地线，与投运变压器有关的短路接地线都应拆除。

（6）装有气体继电器的油浸式变压器，在新安装时应检查顶盖沿气体继电器方向升高坡度是否符合要求。变压器投运时瓦斯保护应接信号（轻瓦斯保护）和跳闸（重瓦斯保护）。有载分接开关的瓦斯保护应接跳闸。

（7）对于新安装或大修后的变压器，投运前要检查变压器的验收报告是否符合投运要求。

（8）如果变压器刚检修完，则应注意检查施工现场是否已收拾干净，一、二次侧接线是否都已恢复正常。

（二）投运操作

变压器投运应遵守下列各项：

（1）强油循环变压器投运时应逐台投入冷却器，水冷却器应先启动油泵，再打开水系统。气温较低时，冷却风扇可以不投运。例如变压器上层油温如不超过 55℃，即使不开风扇，变压器也可在额定负荷下运行。

（2）变压器送电应先合电源侧，后合负荷侧。操作时，先合隔离开关，后合断路器。

（3）变压器投运时，其周围不要有人停留，以免变压器投运瞬间发生事故。例如喷油、着火，干式变压器匝间短路产生巨响或出现浓烟，造成对人身伤害。在变压器投运后，从电流表、电压表等监视未见异常，远处听声音也未见异常，这时可以走近变压器细听内部有无异常声音。但要注意不要停留在防爆管喷口一侧，以免发生意外。

（4）变压器投运时，如出现断路器合闸不成功，亦即合不上闸。发生这种情况的原因，可能是由于继电保护动作，合闸后又跳闸；或者也可能是断路器的合闸机构没有到位，合闸后又自动跳开了。这时不要急于第二次重新合闸，而要等几分钟。如果是由于继电保护动作而跳闸，则要查清引起继电保护动作的原因，要详细检查变压器是否有故障。如果是由于继电保护未能躲过变压器合闸涌流而出现跳闸，则应考虑改变保护定值。如果是由于合闸操作不当，合闸机构没有到位而引起跳闸，则也应有一段间隙然后再去合闸，以免由于连续冲击，引起操作过电压而引发变压器事故。

（三）变压器的运行监视

1. 变压器的电流监视

变压器的负荷大小通过电流表来监视。在电流表的刻度盘上对应于额定负荷的地方应该标上红色危险信号，这样便于对变压器的运行状态进行监视，以防止过载。在监视负荷数值的同时，还应该检查各相负荷是否平衡。

2. 变压器的电压监视

变压器一、二次电压的高低可通过电压表来监视。变压器的外加一次电压一般不应比相应分接头额定电压高出5%。

3. 变压器的温度监视

值班人员在运行监视时，除了要注意变压器的温度和温升不要超过规定值外，还要掌握变压器的温升和负荷电流的对应关系，积累经验。当发现变压器的温升和负荷的对应关系出现突然变化时，就应该引起注意，对变压器的状态进行分析检查。

4. 变压器的值班巡视

（1）变压器的日常巡视项目有：

1）检查变压器油枕和充油套管内的油色、油温、油位及声音是否正常，有无放电声和爆炸声，油箱外壳上有无渗漏油痕迹，瓦斯继电器内有无气体。

2）检查变压器高低压套管是否清洁，有无破损、裂纹，其根部和接线端子有无渗漏油和过热痕迹（例如冒烟、冒热气、过热变色等）及其他异常现象。

3）检查呼吸器内的吸潮硅胶是否已饱和和变色。

4）检查外壳接地是否良好，接地线有无断裂和锈蚀现象。引线接头电缆母线桥有无发热现象。

5）对有载调压变压器应检查调压装置的档位及电源是否正常。

6）干式变压器的外部表面有无积污现象。

（2）变压器的特殊巡视项目有：

1）变压器过负荷运行时，应加强监视负荷、油温和油位是否正常，各引线接头是否良好，有无过热现象，示温片有无熔化，冷却系统运行是否正常。

2）大风天气时，检查变压器高压引线接头有无松动，变压器顶盖有无杂物可能吹上设备。

3）雷雨天气时，检查套管绝缘子有无放电闪络痕迹，避雷器及保护间隙的动作情况。

4）雾天、阴雨天应检查套管、绝缘子应检查有无放电闪络及电晕现象，并重点监视污秽绝缘子。

5）下雪天气时，应检查积雪是否融化，并检查其融化速度。

6）夜间检查套管引线有无发红发热现象。

7）天气突然变化趋冷时，应检查油面下降情况。

8）大修及新安装的变压器投运后几小时，即应检查散热器排管的散热情况。

（四）变压器的异常情况处理

1. 变压器油位因温度上升有可能高出油位极限，经查明不是假油位所致时，则应放油，使油位降至与当时油温相对应的高度，以免溢油。

2. 当发现变压器的油面显著降低时，应查明原因。如果是变压器油箱漏油，当低于油位计的指示限度时，则应将变压器停运处理。如需带电补油时，应将重瓦斯动作改接为信号连接。禁止从变压器下部补油。

3. 铁芯多点接地而接地电流较大时，应分析其原因。如果怀疑由于金属毛刺搭接造成，可以运用电容器直接充电，然后对铁芯接地处进行放电，将毛刺烧掉的方法消除。

4. 变压器声音异常。变压器运行时的声音与变压器容量的大小、电压高低、负荷大小有关，此外还与变压器的结构、制造质量和安装是否牢固等有关，有时也与铁芯过励磁有关。如果变压器内有轻微间歇性的"噼啪"放电声，则可能是由于油箱内有金属性异物沉落箱底，或是有金属毛刺浮游在油中；如果变压器内有"叮当"声，可能是内部个别零件松动所致；如果变压器内有阵发性尖锐的"哼哼"声，则可能与冲击负荷或瞬间高次谐波电流有关。

5. 如果变压器冒烟、着火或发生其他危及变压器安全的故障，而变压器有关保护拒动不跳闸，则值班人员应立即对变压器停运。

6. 当变压器瓦斯保护信号动作时，应立即对变压器进行检查。一般新投入的变压器或变压器补油后油中空气积聚在继电器内，如色谱分析为空气，则可继续运行。如果变压器瓦斯继电器内是可燃气体，而且反复出现，则应考虑变压器内部是否有较严重的缺陷，应综合判断决定是否停运处理。

7. 当瓦斯继电保护跳闸时，在查明故障之前，不得将变压器投入运行。应对瓦斯继电器里的气体进行分析。如果是变压器内部发生故障，根据气体的容积可以判断故障的程度；而根据气体的成分，则可以判断故障的性质。通过检查气体的颜色和易燃性，可以对变压器的内部状态作出一定的估计。灰白色气体说明变压器内的故障部位是绝缘纸；黄色气体说明故障部位是木质绝缘；暗黄色或灰色气体，则表明是油间隙击穿。气体易燃，则表明变压器内部有故障。

如果瓦斯继电器里没有气体，而且变压器油的色泽也正常，则应考虑瓦斯保护有可能误动作。为此应检查瓦斯保护的二次回路是否存在缺陷，应查明原因，采取预防措施后即可将变压器恢复运行。

8. 变压器过电流动作跳闸。变压器过电流保护是带延时的电流保护。如果变压器过电流保护动作开关跳闸，则有可能存在以下故障情况：

（1）变压器二次侧配线发生短路故障，配出线的继电保护拒动。拒动的原因可能是由于定值不合理或者配出线没有配备速断保护，也可能由于继电保护回路有缺陷，或者继电保护操作电源容量不够，或者断路器有故障不跳闸。

（2）变压器过电流保护定值偏小出现误动作，或者过电流保护装置出现故障而引起误动作。

（3）变压器二次侧母线短路故障，引起变压器过电流保护动作。

（4）变压器二次侧配线的断路器或隔离开关发生短路故障，引起变压器过电流保护动作。

四、高低压设备的运行和维护

（一）断路器的运行和维护

1. 一般要求

（1）断路器的分、合闸指示器应指示正确，且易于观察。

（2）断路器接线板的连接处应有监视温度的措施，例如示温蜡片等。

（3）断路器的油位指示器在运行中易于观察；且绝缘油的牌号、性能应满足当地最低气温的要求。

（4）真空断路器应配有限制操作过电压的保护装置。

（5）六氟化硫断路器应装有监视气体压力的密度继电器或压力表；同时应具有 SF_6 气体补气接口。

2. 断路器的巡视检查

（1）正常巡视检查项目

分、合闸位置指示正确，内部无响声，引线无过热现象；油断路器的油位、油色无异常，无渗漏油，无放电声，瓷套无裂纹，构架接地良好；真空断路器真空灭弧室无异常；六氟化硫断路器检查 SF_6 气体压力是否正常；检查电磁操动机构应无冒烟异味，加热器正常完好；检查液压机构无渗漏油，油箱油位正常，油压在允许范围内，加热器正常完好；检查弹簧操动机构储能电动机的电源闸刀或熔丝应在闭合位置，分、合闸线圈无冒烟或异味；断路器在分闸备用状态时，分闸连杆应复归，分闸锁扣到位，合闸弹簧应储能。

（2）特殊巡视检查

新设备投运后，应加强巡视；遇有气象突变或雷击后，应增加巡视；高温季节、高峰负荷期间应加强巡视。

3. 少油断路器的运行与维护

（1）新安装或检修后的 SN 系列少油断路器投运前的工作：

1）将断路器的绝缘支撑、绝缘筒、绝缘拉杆的外表面擦拭干净。

2）机械摩擦部分涂润滑油，拧紧各部分螺帽。

3）拧紧接地连线，并保持接触良好。

4）导电母线紧固螺栓应拧紧。断路器不得有来自外部的机械力。

5）拆除铅封，打开上帽，注入试验合格且符合要求的绝缘油，使油面保持在油标的中间位置，然后装上上帽，手动或电动分闸几次，如发现油面下降，应通过上帽上的注油螺钉再补充一些油。

6）操作机构的合闸线圈应有适当的熔断器保护。

7）新安装或检修后的 SN 系列断路器应经过交接试验合格后方可投入运行。

（2）正常巡视检查项目：

1）检查套管、瓷瓶有无损坏、裂纹和放电声音。

2）各接点有无发热处，鉴别示温漆或示温蜡的表示温度。

3）油面是否在标准范围，如升高或降低，要查明原因。

4）各连杆是否在正常位置，有无折裂、弯曲和变形。

5）螺丝紧固有无松脱，连锁装置的位置是否和开关运行位置一致。

4. 真空断路器的运行和维护

（1）真空断路器运行中的性能鉴别

1）触头开距和磨损

真空灭弧室的触头开距，对 10kV 断路器常取 $8\sim16mm$，在额定电压相同时，开断电流大的灭弧室开距宜取大一些。真空断路器在运行中，由于分、合闸操作，触头有机械磨损；在切断短路电流时，触头也有烧损。触头允许磨损累积厚度一般不得超过 3mm。触头的磨损情况可以通过测试断路器的行程加以判断。因此，每次进行断路器的调试时，对断路器的行程应做好记录。投运前和投运后应定期测量行程，特别是开断短路故障一定次数后（例如 5 次），应测量超行程，并根据测量的超行程判断，如果触头磨损达到 3～4mm 时，应考虑更换灭弧管。

2）真空灭弧室的真空度测试

真空断路器的灭弧室必须具有良好的真空度。如果灭弧室漏气，真空破坏，则容易引发事故。在日常运行中无法观察灭弧室是否漏气。在现场检验灭弧室的真空度是否合格，最简便的方法是对灭弧室进行额定开距下的动、静触头间工频耐压试验。试验电压从零升至 70％额定试验电压，稳定 1min，若无异常现象，再用 0.5 min 的时间，将试验电压均匀升至额定工频耐受电压，保持 1min，无击穿现象即为合格。在真空灭弧管进行动、静触头间耐压时，主要根据表针电流是否突增，试验装置继电器是否跳闸来判断真空度是否合格。

为了确定真空度，真空开关管动、静触头间的耐压值，可根据生产厂家的技术说明来确定，也可利用真空度测试仪进行，特别是真空断路器长期使用或长期存储需要了解其真空度的变化情况，则以真空度测试仪测试为宜。测试时应将真空灭弧室从高压柜中取下。

（2）真空断路器的过电压保护

真空断路器运行中在进行分、合闸操作时，可能会引起过电压，为了减少过电压产生的故障和降低过电压的数值，可采取以下措施：

1）负载端并联电容器。在感性负载端并联电容器，可以降低截流电压的幅值。还能减缓过电压的陡度。

2）负载端并联电阻-电容（RC 保护）。把电阻与电容串联，作为保护元件，并联在负载进线端，可以抑制过电压。

3）采用并联避雷器。目前在真空断路器的负载端一般都采用对地并联氧化锌避雷器的方法来吸收过电压，使负载上承受的过电压得到抑制。

4）串联电感。在真空断路器与负载之间串联电抗线圈，用来抑制电弧重燃的高频电流，从而降低过电压的上升陡度和幅值。

5. 六氟化硫断路器的运行和维护

（1）运行中的巡视项目主要有：

1）每日定时记录 SF_6 气体的压力和温度，如温度下降超过允许范围，应启用加热器。

2）检查断路器各部分及管道有无异声、异味、有无放电声音，引线有无局部过热，接地应完好，断路器分、合闸指示应正确。

操作 SF_6 断路器时，要注意气体压力在规定的范围内。如低于允许范围，严禁对断路器进行停、送电操作。并根据压力数值，决定是否需要申请断开上一级断路器，将故障断路器退出运行。

（2）SF_6 断路器的绝缘监督

运行中应定期测量 SF_6 气体的含水量。由于 SF_6 气体分解反应与其水分存在很大关系，如发现活性铅吸附剂饱和应立即更换。

除了测量微水量，SF_6 气体的压力是否符合要求也是一个重要的监督指标。如果气体泄漏超标，压力过低，则断路器的绝缘会发生问题，影响安全运行。当发现 SF_6 气体有泄漏时，应首先将工作现场的通风设备开启，过一段时间后，进入工作现场的人员应戴好防毒面具、护眼镜，接触设备的人员应穿好防护服和手套。

（二）熔断器的运行和维护

1. 熔断器在使用中，其熔体可能因被保护电路的故障而熔断，这时应首先断开前方的开关，使熔断器脱离电源，查明并排出电路故障后，再更换熔体，使电路恢复工作。

更换熔体时应注意：

（1）安装熔体必须保证接触良好，并应经常检查。

（2）更换熔体一般应与原来熔体的规格相同；需将熔管整体更换时，亦应用相同规格的熔管备件。

（3）熔体安装时，应注意不能使熔体受损伤，表面氧化的应更换。

（4）跌落式熔断器的熔丝不应过大，应根据变压器一次额定电流来选配，并使用合格的专用熔丝。

（5）熔丝熔断 3～4 次后，应检查熔丝管内径是否增大，如果增大达 2～3mm，则应考虑更换新的熔丝管。

2. 跌落式熔断器如发生分、合闸困难或出现鸭嘴冒火，应立即停运检修。如不能修复，应更换合格品，不可将就对付使用，以免造成事故。

3. 跌落式熔断器的操作，必须使用经试验合格的绝缘棒，操作时要站正对准，使力均衡；停电时先拉中相，再拉边相。

（三）隔离开关的运行和维护

1. 隔离开关只允许切断或合上空载母线、互感器、避雷器。不准带负荷拉、合隔离开关。

2. 隔离开关操作应三相同期，合闸终了三相必须一致，接触应严密。合上深度、拉开距离、角度应符合规定的要求，操作机构应灵活，定位销应完整可靠。

3. 隔离开关检查项目有：①瓷瓶无损坏，无放电痕迹和声音；②螺钉有无松动，销子有无脱落；③无论分闸、合闸位置，操作机构均应时刻加锁，禁止无锁运行。

遇有下列情况应进行检修：①引线、刀口导电部分过热、烧红、放电；②由于污秽而发生严重闪络、放电、绝缘子炸裂等；③瓷瓶损坏；④操作机构失灵；⑤分、合闸不到位。

（四）互感器的运行和维护

互感器的正常巡视项目有：

1. 检查油位、油色是否正常，呼吸器是否完整，吸潮剂是否潮解变色。

2. 检查油浸式互感器有无渗漏油，干式（树脂浇注）互感器应清洁、无裂纹、冒烟、异味等现象。

3. 检查瓷质部位应清洁，无破损、无放电痕迹。

4. 内部声音正常，无异常声响和异味。

5. 引线接头牢固，无过热现象。

6. 接地良好，接线端子紧固可靠。

7. 电压互感器熔丝应完整，接触良好，二次侧无短路现象，表针指示正确。

8. 电流互感器一、二次接线接触良好，无发热开路现象。

各表针及继电保护、远动装置等工作正常。

（五）避雷器的运行和维护

1. 避雷器应安装在电源进线隔离开关的电源侧，每路电源都应装有避雷器，高压电缆在户外终端头处也应装设避雷器。

2. 避雷器每年应试验一次，接地电阻每两年应测试一次，接地电阻值不大于 4Ω。

3. 避雷器的正常巡视项目：

(1) 瓷质部分、法兰及引线完整，接头牢固，无放电现象。

(2) 避雷器内部无响声，放电计数器完好，是否动作。

遇有特殊天气时还应巡视：

(1) 避雷器摆动情况。

(2) 雨天之后放电计数器动作情况，有无裂纹及放电痕迹。

(3) 引线、法兰、接地完好。

4. 阀型避雷器的验收项目有：

(1) 瓷件无裂纹、破损，密封良好，电气试验合格。

(2) 各节连接紧密，应清除金属面氧化膜，并涂漆。

(3) 引线及接地线完好，松紧适当，无断腰。

(4) 瓷套表面无严重污秽，无进水现象。

(5) 记录完整，指示在零位。

(六) 继电保护及二次回路的运行与维护

继电保护及二次回路的巡视检查项目有：

1. 继电保护回路的设备完整无损坏，继电器应无异常响声和焦味，仪表指示应正确。

2. 所有监视灯和信号灯应完好，指示正确。

3. 继电保护的仪表外壳应清洁无灰尘。

4. 操作把手上的标示牌应和开关运行状态一致。

5. 直流操作电源是否正常完好。

6. 继电保护的定值，运行人员不得随意变更。

五、备用电源自动投入装置

(一) 概述

在要求供电可靠性较高的高层建筑、大型体育场所、通讯枢纽以及工矿企业等重要的变配电所中，一般都设有两条甚至多条电源线路，分别作为工作电源和备用电源。在重要的变电所低压侧，一般设有低压联络线作为备用电源。为了提高变电所供电的可靠性，保证重要负荷不间断供电，在供电中常采用备用电源自动投入装置（简称 APD）。当工作电源无论何种原因而突然断开时，利用欠压保护装置使该线路的断路器跳闸，备用电源自动投入装置立即将另一备用电源线路的断路器迅速合闸投入运行（1～1.5s），从而大大缩短了备用电源投入切换的时间，提高了供电可靠性，保证了一级负荷和重要的二级负荷的连续供电。

备用电源的设置有明备用（又称热备用）和暗备用（又称冷备用）两种。APD 装置应用的场所很多，如备用线路、备用变压器、备用母线及重要机组等，使用较广泛的有下述两种方式。

如图 6-57 所示为变电所采用 APD 装置的主接线。

图 6-57 (a) 为明备用电源，其主接线为常用的单母线不分段方式，APD 装在备用电源进线断路器上。正常运行时，一条线路为工作电源，另一条线路断开处于备用状态。当

工作电源一旦失去电压时，其断路器 QF1 跳闸后，由 APD 装置将备用电源进线断路器 QF2 自动投入。

图 6-57（b）为暗备用电源，其主接线为单母线分段有两条电源进线，APD 装在母线分段的断路器 QF3 上。正常运行时，母线分段断路器 QF3 是断开的，两条电源分别向各自负荷独立供电。当其中一条线路失去电压后（如 QF1 跳闸），由 APD 装置将分段断路器 QF3 自动投入，这时完好的电源将承担原两段母线上的全部负载。可见，暗备用是两个电源互为备用的。

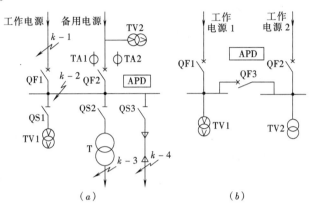

图 6-57 备用电源自动投入装置主接线简图

(a) 明备用；(b) 暗备用

（二）对 APD 装置的基本要求

1. 当工作电源上的电压无论何种原因消失时，APD 均应动作，而且应保证工作电源断开后再投入备用电源；

2. 常用电源因负荷侧故障被继电器保护切断或备用电源无电时，APD 均不应动作；

3. 应保证 APD 装置只动作一次，这是为了避免将备用电源多次投入到具有永久性故障的线路上；

4. 电压互感器的熔丝熔断或其刀闸拉开时，APD 装置不应误动作；

5. 常用电源正常停电操作时，APD 装置不准动作，以防备用电源投入。

（三）备用电源自动投入的基本原理

如图 6-58 所示是 APD 装置的原理电路图。假设电源进线 WL1 在工作，WL2 为备用，其断路器 QF2 断开，但其两侧隔离开关是闭合的（图中未绘出）。当工作电源 WL1 断电引起失压保护动作使 QF1 跳闸时，QF1 的常开连锁触点 3-4 断开，原通电的时间继电器 KT 断电，但其延时断开的触点尚未断开。这时 QF1 的另一常闭连锁触点 1-2 闭合，使合闸接触器 KO 和 QF2 的合闸线圈 YO 通电动作，使 QF2 合闸，从而自动投入备用电源 WL2，恢复对变电所的供电。WL2 投入后，KT 的延时断开触

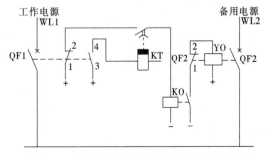

图 6-58 备用电源自动投入装置原理电路图

QF1—工作电源进线断路器；QF2—备用电源进线断路器；
KT—时间继电器；KO—合闸接触器；YO—合闸线圈

点断开，切断 KO 的回路，同时 QF2 的连锁触点 1-2 断开，防止 YO 长期通电（YO 是按短时大功率设计的）。

由此可见，双电源进线又配以 APD 装置时，供电可靠性是相当高的。但如果母线发生故障时，整个变电所仍要停电，因此对某些重要负荷，可由两段母线同时供电。

（四）高压备用电源自动投入装置

如图 6-59 所示为 10kV 电源互为明备用的互投装置的原理接线图。图中 QF1、QF2 为两路电源进线的断路器，其操动机构可用交流，也可用直流，操作电源由两组电压互感器 1TV、2TV 提供。这种接线能够做到两路电源互为备用、互投。其动作情况简述如下：

假定电源 1 为常用电源，QF1 处于合闸状态，QF2 处于分闸状态，电源 2 为备用电源。正常运行时，1TV 和 2TV 均带电，则 1KV～4KV 动作，其常闭触点打开，切断了 APD 装置启动回路的时间继电器 1KT。采用 2 只电压继电器使其触点串联，是预防电压互感器一相熔丝熔断而使 APD 误动作。

当一路电源因事故停电后，则电压继电器 1KV 及 2KV 的常闭触点接通，启动时间继电器 1KT，经过预先整定的时间 t 后，1KT 动作，通过信号继电器 1KS 使断路器 QF1 跳闸。QF1 跳闸后，其常闭辅助触点闭合，再通过防跳跃中间继电器 2KM 的常闭触点，使断路器 QF2 合闸，备用电源 2 开始供电。QF2 合闸后，其常开辅助触点将 2KM 启动并使其自保持，因而保证了 QF2 只动合一次，此即为"防跳跃闭锁"。

该电路由于采用交流操作电源，因此在常用电源消失、而备用电源又无电时，也就无操作电源。可保证 APD 装置不应动作的要求。当 QF1 因电流保护跳闸时，为防止 QF2 会自动投入，致使第二路电源再投入故障点，应将 QF1 上装设的过电流继电器触点串入 QF2 的合闸回路，这样 QF1 因保护动作跳闸时，能闭锁 QF2 的合闸回路，QF2 便不会投入到故障点去。

（五）低压备用电源自动投入装置

如图 6-60 所示为两路低压电源互为备用的 APD 展开图。这一互投电路采用电磁操动的 DW10 型低压断路器。

图中熔断器 FU1 和 FU2 后面的二次回路，分别是低压断路器 QF1 和 QF2 的合闸回路。

图中熔断器 FU3 和 FU4 后面的二次回路，分别是低压断路器 QF1 和 QF2 的跳闸回路。

图中熔断器 FU5 和 FU6 后面的二次回路，分别是低压断路器 QF1 和 QF2 的失压保护和跳、合闸指示回路。

如果要 WL1 电源供电，WL2 电源作为备用，可先将 QK1～QK4 合上，再合 SA1，这时低压断路器 QF1 的合闸线圈 YO1 靠合闸接触器 KO1 而接通，QF1 合闸，使 WL1 电源投入运行。这时中间继电器 KM1 被加上电压而动作，其常闭触点断开，使跳闸线圈 YR1 回路断开；同时红灯 RD1 亮，绿灯 GN1 灭。接着合上 SA2，做好 WL2 电源自动投入的准备。这时红灯 RD2 灭，绿灯 GN2 亮。

如果 WL1 电源突然断电，则中间继电器 KM1 返回，其常闭触点闭合，接通跳闸线圈 YR1 的回路，使断路器 QF1 跳闸，同时 QF1 的常闭触点 9-10 闭合，使断路器 QF2 合闸，投入备用电源 WL2。这时红灯 RD1 灭，RD2 亮，绿灯 GN1 亮，GN2 灭。

如果 WL2 电源供电，WL1 电源作为备用，其动作原理与上述情况类似，读者可自己分析。

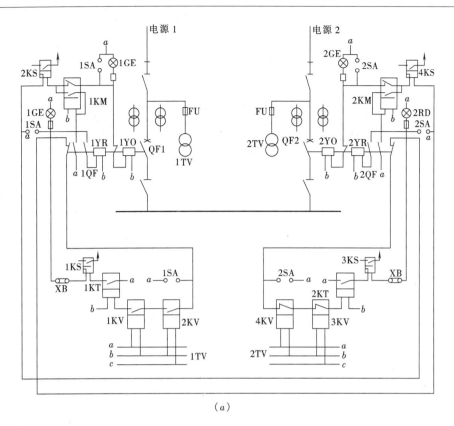

(a)

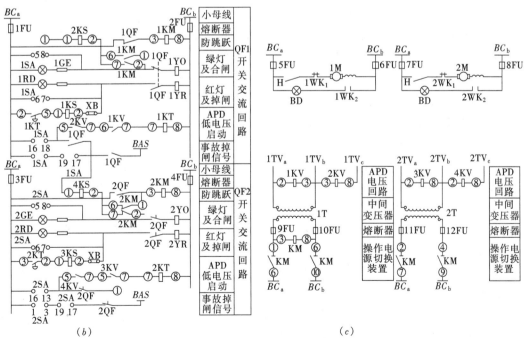

(b)　　　　　　　　　　　　　　　　　(c)

图 6-59　明备用两路进线互投原理电路图

(a) 原理图；(b) 展开图；(c) 操作电源切换装置原理图

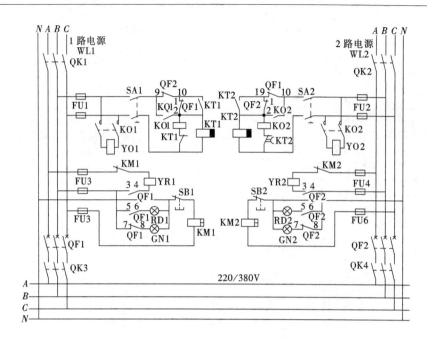

图 6-60 两路低压电源互投的 APD 展开图

按钮 SB1 和 SB2 是用来分别控制断路器 QF1 和 QF2 跳闸用的。

上述两路低压电源互投的电路图，不仅适用于变电所低压母线，而且对于重要的低压用电设备（包括事故照明）也是适用的。

六、变电站综合自动化系统概述

变电站综合自动化系统是指通过执行规定功能来实现某一给定目标的一些相互关联单元的组合，变电站综合自动化系统是利用先进的计算机技术、现代电子技术、通信技术和信息处理技术等实现对变电站二次设备的功能进行重新组合、优化设计，对变电站全部设备的运行情况执行监视、测量。

（一）变电站综合自动化系统发展方向

1. 系统结构的转变

变电站综合自动化系统的结构将从集中控制、功能分散逐步向分散型网络发展。传统的系统结构是按功能分散考虑的，发展趋势将从一个功能模块管理多个电气单元或间隔单元向一个模块管理一个电气单元或间隔单元、地理位置高度分散的方向发展。这样，自动化系统故障时对电网可能造成的影响大大减小了，自动化设备的独立性、适应性更强。

2. 监控系统的发展

监控系统的发展主要表现在两方面，即变电站遥视系统的逐步应用和人工智能在故障诊断应用中的不断完善。

（二）变电站综合自动化系统结构模式

从国内外变电站综合自动化的开展情况而言，大致存在以下几种结构：

1. 分布式系统结构

按变电站被监控对象或系统功能分布的多台计算机单功能设备，将它们连接到能共享资源的网络上实现分布式处理。这里所谈的"分布"是按变电站资源物理上的分布（未强调地理分布），强调的是从计算机的角度来研究分布问题。这是一种较为理想的结构，要做到完全分布式结构，在可扩展性、通用性及开放性方面都具有较强的优势。然而在实际的工程应用及技术实现上就会遇到许多难以解决的问题，如在分散安装布置时，恶劣运行环境、抗电磁干扰、信息传输途径及可靠性保证上存在的问题等，技术还不够十分成熟，一味地追求完全分布式结构，忽略工程实用性是不必要的。

2. 集中式系统结构

系统的硬件装置、数据处理均集中配置，采用由前置机和后台机构成的集控式结构，由前置机完成数据输入输出、保护、控制及监测等功能，后台机完成数据处理、显示、打印及远方通信等功能。目前国内许多厂家尚属于这种结构方式这种结构有以下不足：前置管理机任务繁重、引线多，是一个信息"瓶颈"，降低了整个系统的可靠性，即在前置机故障情况下，将失去当地及远方的所有信息及功能。另外不能从工程设计角度上节约开支，仍需铺设电缆，并且扩展一些自动化需求的功能较难。在此值得一提的是这种结构形成的原因。变电站二次产品早期开发过程是按保护、测量、控制和通信部分分类、独立开发，没有从整个系统设计的指导思想下进行。随着技术的进步及电力系统自动化的要求，在进行变电站自动化工程的设计时，大多采用的是按功能"拼凑"的方式开展，从而导致系统的性能指标下降以及出现许多无法解决的工程问题。

3. 分层分布式结构

按变电站的控制层次和对象设置全站控制级（站级）和就地单元控制级（段级）的二层式分布控制系统结构。

站级系统大致包括站控系统（SCS）、站监视系统（SMS）、站工程师工作台（EWS）及同调度中心的通信系统（RTU）。

站控系统（SCS）：应具有快速的信息响应能力及相应的信息处理分析功能，完成站内的运行管理及控制（包括就地及远方控制管理两种方式），例如事件记录、开关控制及SCADA 的数据收集功能。

站监视系统（SMS）：应对站内所有运行设备进行监测，为站控系统提供运行状态及异常信息，即提供全面的运行信息功能，如扰动记录、站内设备运行状态、二次设备投入/退出状态及设备的额定参数等。

站工程师工作台（EWS）：可对站内设备进行状态检查、参数整定、调试检验等功能，也可以用便携机进行就地及远端的维护工作。

上面是按大致功能基本分块，硬件可根据功能及信息特征在一台站控计算机中实现，也可以两台双备用，也可以按功能分别布置，但应能够共享数据信息，具有多任务实时处理功能。

段级在横向按站内一次设备（变压器或线路等）面向对象的分布式配置，在功能分配上，本着尽量下放的原则，即凡是可以在本间隔就地完成的功能决不依赖通信网。特殊功能例外，如分散式录波及小电流接地选线等功能的实现。

（三）变电站综合自动化系统功能实现

1. 微机保护：是对站内所有的电气设备进行保护，包括线路保护、变压器保护、母线保护、电容器保护及备自投、低频减载等安全自动装置。

2. 数据采集：包括状态数据（断路器状态，隔离开关状态，变压器分接头信号及变电站一次设备告警信号等），模拟数据（各段母线电压、线路电压、电流、功率值、频率、相位等电量和变压器油温，变电站室温等非电量），和脉冲数据（脉冲电度表的输出脉冲等）。

3. 事件记录和故障录波测距：事件记录应包含保护动作序列记录，开关跳合记录。

4. 控制和操作闭锁：操作人员可通过后台屏幕对断路器、隔离开关、变压器分接头、电容器组投切进行远程操作。操作闭锁包括电脑五防及闭锁系统，断路器、刀闸的操作闭锁等。

5. 同期检测和同期合闸。

6. 电压和无功的就地控制：一般采用调整变压器分接头，投切电容器组、电抗器组等方式实现。

7. 人机联系。

8. 系统的自诊断功能：系统内各插件应具有自诊断功能，自诊断信息周期性地送往后台机和远方调度中心或操作控制中心。

9. 与远方控制中心的通信：远动"四遥"及远方修改整定保护定值、故障录波与测距信号的远传等。系统应具有通信通道的备用及切换功能，保证通信的可靠性，同时应具备同多个调度中心不同方式的通信接口，且各通信口 MODME 应相互独立。保护和故障录波信息可采用独立的通信与调度中心连接，通信规约应适应调度中心的要求，符合相关标准。

10. 防火、保安系统。

七、变电所的事故处理

（一）事故处理的一般原则

1. 事故处理的主要任务

当变电所发生事故时，应尽快限制事故发展，消除事故根源，并解除对人身和设备的危险，用一切可能的方法保持对非故障设备的继续供电，首先应设法保持变电所用电的安全。其次，必须正确记录发生事故的时间，继电器动作的情况，断路器跳闸的情况，电压、电流的指示情况，以及事故设备的冒烟、喷油及发出放电声音等实际情况，以便分析事故原因。

2. 事故处理的程序

（1）根据表针指示、继电保护动作情况，对设备检查结果，正确地判断全面情况，并做好记录，准确地将事故记录向值班调度发出汇报。

（2）迅速进行必要的检查和试验，判明事故的地点、范围和性质；在排除故障设备后，恢复其他设备的正常运行。

（3）发生事故跳闸后，在未找出事故原因、排除故障因素之前，不得盲目恢复送电，以免造成电源侧重复跳闸，防止事故扩大。

3. 凡发生下列事故之一者，应终止安全记录：

（1）发生越级跳闸，影响电力系统的责任事故；

（2）主要电气设备（如变压器、高压开关等）发生严重事故损坏，对生产、生活造成重大影响者；

（3）全所停电造成较大经济损失和政治影响，或误操作造成全所停电的事故；

（4）变电所发生电气火灾造成较大经济损失的事故；

（5）变电所发生人身重伤、死亡事故。

4. 有下列情况，值班员可不通过电力调度或负责人自行处理：

（1）将直接威胁人身安全的设备作停电处理；

（2）将已损坏的设备被迫停运；

（3）不立即停电将会造成设备损坏的隔离操作；

（4）母线电压消失后，速将该母线上所有的断路器拉开；

（5）恢复继电保护操作电源的操作。

（二）几种常见事故及处理方法

1. 变压器过负荷运行

运行中变压器发出过负荷信号时，值班人员应检查变压器各侧负荷是否超过规定值，并应将变压器过负荷数值给当值调度员，然后检查变压器油温、温位是否正常，同时将冷却器投入运行。对过负荷数值及过负荷时间应按现场规程、规定掌握，且要加强巡视检查，或根据调度命令进行操作。

2. 变压器重瓦斯保护动作跳闸

变压器发生重瓦斯动作跳闸时，应作以下处理：①收集气体进行色谱分析，如无气体，则应检查二次回路和瓦斯继电器的接线及引线绝缘是否良好。②检查温位、油温有无变化。③检查防爆管（或压力释放阀）是否破裂、喷油。④检查变压器外壳是否变形，焊缝是否开裂、喷油。⑤如经检查未发现任何异常，而确系二次故障误动作跳闸，则可在过流保护投入的情况下，将重瓦斯退出，试送变压器并加强监视。

3. 电流互感器二次回路开路

电流互感器发生二次回路开路时会出现下列现象：①电流互感器内部发出嘈杂声音；②开路点有可能发生火花放电；③仪表回路开路时，表针指示偏低或无指示（保护回路开路时，无此现象出现）。

遇到这种情况，应采取以下处理方法：

（1）发生故障时，立即报告调度和有关领导。

（2）根据故障现象判断故障部位是测量回路，还是保护回路。

（3）对故障点设法进行连接或短接处理。

（4）对故障点带电无法处理时，申请调度停电处理。

（5）故障点不易查找时，应根据图纸分块查找，可以分别测量电流互感器的各点电压来判断。

（6）电流互感器二次回路开路引起着火时，应先切断电源，再用干燥的石棉布或干式灭火器进行灭火。

（7）在检查电流互感器的工作情况时，必须注意安全，严禁使用不合格的安全用具。

判断电流互感器二次回路开路的简便方法：

电流互感器在正常运行时，其二次输出电压很低，最高值一般不超过 10V。当二次回路开路时，其一次侧电流越大，二次侧感应电压越高，甚至高达数千伏，因此可以用电流互感器二次回路输出电压值来判断是否开路。为了安全，可先用绝缘功能完好的低压测电笔逐渐接近电流互感器端子箱或断路器端子箱端子排上的电流回路三相接线端子，若测电笔发亮，则证明已开路；若不发亮，再用万用表电压挡测量输出电压。为防止烧坏电压表，应先用电压高的一档测量，若电压高于正常值，则证明开路或不完全开路。

4. 断路器出现异常现象及故障检查方法

断路器在运行中出现下列异常现象时应立即停止运行：

（1）切除故障后大量喷油、着火、油色发黑等。

（2）拒绝分闸，大量漏油，断口看不见油位，液压气动机构保持不住，弹簧机构弹簧不储能或分闸、合闸线圈烧毁、冒烟等机构故障。

（3）支持绝缘子断裂，套管炸裂，严重漏胶，绝缘表面严重放电。

（4）内部有强烈的放电声。

（5）接头或连接板严重过热，电流互感器开路。

（6）六氟化硫断路器"合闸闭锁"、"分闸闭锁"等。

断路器出现故障跳闸后一般应进行外部检查：

（1）油面、油色是否正常，是否有喷油或其他异常现象；

（2）瓷质部分有无放电痕迹，引线有无放电烧损现象等；

（3）断路器各传动部件及本身有无机械变形；

（4）机构压力、储能装置有无异常现象；

（5）保护及自动装置是否有拒动、误动现象。

本 章 小 结

1. 变电所继电保护的任务是当电气设备或线路发生短路故障或不正常运行状态时，能自动切除故障设备或发出预告信号，并可在正常工作电源因故突然中断时，与自动装置配合可以迅速地投入备用电源，使重要负荷能继续供电，提高供电的可靠性。

10kV 变电所常用的继电保护装置有过电流保护、电流速断保护、变压器瓦斯保护等。

2. 常用的电磁式继电器有瞬时动作的 DL 型电流继电器、DY 型电压继电器、延时动作的 DS 型时间继电器、DZ 型中间继电器以及 DX 型信号继电器等，在继电保护回路中可根据实际情况分别对动作电流、动作电压、动作时间等进行调整。

DG 型感应式电流继电器触点容量大，同时具有电流速断保护和反时限保护的特性，本身带有掉牌信号装置，特别适用于交流操作的保护装置，在中小型变电所中广泛应用。

气体继电器（瓦斯继电器）用于油浸式变压器内部故障的保护，有轻瓦斯动作信号和重瓦斯动作跳闸两种方式。

3. 变压器的故障有绕组的相（匝）间短路、单相接地短路等，不正常的运行状态有过电流、温度升高或油面降低等。变压器的保护装置有过电流保护、电流速断保护、瓦斯保护、过负荷保护及低压侧单相短路保护等。

4. 定时限过电流保护动作时间准确、整定简便，一般用于大型变电所主变压器和高压配电线路的保护；反时限过电流保护接线简单，能实现电流速断保护，但其动作时间整定繁琐，且动作误差大，一般用于中小型变压器和高压线路的保护。

电流速断保护是一种瞬时动作的过电流保护，为避免速断保护误动作，需调整好动作电流。变压器的过负荷保护能反映变压器正常运行时的过载情况，并发出报警信号。瓦斯保护动作迅速、灵敏度高，作为变压器的主保护，能反映变压器油箱内所有发生的故障，尤其是绕组的匝间短路故障，但不能反映变压器油箱外的任何故障。零序电流保护对变压器单相接地故障起保护作用，对系统相间发生的短路，保护装置不动作。

5. 干式变压器的温度保护对变压器的安全运行和使用寿命影响很大，当变压器绕组的温度达到一定值时，根据温度变化的情况，通过温度继电器分别作出启动冷却系统、发出报警信号或使变压器迅速跳闸等动作，起到保护变压器的目的。

6. 对于变电所的高压系统通过在变电所的高压母线上装设绝缘监视装置进行单相接地保护；而对于低压 IT 系统，可以用电压表直接接母线进行绝缘监测，以判断单相接地故障。直流系统的绝缘监视装置用于二次回路直流系统中，当绝缘电阻下降到 $15\sim20\mathrm{k}\Omega$ 时，发出灯光和音响信号。

7. 变电所电气测量仪表是保证系统安全运行，供值班人员监视、计量的重要工具，有三相有功、无功电能表、电压表、电流表等，分别用以监视系统电压、电流和计量电能。选择时，除了考虑电路参数外，还要根据不同的测量要求，满足不同的精度要求。

8. 信号装置能实时指示变电所各种电气设备的运行状态。位置信号指示断路器及隔离开关等设备的工作状态；当系统出现某种故障而使断路器跳闸时，事故信号能反映设备不正常运行情况，并发出声响及灯光信号。

9. 变电所断路器的跳、合闸操作，是通过操动机构来完成的，其控制回路即是控制操动机构的回路。目前采用较多的是强电按对象控制方式。

断路器的操动机构有手动式（CS 型）、电磁式（CD 型）、液压或弹簧式（CT 型）等，操作时应按不同要求掌握动作快慢，并注意指示位置。控制开关是控制回路中的主要元件，常用的有 LW 型，可通过其触点的连接情况来控制二次回路的各种状态。

10. 变电所中担负电能输送和分配的设备称为一次设备，由一次设备组成的系统称为一次系统；对一次设备进行监视、操作、控制、测量、保护等作用的辅助设备称为二次设备，由二次设备组成的系统称为二次系统。

11. 二次回路原理图用来反映二次设备的继电保护、电气测量、信号报警、控制及操作等回路的工作原理，有集中式表示法和展开式表示法两种。分析原理图时，要了解电路的作用，熟悉电气设备的图形符号和文字符号的意义，应明确图中所有触点均按原始状态绘出。分析时要选择某一工作状态，按动作顺序从上到下、从左到右一个回路、一个回路地分析，最后综合起来分析整个电路。

二次回路安装接线图主要用于二次设备的安装、接线、调试、检查、维护和故障处理等，主要包括端子排图和屏后接线图。设备之间的连接多采用中断线和相对编号法标注。看图时应对照展开图，从上到下、一个端子、一个端子地查找，找出它们之间的连接关系。

位置图表示二次设备在屏前及屏内的实际位置情况，其设备按一定顺序从上到下、从左到右用数字编号，并在外形图框内标注文字符号或数字符号。

12. 变电所值班人员应具备相当的专业知识和一定的操作技能，并经过培训取得上岗资格后方可上岗。工作时应严格执行各种规章制度，认真履行职责，做到能正确监视设备运行状态和正确进行异常情况处理。

13. 变电所的规章制度主要有变电所值班制度、电气安全工作规程、电气设备操作规程、电气事故处理规程、电气设备巡视检查制度、电气设备维护检修制度等，工作中要认真执行，不可掉以轻心。

两票制度是指工作票制度和操作票制度，它是保证电气安全运行的重要制度。前者是在高压设备上工作时防止人身触电，后者是在高压设备上进行倒闸操作时防止误操作，执行时必须认真填票，按工作顺序及要求严格操作。为了保证作业人员的安全，还应布置好安全技术措施，包括停电、验电、装设接地线、悬挂标示牌和装设遮拦等。

14. 变压器是变电所最重要的设备。投运前应检查绝缘部件、油箱油位、接地线及冷却系统等。送电时先合电源侧，后合负荷侧，操作时先合隔离开关，后合断路器。如出现断路器合闸不成功，应详细查明原因后再重新合闸。

变压器运行中要密切监视电流、电压及温度，并做好日常巡视检查工作，以保证其安全运行。当遇有变压器温度上升过高、油面显著下降、油箱漏油、声音异常、冒烟等不正常现象，以及出现变压器瓦斯保护信号动作或跳闸、过电流保护动作跳闸等故障时，应做相应的紧急处理。

变压器停运时应先停负荷侧，后停电源侧，操作时先拉断路器，后拉隔离开关。

15. 断路器运行时应注意观察分、合闸的位置，并用示温漆或示温蜡片监视接点处的温度。少油断路器应主要检查油面、连杆及连锁装置的位置等；真空断路器主要检查触头磨损情况及测试灭弧室的真空度，并采取一定措施减少分、合闸过程中可能引起的过电压；六氟化硫断路器主要检查 SF_6 气体的压力和温度，并定期检查 SF_6 气体的含水量，如发现泄漏时应开启通风设备，进入现场应做好防毒措施。

16. 熔断器熔断后更换熔体时应注意质量和规格，安装时应保证接触良好。隔离开关运行时应注意允许切合的范围，操作时应使三相同期，且符合合闸规定的要求，操作机构均应时刻加锁。

17. 避雷器主要检查瓷质、发蓝引线及接头等。互感器的检查项目除了与变压器相同外，还应特别注意电压互感器的熔丝完整，二次侧不得短路，电流互感器二次侧不得开路。继电保护装置主要检查设备、观察仪表、灯光和信号、标示牌的状态等指示位置。

18. 备用电源自动投入装置（APD）能在正常供电突然中断时，随即将备用电源自动投入以恢复供电，从而保证重要负荷不间断供电，提高供电的可靠性。用计算机进行继电保护和控制具有很强的灵活性，改变程序就可得到不同的保护原理和特性，以适应不断变化的运行情况，还可以实现常规保护难以做到的自动纠错和防干扰功能，可靠性较高。

复 习 思 考 题

1. 变电所继电保护的任务是什么？继电保护装置的类型有哪些？

2. 继电器如何分类？其接线方式有哪几种？各有何特点？如何应用？

3. 常用继电器的类型有哪些？用途如何？

4. 试比较 DL 型与 GL 型电流继电器的结构及工作原理，并说明如何整定和调节动作电流和动作时间？

5. 什么是电流继电器的返回系数？有何意义？

6. 电力变压器在运行中会出现哪些故障和异常运行方式？6～10kV 变压器常采用哪些继电保护方式？

7. 什么是过电流保护？试比较定时限过电流保护与反时限过电流保护的区别。

8. 变压器在什么情况下需装设电流速断保护？其保护装置的组成有哪几种形式？如何避免其误动作？

9. 试述变压器瓦斯保护的工作原理，它有何优缺点？其保护电路中中间继电器起何作用？

10. 变压器低压侧单相短路保护有哪几种方法？各有何特点？

11. 干式变压器的温度保护有何用途？其保护装置的控制系统有哪几种？

12. 10kV 电网为什么需装设绝缘监视装置？说明这种装置的构成及工作原理。

13. 变配电装置中一般需装设哪些测量仪表？各对准确度级别有何要求？

14. 电气仪表校验的内容有哪些？安装电能表时有哪些要求？

15. 变电所的信号装置有哪几种？各有何作用？分别怎样显示？

16. 断路器的操动机构有哪几种形式？其控制方式有哪几种？操作断路器有哪些基本要求？

17. 控制开关有哪几部分组成？如何看其触头通断图（表）？

18. 变电所中一次设备和二次设备包括哪些？各有何作用？

19. 什么是变电所的二次回路？它包括哪些部分？

20. 什么是二次回路原理图？它有哪几种表示方法？简述其分析方法及步骤。

21. 二次回路安装接线图有何用途？分析时应注意什么问题？

22. 变电所值班人员应具备哪些条件？其职责是什么？

23. 变电所运行管理中应制定哪些规章制度？"两票制度"指的是什么？有何意义？

24. 在高压电气设备上工作必须采取哪些安全技术措施？

25. 工作票制度有哪几种方式？倒闸操作应如何进行？

26. 如何进行变压器停、送电操作？其原因如何？

27. 变压器运行中应监视哪些参数？变压器正常巡视的项目有哪些？

28. 变压器运行中会出现哪些不正常工作状态？应如何处理？

29. 断路器正常巡视的项目有哪些？六氟化硫断路器在运行中应特别注意什么？

30. 更换熔体时应注意哪些事项？怎样操作跌落式熔断器？

31. 隔离开关正常巡视的项目有哪些？运行中出现哪些异常现象应作紧急处理？

32. 互感器及继电保护回路正常巡视的项目有哪些？怎样判断电流互感器二次回路是否开路？

33. 备用电源自动投入装置有何用途？利用计算机进行继电保护和控制有何优点？

34. 变电所事故处理的一般原则是什么？出现哪些情况时，值班人员可采取紧急措施？

第七章 低压配电系统

本章主要讲述建筑低压配电系统的基本特点、低压配电系统中的导线、电缆、电气开关、保护装置的选择计算,讲述低压配电系统中的主要电气设备在系统中的配置,最后讲述建筑工地临时供配电系统。通过对本章的学习,了解建筑物及建筑工地的负荷变动大、供电设施移动频繁的特点,熟悉常用的导线、电缆、建筑低压供配电系统中的主要电气设备,熟悉建筑工地低压配电的情况,掌握建筑低压配电系统中电气设备的选择。

第一节 低压配电系统的组成形式和特点

一、低压配电系统组成形式应满足的要求

(1)可靠性要求

低压配电线路首先应当满足民用建筑所必需的供电可靠性要求。所谓可靠性,是指根据民用建筑用电负荷的性质和由于事故停电给政治、经济上造成的损失,对用电设备提出的不中断供电的要求。由于不同的民用建筑对供电的可靠性要求不同,可将用电负荷分为三级。为了确定民用建筑的用电负荷等级,必须向建设单位调查研究,然后慎重确定。即使在同一民用建筑中,不同的用电设备和不同的部位,其用电负荷级别也不是都相同的。不同级别的负荷对供电电源和供电方式的要求也是不同的。供电的可靠性是由供电电源、供电方式和供电线路共同决定的。

(2)用电质量要求

低压配电线路应当满足民用建筑用电质量的要求。电能质量主要是指电压和频率两个指标。电压质量是看加在用电设备端的供电电网实际电压与该设备的额定电压之间的差值,差值越大,说明电压质量越差,对用电设备的危害也越大。电压质量除了与电源有关以外,还与动力、照明线路的合理设计关系很大,在设计线路时,必须考虑线路的电压损失。

(3)考虑发展

从工程角度看,低压配电线路应当力求接线简单,操作方便、安全,具有一定的灵活性,并能适应用电负荷增大的需要。

(4)其他要求

民用建筑低压配电系统还应满足:

①配电系统的电压等级一般不宜超过两级;

②多层建筑宜分层设置配电箱,每套房间宜有独立的电源开关;

③单相用电设备应适当配置,力求达到三相负荷平衡;

④由建筑物外引来的配电线路,应在屋内靠近进线处便于操作维护的地方装设开关设备;

⑤应节省有色金属的消耗,减少电能的消耗,降低运行费用等。

民用建筑低压配电一般采用220/380V中性点直接接地系统。

二、低压配电系统的特点和基本形式

系统的设计主要包括：配电线路的组成形式、配电方式、导线的选择、线路敷设、线路控制和保护等几个方面。其中，低压配电线路组成形式的选择对提高用电的可靠性和节省投资有着重要意义。

（一）一般普通建筑低压配电系统的基本组成形式和特点

民用建筑低压配电线路的基本配电方式（也叫基本接线方式）有：放射式、树干式和混合式三种，如图7-1所示，图示中的AP1～APn表示各配电箱。

1. 放射式

放射式接线如图7-1（*a*）所示，它的优点是配电线路相对独立，发生故障互不影响，供电可靠性较高；配电设备比较集中，便于维修。但由于放射式接线要求在变电所低压侧设置配电盘，这就导致系统的灵活性差，再加上干线较多，有色金属消耗也较多。

对于下列情况，低压配电系统采用放射式接线：

（1）容量大、负荷集中或重要的用电设备；

（2）每台设备的负荷虽不大，但位于变电所的不同方向；

（3）需要集中连锁启动或停止的设备；

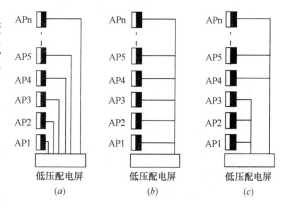

图 7-1　低压配电线路的基本配电方式
（*a*）放射式；（*b*）树干式；（*c*）混合式

（4）对于有腐蚀介质或有爆炸危险的场所，其配电及保护启动设备不宜放在现场，必须由与之相隔离的房间馈出线路。

2. 树干式

树干式接线如图7-1（*b*）所示，它不需要在变电所低压侧设置配电盘，而是从变电所低压侧的引出线经过低压断路器或隔离开关直接引至室内。这种配电方式使变电所低压侧结构简化，减少电气设备需用量，有色金属的消耗也减少，更重要的是提高了系统的灵活性。这种接线方式的主要缺点是：当干线发生故障时，停电范围很大。

采用树干式配电时必须考虑干线的电压质量。有两种情况不宜采用树干式配电：一种是容量较大的用电设备，因为它将导致干线的电压质量明显下降，影响到接在同一干线上的其他用电设备的正常工作，因此，容量大的用电设备必须采用放射式供电；另一种是对于电压质量要求严格的用电设备，不宜接在树干式接线上，而应采用放射式供电。树干式配电一般只适于用电设备的布置比较均匀、容量不大、又无特殊要求的场合。

3. 混合式

混合式接线如图7-1（*c*）所示，它是放射式和树干式的综合运用，具有两者的优点，在现代建筑中应用最为广泛。

（二）高层建筑低压配电系统的基本形式和特点

1. 高层建筑的负荷特征

高层建筑和普通民用建筑的划分在于建筑楼层的层数和建筑物的高度。一般规定 10 层及 10 层以上的住宅建筑和高度超过 24m 的其他民用建筑属于高层建筑。这种划分主要是根据消防能力决定的，因此，在防火规范上，公安部门又把高层建筑分为两大类：一类是指楼层在 19 层以上或建筑高度在 50m 以上的高层建筑，称为一类高层；另一类是指 10～18 层或者建筑高度在 24～50m 的高层民用建筑，称为二类高层。高层建筑用电负荷与一般民用建筑相比有以下特征：

（1）在高层建筑中增设了特殊的用电设备。如在生活方面有生活电梯、送水泵和空调机组；在消防方面有消防用水泵、电梯、排烟风机、火灾报警系统；在照明方面增设了事故照明和疏散标志灯；在弱电方面有独立的天线系统和电话系统等。

（2）高层建筑的用电量大而集中。这不仅因为用电设备的增多，还由于用电时间明显增加，除了电梯、水泵、空调设备外，其余设备和照明均按全部运行计算。

（3）高层建筑用电可靠性要求很高。一类建筑的消防用电设备为一级负荷，二类建筑的消防设备为二级负荷，高层建筑的生活电梯、载货电梯、生活水泵也属二级负荷，事故照明、疏散标志灯、楼梯照明也相应地为一级负荷或二级负荷。

2. 高层建筑的供电电源

高层建筑的供电必须按照重要负荷和集中负荷这两点来设计。为了保证高层建筑供电的可靠性，一般采用两个 6～10kV 的高压电源供电。如果当地供电部门只能提供一个高压电源时，必须在高层建筑内部设立柴油发电机组作为备用电源。目前新建的一些高层建筑采用三个电源供电，即两个市电电源再加上一组备用柴油发电机组。要求备用电源在电网发生事故时，至少能使高层建筑的生活电梯、安全照明、消防水泵、消防电梯及其他通信系统等仍能继续供电，这是高层建筑安全措施的一个重要方面。

在 40 层以上的高层建筑中，电梯设备较多，负荷大部分集中于大楼的顶部，竖向中断层数较多，通常设有分区电梯和中间泵站，因此，宜将变压器上、下层配置或者上、中、下层配置，供电变压器的供电范围大约为 15～20 层。如美国纽约的帝国大厦共 102 层，变压器配置在地下 2 层、地面 41 层及 84 层。

由于变压器深入负荷中心而进入楼内，从防火的要求考虑，应采用干式变压器和低压断路器。

3. 高层建筑低压配电系统的组成形式

高层建筑低压配电系统配电形式的确定，应满足计量、维护管理、供电安全及可靠性的要求。一般宜将电力和照明分成两个配电系统，事故照明和防火、报警等装置应自成系统。

对于高层建筑中容量较大的集中负荷或重要负荷（或大型负荷）采用放射式供电，从变压器低压母线向用电设备直接供电。

对于高层建筑中各楼层的照明、风机等均匀分布的负荷，采用分区树干式向各楼层供电。树干式配电分区的层数，可根据用电负荷的性质、密度、管理等条件来确定，对普通高层住宅，可适当扩大分区层数。图 7-2 所示为高层建筑常用低压配电方式。

对消防用电设备应采用单独的供电回路，其配电设备应有明显的标志，按照水平方向

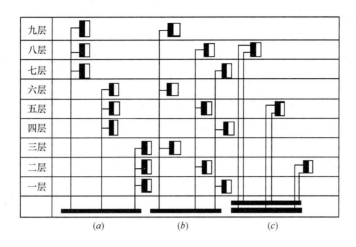

图 7-2 高层建筑常用低压配电方式

(a) 单干线；(b) 交叉式单干线；(c) 双干线

防火和垂直方向防火，分区进行放射式供电。消防用电设备的两个电源（主电源和备用电源）应在最末一级配电箱处自动切换，自备发电设备应设有自启动装置。

高层建筑中的事故照明配电线路也要自成系统。事故照明电源必须与工作照明电源分开，当装有两台以上变压器时，事故照明与工作照明的供电干线应取自不同的变压器。如果仅有一台变压器时，它们的供电干线要在低压配电屏上或母干线上分开，二者的配电线路和控制开关要分开装设。事故照明的用途有多种，有供继续工作用的，有供疏散标志用的，也有作为工作照明的一部分，具体应根据不同用途选用不同配电方式。

（三）建筑群体低压配电系统的基本形式和特点

建筑群体一般采用 10kV 的供电电压，有条件时也可以采用 35kV 的供电电压。为了保证供电可靠性，应至少有两个独立电源，具体数量应视负荷大小及当地电网条件而定。两路独立电源运行方式，原则上是两路同时供电，互为备用。此外，还必须装设应急备用发电机组。对建筑群体中的单体建筑的低压供电方式与一般建筑或高层建筑相似。

建筑群体低压配电系统的组成形式多采用环网式供电和格式网络供电。

1. 环网式供电系统

环网式供电的可靠性高，接入电网的电源可以是一个，也可以是两个甚至是多个，为了加强环网结构，一般采用双线环式结构；双电源环形结构在运行时，往往是开环运行的，即在环网的某一点将开关断开。此时，环演变为双电源供电的树干式线路。开环运行的目的主要考虑继电保护装置动作的选择性，缩小电网故障时的停电范围。开环点的选择原则是：开环点两侧的电压差最小，一般使两条干线负荷容量尽可能地相接近。

环网内线路的导线通过的负荷电流应考虑故障情况下环内通过的负荷电流，导线截面要求相同，因此，环网供电线路的金属消耗量大，这是环网供电的缺点。当线路的任一线段发生故障时，切断故障线路两侧的隔离开关，将故障线路切除后，即可恢复供电；开环点的断路器可以使用手动或自动投入。

双电源环网式供电方式适用于一级或二级负荷供电，如图 7-3 所示，单电源环网式供电方式适用于允许停电半小时的二级负荷。

2. 格式网络供电系统

如图 7-4 所示，格式网络供电目前主要应用在欧美大城市负荷密集区的低压配电系统，这种接线的特点是所有低压配电线路（220/380V）沿街布置，在街口连接起来，构成一个个的格子。根据负荷情况在网络中适当的位置引入一定数量的电源，这种供电方式的可靠性高，每个用户可以从不同的方向获得多个电源。

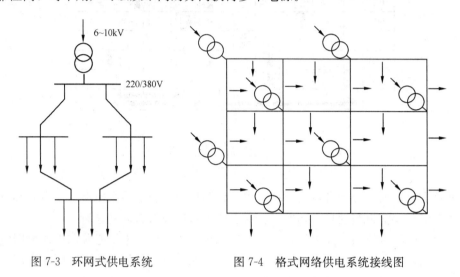

图 7-3 环网式供电系统　　　　图 7-4 格式网络供电系统接线图

第二节　各类典型建筑低压配电系统的构成

下面介绍各类建筑配电系统的构成形式。

一、住宅类建筑低压配电系统

这类建筑中的用电负荷主要是照明负荷和小部分的动力负荷，用电负荷的等级一般为三级，在考虑低压配电系统构成时主要根据电能计量方式的不同来构成配电系统。

（一）建筑内只有照明负荷的低压配电系统

1. 分散电能计量方式

普通住宅是以一个用户作为一个用电单元，即每户一个电能计量单位。每个用户将自己使用的电能计量表装入自己使用的配电箱内，称为分散电能计量方式。这时配电系统的构成形式如图 7-5 所示。

这是一个居民住宅建筑，三个单元、6 层、每层两个住户的低压分散计量方式的配电系统框图。图中仅绘制出第二单元供电系统形式，其他单元与其完全一致。电源采用交流 220/380V，接地形式采用 TN-C-S 形式的单回路供电，电源线路采用电力电缆沿地直接埋设形式，直接引入这栋建筑的总配电箱内。总配电箱设置在第二单元一层，总配电箱的作用是对外部电源的接受、分配、输送、控制和线路保护，同时还将电源的三相四线制的形式改变为三相五线制形式，即实现电源的中性点接地形式为 TN-C-S。分别在三个单元一层设置了三个单元配电箱，单元配电箱起到接受总配电箱所提供的电源外，还为层配电箱提供电源、分配电源以及对电源的控制和线路的保护。单元配电箱还为所在单元的公共部分用电设备提供电源和对其计量等作用。并且在每个单元的一层和三层设置了两个层配

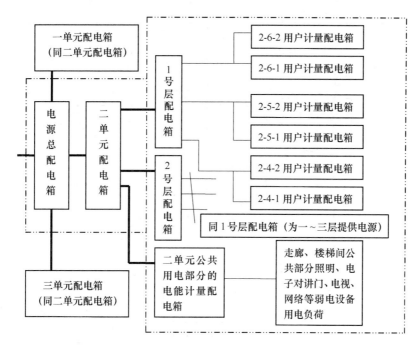

图 7-5 分散计量方式的低压配电系统框图

电箱（1号和2号层配电箱），分别提供一～三层和四～六层电源，层配电箱接受三相电源分配成单相电源供应给每户的计量箱。每户设置一个用户计量配电箱装设在用户自己管理的位置，在箱内装设电能计量表和保护装置确保用电的安全。

图中用户配电箱的编号含义：单元编号-层号-住户编号，例如：2-4-1是二单元四层一号住户，其他类推。图中虚线框内均为装设在二单元内的箱。

图中由总配电箱到单元、层配电箱的电源是三相五线形式，层配电箱到用户配电箱的电源是单相三线的形式。

2. 集中电能计量方式

为了实现电能计量收费的数字化和信息化，完成远程抄表等功能，同时保证用电安全和管理方便。目前将用户的电能计量表和用户的配电箱分开设置，用户使用的配电箱称为用户箱，装设在住户的室内。而将电能计量表集中起来装设在一个固定的位置便于抄收和管理。下面以上一个居民住宅为例，这时的低压配电系统框图如图 7-6 所示。

集中电能计量方式的配电系统框图和分散电能计量方式配电系统的框图，没有本质的区别。它将所有用户的电能计量表分别集中在一层和三层的配电计量箱内。每个配电箱完成的功能同上框图一致。有时计量的表数量不是很多，层配电计量表箱体积不是很大也可以将两个层配电计量表箱合二为一。有时表数量太多也可以将配电箱和计量表箱分开，独立安装。总之要根据建筑和结构的条件来确定是否分开或合并。

（二）既有照明又有动力负荷的低压配电系统

住宅类建筑中所谓的动力负荷一类是指：电梯、集中空调机组和给水泵等三相用电设备，它们属于公共使用的负荷。另一类是指：在住宅类建筑中的商业、服务业用电负荷，它们在住宅类建筑的一、二层。这些用电负荷电能的计费费率不同于普通居民用电计费费

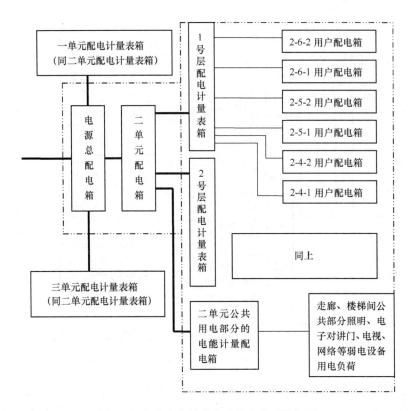

图 7-6　集中电能计量方式的配电系统框图

率，要设置单独的计费装置。

　　配电系统框图 7-7 中电源为 220/380V 的一条回路引入到总配电装置，电源引入后将配电系统分为两个部分，照明部分和只有照明负荷的配电系统完全一致。动力配电系统是由动力总配电箱进行配电和控制的，对于重要的用电设备采用独立的供电回路。对于其他的动力用电设备可以采用链式连接和放射式的配电形式。动力负荷的计量装置设置在总配电箱内或动力总配电箱内，根据当地供电管理部门的要求确定。照明供电系统的电源采用三相五线制即 TN-C-S 的形式，而动力供电系统采用三相四线制即 TN-C 的形式。

　　（三）高层住宅建筑的低压配电系统

　　高层民用住宅建筑中，用电负荷的等级包括三级和部分二级负荷，而二级负荷主要是消防用电负荷，如：消防用电梯、疏散指示用的照明、灭火用的各种水泵、排烟和送风风

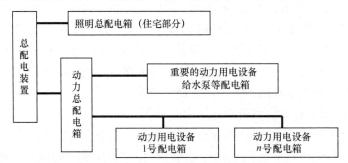

图 7-7　既照明又有动力负荷的低压配电系统框图

机及一些监控设备等。由于二级负荷的存在供电电源采用两个低压 220/380V 的低压电源供应，通常一路电源是由电业部门提供的低压电力网供应，另一路使用柴油发电机组、蓄电池组和投入控制装置组成。两路电源互为备用，切换的方式和时间由投入控制装置来保证满足设计和运行的要求。按照现行的规范规定，投入控制装置应该设置在距用电设备的最近处，也就是说在供电线路的末端进行切换。三级负荷有一般动力和一般照明负荷两类，它们的配电系统构成原则和普通居民住宅建筑完全一致。照明用电负荷的计量方式一般采用集中计量方式，将每个用户的电能表集中放置在一个固定的计量箱内，在公共位置设置。动力用电负荷采用统一计量方式，在动力总配电箱或总电源引入装置内设置电能计量表。

图 7-8 是一个 28 层的高层住宅建筑，一～三层是商业服务业用房简称：商服，其他为居住用房。电源采用高压 10kV 的供电形式，在建筑物内设有变、配电所一个，楼内的供电电源采用 220/380V，从低压配电装置中配出。用电设备的三级负荷有一般照明负荷、

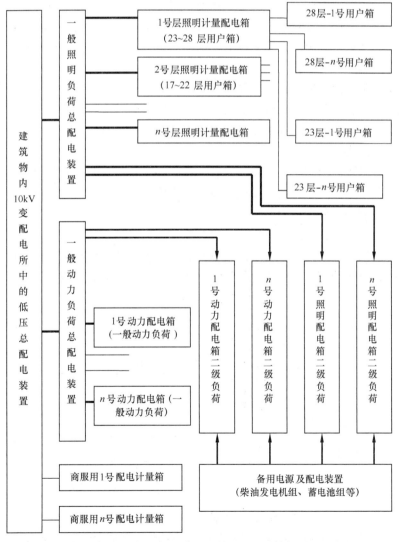

图 7-8 高层住宅建筑的低压配电系统框图

一般动力用电负荷及商服用电负荷。一般照明负荷的供电电压为 220/380V，采用三相五线制由总照明配电装置至层照明计量配电箱分配到每个用户箱。由于用户较多，分别在相应的层设置了若干个层配电计量箱，将用户的电能计量表设置在箱内。动力用电负荷的电源由动力总配电箱采用 220/380V 三相四线制的引至若干个动力配电箱，然后分配到各个具体的用电设备上。由于动力设备是公用使用，它的计量方式采用统一计量方式，将计量表设置在总动力配电装置或变电所的总配电装置上。商服用电负荷由变电所低压总配电装置单独提供，它的电源供应形式、配电形式和计量方式应该符合当地电业管理部门的要求。

在该建筑中还有部分二级用电负荷主要是消防用电负荷，如：消防用电梯、疏散指示用的照明、灭火用的各种水泵、排烟和送风风机和一些监控设备等。根据这些负荷对供电电源的要求，采用两路电源供电，一路由照明用总配电装置或动力用总配电装置提供，另一路由柴油发电机组和配电装置提供。两路电源同时给二级负荷专用的动力、照明配电箱提供电源，在专用的箱内设有双电源自动切换装置，保证供电电源的可靠性和安全性。动力配电箱一般设置在用电设备最近的位置以确保末端切换要求的实现。动力配电箱的数量是根据用电设备的数量确定的。照明用的配电箱内也有双电源自动切换装置，可以保证供电电源的可靠性和安全性。由于疏散指示用的照明设备容量不是很大，不必每层设置一台，可以根据容量和使用的要求分别设置在有一定间隔的层内，例如在装设一般照明的配电计量箱的同层设置，分别给相应层的疏散指示照明供电等。

备用电源装置安装的位置和地点应该根据相关的规定进行。

二、公用建筑类低压配电系统的构成

公用建筑是指按照使用功能可以分为教学楼、办公楼和商业服务业用房；按照建筑物的高度可以分为多层和高层；按照用电负荷的等级可以分为二级负荷和三级负荷；按照用电性质可以分为照明负荷和动力负荷等。

（一）仅有三级负荷的配电系统

这类系统采用单电源供电，由于动力负荷和照明负荷的计费方式和费率不一致，需要单独分别计量，公用建筑中计费的单位是根据用电单位的数量确定的。

这类系统的构成形式（图 7-9）有如下几个特点：

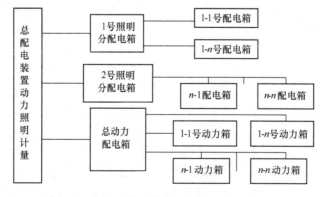

图 7-9 仅有三级负荷的配电系统框图

1. 总配电装置完成电源的引入、分配和总的保护，同时完成对动力回路和照明回路的用电设备的计量。照明供电回路采用三相五线制即 TN-C-S、动力供电回路采用三相四线制，即 TN-C。

2. 公用建筑照明用电的负荷容量较大，一般要设置分配电箱和层配电箱，不同部分用电单位对供电电源可靠性的要求也不同，对要求标准高的用电单位采用放射式的接线方式，要求不高的采用链式接线方式。

3. 动力配电系统主要针对商业和服务业用户而言，与照明系统一样不同部分用电单位对供电电源可靠性的要求也不同，可以视情况分别采用放射式的接线方式和采用链式接线方式。

（二）既有二级负荷又有三级负荷的配电系统

在这类建筑中二级负荷主要是消防用电负荷，如：消防用电梯、疏散指示用的照明、灭火用的各种水泵、排烟和送风风机和一些监控设备等，它们用电容量不是很大。二级负荷的供电电源采用两个低压 220/380V 的低压电源供应，通常一路电源是由电业部门提供的低压电力网供应，另一路使用柴油发电机组、蓄电池组和投入控制装置组成。两路电源互为备用，切换的方式和时间由投入控制装置来保证满足设计和运行的要求。系统的构成框图原则上与高层住宅建筑的低压配电系统完全一致，只是在计量方式上有一点区别而已。

（三）二级负荷用电容量较大的低压配电系统

无论是哪类的建筑，如果二级负荷的容量较大，它必须在 10kV 供电电源数量上加以考虑。

大型或高层建筑，其用电负荷多为二级负荷或一级负荷，为了保证这些负荷连续稳定的工作，通常采用双路电源供电。

1. 双电源互为备用

如图 7-10 所示，两路电源平时各自独立工作，分别供给建筑内的一部分负荷工作，当其中一路电源发生故障而断电时，该路电源所接的电气负荷便切换到另一路电源继续工作，而当发生故障的电源恢复供电后，电气负荷再复位到正常的供电状态。

根据电气负荷切换方式的不同，双电源互为备用供电方式又可分为自投不自复和自投自复两种，自投不自复是指其中一路电源停电后，其所接负荷能自动切换到另一路电源继续工作，而当该电源恢复供电后，其负荷不能自动复位，需要人工手动复位。自投自复则是当故障电源恢复供电后，其负荷能够自动复位。

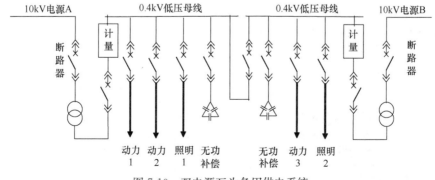

图 7-10　双电源互为备用供电系统

在实际应用中，考虑到电源的备用容量，一般只把发生故障的电源所接的重要负荷切入到另一路电源，以降低电源设施的投资。

2. 双电源一用一备

如图 7-11 所示，两路电源的其中一路作为主电源供给建筑内的负荷正常工作，另一路作为备用电源，备用电源平时不工作，当主电源停电时，控制装置自动切断主电源，接通备用电源，使负荷继续工作。根据切换方式的不同，两路电源一用一备也分为自投不自复和自投自复两种方式。

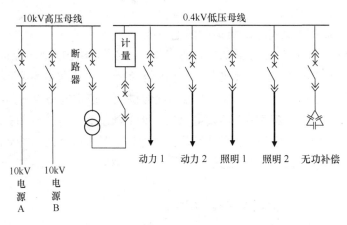

图 7-11 双电源一用一备供电系统

第三节 低压配电系统中电缆和导线型号及截面的选择计算

低压配电系统中导线的合理选择对于实现安全、经济供电，保证供电质量有着十分重要的意义，同时，直接影响到有色金属的消耗量与线路的投资。

低压配电系统中常用的导线有导线、电缆两大类。选择导线和电缆主要考虑型号和截面两方面的因素。型号选择主要和导线自身性质及使用环境、敷设方式等因素有关。截面选择时应满足：有足够的机械强度；长期通过负荷电流时，导线不应过热；线路上电压损失不应过大等。

一、常用导线、电缆的型号和规格及其选择

（一）导线

导线分裸导线和绝缘导线两大类。按照绝缘材料的不同，导线可分为塑料绝缘导线和橡胶绝缘导线；按芯线材料不同，可分为铜芯线和铝芯线；按芯线构造不同，可分为单芯线、多芯线和软线等。

1. 裸导线

裸导线是没有绝缘层的导线，多用铝、铜、钢制成，按其构造形式分为单线和绞线两种。单线裸导线有圆形的，也有扁形的，多根圆单线常常绞合在一起成为绞线，这种绞线具有一定的机械强度，同时可以避免趋表效应（或集肤效应），所以架空电力线、电缆芯线都用绞合线。

2. 绝缘导线

（1）绝缘导线的型号表示中，各字母的含义如下：

B—在第一位表示布线用；

　　在第二位表示外护套为玻璃丝编制；

　　在第三位表示外形为扁平形。

X—表示橡皮绝缘。

L—表示铝芯，无 L 为铜芯。

V—表示聚氯乙烯绝缘。

VV—第一位表示聚氯乙烯绝缘；第二位表示聚氯乙烯护套。

F—表示丁氰聚氯乙烯复合物。

R—表示软线。

S—表示双绞线。

P—屏蔽。

（2）常用的绝缘导线有以下几种：

1）塑料绝缘导线（BV、BLV）绝缘性能良好，制造工艺简单，价格较低，无论明敷和穿管都可代替橡皮绝缘线。但聚氯乙烯绝缘材料对气温适应性较差，低温时容易变脆，在高温或阳光曝晒下，增塑剂易挥发，会加速绝缘老化，所以塑料线不宜在室外敷设。塑料护套线（BVV、BLVV）可广泛用于室内沿墙、沿顶棚（非燃体）卡钉或线槽明敷。

2）氯丁橡皮绝缘线（BXF、BLXF），它具有很好的耐油性能，不易霉变、不延燃、气候适应性也好，即使在室外高温和阳光下曝晒，老化过程缓慢，老化时间约为普通橡皮绝缘线的二倍，因此适宜在室外敷设。由于绝缘层机械强度比普通橡皮绝缘线较弱，因此外径虽小，但穿线管的管径仍与普通橡皮绝缘线相同。

3）塑料绝缘软线（BVR、RV、RVS），芯线由多股铜丝绞制而成，适用于 500V 或 250V 及以下的移动设备的供电线路，前者用于灯头吊线或二次接线。RV、RVS 大量用于电话、广播等布线。

4）耐高温的绝缘导线，如 BV—105，BLV—105，RV—105 等，它的芯线温度可高达 105℃，适用于环境温度较高的场所，如锅炉房、厨房等。

5）塑料绝缘屏蔽导线，有 BVP、BVP—105，RVP—105，RVP、BVVP—105、RVVP等，它的芯线由单股铜线或多股铜线绞合而成，芯线的最高温度高达 70℃ 或 105℃。BVVP—105 及 RVVP 为多芯屏蔽护套线，其余为单芯屏蔽线。它适用于靠近有抗电磁干扰要求的设备及设备的线路，或自身有防外界电磁干扰要求的线路。

（二）电缆

电缆线的种类很多，按其用途可分为电力电缆和控制电缆两大类；按其绝缘材料的不同，可分为油浸纸绝缘电缆、橡皮绝缘电缆和塑料绝缘电缆三大类。一般都由线芯、绝缘层和保护层三个主要部分组成。线芯分为单芯、双芯、三芯及多芯。电缆结构代号含义见表 7-1。

常用的电缆有以下几种：

（1）聚氯乙烯绝缘及护套的电力电缆，有 1kV 及 6kV 两级，制造工艺简便，没有敷设高差的限制，可以在很大范围内代替油浸纸绝缘电力电缆、滴干绝缘或不滴流浸渍纸绝缘电力电缆。重量轻，弯曲性能好，具有内铠装结构，使铠装不易腐蚀。接头安装操作简

电缆结构代号含义表　　　　　　　　　　　　　表 7-1

绝缘种类	导电线芯	内护层	派生结构	外护套	
代号含义	代号含义	代号含义	代号含义	第一数字含义	第二数字含义
Z：纸 V：聚氯乙烯 X：橡胶 XD：丁基橡胶 XE：乙丙橡胶 Y：聚乙烯 YJ：交联聚乙烯 E：乙丙烯	L：铝芯 T：铜芯	H：橡套 HP：非燃性护套 HF：氯丁胶 HD：耐寒橡胶 V：聚氯乙烯护套 VF：复合物 Y：聚乙烯护套 L：铝包 Q：铅包	D：不滴流 F：分相 CY：充油 G：高压 P：屏蔽 Z：直流 C：滤尘用或重型	0：无 1：钢带 2：双钢带 3：细圆钢丝 4：粗圆钢丝	0：无 1：纤维线包 2：聚氯乙烯护套 3：聚乙烯护套 4：—

便，能耐油和酸碱的腐蚀，而且还具有不延燃的特性，可适用于有火灾发生的环境中。其中聚氯乙烯绝缘、聚乙烯护套的电力电缆除有优良的防化学腐蚀作用外，还具有不吸水特性，适应于潮湿、积水或水中敷设。但聚氯乙烯绝缘的电力电缆其绝缘电阻较油浸纸绝缘电缆低，介质损耗大，特别是 6kV 的介质损耗比油浸纸绝缘的电缆大得多。

（2）交联聚乙烯、绝缘聚氯乙烯护套的电力电缆有 1、3、6、10、35kV 等电压等级，其中 YJV_{42} 及 $YJLV_{42}$ 仅有 6kV 及 10kV 两种电压等级。它具有聚氯乙烯绝缘、聚乙烯护套的电力电缆相同的特性外，还具有载流量大、重量轻的优点，但它价格较贵。

（3）橡皮绝缘的电力电缆弯曲性能好，能在严寒地区敷设，特别适用于水平高差大或垂直敷设场合，它不仅适用于固定敷设的线路，也可适用于定期或移动的固定敷设线路。橡皮绝缘、橡皮护套软电缆（简称橡套软电缆），适用于移动式设备的供电线路。但橡胶的耐油、耐热水平较差，受热橡胶老化快，因此它的芯线允许温升低，相应载流量也较低。

（4）控制电缆常用的有塑料绝缘、塑料护套及橡皮绝缘塑料护套的控制电缆。在高层建筑及大型民用建筑内部可采用不延燃的聚氯乙烯护套控制电缆，如 KVV、KXV 等。需要承受大的机械力的采用钢带铠装的控制电缆，如 KVV_{20}、KXV_{20} 等。高寒地区可采用耐寒塑料护套控制电缆，如 KXVD、KVVD 等。有防火要求的可采用非燃性橡套控制电缆，如 KXHF 等。控制电缆的型号及用途见表 7-2。

控制电缆的型号及用途　　　　　　　　　　　　　表 7-2

型　号	名　　称	用　途
KYV	铜芯聚乙烯绝缘、聚氯乙烯护套控制电缆	
KVV	铜芯聚氯乙烯绝缘、聚氯乙烯护套控制电缆	
KXV	铜芯橡皮绝缘、聚氯乙烯护套控制电缆	
KXF	铜芯橡皮绝缘、氯丁护套控制电缆	敷设在室内、电缆沟内、管道内及地下
KYVD	铜芯聚乙烯绝缘、耐寒塑料护套控制电缆	
KXVD	铜芯橡皮绝缘、耐寒塑料护套控制电缆	
KXHF	铜芯橡皮绝缘、非燃性橡套控制电缆	

型　号	名　　称	用　途
KYV$_{22}$	铜芯聚乙烯绝缘、聚氯乙烯护套内钢带铠装控制电缆	敷设在室内、电缆沟内、管道内及地下，能承受较大的机械力
KVV$_{22}$	铜芯聚氯乙烯绝缘、聚氯乙烯护套内钢带铠装控制电缆	
KXV$_{22}$	铜芯橡皮绝缘、聚氯乙烯护套内钢带铠装控制电缆	

　　（5）在高层或大型民用建筑中，防排烟、消防电梯、疏散指示照明、安全照明、消防广播、消防电话及消防报警设施等的线路，应采用阻燃、耐高温或防火的电力线缆及控制线缆。凡是塑料绝缘导线，塑料绝缘及护套的电缆型号前面加"ZR"，即为阻燃型的线缆；加"NT"或 RV—105、BV—105、BVP—105、BVVP—105、RVVP—105、RV—105、BLV—105 等均为耐高温线缆。防火的有氧化镁绝缘的防火电缆，它防潮性能较差，线路且粗又硬，安装比较困难，价格也较贵，特殊场合才使用。

　　（三）母线

　　母线又称汇流排，它是用来汇集和分配电流的导体。一般多为裸导体，其优点是散热效果好，允许通过的电流大，安装简便，投资费用低。但也有不足之处，母线间距离大，需占较大的空间位置。

　　对于 10kV 及以下的母线，可按发热条件选择截面，因线路短，有色金属耗量不大，不按经济电流密度计算导线截面。对于汇流母线截面的选择，首先按发热条件选择母线截面，用经济电流密度校验截面，然后再用母线短路电流计算母线电动力是否稳定，如不稳定，可减小绝缘子间的距离，使电动力稳定为止。

　　母线按材质可以分为以下三种：

　　（1）铜母线，具有较低的电阻（电阻率为 $0.017\Omega \cdot mm^2/m$），导电性能好，机械强度高，防腐性能好，但价格较高。

　　TMY——硬铜母线，TMR 软铜母线。

　　（2）铝母线，其电阻较铜稍大（电阻率为 $0.029\Omega \cdot mm^2/m$），导电性能低于铜，机械强度比铜小，表面易氧化，易受化学气体腐蚀，但是其质地轻软，易于加工，价格低廉。

　　LMY——铝母线，LMR——软铝母线

　　（3）钢母线，其电阻同铜、铝相比为最大（电阻率为 $0.13\sim0.15\Omega \cdot mm^2/m$），导电性能差，机械强度高，价格低廉，被广泛用于接地装置中作为接地母线。

　　GMY——钢母线。

　　母线按使用场所可以分为以下两种：

　　1. 插接式母线

　　在建筑供电的系统中，插接式母线是作为额定电压 500V、额定电流 2000A 以下供电线路的干线（通常称为母线）来使用。插接母线和与其配套的插接母线的配电箱构成了一个完整的供电系统。根据使用的性质可以分为动力插接母线和照明插接母线。目前也有作为照明支线使用的插接母线，在结构上没有变化，只是供电的容量相对减少了一些。

　　插接式母线槽由金属外壳、绝缘瓷插座及金属母线组成。金属母线采用铝或铜制作。

　　母线槽的型号表示如下，母线用功能单位代号见表 7-3。

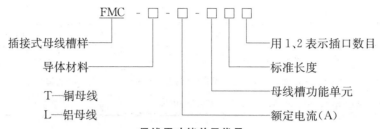

母线用功能单元代号　　　　　　　　　　　　　表 7-3

代　号	功　能	代　号	功　能
A	母线槽	BY	变容量接头
S	始端母线槽	BX	变向接头
Z	终端盖	SC	十字形垂直接头
LS	L 形水平接头	ZS	Z 形水平接头
LC	L 形垂直接头	ZC	Z 形垂直接头
P	膨胀接头	GH	始端接线盒

母线可以输送较大的电流。例如密集型插接式母线槽（型号为 FCM-A 型），其特点是不仅能输送大电流，而且安全可靠，体积小，安装灵活，施工中与其他土建互不干扰，安装条件适应性强，效益较好，绝缘电阻一般不小于 10MΩ。

CZL3 系列插接式母线槽的额定电流为 250～2500A，电压为 380V，额定绝缘电压为 500V。按电流等级分有 250、400、800、1000、1250、1600、2000、2500A 等三相供电系统。

2. 预制分支电缆

预制分支电缆是一种新型的电缆，它是将电缆的分支头预先制成，减少了在施工中要进行电缆分支的工序，并且主干线电缆不需要断开，这样使得安全性大大提高。

二、常用导线、电缆截面的选择

（一）电缆和导线截面选择的原则

导线、电缆截面在选择时应满足以下原则：

（1）满足发热条件——按导线长期允许载流量选择截面；

（2）满足电压损失不超过允许值的条件——按规定的电压损失百分值来校验导线截面；

（3）满足经济运行条件——按经济电流密度选择导线截面；

（4）满足在故障时的热稳定条件——对所选截面应大于热稳定最小截面；

（5）满足机械强度要求——应大于机械强度所允许的最小截面。

（二）选择导线截面时，一般可按下列步骤进行

（1）对于距离 $L \leqslant 200\text{m}$ 且负荷电流较大的供电线路，一般先按发热条件的计算方法选择导线截面，然后按电压损失条件和机械强度条件进行校验。

（2）对于距离 $L > 200\text{m}$ 且电压水平要求较高的供电线路，应先按允许电压损失的计算方法选择截面，然后用发热条件和机械强度条件进行校验。

（3）对于高压线路，一般先按经济电流密度选择导线截面，然后用发热条件和电压损失条件进行校验。对于高压架空线路，还必须校验其机械强度。电工手册中给出了不同挡

距导线截面的最小值。若按经济电流密度选出的导线截面小于最小值，就应按规定的最小值选择截面。

（三）按发热条件选择电缆和导线截面

电流通过导体（包括母线、导线和电缆，下同），要产生电能损耗，使导体发热。裸导体的温度升高时，会使接头处的氧化加剧，增大接触电阻，使之进一步氧化，如此恶性循环，甚至可发展到断线。绝缘导线和电缆的温度过高时，可使绝缘损坏，甚至引起火灾。因此，导体的正常发热温度不得超过规定的允许值。各种导体在正常和短路时的最高允许温度及热稳定系数见表7-4。

各种导体在正常和短路时的最高允许温度及热稳定系数　　　　表7-4

导体的种类及材料		最高允许温度（℃）		热稳定系数 C
		正　常	短　路	
母　线	铜	70	300	171
	铜（有锡层）	85	200	164
	铝	70	200	87
油浸纸绝缘电缆	铜芯　1～3kV	80	250	148
	铜芯　6kV	65	220	145
	铜芯　10kV	60	220	148
	铝芯　1～3kV	80	200	84
	铝芯　6kV	65	200	90
	铝芯　10kV	65	200	92
橡胶绝缘导线和电缆	铜芯	60	150	112
	铝芯	65	150	74
聚氯乙烯绝缘导线和电缆	铜芯	65	130	100
	铝芯	65	130	65

在实际的工程中，为了使用方便，常将不同型号的导线和电缆以及它们不同的截面在不同的敷设方式下、不同环境的条件下，最大允许通过的电流值制定成一个表格，称这个表格为导线或电缆的允许载流量（I_{al}）表，形式见表7-5（注：本表为教学用，实际工程请见设计表。）

绝缘导线允许穿管根数及相应的最小管径表　　　　表7-5

导线规格	500V 的 BV，BLV 聚氯乙烯绝缘导线																								
	两根单芯					三根单芯					四根单芯					五根单芯					六根单芯				
截面（mm²）	PC	FPC	TC	SC	PR	PC	FPC	TC	SC	PR	PC	FPC	TC	SC	PR	PC	FPC	TC	SC	PR	PC	FPC	TC	SC	PR
	最小管径（mm）及线槽号																								
1	15	12	15	15	1	15	12	15	15	1	15	12	15	15	1	15	12	15	15	1	15	15	15	15	1
1.5	15	12	15	15	1	15	15	15	15	1	15	15	15	15	1	20	20	20	15	1	20	20	20	15	1
2.5	15	12	15	15	1	15	15	20	15	1	20	20	20	15	1	20	20	20	20	1	20	20	25	20	1

续表

导线规格	500V 的 BV，BLV 聚氯乙烯绝缘导线																								
截面 (mm²)	两根单芯					三根单芯					四根单芯					五根单芯					六根单芯				
	PC	FPC	TC	SC	PR	PC	FPC	TC	SC	PR	PC	FPC	TC	SC	PR	PC	FPC	TC	SC	PR	PC	FPC	TC	SC	PR
	最小管径 (mm) 及线槽号																								
4	15	15	15	15	1	15	15	15	15	1	20	20	20	15	1	20	25	25	20	1	25	25	25	20	1
6	15	15	15	15	1	20	20	20	15	1	20	25	25	20	1	25	25	25	20	1	25	—	25	20	1
10	20	25	25	20	1	25	—	25	25	1	32	—	32	20	1	32	—	32	32	1	40	—	40	32	2
16	25	—	25	20	1	32	—	32	25	1	40	—	40	32	1	40	—	40	32	2	40	—	50	40	2
25	32	—	32	25	1	40	—	40	32	2	40	—	50	40	2	50	—	50	40	3	50	—	50	50	3
35	40	—	40	30	1	40	—	50	40	2	50	—	50	50	3	50	—	50	50	3	70	—	—	50	3
50	40	—	50	32	2	50	—	50	50	3	80	—	—	70	3	80	—	—	70	3	80	—	—	70	4
70	50	—	50	50	3	70	—	—	70	3	80	—	—	70	3	—	—	—	80	4	—	—	—	80	5
95	70	—	—	50	3	80	—	—	70	4	—	—	—	80	5	—	—	—	100	—	—	—	—	100	—
120	70	—	—	70	3	80	—	—	70	4	—	—	—	80	5	—	—	—	100	—	—	—	—	100	—
150	—	—	—	—	—	—	—	—	80	—	—	—	—	100	—	—	—	—	100	—	—	—	—	100	—

注：1. 表中代号：PC 为硬质塑料管，FPC 为半硬塑料管，TC 为电线管，SC 为水煤气管，PR 为塑料线槽；

2. 管内容线面积：1～6mm² 时，按不大于内孔总面积 33% 计；10～50mm² 时，按 27.5% 计；70～150mm² 时，按 20% 计；

3. 槽内容线面积：1～6mm² 时，按不大于槽内有效截面积的 40% 计；10～50mm² 时，按 35% 计；70～150mm² 时，按 30% 计；

4. 当采用铜芯导线穿管时，25mm² 及以上的导线应按表中管径加大一级（线芯结构为"2 型"的铜芯导线除外）；

5. TC、PC、FPC 按外径称呼，SC 按内径称呼。

1. 相线截面的选择

按发热条件选择校验三相线路中的相线截面 A_Φ 时，应使其允许载流量 I_{al} 不小于通过相线的计算电流 I_c，即

$$I_{al} \geqslant I_c \tag{7-1}$$

所谓导体的允许载流量，就是在规定的环境温度条件下，导体能够连续承受而不致使其稳定温度超过规定值的最大电流。如果导体敷设地点的环境温度与导体允许载流量所采用的环境温度不同时，则导体的允许载流量应乘以温度校正系数：

$$K_\theta = \sqrt{\frac{\theta_{al} - \theta'_0}{\theta_{al} - \theta_0}} \tag{7-2}$$

式中　θ_{al}——导体正常工作时的最高允许温度；

　　θ_0——导体的允许载流量所采用的环境温度；

　　θ'_0——导体敷设地点实际的环境温度。

按规定，选择导体所用的环境温度：户外（含户外电缆沟），采用当地最热月平均最

高气温；户内（含户内电缆沟），可采用当地最热月平均最高气温加5℃；而直接埋地电缆，则取当地最热月地下0.8m的土壤平均温度，或近似地取当地最热月平均气温。导线、母线和电缆的允许载流量可查有关设计手册。

相同截面（A）和相同长度（L）的铜载流导体（Cu）和铝载流导体（Al）在等效发热条件下的功率损耗相等，即

$$I_{CU}^2 R_{CU} = I_{al}^2 R_{al} \tag{7-3}$$

式中 I_{CU}和I_{al}——铜导体和铝导体的载流量；

R_{CU}和R_{al}——铜导体和铝导体的电阻。

必须注意：按发热条件选择的导体截面A_ϕ，还应该校验导体（指绝缘导线和电缆）与其保护装置（指熔断器或低压断路器过流脱扣器）是否配合得当，而不允许发生绝缘导线或电缆已经过热或起燃而保护装置不动作的情况。否则，应改选保护装置，或适当加大绝缘导线或电缆的线芯截面。

2. 中性线截面的选择

低压三相四线制线路中的中性线（N线），按规定，其载流量不应小于此线路中的最大不平衡负荷电流，同时应考虑谐波电流的影响。

一般三相负荷基本平衡的低压线路的中性线截面A_0宜不小于相线截面A_θ的50%，即

$$A_0 \geqslant 0.5 A_\theta \tag{7-4}$$

对3次谐波电流相当突出的三相线路，由于各相的3次谐波电流都要通过中性线，使得中性线电流可能接近于相电流，因此这种情况下，中性线截面宜选为与相线截面相等或相近，即

$$A_0 \approx A_\theta \tag{7-5}$$

对由三相线路分出的两相三线线路和单相双线线路中的中性线，由于其中性线的电流与相线电流完全相等，因此其中性线截面应与相线截面相等，即

$$A_0 = A_\theta \tag{7-6}$$

3. 保护线截面的选择

低压供电系统中保护线（PE线 PEN线）的选择有如下的规定：其电导一般不得小于相线电导的50%，因此保护线的截面A_{PE}在选择时应遵守以下规定：

（1）当相线的截面积为16mm² 以下时，保护线同相线截面积一致；

（2）当相线的截面积为16~35mm² 之间时，保护线的截面积采用16mm²；

（3）当相线的截面积大于35mm² 时，保护线的截面积为相线截面积的1/2。

但是，考虑到短路热稳定度要求，应按以下两点来考虑：（1）当有机械保护时，铜芯导线的最小截面为1.5mm²，铝芯线的最小截面为2.5mm²；（2）当无机械保护时，铜芯线的最小截面为2.5mm²，铝芯线的最小截面为4mm²。

此外，保护线还须满足单相接地故障保护的要求。

【例7-1】某照明供电系统线路的电压为220/380V，若供电系统的形式为TN-S，线路的计算电流为28A，当导线采用铜芯聚氯乙烯绝缘导线（BV）穿钢管暗敷设时，环境温度为30℃，试按导线允许的最大载流量选择导线的截面。

解：1. 相线（L）截面的选择。根据选择的原则，查铜芯聚氯乙烯绝缘导线（BV）

穿钢管暗敷设时载流量表（表7-5），得到相线的截面为$16mm^2$。

2. 中性线（N）截面的选择。

根据选择的原则，照明线路属于相不平衡线路，因此中性线的截面应同相线的截面相同。中性线的截面为$16mm^2$。

3. 保护线（PE）截面的选择。

根据选择的原则，相线的截面在$16\sim35mm^2$时，保护线的截面应为$16mm^2$。

（四）按电压损失条件选择电缆和导线截面

当有电流流过导线时，由于线路中存在电阻、电感等因素，必将引起电压降落。如果电源端的输出电压为U_1，而负载端得到的电压为U_2，那么线路上电压损失的绝对值为：

$$\Delta U = U_1 - U_2 \qquad (7\text{-}7)$$

由于用电设备的端电压偏移有一定的允许范围，所以一切线路的电压损失也有一定的允许值。如果线路上的电压损失超过了允许值，就将影响用电设备的正常运行。为了保证电压损失在允许值的范围内，就必须保证导线有足够的截面积。

对于不同等级的电压，电压损失的绝对值ΔU并不能确切地表达电压损失的程度，所以工程上常用ΔU与额定电压U_N的百分比来表示相对电压损失，即：

$$\Delta U\% = \frac{U_1 - U_2}{U_N} \times 100\% \qquad (7\text{-}8)$$

按供电规则中规定：对35kV及以上供电的电压质量有特殊要求的用户，电压变动幅度不应超过额定电压的$\pm5\%$；10kV及以下高压供电的和低压电力用户，电压变动幅度不应超过额定电压的$\pm7\%$；对低压照明用户，电压变动幅度不应超过额定电压的$\pm5\%\sim10\%$。

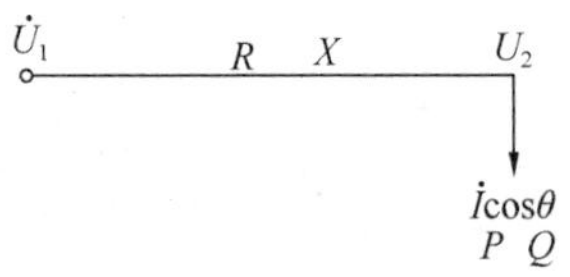

图 7-12　负荷集中于终端的供电线路

按电压损耗条件选择电缆和导线截面的常用方法有：计算法和查表法。本章主要讲述计算法。以下为电压损失的计算。

（1）线路终端负荷的电压损失计算。

当负荷集中在线路的终端时（图7-12），线路的电压损失可以用下式计算：

$$\Delta U_s = \sqrt{3}IL(r_0\cos\Phi + x_0\sin\Phi) \text{ 或 } \Delta U_s = (PR + QX)/U_N$$

式中　ΔU_s——线路的电压损失，V；

I、Φ——流过线路的负荷电流，A；线路所带负荷的功率因数角；

R、X——线路的每相电阻、电抗，Ω；

P、Q——线路所带负荷的有功功率，W；无功功率，var；

r_0、x_0——线路每千米电阻、电抗，Ω/km；

L——线路的长度，km。

（2）在一条线路上接有多个负荷时，而且每个负荷的功率因数不一样，每段线路的导线截面不同，最后一个用电设备处的电压损失值的计算方法。

图 7-13 为具有分布负荷的供电线路。有三个用户分别接在线路的A、B、C三个点上，计算电压损失时，求出每

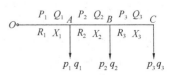

图 7-13　具有分布负荷的供电线路

段的电压损失，然后将各段的电压损失相加，以求出总的电压损失。

第一段线路（OA 段）

负荷功率 $P_1 = p_1 + p_2 + p_3$

$Q_1 = q_1 + q_2 + q_3$

电压损失 $\Delta U_1 = (P_1 R_1 + Q_1 X_1)/U_N$

第二段线路（AB 段）

负荷功率 $P_2 = p_2 + p_3$

$Q_2 = q_2 + q_3$

电压损失 $\Delta U_2 = (P_2 R_2 + Q_2 X_2)/U_N$

第三段线路（BC 段）

负荷功率 $P_3 = p_3$

$Q_3 = q_3$

电压损失 $\Delta U_3 = (P_3 R_3 + Q_3 X_3)/U_N$

整个线路的电压损失

$$\Delta U_s = \Delta U_1 + \Delta U_2 + \Delta U_3$$

如果有 n 段线路，则总的电压损失为：

$$\Delta U_s = (\Sigma P_i R_i + \Sigma Q_i X_i)/U_N$$

如果各段线路的导线型号和截面相同，则：

$$\Delta U_s = (r_0 \Sigma P_i L_i + x_0 \Sigma Q_i L_i)/U_N$$

式中 P_i——第 i 线路所带的有功负荷；

Q_i——第 Ⅰ 段线路的电阻、电抗 Ω，长度 km。

【例 7-2】某动力供电系统线路电压为 220/380V，系统为 TN-C 形式，具体连接方式如图 7-14 所示。

图中 O 为变电所的低压母线引出位置；A 点为某建筑的总配电箱；B 点为分配电箱；C 点为接入一个单台电动机。计算 C 点处电压损失的数值，并检验是否符合要求；如果不符合要求如何调整。条件如下：

1. 整条线路的导线采用铝芯塑料绝缘线穿钢管暗敷设。

2. OA 段长度（L_{OA}）为 150m，导线的截面为 70mm²。

AB 段长度（L_{AB}）为 50m，导线的截面为 50mm²。

BC 段长度（L_{BC}）为 30m，导线的截面为 2.5mm²。

3. A 点处的计算有功功率（P_A）为：80kW，功率因数为：0.8。

B 点处的计算有功功率（P_B）为：60kW，功率因数为：0.8。

C 点处的计算有功功率（P_C）为：7.5kW，功率因数为：0.8。

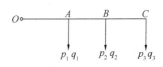

图 7-14 某动力供电
系统连接方式

解：1. 查表 7-6 得到各个段内的每单位长度的电阻值（R_0）和电抗值（X_0），计算每段长度内的电阻 R 和电抗值 X。

OA 段：$R_0 = 0.53$，$X_0 = 0.09$，$R_{OA} = R_0 L_{OA} = 0.0795Ω$，$X_{OA} = X_0 L_{OA} = 0.0135Ω$。

AB 段：$R_0 = 0.75$，$X_0 = 0.09$，$R_{AB} = R_0 L_{AB} = 0.0375Ω$，$X_{AB} = X_0 L_{AB} = 0.0045Ω$。

BC 段：$R_0 = 14.6$，$X_0 = 0.13$，$R_{BC} = R_0 L_{BC} = 0.438Ω$，$X_{BC} = X_0 L_{BC} = 0.0039Ω$。

2. 确定作用于各个干线段内的有功功率（P）和无功功率（Q）。

OA 段内：作用的总功率为 A、B、C 三点功率之和，其中有功功率 $P_{OA}=P_A+P_B+P_C=147.5$kW，无功功率为：$Q_{OA}=P_{OA}\tan\theta=110.625$kvar。

AB 段内：作用的总功率为 B、C 两点功率之和，其中有功功率 $P_{AB}=P_B+P_C=67.5$kW，无功功率为：$Q_{AB}=P_{AB}\tan\theta=50.625$kvar。

BC 段内：作用的总功率为 C 点的功率，其中有功功率 $P_{BC}=P_C=7.5$kW。

无功功率为：$Q_{BC}=P_{BC}\tan\theta=5.625$kvar

3. 计算每段的电压损失，确定总的电压损失。利用公式计算结果如下：

OA 段，电压损失为：34.59V；AB 段：电压损失为：7.26V；BC 段：电压损失为：8.7V，总的电压损失：50.55V。

计算过程简述如下：

$$\Delta U_{OA}=\frac{P_{OA}R_{OA}+Q_{OA}X_{OA}}{U_N}=\frac{147.5\times10^3\times0.079+110.63\times10^3\times0.0135}{380}$$

$$=34.59\text{V}$$

$$\Delta U_{AB}=\frac{P_{AB}R_{AB}+Q_{AB}X_{AB}}{U_N}=\frac{67.5\times10^3\times0.0375+50.63\times10^3\times0.0045}{380}$$

$$=7.26\text{V}$$

$$\Delta U_{BC}=\frac{P_{BC}R_{BC}+Q_{BC}X_{BC}}{U_N}=\frac{7.5\times10^3\times0.438+5.63\times10^3\times0.0039}{380}$$

$$=8.70\text{V}$$

$$\Delta U=\Delta U_{OA}+\Delta U_{AB}+\Delta U_{BC}=34.59+7.26+8.70=50.55\text{V}$$

4. 检验电压损失的数值是否符合要求。

根据规定，正常运行的条件下，电动机这类用电设备的端处电压偏移值的允许值不应超出和低于额定电压的 5%。本题中电压偏移的百分数值为：

（50.55/380）×100%＝13.3%，超出规定的数值。

5. 调整的方法。加大导线的截面和降低导线的电阻值（将铝芯的导体改变成铜芯）都可以降低电压损失的数值。

塑料绝缘线穿钢管时单位长度的电阻和电抗值表　　　　　表 7-6

导线截面	铝芯导体 (Ω/km)		铜芯导体 (Ω/km)	
（mm²）	电阻 R_0（65℃）	电抗 X_0	电阻 R_0（65℃）	电抗 X_0
2.5	14.60	0.13	8.69	0.13
4	9.15	0.12	5.43	0.12
25	1.48	0.10	0.88	0.10
50	0.75	0.09	0.44	0.09
70	0.53	0.09	0.32	0.09

（五）导线满足机械强度的要求

导线满足机械强度的要求是指在不同敷设条件下绝缘导线应满足最小允许截面的要求。目前我国对于这个方面有具体的要求，在选择导线时必须符合表 7-7 的要求。

绝缘导线最小允许截面（mm²）　　　　表 7-7

序号	用途、敷设方式	线芯的最小截面（mm²）		
		铜芯软线	铜　　线	铝　　线
1	照明用的灯头线 室内 室外	 0.4 1.0	 1.0 1.0	 2.5 2.5
2	穿管敷设的绝缘导线	1.0	1.0	2.5
3	移动式单片机用电设备 生活用 生产用	 0.75 1.0		
4	板孔穿线敷设的导线		1.0	2.5

（六）室内常用的导线、电缆的型号选择

导线、电缆的型号应按照所在的低压配电系统的额定电压、电力负荷的等级、敷设环境、敷设形式及其与附近电气装置、设施之间能否产生有害的电磁感应等要求来确定。明确地讲，导线、电缆的型号选择包括绝缘材料种类和导体材料种类的选择两个方面。

1. 额定电压的要求

导线、电缆的耐电压的额定数值必须大于其所在线路的额定电压数值。我国目前生产的导线和电缆适用于低压线路的电压值一般为 500V，在建筑电气供、配电系统中常用的电压值为 220/380V，所以一般情况下是可以满足要求的。

2. 电力负荷等级的要求

电力负荷的等级越高对导线和电缆的可靠性要求越高。目前导线和电缆中的导体材料有两种，即铜导体和铝导体。铜导体的价格比铝导体高，但铜导体比铝导体可靠性要高，使用的寿命长，因此高等级电力负荷一般采用铜导体的导线和电缆。对于有些要求不是很高的供配电系统也可以采用铝导体的导线和电缆，它的经济性体现得很明显。

3. 敷设环境的要求

敷设的环境可以分为：一般的环境、有防火要求的环境、有防水要求的环境以及高原和寒冷的环境。要根据导线电缆所处的环境相应地确定绝缘材料的种类，常用的导线和电缆有普通型、耐火、阻燃、耐寒和耐高温等形式。

4. 敷设形式的要求

理论上讲导线和电缆的敷设方式有两种，即：明敷设和暗敷设。明敷设是指导线或电缆直接或在各种保护管、线槽和各种保护体内，敷设于建筑的墙壁等表面处。暗敷设是指导线或电缆直接或在各种保护管、线槽和各种保护体内，敷设于建筑的墙壁、顶棚、地板内。对于建筑物室内的供配电系统来说一般情况下是采用暗敷设的方式。但是有些导线和电缆是敷设在建筑物专用的电气竖井内的墙壁上，这种情况下它的敷设方式有着一个专用的名称即竖井内敷设。另外还有桥架敷设方式，它是将导线或电缆置于一个可以用不同材料制成的架子上（称这个架子为桥架），导线和电缆沿着桥架敷设。将导线或电缆置于一个封闭槽内然后敷设，称为线槽敷设。

不同的敷设方式对应于不同形式的导线和电缆。这些具体的规定见有关设计手册。

第四节　低压配电系统及电气开关设备、保护装置的选择计算

低压供配电线路以及电气设备在使用时常常因电源电压及电流的变化而造成不良的后果。为了保证供配电线路及电气设备的安全运行，在供配电线路及电气设备上装设不同类型的保护装置。本节主要讲述低压供配电线路以及电气设备保护装置的选择与计算。

一、用电设备及供配电线路保护

为了安全地对各类用电设备供电，要对用电设备及其相应的配电线路进行保护。在民用建筑用电设备中，有些用电设备是各种电器的组合，由于结构复杂，它自身已设有保护装置，因此，在工程设计时不再考虑设单独的保护，而将配电线路的保护作为它们的后备保护，而有些电气设备（如照明电器、小风扇等）由于结构简单，一般无需设单独的电气保护装置，而把配电线路的保护作为它的保护。

1. 照明用电设备的保护

在民用建筑中，照明电器、风扇、小型排风机、小容量的空调器和电热器等，一般均从照明支路取用电流，通常划归照明负荷用电设备范围，所以都可由照明支路的保护装置作为它们的保护。

照明支路的保护主要考虑对照明用电设备的短路保护。对于要求不高的场合，可采用熔断器保护；对于要求较高的场合，采用带短路脱扣器的自动保护开关进行保护，这种保护装置同时可作为照明线路的短路保护和过负荷保护，一般只使用其中的一种就可以了。

2. 电力用电设备的保护

在民用建筑中，常把负载电流为 6A 以上或容量在 1.2kW 以上的较大容量用电设备划归电力用电设备。对于电力负荷，一般不允许从照明插座取用电源，需要单独从电力配电箱或照明配电箱中分路供电。除了本身单独设有保护装置的设备外，其余的设备都在分路供电线路上装设单独的保护装置。

对于电热器类用电设备，一般只考虑短路保护。容量较大的电热器，在单独回路装设短路保护装置时，可以采用熔断器或低压断路器作为其短路保护。

对于电动机类用电负荷在需要单独分路装设保护装置时，除装设短路保护外，还应装设过载保护，可由熔断器和带过载保护的磁力启动器（由交流接触器和热继电器组成）进行保护，或由带短路和过载保护的低压断路器进行保护。

3. 低压供配电线路的保护

对于低压供配电线路，一般主要考虑短路和过载两项保护，但从发展情况来看，过电压保护也不能忽视。

（1）低压配电线路的短路保护

所有的低压供配电线路都应装设短路保护，一般可采用熔断器或低压断路器保护。由于线路的导线截面是根据实际负荷选取的，因此，在正常运行的情况下，负荷电流一般不会超过导线的长期允许载流量。但是为了避开线路中短时间过负荷的影响（如大容量异步电动机的启动等），同时又能可靠地保护线路，当采用熔断器作短路保护时，熔体的额定电流应小于或等于电缆或穿管绝缘导线允许载流量的 2.5 倍；对于明敷绝缘导线，由于绝缘等级偏低，绝缘容易老化等原因，熔体的额定电流应小于或等于导线允许载流量的 1.5

倍。当采用自动开关作短路保护时，由于其过电流脱扣器具有延时性并且可调，可以避开线路中的短时过负荷电流，所以，过电流脱扣器的整定电流一般应小于或等于绝缘导线或电缆允许载流量的1.1倍。

短路保护还应考虑线路末端发生短路时保护装置动作的可靠性，当上述保护装置作为供配电线路的短路保护时，要求在被保护线路的末端发生单相接地短路以及两相短路时，其短路电流值应大于或等于熔断器熔体额定电流的4倍；如用低压断路器保护，则应大于或等于低压断路器过电流脱扣器整定电流的1.5倍。

（2）低压供配电线路的过负荷保护

低压供配电线路在下列场合应装设过负荷保护：

1）不论在何种房间内，由易燃外层无保护型导线（如BX、BLX、BXS型电线）构成的明配线路。

2）所有照明配电线路。对于无火灾危险及无爆炸危险的仓库中的照明线路，可以不装设过负荷保护。

过负荷保护一般可由熔断器或自动开关构成，熔断器熔体的额定电流或低压断路器过电流脱扣器的整定电流应小于或等于导线允许载流量的0.8倍。

（3）低压供配电线路的过压保护

对于民用建筑低压供配电线路，一般只要求有短路和过载两种保护，但从发展情况来看，还应考虑过电压保护。这是因为某些低压供电线路有时会意外地出现过电压，如高压架空线断落在低压线路上，三相四线制供电系统的零线断落引起中性点偏移，以及雷击低压线路等，都可能使低压供电线路上出现超过正常值的电压，使接在该低压线路上的用电设备因电压过高而损坏。为了避免这种意外情况，应在低压配电线路上采取适当分级装设过压保护的措施，如在用户配电盘上装设带过压保护功能的漏电保护开关等。

在低压配电线路上，应注意上下级保护电器之间的正确配合，这是因为当配电系统的某处发生故障时，为了防止事故扩大到非故障部分，要求电源侧、负载侧的保护电器之间具有选择性配合。

1）当上下级均采用熔断器保护时，一般要求上一级熔断器熔体的额定电流比下一级熔体的额定电流大2～3级（此处的"级"系指同一系列熔断器本身的电流等级）。

2）当上下级保护均采用低压断路器时，应使上一级低压断路器脱扣器的额定电流大于下一级脱扣器的额定电流，一般大于或等于1.2倍。

3）当电源侧采用低压断路器开关，负载侧采用熔断器时，应满足熔断器在考虑了正误差后的熔断特性曲线在低压断路器的保护特性曲线之下。

4）当电源侧采用熔断器，负载侧采用低压断路器时，应满足熔断器在考虑了负误差后的熔断特性曲线在低压断路器考虑了正误差后的保护特性曲线之上。

二、熔断器保护装置选择与计算示例

（一）保护用电设备选择及计算示例

1. 保护电力变压器的熔断器熔体电流的选择

保护电力变压器的熔体电流，根据经验应满足下式要求：

$$I_{N.FE} = (1.5 \sim 2)I_{1N.T} \tag{7-9}$$

式中　$I_{1N.T}$——电力变压器的额定一次电流。

上式既考虑到熔体电流要躲过变压器允许的正常过负荷电流，又考虑到要躲过变压器的尖峰电流和励磁涌流。尖峰电流可由变压器低压侧电动机自启动所引起。励磁涌流为变压器空载合闸时所出现的涌浪式电流，又称空载合闸电流，最大值可达（$8\sim10$）$I_{1N.T}$，但为时不长，类似启动电流性质，但励磁涌流衰减稍慢。

2. 保护电压互感器的熔断器熔体电流的选择

由于电压互感器二次侧的负荷很小，因此保护高压电压互感器的 RN2 型熔断器的熔体额定电流一般均为 0.5A。

3. 保护电动机的熔断器熔体电流的选择

对于单台电动机的情况：

熔体的额定电流等于或稍大于电路实际工作电流的 1.5～2.5 倍，即

$$I_{RN} \geqslant I \text{ 或 } I_{RN} = (1.5 \sim 2.5)I \tag{7-10}$$

对于多台电动机的情况：

选择多台电动机的供电干线总熔体的额定电流可以按下式计算，即

$$I_{RN} = (1.5 \sim 2.5)I_{NM} + \Sigma I_{N(N-1)} \tag{7-11}$$

式中 I_{NM}——设备中最大一台电动机的额定电流，A；

$I_{N(N-1)}$——设备中除了最大的一台电动机外其他所有电动机的额定电流，A。

熔体的选择要和导线及低压断路器相配合，可参考表 7-8，即导线或电缆长期允许负载电流（I）与熔断器熔体电流（I_{RN}）、低压断路器脱扣器整定电流（I_{GZD}、I_{SZD}）关系表。

负载电流与 I_{RN}、I_{GZD}、I_{SZD} 的关系

表 7-8

保 护 装 置	保 护 性 质	
	过载保护	短路保护
熔断器	$I_{RN} < 0.8I$	$I_{RN} < 2.5I$（电缆或穿管线） $I_{RN} < 1.5I$（导线明敷）
低压断路器长延时过电流脱扣器	$I_{GZD} < 0.8I$	$I_{GZD} < 1.11I$
低压断路器瞬时、短延时过电流脱扣器		I_{SZD} 不作规定

（二）保护线路选择与计算

熔断器主要用做电路的短路保护电器。为了将短路故障范围缩小到最小限度，熔断器在电路中的配置一定要遵循"选择性保护"的原则，即总是最靠近短路点的熔断器熔断，常用配置方案见图 7-15。虽然它前边的熔断器流过同样的短路电流，也不应熔断，这就叫做"选择性保护"或"选择性动作"。

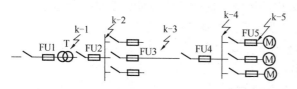

图 7-15 熔断器在低压放射式配电系统中的配置方案

必须注意：在低压系统中的 PE 线和 PEN 线上，绝对不允许装设熔断器，以免 PE 线或 PEN 线因熔断器熔断而断路，从而使所有接 PE 线或 PEN 线的设备外露可导电部分带电，危及人身安全。

1. 保护线路的熔断器熔体电流的选择

保护线路的熔断器熔体电流，应满足下列条件：

（1）熔体额定电流 $I_{\text{N.FE}}$ 应不小于线路的计算电流 I_c，以使熔体在线路正常运行时不致熔断，即：

$$I_{\text{N.FE}} \geqslant I_c \tag{7-12}$$

（2）熔体额定电流 $I_{\text{N.FE}}$ 还应躲过线路的尖峰电流 I_{PK}，以使熔体在线路出现尖峰电流时也不致熔断。由于尖峰电流为短时最大电流，而熔体加热熔断需要一定时间，所以满足的条件应为

$$I_{\text{N.FE}} \geqslant K I_{\text{PK}} \tag{7-13}$$

式中 K——小于1的计算系数。对供单台电动机的线路，如启动时间 $t_{\text{ST}} < 3\text{s}$（轻载启动），宜取 $0.25 \sim 0.35$；$t_{\text{ST}} = 3 \sim 8\text{s}$（重载启动），宜取 $0.35 \sim 0.5$；$t_{\text{ST}} > 8\text{s}$ 及频繁启动、反接制动，宜取 $0.5 \sim 0.6$。对供多台电动机的线路，视线路上最大一台电动机的启动情况、线路计算电流与尖峰电流的比值及熔断器的特性而定，取为 $0.5 \sim 1$；如线路计算电流与尖峰电流比值接近于1，则 K 可取为1。

（3）熔断器保护还应与被保护的线路相配合，使之不致发生因出现过负荷或短路引起绝缘导线或电缆过热甚至起燃而熔体不熔断的事故，因此还应满足以下条件

$$I_{\text{N.FE}} \leqslant K_{\text{OL}} I_{\text{al}} \tag{7-14}$$

式中 I_{al}——绝缘导线和电缆的允许载流量；

K_{OL}——绝缘导线和电缆的允许短时过负荷系数。如熔断器只作短路保护时，对电缆和穿管绝缘导线，取 2.5；对明敷绝缘导线，取 1.5。如熔断器不只作短路保护，而且要求作过负荷保护时，如居住建筑、重要仓库和公共建筑中的照明线路，有可能长时过负荷的动力线路以及在可燃建筑物构架上明敷的有延燃性外层的绝缘导线线路，则应取 1。

如果按（1）和（2）两个条件选择的熔体电流不满足（3）的配合要求，则应改选熔断器的型号规格，或者适当增大导线或电缆的线芯截面。

2. 熔断器的选择

熔断器的选择应满足下列条件：

（1）熔断器的额定电压 $U_{\text{N.FU}}$ 应不低于线路的额定电压 U_{N}，即

$$U_{\text{N.FU}} \geqslant U_{\text{N}} \tag{7-15}$$

（2）熔断器的额定电流 $I_{\text{N.FU}}$ 应不小于它所安装的熔体额定电流 $I_{\text{N.FE}}$，即

$$I_{\text{N.FU}} \geqslant I_{\text{N.FE}} \tag{7-16}$$

（3）熔断器的类型应符合安装条件（户内和户外）及被保护设备的技术要求。

此外，熔断器还必须按短路电流对其断流能力和短路稳定度进行校验，并按最小短路电流检验熔断器保护的灵敏度。

3. 前后级熔断器之间的配合和示例

前后级熔断器之间的选择性配合，就是在线路上发生故障时，应该是最靠近故障点的熔断器最先熔断，切除故障部分，从而使系统的其他部分迅速恢复正常运行。

如图7-16所示线路中，假设支线 WL2 的首端 k 点发生三相短路，则三相短路电流 I_{K} 要同时流过 FU_2 和 FU_1。但是按保护选择性要求，应该是 FU_2 的熔体首先熔断，切除故障线路 WL2，而 FU1 不再熔断，干线 WL1 恢复正常。但是熔体实际熔断时间与其标准保护特性曲线（又称"安秒特性曲线"）所查得的熔断时间可能有 $\pm(30\% \sim 50\%)$ 的偏

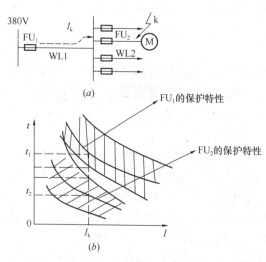

图 7-16 熔断器保护的选择性配合（注：斜线区是特性曲线的正负偏差范围）

(a) 熔断器在低压线路中的选择性配置；
(b) 熔断器的保护特性曲线及选择性校验

差。从最不利的情况考虑，设 k 点短路时，FU_1 的实际熔断时间 t_1 比标准保护特性曲线查得的时间 t_1' 小 50%（负偏差），即 $t_1 = 0.5t_1'$，而 FU_2 的实际熔断时间 t_2 又比由标准保护特性曲线查得的时间 t_2' 大 50%（正偏差），即 $t_2 = 1.5t_2'$。这时由图 7-13 可以看出，要保证前后两熔断器的动作选择性，必须满足的条件为：$t_1 > t_2$，即 $0.5t_1 \sim 1.5t_2$，因此保证前后熔断器之间选择性动作的条件为

$$t_1 > 3t_2 \qquad (7-17)$$

如果满足不了上式的要求，则应将前一熔断器的熔体电流提高 1～2 级，再进行校验。

【例 7-3】 如图 7-16 所示电路中，已知 FU_1 为 RM10 型，其 $I_{N.FE1} = 160A$；FU_2 为 RTO 型，其 $I_{N.FE2} = 100A$。

k 点发生三相短路的短路电流为 1kA。试检验这两组熔断器之间是否选择性配合。

解： 用 $I_{N.FE1} = 160A$ 和 $I_k = 1000A$ 查电工手册中熔断器的特性曲线得 $t_1 = 1.1s$，用 $I_{N.FE2} = 100A$ 和 $I_k = 1000A$ 查特性曲线得 $t_2 \approx 0.3s$，因此

$$t_1 = 1.1s > 3t_2 = 3 \times 0.3s = 0.9s$$

故这两组熔断器能保证选择性动作。

三、低压断路器保护装置选择计算

低压断路器中各种脱扣器的额定电流值，需要根据过流整定计算的结果，并必须考虑到各种保护装置之间的配合，方能正确选定。

（一）低压断路器在保护用电设备时瞬时（或短延时）过电流脱扣器的整定

瞬时过流脱扣器的动作电流应躲开线路的尖峰电流。所谓尖峰电流就是单台或多台用电设备在持续 1～2s 所通过的最大负荷电流 I_{PK}，如电动机的启动电流。这样，应有

$$I_{OP} \geqslant K_{rel} \cdot I_{PK} \qquad (7-18)$$

式中 I_{OP}——瞬时（或短延时）过电流脱扣器的整定电流，A；根据制造厂规定，它的整定电流调节范围约为：DW 型瞬时脱扣器动作电流 $I_{OP} = (10 \sim 20) I_{N.TK}$，$I_{N.TK}$ 为脱扣器的额定电流（下同）；DW 型短延时 $I_{OP} = (3 \sim 6) I_{N.TK}$，DZ 型瞬时脱扣器动作电流 $I_{OP} = (2 \sim 12) I_{N.TK}$；

K_{rel}——可靠系数，DW 型（开关动作时间大于 0.02s），取 $K_{rel} = 1.3 \sim 1.35$；DZ 型（开关动作时间小于 0.02s），取 $K_{rel} = 1.2 \sim 2s$；

I_{PK}——配电线路中的尖峰电流，A。

尖峰电流 I_{PK} 的确定如下：

1) 线路供电给单台电动机时，线路的尖峰电流等于电动机的启动电流，即 $I_{PK} = I_{qd}$。

2) 线路供电给多台电动机时，线路的尖峰电流可按下式确定

$$I_{PK} = I_{qd1} + I_{PK(N-1)} \tag{7-19}$$

式中　I_{PK}——尖峰电流，A；

$\quad\quad I_{qd1}$——启动电流最大的一台电动机的启动电流，A；

$\quad I_{PK(N-1)}$——线路中除去启动电流最大的一台电动机外的计算电流，A。

（二）保护线路选择及计算示例

1. 低压断路器过流脱扣器的选择

过流脱扣器的额定电流 $I_{N.OR}$ 应不小于线路的计算电流 I_c，即

$$I_{N.OR} \geqslant I_c \tag{7-20}$$

2. 低压断路器热脱扣器的选择

热脱扣器的额定电流 $I_{N.T}$ 也应不小于线路的计算电流 I_c，即

$$I_{N.TR} \geqslant I_c \tag{7-21}$$

3. 低压断路器的选择

低压断路器的选择，应满足下列条件：

（1）低压断路器的额定电压 $U_{N.QF}$，应不低于线路的额定电压 U_N，即

$$U_{N.QF} \geqslant U_N \tag{7-22}$$

（2）低压断路器的额定电流 $I_{N.QF}$ 应不小于它所安装的脱扣器额定电流 $I_{N.OR}$ 和 $I_{N.TR}$，即

对过流脱扣器　　　　　　　　　$I_{N.QF} \geqslant I_{N.OR} \tag{7-23}$

对热脱扣器　　　　　　　　　　$I_{N.QF} \geqslant I_{N.TR} \tag{7-24}$

（3）低压断路器的类型应符合安装条件、保护性能及操作方式的要求，由此同时选择其操作机构形式。

4. 低压断路器过流脱扣器动作电流的整定

低压断路器可根据保护要求装设瞬时过流脱扣器、短延时过流脱扣器和长延时过流脱扣器。前两种脱扣器作短路保护，后一种大多做过负荷保护。它们的动作电流（又称整定电流或脱扣电流）I_{OP} 的整定要求如下：

（1）瞬时过流脱扣器的动作电流 $I_{OP(0)}$，应躲过线路的尖峰电流 I_{PK}，即

$$I_{OP(0)} \geqslant K_{rel}I_{PK} \tag{7-25}$$

式中　K_{rel}——可靠系数，对塑壳式断路器（如 DZ 型），可取 1.7～2；对万能式断路器（如 DW 型），可取 1.35；对供多台设备的干线，可取 1.3。

（2）短延时过流脱扣器的动作电流 $I_{OP(S)}$，也应躲过线路的尖峰电流 I_{pk}，即

$$I_{OP(S)} \geqslant K_{rel}I_{PK} \tag{7-26}$$

式中　K_{rel}——可靠系数，可取为 1.2。

短延时过流脱扣器的动作时间一般分 0.2s、0.4s 和 0.6s 三种，按前后保护装置保护选择性要求来整定，应使前一级保护的动作时间比后一级保护的动作时间长一个时间级差。

（3）长延时过流脱扣器的动作电流 $I_{OP(1)}$ 应躲过线路计算电流 I_c，即

$$I_{OP(1)} \geqslant K_{rel}I_c \tag{7-27}$$

式中　K_{rel}——可靠系数，可取 1.1。

长延时过流脱扣器的动作时间，应躲过允许短时过负荷时持续时间，以免误动作。

（4）过流脱扣器的动作电流 I_{OP} 还应与被保护线路相配合，使之不致发生因出现过负荷或短路引起绝缘导线或电缆过热甚至起燃而断路器不脱扣切断线路的事故，因此还应满足以下条件：

$$I_{OP} \leqslant K_{OL} I_{al} \tag{7-28}$$

式中　I_{al}——绝缘导线和电缆的允许载流量；

　　　K_{OL}——绝缘导线和电缆的允许短时过负荷系数，对瞬时和短延时过流脱扣器，一般取

　　　　4.5；对长延时过流脱扣器，作短路保护时取 1.1，只作过负荷保护时取 1。

如果不满足以上配合要求，则应改选脱扣器动作电流，或适当加大导线或电缆的线芯截面。

（5）低压断路器热脱扣器动作电流的整定热脱扣器的动作电流 $I_{OP.TR}$ 也应躲过线路的计算电流 I_C，即

$$I_{OP.TR} \leqslant K_{rel} I_C \tag{7-29}$$

式中　K_{rel}——可靠系数，亦可取 1.1，但一般应通过实际试验来检验。

（三）前后级低压断路器之间的配合和示例

前后低压断路器之间的选择性配合最好是按其保护特性曲线检验，偏差范围可考虑 $\pm$（20%～30%），前一级考虑负偏差，后一级考虑正偏差。但这比较麻烦，而且由于各厂生产的产品性能出入较大，因而使之实现选择性配合有一定困难，因此新订国标 GBJ 54 修订本提出，对于非重要负荷，允许无选择性地切断。

一般来说，要保证前后两低压断路器之间的选择性动作，前一级断路器宜采用带短延时的过流脱扣器，而且其动作电流大于后一级瞬时过流脱扣器动作电流一级以上，至少前一级的动作电流 $I_{OP.1}$ 应大于或等于后一级动作电流 $I_{OP.2}$ 的 1.2 倍，即

$$I_{OP.1} \geqslant 1.2 I_{OP.2} \tag{7-30}$$

第五节　低压配电系统、配线工程的设计

一、配电系统的配置形式和作用

（一）低压断路器在低压配电系统中的配置

在建筑供配电系统中的低压配电系统通常采用三级配电形式，即总配电箱、分配电箱和负荷配电箱，总配电箱和分配电箱主要作用是电能的分配，它的保护对象是配电线路。它要对线路上出现的短路、过负荷、接地故障和中性线故障等进行线路保护，从而确保线路可以安全可靠的配送电源。负荷配电箱除了要实现对负荷线路进行保护外，它还要承担对用电负荷出现的短路、过负荷等故障出现时对用电负荷进行保护。目前起到这些保护作用的电气装置采用的是断路器，只需将断路器的保护特性按照保护对象设定就可以达到保护作用。

图 7-17 中总配电箱设置总的断路器是为了实现电源总分断作用和总配电箱内母线的保护，分支断路器实现线路的保护

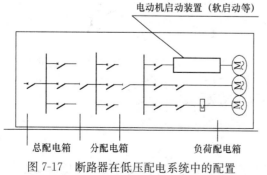

电动机启动装置（软启动等）

总配电箱　分配电箱　负荷配电箱

图 7-17　断路器在低压配电系统中的配置

作用。分配电箱中设置了总的低压隔离开关，为了实现更换断路器，每个分支回路断路器实现线路的保护作用。负荷配电箱列出了三种电动机的控制和保护形式，无论是哪一种都设置了断路器，作用是对电动机和线路进行保护。

（二）低压配电线路保护配置及装设要求

1. 保护配置

（1）配电线路应装设短路保护。保护电器应装设在回路的电源侧、线路的分支处和线路截面减小处。室外配电线路引入室内后宜装设保护电器。在连接处或分支处装设保护电器有困难时，可安装在连接点或分支点 3m 以内便于操作维修的地点。从高处干线引下的具有不延燃性外护层或穿管敷设的分支线，保护电器可安装在距分支点 30m 以内便于操作维修的地点。但在保护装置安装处发生单相或两相短路时，上一级保护能可靠动作。

（2）符合下列情况之一者，线路截面减小处或分支处可以不装设保护电器：

1）上级保护已能保护截面减小的全段线路或全段分支线时；

2）线路首端保护电器的熔丝电流或脱扣器整定电流小于 15A 时；

3）室外架空配电线路，但道路照明的每个灯具宜加装熔断器；

4）配电装置内部从母线上接往保护电器的分支线。

（3）下列线路应装设过负荷保护：

1）居住建筑、重要仓库和公共建筑中的照明线路；

2）有可能长时间过负荷的电力线路，但裸导体除外；

3）在燃烧体或难燃烧体结构上，带有延燃性外护套绝缘导线的线路。

（4）除自动切换的线路外，配电线路不宜装设低电压保护。

（5）TT 系统、触电危险性较高的场合或 TN 系统中单相接地短路不能在要求的时间内切除故障时，可采用漏电保护。

2. 配置要求

（1）熔断器应装在不接地的各相上。PEN 及 N 线上不应装设熔断器。

（2）低压断路器的过电流脱扣器应装在不接地的各相上。在中性点不接地的三相网络中（HT 系统），可仅在二相上装设过电流脱扣器，此时，对由同一电源供电的配电线路，过电流脱扣器都应装设在相同的两相上。

（3）单相用电设备的 PEN 线及 N 线上可装设过电流脱扣器，但其过电流脱扣器动作后必须同时开断相线，严禁保护设备开断 PE 线。

（4）熔体额定电流或长延时脱扣器整定电流，应尽量接近而又不小于线路负荷计算电流，并在出现正常尖峰电流时不会产生误动作。

（5）配电线路各级之间保护应具有选择性，当达不到此要求时，应尽量使变压器低压侧第一级保护具有选择性；上下级熔丝电流尽量保持适当级差。低压断路器除带长延时脱扣器外，应带瞬时脱扣器，或采用复式脱扣器。

二、低压动力配线平面图、配电系统图的读识

（一）低压动力配电系统图

在建筑供、配电的系统中，将给三相用电设备的供电系统称为动力配电系统。配电系统图是用单线来表示三相线路并采用国家规定的图形、文字符号和绘制方法来表示出线路中配电设备与用电设备的连接方式，配电设备之间的连接方式，以及配电设备中所设置的用电设备保护和开关、控制装置的规格、型号等有关数据。它和配电平面图相对应共同表示出低压动力配电系统的实际情况。

（二）低压动力配线平面图

低压动力配线平面图应分为室外和室内两种类型。本书仅讲述室内的动力配线平面图。它是在建筑平面图的基础上，采用国家规定的图形、文字符号和绘制方法来进行绘制的，它可以表示出用电设备安装的实际位置、标高、容量，并表示出给用电设备配电线路的型号、敷设方式、部位和敷设的路径。详见附表 15、附表 16。

动力配线平面图绘制所采用的国标 4728 中的有关规定如下：

（1）图形的表示方式和文字表示方式的规定。

（2）用电设备的标准标注：

标注的格式：$\dfrac{a}{b}$

$$或 \quad \frac{a}{b} \bigg| \frac{c}{d}$$

其中 　a——设备的工艺编号（根据生产工艺由上艺设计人员编写）；

　　　b——设备的额定容量，kW；

　　　c——线路首端保护电气设备的整定电流值，A；

　　　d——设备的出线口（接线端子处的接线点）标高，m。

（3）配电设备的标准标注格式：

$$a-b-c \quad a\dfrac{b}{c}$$

其中 　a——设备编号（电气设备的编号）；

　　　b——设备的型号；

　　　c——设备的容量，kW。

（4）导线的标准标注格式：

d（e×f）G—g

其中 　d——导线型号；

　　　e——同一管内导线的根数；

　　　f——导线的截面单位，mm^2；

　　　G——导线所穿的保护管的材料代号和管径详见附表 15、附表 16；

　　　g——导线的敷设方式，详见附表 15、附表 16。

（5）配电设备和导线的标注一起进行时：

$$a\dfrac{b-c}{d（e×f）G-g}$$

（三）配线平面图、配电系统图的读识举例

图 7-18、图 7-19 是某个建筑物内水处理房间的动力配线工程设计图和动力配电系统设计图，设计文件分为设计说明、设备表和图纸三个部分。设计说明部分在下一节讲述，这里主要讲述图纸的读识。设备表 7-9 是工艺设计人员提供的，电气设计用技术数据是电气设计人员统计的。

序号	工艺编号	设备名称	数量	额定功率（kW）/额定电压（V）	备 注
1	1	热水循环泵	2	1.1/380	
2	2	臭氧发生器	1	3.5/380	
3	3	电磁阀	2	0.1/220	
4	4	增压泵	1	2.2/380	
5	5	絮凝计量泵	1	2.2/380	
6	6	pH 值计量泵	1	2.2/380	
7	7	余氧计量泵	1	2.2/380	
8	8	循环水泵	3	18.5/380	二用一备
9	9	排污泵	1	2.2/380	

某建筑水处理房间设备表 表 7-9

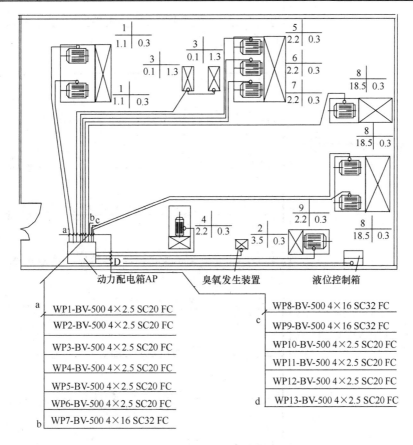

图 7-18 水处理间动力配线平面图

1. 动力配线平面图的读识

（1）图中有动力配电箱一台（编号为 AP，其中 A 表示箱，P 表示动力。），配电箱的输出回路为 14 条。有一条是备用的未画出。回路的编号为 WP1-WP13。W 表示线路；P 表示动力；WP 表示动力线路。

（2）图中有用电设备 13 台，设备编号见设备表。FC 表示线路的敷设方式为沿地暗敷设。

（3）图中小圆所表示的是接线口的位置，通常情况下要标出出线口的高度。

（4）图中的导线标注是按照规定标出，如 FC 表示线路的敷设方式为沿地暗敷设，SC 表示保护管为钢管，后面的数字代表是管径。

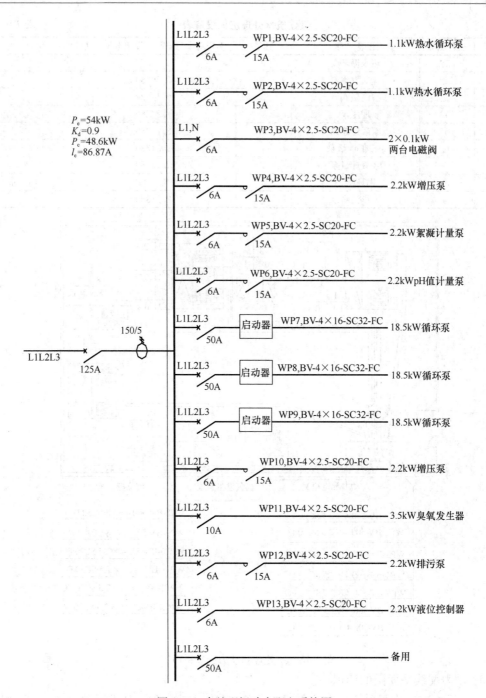

图 7-19 水处理间动力配电系统图

如果导线的型号和规格均相同不必每个回路都标出，仅标出回路的编号即可，而导线的具体技术参数采用文字说明的形式即可。

（5）图中的配电箱、控制箱的安装高度也是在说明中用文字表示的。

2. 动力配电系统图的读识

在系统图中要表示出配电箱中控制和保护设备的技术参数，以及配出回路的编号，引至安装在用电设备旁的启动设备、控制设备的技术参数，还要表示出用电设备的技术参数、平面图中的编号、额定功率等。

同时也要表示出配电箱、控制保护设备、用电设备这三者之间连接导线的型号、规格、截面和导线的根数等。另外配电箱计算负荷的结果也应该标明，包括额定功率、计算电流、功率因数、电压损失等有关数据。图 7-18 中未表示出设备的型号，只表示出技术数据。互感器表示的是变比，断路器表示的是动作电流值。

如果一个配电系统是由多个配电箱组成，每个配电箱的绘制方式均相同。配电箱之间是靠导线连接的，它们连接的形式就是供电系统的接线形式。将多个配电箱的连接形式绘制成图，并表示出导线、保护、控制设备之间的关系以及有关技术数据，称该图为配电系统图。

动力配线平面图和配电箱的系统图应该是统一的，相互之间说明、补充。但是它们又有着不同的作用，平面图是指导安装与施工的依据，系统图是保证供电的可靠性和控制设备正常运行的依据。本书中的平面图和系统图不是对应的，请按平面图和系统图分别设想出对应的系统图和平面图。

三、设计练习

以某学院锅炉房动力配电设计为例，讲述设计步骤和过程。工程名称是学院锅炉房供、配电工程设计。

（一）设计条件

1. 电源为 220/380V 交流，接地系统形式为 TN—C。采用电力电缆由沿地直埋形式引入，引入位置锅炉房轴线号为 11 和 B 交界处。一层设备平面布置图（图 7-20）一张，

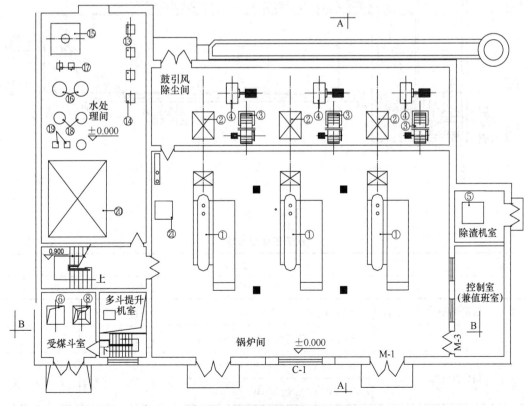

图 7-20　锅炉房设备布置平面图

剖面图（图 7-21）两张和设备表（表 7-10）一份。

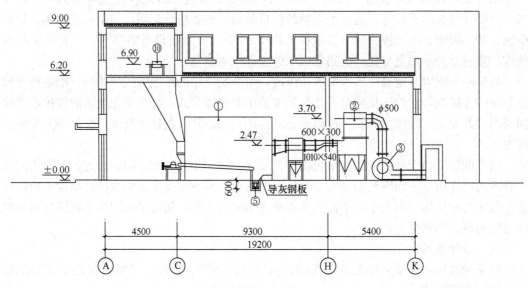

A—A剖面图 1：100

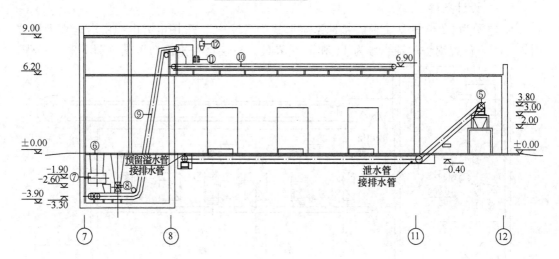

图 7-21　剖面图

锅炉主要设备表　　　　　　　　　　　　　　　　　　　　　表 7-10

主 要 设 备 表					
编号	名　称	规　格	单位	数量	备　注
1	燃煤蒸汽锅炉	SZL4-1.25-AⅡ　　$N=1.5kW$	台	3	
2	除尘器	SXJ-Ⅱ-4　处理烟气量$=12000m^3/h$	台	3	
3	锅炉引风机	风量 13794m³/h　风压 3323Pa	台	3	
		Y5-48N 8C　$N=30kW$			

主　要　设　备　表

编号	名　称	规　格	单位	数量	备　注
4	锅炉鼓风机	风量 10562m³/h　风压 1673Pa 4-72N　4.5A　$N=7.5$kW	台	3	
5	除渣机	GBC-B50-3　$N=5.5$kW	台	1	
6	固定筛	1200×1200	个	1	
7	给煤机	K_1型往复给料机　$N=4$kW	台	1	
8	粉碎机	环锤式粉碎机 PCH0404　$N=11$kW	台	1	
9	倾角上煤机	DDJ 大倾角胶带输送机 $B=650$ $N=7.5$kW	台	1	
10	水平上煤机	TD75 带式输送机　$B=650$　$N=4.0$kW	台	1	
11	电磁除铁器	$N=1.25$kW	台	1	
12	电动葫芦	$N=2.2$kW	个	1	
13	蒸汽锅炉给水泵	$N=5.5$kW　$H=160$m ZGGC6-160/17　$Q=6$m³/h	台	3	
14	蒸汽泵	$H=170$m ZQS6/17　$Q=6$m³/h	台	1	
15	暖气塔、反应箱	$N=0.6$kW	套	1	
16	除铁、除锰过滤器	MCT-12　$Q=15$m/h	套	1	
17	工作泵	$Q=18$m³/h　$H=36$m　$N=3.0$kW	台	2	与全自动软化水设备配套
18	全自动软化水设备	DDQ-2900A　$Q=15$m³/h	台	2	
19	全自动常温除氧器	水泵 $Q=24$m³/h　$H=40$m　$N=5.5$kW JMY-15　$Q=15$m³/h	套	1	
20	软化、除氧水箱	4000×5000×2000	个	1	
21	集水坑	1200×1200×1200	个	1	

2. 出线口标高见图

3. 线路敷设；低压配电导线选用铜芯聚氯乙烯绝缘线（BV）穿钢管埋地、沿墙及地面、顶棚暗敷设。

（二）设计内容和要求

1. 供电系统的设计，绘制系统图

（1）采用国家规定的图形、文字符号和绘制方法，绘制出供电系统的组成形式。

（2）表示出配电设备和配电设备之间以及配电设备和用电设备之间的连接方式，以及连接导线的型号截面和根数。

（3）表示出配电设备中开关保护、控制装置设备的型号、规格等相关技术参数，如断路器的动作电流值等。

（4）表示出配电设备有关参数标注，包括：设备容量、需要系数、功率因数、计算容量、计算电流。

2. 动力配电平面图的设计，绘制动力配线平面图

（1）在工艺布置图的基础之上，采用国家规定的符号和绘制方法进行绘制。

（2）表示出用电设备的安装位置、标高和容量。

（3）表示出配电设备的安装位置、标高和型号。

（4）表示出配电线路的回路编号、管线的型号、导线的截面和根数以及管线敷设方式、部位和路径。

3. 计算书一份

（1）负荷的计算过程（采用需要系数法）。

（2）列出负荷计算表。

（3）导线截面和根数的选择过程。

（4）断路器、开关的选择过程。

（三）设计步骤

1. 按照使用的功能构成供电系统框图

（1）电源引入配电柜的接线形式同开关、保护装置在低压配电系统中的配置方案。

（2）设计的配出配电柜的型号，按照设计回路数量选择配电输出回路，按照每个配电回路的开关配置回路，如：隔离开关和断路器的组合。另外，每一个配出回路应该具有工作电流指示，因此设置电流互感器。

（3）总的供电回路要设电能计量表。

2. 负荷计算，采用需要系数法，正确选择需要系数值，列出负荷计算表

3. 导线型号截面和敷设方式的选择

4. 保护和控制设备的选择

5. 系统图的绘制

6. 动力配线平面图的绘制

7. 设计说明和计算书的编制

（四）设计提示

1. 低压动力配电系统图

在建筑供、配电的系统中，将给三相用电设备的供电系统称为动力配电系统。

配电系统图是用单线来表示三相线路并采用国家规定的图形、文字符号和绘制方法来表示出线路中配电设备与用电设备的连接方式，配电设备之间的连接方式，以及配电设备中所设置的用电设备保护和开关、控制装置的规格、型号等有关数据，它和配电平面图相对应共同表示出低压动力配电系统的实际情况。

2. 低压动力配线平面图：

低压动力配线平面图应分为室外和室内两种类型。

室内的动力配线平面图，它是在建筑平面图的基础上，采用国家规定的图形、文字符号和绘制方法来进行绘制的，它可以表示出用电设备安装的实际位置、标高、容量，并表示出给用电设备配电线路的型号、敷设方式、部位和敷设的路径。

本 章 小 结

本章分五个部分讲述了低压配电系统：

一、低压配电系统的组成形式

1. 低压配电系统的组成形式：放射式、树干式和混合式。

2. 高层建筑的低压配电系统的主要形式有：单干线、交叉式单干线、双干线。

3. 建筑群的低压配电系统的主要形式有：环网式、格式网络。

二、低压配电系统中电缆和导线型号及截面的选择计算

1. 常用导线、电缆的型号和规格及其选择。

2. 常用导线、电缆截面的选择。

三、低压配电系统及电气开关设备、保护装置的选择计算

1. 低压供配电线路以及电气设备的保护装置。

2. 低压供配电线路以及电气设备保护装置的选择与计算。

四、开关、保护装置在低压配电系统中的配置及低压配电平面图和系统图的读识

1. 开关、保护装置在低压配电系统中配置的各种方案及要求。

2. 低压动力配线平面图、配电系统图的读识。

主要讲述了动力配线平面图和动力配电箱系统图的读识。

复 习 思 考 题

1. 保护线路的熔断器的熔体电流应按哪两个基本条件选择，为什么还要与被保护线路相配合？

2. 前后熔断器之间如何才能实现选择性的配合？

3. 低压断路器的瞬时过流脱扣器、短延时过流脱扣器、长延时过流脱扣器和热脱扣器各自作什么保护？其动作电流各如何整定？

4. 电流互感器和电压互感器各如何选择？

5. 选择导线和电缆截面应满足哪些条件？

6. 一般三相四线制的中性线截面如何选择，如三次谐波电流突出的线路的中性线截面又如何选择？两相三线线路和单相线路的中性线截面又如何选择？

7. 保护线截面一般如何选择？当相线截面 $A \leqslant 16\text{mm}^2$ 时，保护线截面又如何选择？

8. 保护中性线截面如何选择？

第八章　建筑物的防雷

第一节　过电压与防雷设备

一、过电压及其有关概念

（一）过电压的形式

过电压是指在电气设备或线路上出现的超过正常工作要求并威胁其电气绝缘的电压。过电压按其发生的原因可分为两大类，即内部过电压和雷电过电压。

1. 内部过电压

内部过电压是由于电力系统内部电磁能量的转化或传递所引起的电压升高。

内部过电压又分为操作过电压和谐振过电压等形式。操作过电压是由于系统中的开关操作、负荷聚变或由于故障出现断续性电弧而引起的过电压。谐振过电压是由于系统中的电路参数（R、L、C）在特定组合时发生谐振而引起的过电压。内部过电压的能量来源于电网本身。

运行经验证明，内部过电压一般不会超过系统正常运行时额定电压的 3～3.5 倍。内部过电压的问题一般可以依靠绝缘配合而得到解决。

2. 雷电过电压

雷电过电压又称为大气过电压，它是由于电力系统内的设备或构筑物遭受直接雷击或雷电感应而产生的过电压。由于引起这种过电压的能量来源于外界，故又称为外部过电压。雷电过电压产生的雷电冲击波，其电压幅值可高达 10^8 V，其电流幅值可高达几十万安，因此对电力系统危害极大，必须采取有效措施加以防护。

雷电过电压的基本形式有三种：

（1）直击雷过电压（直击雷）。雷电直接击中电气设备、线路或建筑物，强大的雷电流通过该物体泄入大地，在该物体上产生较高的电位降，称为直击雷过电压。雷电流通过被击物体时，将产生有破坏作用的热效应和机械效应，相伴的还有电磁效应和对附近物体的闪络放电（称为雷电反击或二次雷击）。

（2）感应过电压（感应雷）。当雷云在架空线路（或其他物体）上方时，由于雷云先导的作用，使架空线路上感应出与先导通道符号相反的电荷。雷云放电时，先导通道中的电荷迅速中和，架空线路上的电荷被释放，形成自由电荷流向线路两端，产生很高的过电压（高压线路可达几十万伏，低压线路可达几万伏）。

（3）雷电波侵入。由于直击雷或感应雷而产生的高电位雷电波，沿架空线路或金属管道侵入变配电所或用户而造成危害。据统计，供电系统中由于雷电波侵入而造成的雷害事故，在整个雷害事故中占 50% 以上。因此，对其防护问题应予以足够的重视。

（二）雷电的有关概念

1. 雷电流的幅值和陡度

雷电流幅值 I_m 的变化范围很大，一般为数十至数百千安。雷电流幅值一般在第一次闪击时出现。

雷电流的幅值和极性可用磁钢记录器测量。

典型的雷电流波形如图 8-1 所示。雷电流一般在 $1\sim4\mu s$ 内增长到幅值 I_m。雷电流在幅值以前的一段波形称为波前；从幅值起到雷电流衰减至 $\frac{I_m}{2}$ 的一段波形称为波尾。雷电流的陡度 α 用雷电流波前部分增长的速率来表示，即 $\alpha=\mathrm{d}i/\mathrm{d}t$。雷电流的陡度可用电花仪组成的陡度仪测量。据测定 α 可达 $50\mathrm{kA}/\mu s$。雷电流是一个幅值很大、陡度很高的冲击波电流。

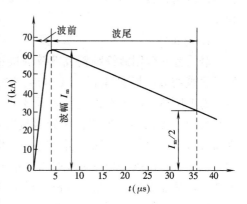

图 8-1　雷电流波形

2. 年平均雷暴日数 T_d 雷电的大小与多少和气象条件有关

为了统计雷电的活动频繁程度，一般采用雷暴日为单位。在一天内只要听到雷声或者看到雷闪就算一个雷暴日。由当地气象台站统计的多年雷暴日的年平均值，称为年平均雷暴日数。此值超过 40d 的地区称为多雷区。也有用雷暴小时作单位的，即在 1h 内只要听到雷声或看到雷闪就算一个雷暴小时。我国大部分地区一个雷暴日约折合为 3 个雷暴小时。

3. 年预计雷击次数

这是表征建筑物可能遭受的雷击频率的一个参数。建筑物年预计雷击次数应按下式计算：

$$N = k \times N_g \times A_e \tag{8-1}$$

式中　N——建筑物年预计雷击次数（次/a）；

　　　k——校正系数，在一般情况下取 1，在下列情况下取相应数值：位于河边、湖边、山坡下或山地中土壤电阻率较小处、地下水露头处、土山顶部、山谷风口等处的建筑物，以及特别潮湿的建筑物取 1.5；金属屋面没有接地的砖木结构建筑物取 1.7；位于山顶上或旷野的孤立建筑物取 2；

　　　N_g——建筑物所处地区雷击大地的年平均密度（次/($\mathrm{km}^2 \cdot \mathrm{a}$)），$N_g=0.1T_d$；

　　　A_e——与建筑物截收相同雷击次数的等效面积（km^2）。

二、防雷装置

防雷装置是指接闪器、引下线、接地装置、过电压保护器及其他连接导体的总合。

国际电工委员会标准 IEC1024—1 文件把建筑物的防雷装置分为两大类——外部防雷装置和内部防雷装置。外部防雷装置由接闪器、引下线和接地装置组成，即传统的避雷装置。内部防雷装置主要用来减小建筑物内部的雷电流及其电磁效应。例如装设避雷器和采用电磁屏蔽、等电位联结等措施，用以防止反击、接触电压、跨步电压以及雷电电磁脉冲所造成的危害。建筑物的防雷设计必须将外部防雷装置和内部防雷装置作为整体统一考虑。限于篇幅，下面主要介绍传统的外部防雷装置。

（一）接闪器

接闪器就是专门用来接受雷闪的金属物体。接闪的金属杆，称为避雷针。接闪的金属线，称为避雷线或架空地线。接闪的金属带、金属网，称为避雷带、避雷网。特殊情况下也可直接用金属屋面和金属构件作为接闪器。所有接闪器都必须经过引下线与接地装置相连。

1. 避雷针

避雷针一般用镀锌圆钢或镀锌焊接钢管制成。它通常安装在构架、支柱或建筑物上，其下端经引下线与接地装置焊接。

如上所述，避雷针的功能实质上是引雷。由于避雷针高出被保护物，又和大地直接相连，当雷云先导接近时，它与雷云之间的电场强度最大，因而可将雷云放电的通路吸引到避雷针本身，并经引下线和接地装置将雷电流安全地泄放到大地中去，使被保护物体免受直接雷击。所以，避雷针实质上是引雷针，它把雷电波引入地下，从而保护了附近的线路、设备及建筑物等。

避雷针的保护范围，以它能防护直击雷的空间来表示。

避雷针的保护范围是人们根据雷电理论、模拟试验和雷击事故统计等三种研究结果进行分析而规定的。

我国过去的防雷设计规范或过电压保护规程，对避雷针或避雷线的保护范围是按"折线法"来确定的，而新制订的国家标准《建筑物防雷设计规范》GB 50057—2010 则参照国际电工委员会（IEC）标准规定采用"滚球法"来确定。

所谓"滚球法"就是选择一个半径为 h_r（滚球半径）的球体，沿需要防护直击雷的部位滚动；如果球体只触及接闪器或者接闪器和地面，而不触及需要保护的部位时，则该部位就在这个接闪器的保护范围之内。

采用"滚球法"来计算保护范围的原理是以闪击距离为依据的。滚球半径 h_r 就相当于闪击距离。滚球半径较小，相当于模拟雷电流幅值较小的雷击，保护概率就较高。滚球半径是按建筑物的防雷类别确定的。

单支避雷针的保护范围，按《建筑物防雷设计规范》GB 50057—2010 规定，应按下列方法确定（图 8-2）。

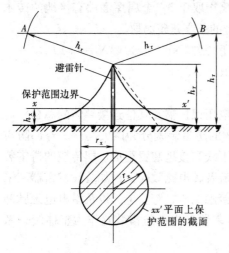

图 8-2 单支避雷针的保护范围

（1）当避雷针高度 $h \leqslant h_r$ 时

1）距地面 h_r 处作一个平行于地面的平行线。

2）以避雷针的针尖为圆心、作弧线交平行线于 A、B 两点。

3）以 A、B 为圆心，h_r 为半径作弧线，该弧线与针尖相交，并与地面相切。由此弧线起到地面止的整个锥形空间就是避雷针的保护范围。

4）避雷针在被保护物高度 h_x 的 xx' 平面上的保护半径 r_x 按下式计算

$$r_x = \sqrt{h(2h_r - h)} - \sqrt{h_x(2h_r - h_x)} \quad (8-2)$$

式中 h_r——滚球半径，按表 8-1 确定。

（2）当避雷针高度 $h > h_r$ 时，在避雷针上取高度 h_r 的一点代替避雷针的针尖作为圆心。其余的

做法如同上述 $h \leqslant h_r$。

关于两支及多支避雷针的保护范围，可参看《建筑物防雷设计规范》或有关设计手册，此略。

【例 8-1】 某厂一座 30m 高的水塔旁边，建有一水泵房（属第三类防雷建筑物），尺寸如图 8-3 所示。水塔上面装有一支高 2m 的避雷针。试问此避雷针能否保护这一水泵房。

解： 查表 8-1 知滚球半径 $h_r = 60m$，而 $h = 30 + 2 = 32m$，$h_x = 8m$，因此由式（8-2）得保护半径：

$$r_x = \sqrt{32 \times (2 \times 60 - 32)} - \sqrt{8 \times (2 \times 60 - 8)} = 23.13m$$

现水泵房在 $h_x = 8m$ 高度上最远一角距离避雷针的水平距离为

$$r = \sqrt{(12 + 6)^2 + 5^2} = 18.7m < r_x$$

可见水塔上的避雷针完全能保护这一水泵房。

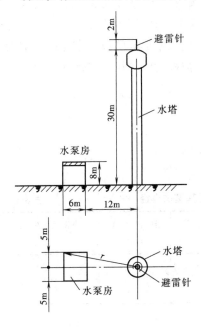

图 8-3　例 8-1 所示避雷针的
保护范围

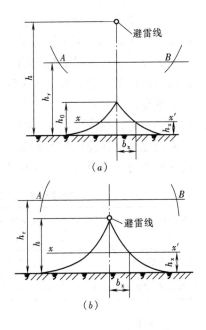

图 8-4　单根避雷线的保护范围
(a) 当 $2h_r > h > h_r$ 时；(b) 当 $h \leqslant h_r$ 时

2. 避雷线

避雷线架设在架空线路的上边，用以保护架空线路或其他物体（包括建筑物）免遭直接雷击。由于避雷线既架空又接地，因此它又称为架空地线。避雷线的原理和功能与避雷针基本相同。

单根避雷线的保护范围，按 GB 50057—2010 规定：当避雷线高度 $h \geqslant 2h_r$ 时，无保护范围。当避雷线高度 $h < 2h_r$ 时，应按下列方法确定保护范围（图 8-4）。

（1）距地面 h_r 处作一平行于地面的平行线。

（2）以避雷线为圆心，h_r 为半径，作弧线交上述平行线于 A、B 两点。

（3）以 A、B 为圆心，h_r 为半径作弧线，这两条弧线相交或相切，并与地面相切。由此弧线起到地面止的整个空间就是避雷线的保护范围。

（4）当 $2h_r > h > h_r$ 时，保护范围最高点的高度 h_0 按下式计算：

$$h_0 = 2h_r - h \tag{8-3}$$

式中 h_r——滚球半径，亦按表 8-1 确定。

（5）避雷线在被保护物高度 h_x 的 xx' 的平面上的保护宽度 b_x 可按下式计算

$$b_x = \sqrt{h\,(2h_r - h)} - \sqrt{h_x\,(2h_r - h_x)} \tag{8-4}$$

（6）避雷线两端的保护范围，按单支避雷针的方法确定。

关于两根平行避雷线的保护范围，可参看 GB 50057—2010 或有关设计手册，此亦略。

3. 避雷带和避雷网

避雷带和避雷网普遍用来保护较高的建筑物免受雷击。避雷带一般沿屋顶周围装设，高出屋面 100~150mm，支持卡间距离 1~1.5m。装在烟囱、水塔顶部的环状避雷带一般又叫避雷环。避雷网除沿屋顶周围装设外，需要时屋顶上面还用圆钢或扁钢纵横连接成网。避雷带、网必须经引下线与接地装置可靠地连接。用网格形导体以一定的网格宽度和一定的引下线间距盖住需要防雷的空间，这种方法通常被称为法拉第保护形式。

接闪器应由下列的一种或多种组成：

（1）独立避雷针；

（2）架空避雷线或架空避雷网；

（3）直接装设在建筑物上的避雷针、避雷带或避雷网。

接闪器布置应符合表 8-1 的规定。

按建筑物的防雷类别布置接闪器及其滚球半径 表 8-1

建筑物的防雷类别	滚球半径 h_r (m)	避雷网网格尺寸 (m×m)	建筑物的防雷类别	滚球半径 h_r (m)	避雷网网格尺寸 (m×m)
第一类防雷建筑物	30	≤5×5 或≤6×4	第三类防雷建筑物	60	≤20×20 或≤24×16
第二类防雷建筑物	45	≤10×10 或≤12×8			

（二）避雷器

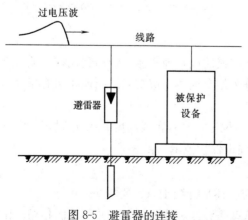

图 8-5 避雷器的连接

避雷器是一种过电压保护设备，用来防止雷电所产生的大气过电压沿架空线路侵入变电所或其他建筑物内，以免危及被保护设备的绝缘。避雷器也可用来限制过电压。避雷器与保护设备并联且位于电源侧，其放电电压低于被保护设备的绝缘耐压值。如图 8-5 所示，沿线路侵入的过电压，将首先使避雷器击穿并对地放电，从而保护了它后面的设备的绝缘。

避雷器的形式，主要有阀式和排气式等。

1. 阀式避雷器

阀式避雷器由火花间隙和阀片串联组成，

装在密封的瓷套管内。火花间隙由铜片冲制而成，每对间隙用厚 0.5～1mm 的云母垫圈隔开，如图 8-6（a）所示。正常情况下，火花间隙可阻止线路上的工频电流通过；但在雷电过电压作用下，火花间隙被击穿放电。阀片是用陶料粘固起来的电工用金刚砂（碳化硅）颗粒组成的，如图 8-6（b）所示。这种阀片具有非线性特性，正常电压时，阀片电阻很大，过电压时，阀片电阻变得很小，如图 8-6（c）所示。因此，当线路上出现过电压时，火花间隙被击穿，阀片能使雷电流顺畅地向大地泄放。而当过电压消失后，线路上恢复工频电压时，阀片则呈现很大的电阻，使火花间隙绝缘迅速恢复而切断工频续流，从而保证线路恢复正常运行。必须注意：雷电流流过阀片电阻时要形成电压降，这就是残余的过电压，称为残压。残压要加在被保护设备上，因此残压不能超过设备绝缘允许的耐压值，否则设备绝缘仍可能被击穿。

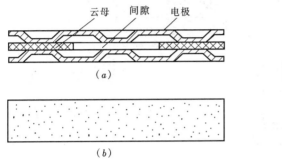
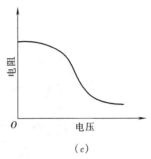

图 8-6 阀式避雷器的组成部件及特性

（a）单元火花间隙；（b）阀片；（c）阀片电阻的伏安特性曲线

阀式避雷器中火花间隙和阀片的多少，是与工作电压高低成比例的。高压阀式避雷器串联很多单元火花间隙，是利用长弧切短灭弧法来灭弧。当然阀片电阻的限流作用也是加速灭弧的重要原因。图 8-7（a）和（b）分别是我国生产的 FS4-10 型高压阀式避雷器和 FS-0.38 型低压阀式避雷器的结构图。

还有一种磁吹阀式避雷器（FCD 型），内部附有磁吹装置来加速火花间隙中电弧的熄灭，从而具有较低的残压。它专门用来保护重要的或绝缘较为薄弱的设备，例如高压电动机等。

2. 排气式避雷器

排气式避雷器亦称管型避雷器，它由产气管、内部间隙和外部间隙三部分组成，如图 8-8 所示。产气管由纤维、有机玻璃或塑料制成，它们在电弧高温的作用下能产生大量气体用于加速灭弧。

当线路发生过电压时，外部间隙和内部间隙都被击穿，将雷电流泄入大地。随之而来的工频续流也在管内产生电弧，使产气管内产生高压气体并从环形管口喷出，强烈吹弧，在电流第一次过零时，电弧即可熄灭。这时外部间隙的空气恢复了绝缘，使避雷器与系统隔离，恢复正常运行。

排气式避雷器具有残压小的突出优点，且简单经济，但动作时有气体吹出，因此一般只用于户外线路，变配电所内则一般采用阀式避雷器。

3. 保护间隙

保护间隙又称角式避雷器，其结构如图 8-9 所示。它简单经济，维护方便，但保护性

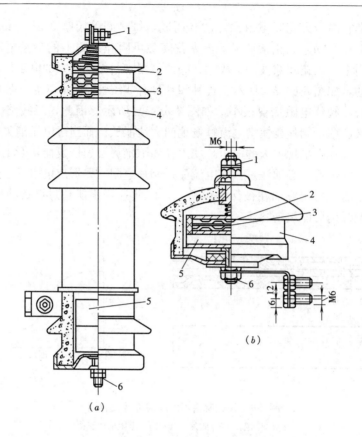

图 8-7　高低压阀式避雷器

(a) FS$_4$-10 型；(b) FS-0.38 型

1—上接线端；2—火花间隙；3—云母垫圈；4—瓷套管；5—阀片；6—下接线端

能差，灭弧能力小，且容易造成接地或短路故障。因此对于装有保护间隙的线路，一般要求装设 ARD（自动重合闸装置）与之配合，以提高供电可靠性。保护间隙是一种最简单的过电压保护设备。排气式避雷器实质上就是具有较高灭弧能力的保护间隙。

4. 金属氧化物避雷器

金属氧化物避雷器又称压敏避雷器。它是一种由压敏电阻片构成的新型避雷器。压敏

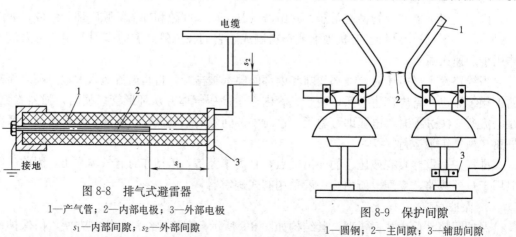

图 8-8　排气式避雷器

1—产气管；2—内部电极；3—外部电极

s_1—内部间隙；s_2—外部间隙

图 8-9　保护间隙

1—圆钢；2—主间隙；3—辅助间隙

电阻片以氧化锌（ZnO）为主要原料，附加少量其他金属氧化物，经高温焙烧而成为多晶半导体陶瓷元件。它具有优良的阀特性，在工频电压下，它呈现极大的电阻，能迅速有效地抑制工频续流；而在过电压下，其电阻又变得很小，能很好地泄放雷电流。金属氧化物避雷器体积小，重量轻，结构简单，残压低，响应快，是一种很有发展前途的过电压保护设备。

第二节　建筑物防雷的分级及保护措施

一、建筑物防雷等级的划分

建筑物应根据其重要性、使用性质、发生雷电事故的可能性和后果，按防雷要求分为三类：

1. 第一类防雷建筑物

（1）凡制造、使用或贮存火炸药及其制品的危险建筑物，因电火花而引起爆炸、爆轰，会造成巨大破坏和人身伤亡者。

（2）具有 0 区或 20 区爆炸危险场所的建筑物。

（3）具有 1 区或 21 区爆炸危险场所的建筑物，因电火花而引起爆炸，会造成巨大破坏和人身伤亡者。

2. 第二类防雷建筑物

（1）国家级重点文物保护的建筑物。

（2）国家级的会堂、办公建筑物、大型展览和博览建筑物、大型火车站和飞机场、国宾馆，国家级档案馆、大型城市的重要给水泵房等特别重要的建筑物。

注：飞机场不含停放飞机的露天场所和跑道。

（3）国家级计算中心、国际通信枢纽等对国民经济有重要意义的建筑物。

（4）国家特级和甲级大型体育馆。

（5）制造、使用或贮存火炸药及其制品的危险建筑物，且电火花不易引起爆炸或不致造成巨大破坏和人身伤亡者。

（6）具有 1 区或 21 区爆炸危险场所的建筑物，且电火花不易引起爆炸或不致造成巨大破坏和人身伤亡者。

（7）具有 2 区或 22 区爆炸危险场所的建筑物。

（8）有爆炸危险的露天钢质封闭气罐。

（9）预计雷击次数大于 0.05 次/a 的部、省级办公建筑物和其他重要或人员密集的公共建筑物以及火灾危险场所。

（10）预计雷击次数大于 0.25 次/a 的住宅、办公楼等一般性民用建筑物或一般性工业建筑物。

3. 第三类防雷建筑物

（1）省级重点文物保护的建筑物及省级档案馆。

（2）预计雷击次数≥0.01 次/a，且≤0.05 次/a 的部、省级办公建筑物和其他重要或人员密集的公共建筑物，以及火灾危险场所。

（3）预计雷击次数≥0.05 次/a，且≤0.25 次/a 的住宅、办公楼等一般性民用建筑物或一般性工业建筑物。

（4）在平均雷暴日＞15d/a 的地区，高度在 15m 及以上的烟囱、水塔等孤立的高耸建筑物；在平均雷暴日≤15d/a 的地区，高度在 20m 及以上的烟囱、水塔等孤立的高耸建筑物。

二、建筑物易受雷击的部位和防雷措施

据观测研究发现，建筑物容易遭受雷击的部位与屋顶的坡度有关。

（1）平屋顶或坡度不大于 1/10 的屋顶，易受雷击部位为檐角、女儿墙、屋檐；

（2）坡度大于 1/10，小于 1/2 的屋顶，易受雷击部位为屋角、屋脊、檐角、屋檐；

（3）坡度大于或等于 1/2 的屋顶，易受雷击部位为屋角、屋脊、檐角。

屋面遭受雷击的可能性是极少的。设计时应根据屋顶的实际情况分析，确定最易受雷击的部位，然后在这些部位根据要求装设避雷针或避雷带（网）进行重点保护。

按《建筑物防雷设计规范》GB 50057—2010 中一般规定，各类建筑物应采取防直击雷和防雷电波侵入的措施。第一类防雷建筑物和第二类防雷建筑物中有爆炸危险的场所，应有防直击雷、防雷电感应和防雷电波侵入的措施。第二类防雷建筑物除有爆炸危险的场所外及第三类防雷建筑物，应有防直击雷和防雷电波侵入的措施。具体防雷措施参考规范第 4.2.1 条至 4.4.9 条。

当一座防雷建筑物中兼有第一、二、三类防雷建筑物时，其防雷分类和防雷措施宜符合下列规定：当第一类防雷建筑物的面积占建筑物总面积的 30％ 及以上时，该建筑物宜确定为第一类防雷建筑物。当第一类防雷建筑物的面积占建筑物总面积的 30％ 以下，且第二类防雷建筑物的面积占建筑物总面积的 30％ 及以上时，或当这两类防雷建筑物的面积均小于建筑物总面积的 30％，但其面积之和又大于 30％ 时，该建筑物宜确定为第二类防雷建筑物。但对第一类防雷建筑物的防雷电感应和防雷电波侵入，应采取第一类防雷建筑物的保护措施。当第一、二类防雷建筑物的面积之和小于建筑总面积的 30％，且不可能遭直接雷击时，该建筑物可确定为第三类防雷建筑物；但对第一、二类防雷建筑物的防雷电感应和防雷电波侵入，应采取各自类别的保护措施；当可能遭直接雷击时，宜按各自类别采取防雷措施。

当一座建筑物中仅有一部分为第一、二、三类防雷建筑物时，其防雷措施宜符合下列规定：当防雷建筑物可能遭直接雷击时，宜按各自类别采取防雷措施。当防雷建筑物不可能遭直接雷击时，可不采取防直击雷措施，可仅按各自类别采取防雷电感应和防雷电波侵入的措施。当防雷建筑物的面积占建筑物总面积的 50％ 以上时，宜按《规范》第 4.5.1 条的规定采取防雷措施。

三、架空线路的防雷措施

架空线路的防雷可以从以下几个方面进行，即通常说的四道防线。

（1）装设避雷线，以防线路遭受直接雷击。为保护线路导线不受直接雷击而装设避雷线，这是第一道防线。一般 66kV 及以上的架空线路需沿全线装设避雷线。35kV 的架空线路一般只在经过人口稠密区或进出变电所的一段线路上装设，而 10kV 及以下线路上一般不装设避雷线。

（2）加强线路绝缘或装设避雷器，以防线路绝缘闪络。为使杆塔或避雷线遭受雷击后线路绝缘不致发生闪络，应设法改善避雷线的接地，或适当加强线路绝缘，或在绝缘薄弱点装设避雷器，这是第二道防线。例如采用木横担、瓷横担，或采用高一级电压的绝缘子，或顶相用针式而下面两相改用悬式绝缘子（一针二悬），以提高 10kV 架空线路的防雷水平。

（3）在线路遭受雷击并发生闪络时也要不使它发展为短路故障而导致线路跳闸。这是第三道防线。例如，对于 3～10kV 线路，可利用三角形排列的顶线兼作防雷保护线，如图 8-10 所示，在顶线绝缘上加装保护间隙，当雷击时，顶线承受雷击，击穿保护间隙，对地泄放雷电流，从而保护了下面两相导线。

（4）装设自动重合闸装置（ARD），迅速恢复供电。为使架空线路在因雷击而跳闸时也能迅速恢复供电，可装设自动重合闸装置（ARD），或采用双回路及环形接线，这是第四道防线。

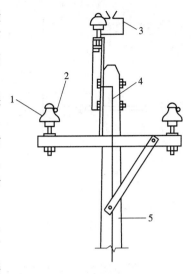

图 8-10　顶线绝缘子附加保护间隙
1—绝缘子；2—架空导线；
3—保护间隙；4—接地引下线；
5—支柱（电杆）

必须说明：并不是所有架空线路都必须具备以上四道防线。在确定架空线路的防雷措施时，要全面考虑线路的重要程度、沿线地带雷电活动情况、地形地貌特点、土壤电阻率高低等条件，进行经济技术比较，因地制宜，采取合理的防雷保护措施。

为了防止雷击低压架空线路时雷电波侵入建筑物，对低压架空进出线，应在进出处装设避雷器并与绝缘子铁脚、金具连在一起接到电气设备的接地装置上。当多回路进出线时，可仅在母线或总配电箱处装置一组避雷器或其他形式的过电压保护设备，但绝缘子铁脚、金具仍应接到接地装置上。进出建筑物的架空金属管道，在进出处应就近接到接地装置上或者单独接地，其冲击接地电阻不宜大于 30Ω。以上规定系对第三类防雷建筑物而言。对第二类防雷建筑物另有更严格的规定，此略。

四、变配电所的防雷措施

（1）装设避雷针或避雷线。装设避雷针或避雷线以防护整个变配电所，使之免遭直接雷击。当雷击于避雷针时，强大的雷电流通过引下线和接地装置泄入大地，在避雷针和引下线上形成的高电位可能对附近的配电设备发生反击闪络。为防止反击闪络，则必须设法降低接地电阻和保证防雷设备与配电设备之间有足够的安全距离。

（2）装设避雷器。装设避雷器，主要用来保护主变压器，以免雷电冲击波沿高压线路侵入变电所。阀式避雷器与变压器及其他被保护设备的电气距离应尽量缩短，其接地线应与变压器低压侧接地中性点及金属外壳连在一起接地，如图 8-11 所示。图 8-12 是 6～10kV 配电装置对雷电波侵入的防护接线示意图。

在多雷区，为防止雷电波沿低压线路侵入而击穿变压器的绝缘，还应在低压侧装设阀式避雷器或保护间隙。

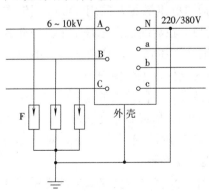

图 8-11　电力变压器的防雷
保护及其接地系统

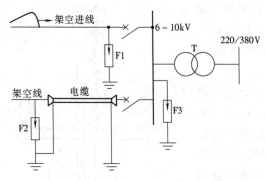

图 8-12 高压配电装置防护雷电波侵入示意图
F1、F2—排气式或阀式避雷器；F3—阀式避雷器

五、高压电动机的防雷措施

高压电动机的绝缘水平比变压器低。因此高压电动机对雷电波侵入的防护应使用性能较好的 FCD 型磁吹阀式避雷器或金属氧化物避雷器，并尽可能靠近电机处安装。也要根据电动机容量大小、雷电活动强弱和运行可靠性要求等确定保护。

图 8-13 为高压电动机的防雷保护接线示意图。F1 与电缆联合作用，利用雷电流将 F1 击穿后的集肤效应，可大大减小流过电缆芯线的雷电流。与 F2 并联的电容器 C（0.25～0.5μF）则可降低母线上的冲击波陡度。

六、高层建筑防雷击的措施

（一）接闪器

在国内，目前除少数高层建筑采用 E、F 放射性避雷系统的放射电极外，大多数高层建筑所采用的接闪器常为避雷带或避雷网，较少用避雷针。有些高层建筑总建筑面积高达数万、数十万平方米，但高宽比一般也较大，建筑天面面积相对较小，常常只要在天面四周及水池顶部四周明设避雷带，局部再加些避雷网即可满足要求。

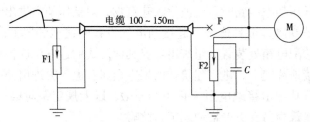

图 8-13 高压电动机的防雷保护接线示意图
F1—排气式或阀式避雷器；F2—阀式避雷器

按设计规范要求，接闪器可采用直径不小于 ϕ8mm 圆钢，或截面不小于 48mm^2、厚度不小于 4mm 的扁钢。在设计中，往往把最低要求看成是标准数据，采用 ϕ8mm 圆钢作避雷带，由于机械强度不够，易受外力作用而变形或断裂，在耐腐蚀上也是不足。因此有的大厦采用 ϕ25mm 厚壁钢管做成栏杆或用 ϕ16mm 圆钢来做避雷带，外刷银粉，不但美观、实用，避雷效果也很好。对于百年大计的大厦，花这点代价也是值得的。

避雷带一般沿女儿墙及电梯机房或水池顶部的四周敷设，不同平面的避雷带应至少有两处互相连接。连接应采用焊接，搭焊长度应为圆钢直径的 6 倍或扁钢宽度的 2 倍并且不少于 100mm。对于第一类防雷高层建筑物，相邻引下线间的间隔不大于 18m，对于二类防雷高层建筑物，这一间距可放宽至 24 m，但至少不能少于 2 根。

有些大厦在女儿墙的拐角处增设有长约 1.5m 的短针，并将之与女儿墙上的避雷带相结合作为接闪器。

当天面面积较大，或底部裙楼较高较宽，或因建筑物的高宽比不大等，都可能出现单靠敷设上述的避雷带也无法保护整座建筑物的情况，这时应根据建筑物的造型增设避雷针或避雷网。

屋面上的所有金属管道和金属构件都应与避雷装置相焊连，这一点在设计和施工中常被忽视，应予以重视。

当高层建筑物太高或其他原因难以装设独立避雷针、架空避雷线、避雷网时，可将避雷针或网格不大于 5 m×5 m 或 6m×4 m 的避雷网或由其混合组成的接闪器直接装在建筑物上且需做到所有避雷针应采用避雷带互相连接、引下线不少于两根，并应沿建筑物四周均匀或对称布置，其间距不应大于 12m。建筑物应装设均压环，环间垂直距离不应大于 12m，所有引下线、建筑物的金属结构和金属设备均应连到环上等。

电视天线的防雷处理也是一个关系到千家万户的安全问题，如果采用避雷针保护，天线应距离避雷针 5 m，以免造成反击，并使天线置于避雷针的保护区域内，但避雷针的位置不应影响天线的接收效果。如果不设避雷针保护，应把天线的金属竖杆、金属支架、同轴电缆的金属保护套管等均匀与避雷装置良好焊在一起。

此外，在高层建筑防雷措施中应注意防侧击雷措施。

对第一类防雷建筑物防侧击雷措施：

（1）从 30m 起每隔不大于 6m 沿建筑物四周设水平避雷带并与引下线相连；

（2）30m 及以上外墙上的栏杆、门窗等较大的金属物与防雷装置连接；

（3）在电源引入的总配电箱处宜装设过电压保护器。

对高度超过 45m 的钢筋混凝土结构、钢结构第二类防雷建筑物，应采取以下防侧击和等电位的保护措施：

（1）钢构架和混凝土的钢筋应互相连接，钢筋的连接应符合规范第 5.3.5 条的要求；

（2）应利用钢柱或柱子钢筋作为防雷装置引下线；

（3）应将 45m 及以上外墙上的栏杆、门窗等较大的金属物与防雷装置连接。

（4）竖直敷设的金属管道及金属物的顶端和底端与防雷装置连接。

对第三类防雷建筑物中高度超过 60m 的高层建筑物，其防侧击雷和等电位的保护措施依第二类防雷建筑物中高度超过 45m 的高层建筑物保护措施的（1）、（2）、（4）条的规定，并应将 60m 及以上外墙上的栏杆、门窗等较大的金属物与防雷装置连接。

（二）引下线

在高层建筑中，利用柱或剪力墙中的钢筋作为防雷引下线是我国常用的方法。这种方法已写入国标《建筑物防雷设计规范》。按规范要求，作为引下线的一根或多根钢筋在最不利的情况下其截面积总和不应小于一根直径为 10mm 钢筋的截面积，这一要求在高层建筑中是不难达到的。高层建筑中柱中主筋在 20mm 以上的很常见。为安全起见，应选用钢筋直径不小于 $\phi16mm$ 的主筋作为引下线，在指定的柱或剪力墙某处的引下点，一般宜采用两根钢筋同时作为引下线，施工时应标明记号，保证每层上下串焊正确。如果结构钢筋因钢种含碳量或含锰量高，如经焊接易使钢筋变脆或强度降低时，可改用不少于 $\phi16mm$ 的副筋，或不受力的构造筋，或者单独另设钢筋。

对于作为引下线的钢筋的接续连接方法，在高层建筑中应坚持通长焊接，搭焊长度应不小于 100mm。

高层建筑防侧击雷具体施工时，就是将引下线与圈梁或楼层结构大梁连接，由圈梁或结构大梁钢筋引出至预埋铁件，然后由预埋件焊一条钢筋与金属门窗相连。但是这道工序的工作量非常大，一般高层建筑的铝门窗是采用射钉枪把门窗压条固定在砖墙或混凝土墙上的，与预埋连接件尚有一段距离，而且铝门窗如何与避雷装置牢固连接，在工艺上也存在一定困难。因此，如何解决铝窗的接地，是防雷设计中一个值得探讨的问题。如果大厦采用玻璃幕墙，门窗的金属边框与避雷装置的连接就非常方便。因为玻璃幕墙的金属支架固定在墙中预埋铁件上，而预埋铁件又与柱子或剪力墙上的钢筋相连。

（三）接地装置

按设计规范规定，一类防雷建筑物的接地装置的冲击接地电阻不超过 5Ω。由于高层建筑占地面积较小，使得高压配电装置及低压系统的接地、重复接地等较难独立设置，因此常将这些接地系统合用一个接地装置，并采取均压措施。当雷电流通过接地装置散入大地时，接地装置的电位将抬高，为防止内侧形成低电位或雷电波侵入，应将引入大厦的所有金属管道均与接地装置相连。

当上述系统共用一个接地装置时，接地电阻应不大于 1Ω。

目前，我国的高层建筑物接地装置大多以大厦的基础作为接地极，用基础作接地极有以下诸方面的优点：

（1）接地电阻低。主要是因为：高层建筑广泛使用钢筋混凝土作基础，当混凝土凝固后，里面留下很多的小孔隙，借助于毛细作用，地下水渗进其中，对于硅酸盐混凝土而言，使其导电能力增强。在混凝土基础的承力构件内，钢筋纵横交错，密密麻麻，彼此经焊接或绑扎后，与导电性混凝土紧密接触，使整个基础具有很高的热稳定性与疏散电流的能力，因而使得接地电阻很低。由于高层建筑基础很深，有的深至地下岩层，常在地下水位以下，使得接地电阻终年稳定，不受气候与季节的影响。

为了避免电解腐蚀，直流系统的接地不得利用大厦的基础。

（2）电位分布均匀，均压效果好。因为用大厦的桩基础及平台钢筋作接地极，使整个建筑物地下如同敷设了均压网，使地面电位分布均匀。

（3）施工方便，维护工程量少。采用基础作接地极可省去另外设置接地极时大量土方开挖工程量，施工时只要与土建密切配合，不失时机地把有关钢筋焊接起来即可。同时由于避雷装置采用结构钢筋，平时这些钢筋被混凝土保护，不易腐蚀，不受机械损伤，使维护工程量减少到最小限度。

（4）节省材料。由于利用建筑结构钢筋作避雷装置，可节约大量钢材。

（四）防止雷电反击

高层建筑中，大厦的结构钢筋实际上都已或紧或松地跟避雷接地装置连成一体。为了防止雷电反击，还应将建筑物内部的配电金属套管、水管、暖气管、空调通风管道等金属管道和金属构件及支架均与防雷接地装置作等电位联结；垂直敷设的电气线路，可在适当部位装设带电部分与金属支架的击穿保护装置。各种接地装置（除另有特殊要求外）都宜连接成一体。由于等电位原理，上述措施可使电位均匀。从而可以避免大厦产生雷电反击的危害。

（五）防止高电位引入

对于因雷电波入侵造成室内高电位引入的问题，可采用如下措施：

（1）尽量采用全电缆进线。当实在有困难时，架空线路应在大厦入户前 50m 外换接电缆进线，换接处装设避雷器，同时电缆外皮、避雷器及架空线绝缘子铁脚均应接地，接

地冲击电阻不大于 10Ω。

（2）进入建筑物的架空金属管道应在入户处与接地装置相连。

（3）低压直埋电缆线路或进入建筑物的金属管道，应在入户处将电缆金属外皮、电缆金属进户导管等与接地装置相连接。

第三节　接　地　电　阻

一、接地的有关概念

（一）接地和接地装置

电气设备的某部分与大地之间作良好的电气连接，称为接地。与大地直接接触的金属物体，称为接地体或接地极。专门为接地而装设的接地体，称为人工接地体。兼做接地体用的直接与大地接触的各种金属构件、金属管道及建筑物的钢筋混凝土基础等，称为自然接地体。连接接地体及设备接地部分的导线，称为接地线。接地线和接地体合称为接地装置。由若干接地体在大地中互相连接而组成的总体，称为接地网。接地线又可分为接地干线和接地支线，如图 8-14 所示。按规定，接地干线应采用不少于两根导体在不同地点与接地网连接。

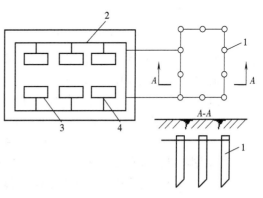

图 8-14　接地装置示意图
1—接地体；2—接地干线；3—电气设备；4—接地支线

（二）接地电流和对地电压

当电气设备发生接地故障时，电流就通过接地体向大地作半球形散开，这一电流，称为接地电流，用 I_E 表示。由于这半球形的球面，在距接地体越远的地方球面越大，所以距接地体越远的地方散流电阻越小，其电位分布如图 8-15 所示的曲线。

试验证明，在距单根接地体或接地故障点 20m 左右的地方，实际上散流电阻已趋近于零，也就是这里的电位已趋近于零。这电位为零的地方，称为电气上的"地"或"大地"。

电气设备的接地部分，如接地的外壳和接地体等，与零电位的"大地"之间的电位差，就称为接地部分的对地电压，如图所示。

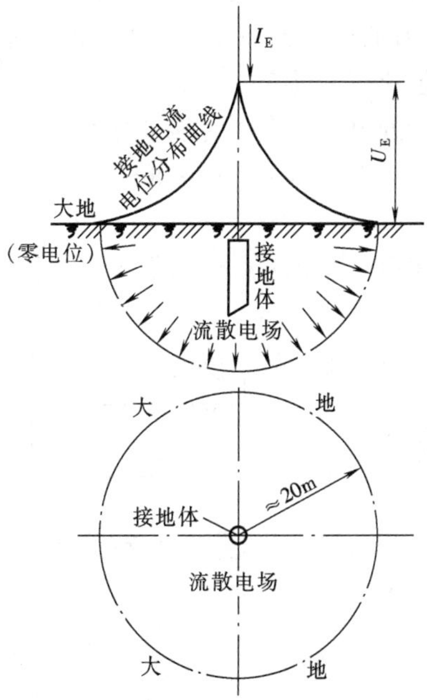

（三）接触电压和跨步电压

人站在发生接地故障的电气设备旁边，手触及设备的外露可导电部分，则人所接触的两点（如手与脚）之间所呈现的电位差，则称为接触电压 U_{tou}，如图所示。人在接地故障点周围行走，两脚之间所呈现的电

图 8-15　接地电流、对地电压及接地电流电位分布曲线

位差，称为跨步电压U_{step}，如图 8-16 所示。

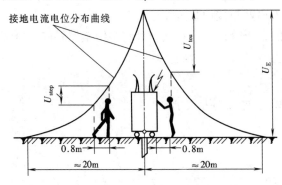

图 8-16 接触电压和跨步电压

二、接地的要求和装设

（一）接地电阻及其要求

接地电阻是接地体的流散电阻与接地线和接地体电阻的总和。由于接地线和接地体的电阻相对很小，可略去不计，因此可认为接地电阻就是指接地体流散电阻。工频接地电流流经接地装置所呈现的接地电阻，称为工频接地电阻；雷电流流经接地装置所呈现的接地电阻，称为冲击接地电阻。

我国有关规程规定的部分电力装置所要求的工作接地电阻（包括工频接地电阻和外冲击接地电阻）值，列于附录表供参考。

关于 TT 系统和 IT 系统中电气设备外露可导电部分的保护接地电阻R_{E}，按规定应满足下列条件，即在接地电流I_{E}通过R_{E}时产生的对地电压$U_{\text{E}} \leqslant 50\text{V}$（安全电压值），因此

$$R_{\text{E}} \leqslant 50\text{V}/I_{\text{E}} \qquad (8-5)$$

如果漏电断路器的动作电流$I_{\text{OP(E)}}$取为 30mA，即$I_{\text{E}}=30\text{mA}$时断路器动作，则$R_{\text{E}} \leqslant 50\text{V}/0.03\text{A}=1667\Omega$。这一接地电阻值是很容易满足的。一般取$R_{\text{E}} \leqslant 100\Omega$，以确保防触电的安全。

（二）接地装置的装设

1. 一般要求

在设计和装设接地装置时，首先应充分利用自然接地体，以节约投资，节约钢材。如果实地测量所利用的自然接地体电阻已能满足接地电阻值的要求而且又满足热稳定条件时，可不必再装设人工接地装置，否则应装设人工接地装置作为补充。

电气设备的人工接地装置的布置，应使接地装置附近的电位分布尽可能地均匀，以降低接触电压和跨步电压，保证人身安全。如接触电压和跨步电压过大，应采取措施。

2. 自然接地体的利用

建筑物的钢结构和钢筋、行车的钢轨、埋地的金属管道（可燃液体和可燃可爆气体的管道除外）以及敷设于地下而数量不少于两根的电缆金属外皮等，均可作为自然接地体。变配电所则可利用它的建筑物钢筋混凝土基础作为自然接地体。

利用自然接地体时，一定要保证良好的电气连接。

3. 人工接地体的装设

人工接地体有垂直埋设和水平埋设两种基本结构形式。如图 8-17 所示。

最常用的垂直接地体为直径 50mm、长 2.5m 的钢管或 L50×5 的角钢。如果

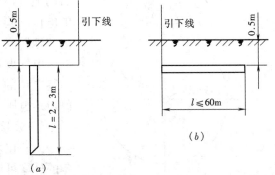

图 8-17 人工接地体
(a) 垂直埋设的棒形接地体；(b) 水平埋设的带形接地体

采用直径小于 50mm 的钢管，则机械强度较小，易弯曲，不适于采用机械方法打入土中；如采用直径大于 50mm 的钢管，例如直径由 50mm 增大到 125mm 时，流散电阻仅减少 15％，而钢材消耗则大大增加，经济上不合算。如果采用的钢管长度小于 2.5m 时，流散电阻增加很多；而钢管长度大于 2.5m 时，则难于打入土中，而流散电阻减小也不显著。由此可见，采用上述直径为 50mm、长度为 2.5m 的钢管是最为经济合理的。为了减少外界温度变化对流散电阻的影响，埋入地下的垂直接地体上端距地面不应小于 0.5m。

当土壤电阻率（参看附录表 A-19）偏高时，例如土层电阻率 $\rho \geqslant 300\Omega \cdot m$ 时，为降低接地装置的接地电阻，可采取以下措施：①采用多支线外引接地装置，其外引线长度不应大于 $2\sqrt{\rho}$，这里的 ρ 为埋设外引线处的土层电阻率，单位为 $\Omega \cdot m$；②如地下较深处土层 ρ 较低时，可采用深埋式接地体；③局部地进行土层置换处理（图 8-18），换以 ρ 较低的黏土或黑土，或者进行土层化学处理（图 8-19），填充以降阻剂，或者采用专用的复合降阻剂。

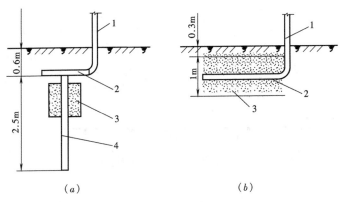

图 8-18　土层置换处理

（a）垂直接地体；（b）水平接地体

1—引下线；2—扁钢或连接扁钢；3—黏土；4—钢管

按规定，钢接地体和接地线的最小尺寸规格如附录表 A-20 所示。对于敷设在腐蚀性较强的场所的接地装置，应根据腐蚀的性质，采用热镀锡、热镀锌等防腐措施，或适当加大截面。

当多根接地体相互靠拢时，入地电流的流散相互受到排挤，其电流分布如图 8-20 所示。这种影响称为屏蔽效应，使得接地装置的利用率下降，所以垂直接地体的间距一般不宜小于 5m，水平接地体的间距一般也不宜小于 5m。

接地网的布置，应尽量使地面的电位分布均匀，以减小接触电压和跨步电压。人工接地网外缘应闭合，外缘各角应作成圆弧形。35～110/6～10kV 变电所的接地网内应敷设水平均压带。为保证人身安全，经常有人出入的走道外，应采

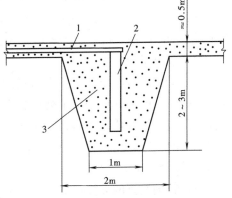

图 8-19　土层化学处理

1—扁钢；2—钢管；3—炉渣、木炭、石灰、食盐、废电池等（可采用专用的复合降阻剂）

用高绝缘路面（如沥青碎石路面），或加装帽檐式均压带。如图 8-21 所示。

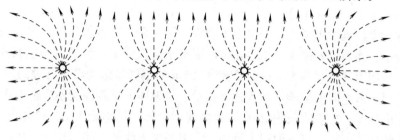

图 8-20 接地体间的电流屏蔽效应

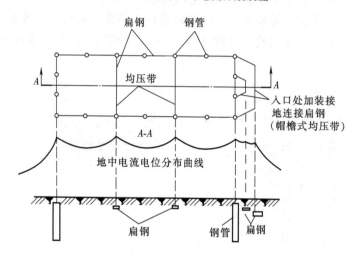

图 8-21 加装均压带以使电位分布均匀

为了减小建筑物的接触电压，接地体与建筑物的基础间应保持不小于 1.5m 的水平距离，一般取 2～3m。

4. 防雷装置的接地要求

避雷针宜装设独立的接地装置，而且避雷针及其接地装置，与被保护的建筑物和配电装置及其接地装置之间应按 GB 50057—2010 的有关规定保持足够的安全距离，以免雷击时发生反击闪络事故，如图 8-22 所示。安全距离的要求与建筑物的防雷等级有关，但最小间距一般不应小于 3m。

为了降低跨步电压，防护直击雷的接地装置距离建筑物出入口及人行道，不应小于 3m。当小于 3m 时，应采取下列措施之一：①水平接地体局部埋深不小于 1m；②水平接地体局部包以绝缘体，例如涂厚 50～80 mm 的沥青层；③采用沥青碎石路面，或在接地装置上面敷设厚 50～80 mm 的沥青层，其宽度超过接地装置 2m。④采用"帽檐式"或其他形式的均压带。

三、接地装置的计算

（一）人工接地体工频接地电阻的计算

不同类型的接地体的接地电阻各不相同，其相应计算公式可查阅有关的设计手册。对几种特定的人工接地体工频接地电阻可按如下公式计算：

1. 单根垂直管型接地体的接地电阻，Ω

$$R_{E(1)} \approx \rho/l \qquad (8\text{-}6)$$

式中　ρ——土壤电阻率 Ω·m；

　　　l——接地体长度 m。

2. 多根垂直管型接地体的接地电阻，Ω

n 根垂直接地体并联时，由于接地体间屏蔽效应的影响，使得总的接地电阻 $R_E < R_{E(1)}/n$。实际总的接地电阻（Ω）：

$$R_{Eg} = R_{E(1)}/n \cdot \eta_E \qquad (8\text{-}7)$$

式中　η_E——接地体的利用系数

垂直管型接地体的利用系数如表 8-2 所示，利用管间距离 a 与管长 l 之比及管数 n 去查；由于该表所列 η 未计连接扁钢的影响，所以实际的利用系数比表列数值略高。

3. 单根水平带形接地体的接地电阻，Ω

$$R_{E(1)} \approx 2\rho/l \qquad (8\text{-}8)$$

式中　ρ——土壤电阻率，Ω·m；

　　　l——接地体长度，m。

4. n 根放射形水平接地带（$n \leqslant 12$），每根长度（$l \approx 60\text{m}$）的接地电阻，Ω；

$$R_E \approx 0.062\rho/(n+1.2) \qquad (8\text{-}9)$$

式中　ρ——土壤电阻率，Ω·m；

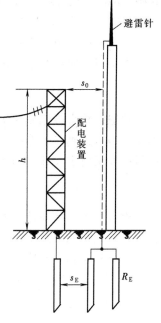

图 8-22　避雷针对配电装置的安全距离

s_0—空气中的间距；

s_E—地中的间距

垂直管形接地体敷设成一排时的利用系数值　　表 8-2

管间距离与管子长度之比 a/l	管子根数 n	利用系数 η	管间距离与管子长度之比 a/l	管子根数 n	利用系数 η
1		0.84~0.87	1		0.67~0.72
2	2	0.90~0.92	2	5	0.79~0.83
3		0.93~0.95	3		0.85~0.88
1		0.76~0.80	1		0.56~0.62
2	3	0.85~0.88	2	10	0.72~0.77
3		0.90~0.92	3		0.79~0.83

注：未计入连接扁钢的影响

5. 环形接地带的接地电阻，Ω：

$$R_E \approx 0.6\rho/\sqrt{A} \qquad (8\text{-}10)$$

式中　ρ——土壤电阻率，Ω·m；

　　　A——环形接地带所包围的面积，m²。

6. 考虑水平接地体时组合接地体的总接地电阻

组合接地体是用水平接地体（扁钢）连接的，考虑到扁钢与接地体间也有屏蔽作用，设扁钢的利用系数为 η_b，扁钢长度为 l，则其电阻为：

$$R_{Eb} = R'_{Eb}/\eta_b \qquad (8\text{-}11)$$

式中 R_{Eb}——长度为 L 的扁钢考虑利用系数时的电阻值，Ω；

R'_{Eb}——长度为 l 的扁钢，未考虑利用系数前的电阻值，Ω；

η_b——水平接地体（扁钢）的利用系数。

由垂直接地体及水平接地体所组成的组合式接地体总的人工接地电阻 $R_{E(man)}$ 为

$$R_{E(man)} = R_{Eg} \cdot R_{Eb} / (R_{Eg} + R_{Eb}) \tag{8-12}$$

一般以垂直接地体为主的组合式接地装置，在计算时可不单独计算水平接地体的接地电阻，但考虑到它的作用，垂直接地体电阻值可减少 10％左右，这样从供电系统对接地电阻的要求值 R_E，直接求出垂直组合接地体的数目 n：

$$n = 0.9 R_{E(1)} / R_E \cdot \eta_E \tag{8-13}$$

设计时根据已知条件可查出 R_E 的要求值，只要算出单根接地体接地电阻 $R_{E(1)}$，再查出多根接地体的屏蔽系数 η_E，可初步决定垂直组合接地体的数目 n，简单方便。

如能初步算出自然接地体的散流电阻 $R_{E(nat)}$，又知道接地电阻的要求值 R_E，而自然接地体达不到要求时，必须考虑装设人工接地体，其接地电阻 R_{Em} 可由下式确定：

$$R_{Em} = R_{E(nat)} \cdot R_E / (R_{E(nat)} - R_E) \tag{8-14}$$

这种计算方法是工程设计中一般所采用的。

（二）自然接地体工频接地电阻的计算

1. 电缆金属外皮及水管等的接地电阻，Ω

$$R_E \approx 2\rho / l \tag{8-15}$$

式中 ρ——土层电阻率，$\Omega \cdot m$；

l——电缆及水管等的埋地长度，m。

2. 钢筋混凝土基础的接地电阻，Ω

$$R_E \approx 0.2\rho / 3\sqrt{V} \tag{8-16}$$

式中 ρ——土层电阻率，$\Omega \cdot m$；

V——钢筋混凝土基础的体积，m^3。

（三）冲击接地电阻的计算

冲击接地电阻是指雷电流经接地装置泄放入地时的接地电阻，包括接地线电阻和地中散流电阻。一方面由于强大的雷电流泄放入地时，当地土层实际上被击穿并产生火花，相当于使接地电阻截面增大，使散流电阻显著降低。另一方面，由于雷电流具有高频特性，同时会使接地线的感抗增大。但接地线阻抗比起散流电阻来毕竟小得多，因此冲击接地电阻一般是小于工频接地电阻的。按 GB 50057—2010 规定，冲击接地电阻 R_{sh} 可按下式计算：

$$R_{sh} = R_E / \alpha \tag{8-17}$$

式中 R_E——工频接地电阻；

α——换算系数，为 R_E 与 R_{sh} 的比值，由图 8-23 确定。

图 8-23 中的 l_e 为接地体的有效长度，按下式计算（单位为 m）

$$l_e = 2\sqrt{\rho} \qquad (8\text{-}18)$$

式中　ρ——土层电阻率，$\Omega \cdot \mathrm{m}$。

图 8-23 中的 l 为接地体的实际长度，按图 8-24 所示方法计算，详见 GB 50057—2010 之附录三。

（四）接地装置的计算程序及示例

接地装置的计算程序如下：

（1）按设计规范要求确定允许的接地电阻值 R_E。

（2）实测或估算可以利用的自然接地体接地电阻 $R_{E(nat)}$。

（3）计算需要补充的人工接地体接地电阻

$$R_{E(man)} = R_{E(nat)} R_E / (R_{E(nat)} - R_E)$$

如不计自然接地体接地电阻，则 $R_{E(man)} = R_E$。

（4）在装设接地体的区域内初步安排接地体的布置，并按一般经验试选，初步确定接地体和连接导线的尺寸。

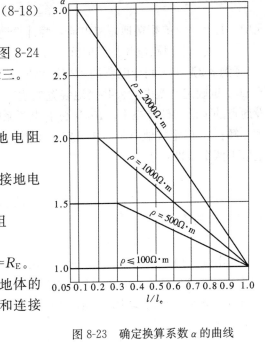

图 8-23　确定换算系数 α 的曲线

（5）计算单根接地体的接地电阻 $R_{E(1)}$。

（6）用逐步渐近法计算接地体的数量

$$n = R_{E(1)} / \eta_E R_{E(man)} \qquad (8\text{-}19)$$

（7）校验短路热稳定度：对于大电流接地系统中的接地装置，可按式进行单相短路热稳定度校验。由于钢线的热稳定系数 $c = 70\mathrm{A}\sqrt{s}/\mathrm{mm}^2$，因此计算满足单相短路热稳定度的钢线的最小允许截面（单位为 mm^2）为

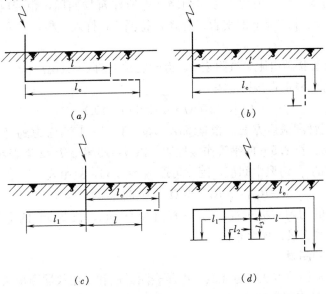

图 8-24　接地实际长度的计量

（a）单根水平接地体；（b）末端接垂直接地体的单根水平接地体；

（c）多根水平接地体；（d）接多根垂直接地体的多根水平接地体

$$A_{min} = I_k^{(1)} \sqrt{t_k}/70 \tag{8-20}$$

式中　$I_k^{(1)}$——单相接地短路电流，为计算简便，可取为 $I''^{(3)}$，A；

　　　t_k——短路电流持续时间，s。

【例 8-2】 某车间变电所的主变压器容量为 500kVA，电压为 10/0.4kV，联结方式为 Yyn0。试确定此变电所公共接地装置的垂直接地钢管和连接扁钢的规格和数量。已知装设地点的土质为砂质黏土，10kV 侧有电联系的架空线路长 150km，电缆线路长 10km。

解： 1. 确定接地电阻　按规定（见附表 8），此变电所公共接地装置的接地电阻应满足以下两个条件：

$$R_E \leqslant 120V/I_E \tag{1}$$

$$R_E \leqslant 4\Omega \tag{2}$$

式（1）中的 I_E 为

$$I_E = I_c = 10 \times (150 + 35 \times 10)/350A = 14.3A$$

　　故由式（1）　　$R_E \leqslant 120V/14.3A = 8.4\Omega \tag{3}$

比较式（2）和式（3）可知，此变电所总的接地电阻应为 $R_E \leqslant 4\Omega$

注：一般采用经验公式来计算电源中性点不接地系统的单相接地电容电流。此经验公式的数值方程为

$$I_c = \frac{U_N(L_k + 35L_1)}{350} \tag{8-21}$$

式中　I_c——电源中性点不接地系统的单相接地电容电流；

　　　U_N——系统的额定电压，kV；

　　　L_k——同一电压 U_N 的具有电的联系的架空线路总长度，km；

　　　L_1——同一电压 U_N 的具有电的联系的电缆线路总长度，km。

2. 接地装置初步方案　现初步考虑围绕变电所建筑物四周，距变电所墙脚 2～3m，打入一圈直径 50mm、长 2.5m 的钢管接地体，每隔 5m 打入一根，管间用 40mm×4mm 的扁钢焊接。

3. 计算单根钢管接地电阻，查附表 9，得砂质黏土的 $\rho = 100\Omega \cdot m$。

按式（8-6）得单根钢管接地电阻

$$R_{E(1)} \approx 100\Omega \cdot m/2.5m = 40\Omega$$

4. 确定接地钢管和最后方案　根据 $R_{E(1)}/R_E = 40/4 = 10$，考虑到管间屏蔽效应，初选 15 根直径 50mm、长 2.5m 的钢管作接地体，以 $n=15$ 和 $a/l=2$ 查表 8-3，按 $n=10$ 和 $n=20$ 在 $a/l=2$ 时的 η_E 值取中间值，因此可取 $\eta_E = 0.66$，故由式（8-19）可得

$$n = R_{E(1)}/\eta_E R_E = 40\Omega/(0.66 \times 4\Omega) \approx 15$$

考虑到接地体的均匀对称布置，选 16 根直径 50mm、长 2.5m 的钢管作接地体，用 40mm×4mm 的扁钢连接，环形布置。

四、接地电阻的测量

接地电阻测量常用的方法有电流表—电压表测量法和专用仪器测量法。

1. 电流表—电压表测量法

用电流表—电压表法测量接地电阻，其原理如图 8-25 所示。

图中 B 为测量用的变压器，R_D 为被测接地体，r_F 是辅助接地体，r_B 是接地棒，应采

用直径为 25mm，长为 0.5m 的镀锌圆钢。用的电压表应选用高内阻的，设读数为 U_V；电流表的读数为 I_D，则接地电阻 R_D 可近似地认为是 U_V 和 I_D 之比，即 $R_D = U_V/I_D$。

此种方法需要必要的准备工作，测量手续也较麻烦，但是其测量范围广，测量精度高，故仍然被经常采用。尤其测量小接地电阻的接地装置。测量时要注意把 r_B、r_F、R_D 排在一条直线上，也可将三者布置成三角形。

2. 接地电阻测量仪测量法

用接地电阻测量仪测量接地电阻其测量原理图如图 8-26 所示。

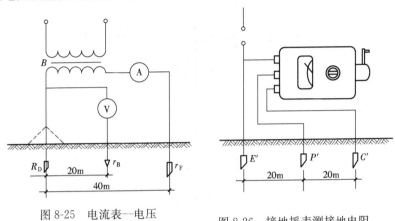

图 8-25　电流表—电压
表法测量接地电阻

图 8-26　接地摇表测接地电阻

接地电阻测量仪又称接地摇表，其工作原理与电工摇表相近。图中 P' 和 C' 分别表示电压和电流探测针，要把它们与接地极排成一条直线。

测量前，首先要将被测的接地体和接地线断开，再将仪表水平摆放，使指针位于中心线的零位上。否则要用"调零螺丝"调节。还要合理选择倍率盘的倍率，使被测接地电阻的阻值等于倍率乘以指示盘的读数。

测量时，转动摇把并逐渐加快，这时仪器指针如果偏转较为缓慢，说明所选倍率适当，否则要加大倍率；在升速过程中随时调整指示盘，使其指针位于中心线的零位上，当摇把转速达到 120r/min，并且指针平稳指零时，则停止转动和调节，这时倍率盘的倍数乘以指示盘的读数就是接地电阻的阻值，例如倍率盘的倍率是"10"，指示盘的读数为 0.3，则接地电阻阻值为 $10 \times 0.3 = 3\Omega$。

测量接地电阻时，因接地体和辅助接地体周围都有较大的跨步电压，所以在 30～50m 的范围内禁止人、畜进入。

五、自然接地

所谓自然接地即兼作接地体的是直接与大地接触的各种金属构件、金属管道及建筑物的钢筋混凝土基础等。目前在实际工程中应用较多的是，利用钢筋混凝土基础中的钢筋做接地极、利用建筑物中的结构构造柱内的钢筋做防雷接地的引下线、将防雷的接闪器（屋顶的避雷线、避雷带、避雷针等）。下图是利用建筑物结构金属做接地极和防雷引下线示意图，接地极是由若干个柱基础中的钢筋（每个柱子中至少两棵）以及支撑承台中的钢筋可靠连接后共同担任。支撑承台中的钢筋还与结构构造柱内的钢筋（每个柱子中至少两棵），可靠连接，将结构构造柱内的钢筋作为避雷引下线，引下线与避雷装置连接，可以

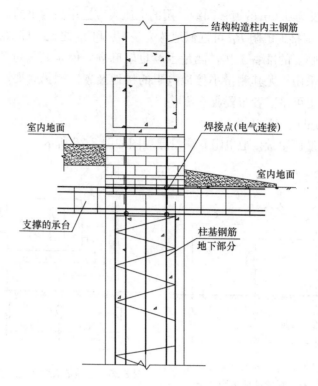

图 8-27 利用建筑物结构金属做接地极和防雷引下线示意图

形成一个完善的防雷接地系统。只要接地装置中的接地电阻值满足要求，该接地装置也可以作为其他形式的接地（等电位接地、保护接地等）。

本 章 小 结

一、本章对建筑物雷电过电压的三种基本形式分别进行了讲述，其中直击雷过电压的形式是我们常见的，这种过电压所产生的热效应和机械效应破坏性最大。随着现代建筑中高层建筑越来越高、进入建筑物内部的各种功能性的管道越来越多，雷电过电压的另外两种形式造成的危害也不可忽视。感应过电压（感应雷）在高层建筑物的上方很容易产生，雷电波也很容易随着进入建筑物的各种金属管道进入到建筑物的内部而形成危害。

二、防雷装置是--套器件的组合，它在防雷功能上分为内防雷和外防雷两种类型。内防雷主要是减少雷电流和防止电磁感应，采用的措施有电磁屏蔽和等电位接地等。外防雷装置由接闪器、引下线和接地装置组成。

三、接地装置是接地线和接地体的合称。有人工接地装置和自然接地装置两种基本形式，在选择时首选自然接地装置，当不满足要求可采用人工接地装置补充。目前使用较多的自然接地装置是利用建筑物结构金属做接地体和引下线而构成接地装置。

复 习 思 考 题

1. 什么叫内部过电压和大气过电压？

2. 什么叫直接雷击和感应雷击？

3. 什么叫接闪器？常见的接闪器有哪几种？

4. 如何用滚球法确定接闪器的保护范围？

5. 避雷器的主要功能是什么？常见的避雷器有哪几种？

6. 建筑物按防雷要求分哪几类？各类建筑物需采取什以防雷措施？

7. 高压线路有哪些防雷措施？

8. 变电所外有哪些防雷措施？

9. 高压电动机如何防止雷电波侵入？

10. 高层建筑物有哪些防雷措施？

11. 什么叫接地？什么叫接地体和接地装置？

12. 什么叫人工接地体和自然接地体？

13. 什么叫接地电流？什么叫接触电压和跨步电压？

14. 什么叫接地电阻？什么叫工频接地电阻？什么叫冲击接地电阻？

15. 测量接地电阻的方法有哪几种？

16. 某厂有一座第二类防雷建筑物，高 10m，其屋顶最远的一角距离高 50m 的烟囱为 15m，烟囱上装有一根 2.5m 高的避雷针，试验算此避雷针能否保护这座建筑物。

17. 有一台 50kVA 的变压器中性点需进行接地，可利用的自然接地体为 25Ω，而接地电阻要求不得大于 10Ω。试选择垂直埋地的钢管和连接扁钢的规格和数量。已知接地处的土层电阻率测定为 150Ω·m，单相短路电流可达 2.5kA，短路电流持续时间为 1.1s。

第九章　施工现场临时供电工程及用电安全

　　建筑施工工地的电力供应主要是解决施工现场的用电问题。由于施工现场负荷变化大，环境条件差，而用电设施多属临时设施且移动频繁，因此，建筑施工的电力供应具有一定的特殊性。为了保证施工的安全和工程的质量，同时节约电能、降低工程造价，对建筑施工工地的供配电进行合理的设计和组织。临时用电设备在 5 台及 5 台以上或设备总容量在 50kW 及 50kW 以上者，应编制临时用电施工方案。临时用电设备在 5 台以下和设备总容量在 50kW 以下者，应制定安全用电技术措施和电气防火措施。临时用电工程图必须单独绘制，并作为用电作业的依据。临时用电施工方案必须由电气工程技术人员编制，技术负责人审核，经主管部门批准后实施。变更临时用电施工组织设计时必须履行规定手续，并补充有关图纸资料。施工现场临时用电必须建立安全技术档案，其内容应包括：

　　1）临时用电施工方案；

　　2）临时用电工程检查验收表；

　　3）电气设备的试、检验凭单和调试记录；

　　4）接地电阻、绝缘电阻测定记录表；

　　5）电工检查、维修工作记录。

第一节　施工现场临时用电的申请

　　临时用电是指在一段时间内临时需要用电的情况，如建筑工地、市政建设和其他临时性用电。对于供电部门来讲所有使用电能的团体或个人都称之为"用户"，临时用电的团体称为是临时用户，在建筑行业中他可能是建设单位也可是施工单位。临时用电的用户用电时应到用电区域内的供电部门营业机构，按照有关规定办理申请临时用电手续，手续包含用电时间、用电量、用电性质、用电机具容量等资料和文件，并签订用电合同。这是每一个建设单位或施工单位在建设实施前必做的工作，工程中称为前期工作。在一般情况下临时用户向电业主管部门申请电源按照下列步骤进行。

　　1. 确定电源的主管部门、提出用电申请并领取申请表

　　工程前期的工作人员要掌握建设项目所在地所属的电源管理部门，向其提出用电申请，通常的格式如下：

　　＊＊＊＊供电分公司、供电所

　　　　　　　因我单位＊＊＊＊在＊＊＊＊＊施工需在＊＊＊＊区域内用电，用电电压等

　　　　　　　级＊＊＊＊、预计用电量＊＊＊＊，特向贵单位申请用电。申请单位：

　　在达成统一的意见后，到电业部门的营业部领取用电申请表。

　　2. 填写并提交用电申请、主管人员现场调查确认

各地电业管理部门都有具有自己管理部门特点的用电申请表格式，但是要填写关键技术参数是统一的，以下是某地区用电申请表的样式。

客户新装（增容）用电申请

年　　月　　日　　申请号：

用户名称				用电地址			
原有容量			kW/kVA	申请容量			kW/kVA
用户号				经办人姓名		联系电话	
原有表号				经办人身份证号			
生产班次		主要产品或用途		开户银行			
税务登记号				账号			
用电设备明细							
照明设备名称	容量	台数	合计容量	动力设备名称	容量	台数	合计容量
用电总容量							
申请用电理由				主管上级意见			

将填好的申请表交到电业部门的营业部后，该部门会派相关技术人员进行现场调查核实，准确无误后提供与用电申请配套的其他资料，用电申请的过程正式进入规定程序。

3. 新建工程用电需提供的其他材料

1）建设工程规划许可证。

2）建设用地规划许可证。

3）建设用地批准书。

4）土地使用证或房产证。

5）工程建设规划总平面图，新建住宅工程应提供电气施工图及面积明细表。

6）建筑工程施工许可证。

7）建设收费办公室收费函原件及电力配套费收据复印件。

8）申请单位营业执照（或组织单位代码证）、法人身份证、经办人身份证。

9）政府主管部门立项或批复文件；对对高耗能等特殊行业客户，须提供环境评估报告、生产许可证等。

10）授权委托书。

11）税务登记证。

4. 申请增加容量用电需提供的其他材料

1）申请单位营业执照、法人身份证、经办人身份证、授权委托书。

2）土地使用证和房产证。

3）原用户编号及表号、上个月电费收据。

4）增容申请应提供新装用电须提供材料。

5）税务登记证。

5. 领取用电许可证、预交电费

施工现场所在地电业管理部门经过审核，发放用电许可证。施工单位可到营业大厅领取，同时预交电费。施工队伍（通常是电业管理部门工程部）进入现场施工（供电电源部分）、确定计量方式安装电能计量总箱和电能计量表。这时施工现场临时用电工程申请部分结束。

第二节　施工现场供、配电工程设计

用电管理部门批复结束、施工单位得到用电许可证、供电总电源的位置、出线方式、计量方式以及变压器的容量已经确定后、按照《施工现场临时用电安全技术规范》JGJ 46—2005的规定："临时用电设备在 5 台及 5 台以上或设备总容量在 50kW 及以上的，应编制临时用电施工组织设计"，"临时用电设备在 5 台以下和设备总容量在 50kW 以下者，应制定安全用电技术措施和电气防火措施"。

一、施工现场临时用电工程设计主要内容

1. 现场勘测

现场勘测主要包括测绘现场的地形、地貌，新建工程的位置、建筑材料、器具堆放的位置、生产、生活临设建筑物位置，用电设备装设位置，以及现场周围环境如有无需防护的外电线路等。

2. 供电系统的构成设计

3. 施工用电负荷计算

施工用电负荷计算主要是根据现场用电情况计算用电设备，用电设备组，以及作为供电电源的变压器或发电机的计算负荷。计算负荷被作为选择供电变压器或发电机、用电线路导线截面、配电装置和电器的主要依据。

4. 变电所或配电室（总配电箱）的设计

变电所设计主要是选择变压器的位置、型号、规格、容量和确定装设要求；配电室（总配电箱）的设计主要是选择和确定配电室（总配电箱）的位置、配电室（总配电箱）的结构、配电装置的布置、配电电器和仪表的选择、选择和确定电源进线、出线走向和内部接线方式，以及接地、接零方式等。

施工现场配有自备电源（柴油发电机组）的，变电所或配电室的设计应和自备电源（柴油发电机组）的设计结合进行，特别应考虑其联络问题，明确确定联络和接线方式。

5. 配电线路（包括基本保护系统）的设计

配电线路设计主要是选择确定线路方向，配线方式（架空线路或埋地电缆等），敷设要求，导线排列，选择和确定配线型号，规格；选择和确定其周围的防护设施等。

6. 配电箱和开关箱设计

配电箱和开关箱设计是指为现场所用的非标准配电箱与开关箱的设计。

配电箱与开关箱的设计主要是选择箱体材料，确定箱体的结构与尺寸，确定箱内电器配备和规格，确定箱内电气接线方式和电气保护措施等。

配电箱与开关箱的设计要和配电线路相适应，还要与配电系统的基本保护方式相适应，并满足用电设备的配电和控制要求，尤其要满足防漏电触电的要求。

7. 接地与接地装置设计

接地是现场临时用电工程配电系统安全、可靠运行和防止人身间接触电的基本保护措施。

接地与接地位置的设计主要是根据配电系统的工作和基本保护方式的需要确定接地类别，确定接地电阻值，并根据接地电阻值的要求选择或确定自然接地体或人工接地体。对于人工接地体还要根据接地电阻值的要求，设计接地体的结构、尺寸和埋深，以及相应的土壤处理，并选择接地体材料。接地装置的设计还包括接地线的选用和确定接地装置各部门之间的连接要求等。

8. 防雷设计

防雷设计包括：防雷装置位置的确定，防雷装置形成的选择，以及相关防雷接地的确定。防雷设计应保护根据设计所设置的防雷装置，其保护范围能可靠地覆盖整个施工现场，并能对雷害起到有效的保护作用。

9. 编制安全用电技术措施和电气防火措施

编制安全用电技术措施和电气防火措施要和现场的实际情况相适应，其中主要之点是：电气设备的接地（重复接地）、接零（TN-S 系统）保护问题，一机一箱一闸一漏保问题，外电防护问题，开关电器的装设、维护、检修、更换问题，实施临时用电施工组织设计时应执行的安全措施问题，有关施工用电的验收问题，以及施工现场安全用电的安全技术措施等。

编制安全用电技术措施和电气防火措施时，不仅要考虑现场的自然环境和工作条件，还要兼顾现场的整个配电系统包括变电的展品配电室（总配电箱）到用电设备的整个临时用电工程。

10. 绘制电气设备施工图

包括：供电总平面图、变电所或配电室（总配电箱）布置图、变电或配电系统接线图、接地装置布置图等主要图纸。

二、临时供电工程设计中设计规范和设计原则

（一）施工现场临时用电的设计主要遵照的规范有：

1）《施工现场临时用电安全技术规范》JGJ 46—2005

2）《建设工程施工现场供用电安全规范》GB 50194—2014

3）《漏电电流动作保护器》GB 6829—2008

4）《特种电压》GB 3805—2008 等标准

（二）设计原则

JGJ 46—2005 第 1.0.3 条之规定，建筑施工现场临时用电工程专用的电源中性点直接接地的 220/380V 三相五线制低压电力系统，必须符合下列规定：

1. 采用三级配电系统

这是针对建筑工地临时用电工程所制定的安全用电技术规范中对供电系统的描述。所说的三级配电系统在实际工程中也形象的称为"三箱"，三箱是指：总配电箱、分配电箱和开关箱。该配电系统必须实现两种保护功能即：过载保护和漏电保护。

在三级配电系统中，三种配电箱功能是不同的，总配电箱是控制施工现场全部供电电源的通断，设置在靠近外部电源最近点。现场的电源由施工现场专用电变压器低压侧引出的电缆线接入，并装设电流互感器、有功电度表、无功电度表、电流表、电压表及总开关、分开关。分配电箱是总配电箱的一个分支，控制施工现场各个范围的用电电源的通断，设在各个区域内的用电设备（负荷距中心），箱内应设总开关和分开关。开关箱，直接控制用电设备。

2. 三级配电系统应遵守四项基本原则

即分级分路原则，动照分设原则，压缩配电间距原则，环境安全原则。

分级分路：从一级总配电箱向二级分配电箱配电可以分路，即一个总配电箱可以分若干分路向若干分配电箱配电；从二级分配电箱向三级开关箱配电同样可以分路，即一个分配电箱可以分若干支路向若干开关箱配电。从三级开关箱向用电设备配电实行"一机一闸"制。

按照分级分路原则的要求，在三级配电系统中，任何用电设备都不得越级配电，总配电箱和分配电箱不得挂接其他任何设备。

动照分设原则：动力配电箱与照明分配电箱宜分别设置。当动力和照明合并设置于同一配电箱时，动力和照明应分路配电分别设置动力和照明回路的断路器。

压缩配电间距原则：压缩配电间距原则是指各配电箱、开关箱之间的距离应尽量缩短。总配电箱应设在靠近电源的区域，分配电箱应设在用电设备或负荷相对集中的区域，分配电箱与开关箱的距离不得超过30m，开关箱与其控制的固定式用电设备的水平距离不宜超过3m。

环境安全原则：环境安全是指配电系统对其设置和运行环境的安全要求，包括三种环境要求：使用环境、防护环境和维修环境。防护环境：应装设在干燥通风及常温场所，不得装在有严重损伤作用的瓦斯、烟气、潮气及其他有害介质中，亦不得装设在易受外来固体撞击、强烈振动、液体浸溅及热源烘烤场所。维修环境：配电箱、开关箱周围应有足够二人同时工作的空间和通道，不得堆放任何妨碍操作、维修的物品，不得有灌木、杂草。使用环境：满足压缩配电间距原则。

3. 采用 TN-S 接零保护系统

它是一个三相五线制的供电系统形式，导线的根数是五，因此工程中经常称为三相五线的供电方式，这种形式是将工作零线 N 和保护线 PE 严格分开的供电系统。TN-S 接零保护系统有如下好处：

（1）系统正常运行时，专用保护线上没有电流，只是工作零线上有不平衡电流。PE线对地没有电压，所以电气设备金属外壳接零保护是接在专用的保护线 PE 上，供电系统安全可靠，特别是临时供电工程安全第一，最适合使用该系统。

（2）工作零线只用作单相负载回路供电用，无论是照明还是其他单相设备。

（3）专用保护线 PE 在整个供电系统中不许断线，也不许进入漏电开关。

（4）工作零线不得有重复接地，而 PE 线有重复接地，所以 TN-S 系统供电干线上也可以安装带漏电保护的断路器。

4. 采用二级漏电保护系统

二级漏电保护配置在总配电箱的进线侧或出线侧、开关箱内，设置带漏电保护功能的断路器。总配电箱内装设漏电断路器的作用是当线路上发生漏电故障时断电保护，开关箱内装设漏电断路器的作用是当用电设备发生漏电故障时断电保护。可见两级漏电保护分别起到线路和设备漏电时起到保护作用。

为保证形成有效的漏电保护系统设计时要注意如下几个方面的事宜：

（1）两级带漏电动作断路器的动作电流和额定漏电动作时间设定

这两个参数的选择与施工环境、施工设备与线路的漏电流及特殊要求、两级漏电保护的选择性等有关。如上级漏电保护参数设置过大，不与下级漏电保护匹配，一旦下级漏电保护拒动，就不能提供可靠的保护，直接影响安全；上级漏电保护的参数过小，当负荷端发生故障时不等负荷端动作而先动作造成停电面积过大；又如不考虑负载端设备（如塔吊、对焊机等负荷）的特殊状况，将负载端漏电保护的这两个参数设置过小，误动作机率就会较大，直接影响施工。

对于动作时间的规定：开关箱内的漏电保护器其额定漏电动作电流应不大于 30mA，额定漏电动作时间应小于 0.1s。使用于潮湿和有腐蚀介质场所的漏电保护器应采用防溅型产品，其额定漏电动作电流应不大于 15mA，额定漏电动作时间应小于 0.1s。

（2）总漏电保护的断路器装设的位置和保护范围

临电规范要求二级漏电保护配置在总配电箱的进线侧或出线侧、开关箱内，而没有要求分配电箱内设置漏电保护，但这一模式在实际应用中存在一些问题，需要根据现场实际灵活应用。大型的施工现场占地面积大用电设备较多容量大，有专用的配电室且配出的回路较多，有多个分配电箱。如果采用将总漏电保护器配置在进线侧，只有总、末两级的漏电保护，且区域跨度较大，将不能保证漏电保护功能的实现。施工现场的特殊性。应将总漏电保护器配置在总配电箱的出线侧，也可以采用多总线的配电方式，这样就形成了多个合适、有效的两级漏电保护系统。小型的施工现场占地面积、用电设备、容量相对较小，这是可以将总漏电保护器配置在总配电箱的进线侧。

（3）大型施工现场另一种新漏电保护形式的采用

临电规模较大时，如果只在电源进线侧装设漏电保护装置，也可通过增加漏电保护器级数的方法来减小两级漏电保护器的保护范围，但是这种做法较复杂。最简单的做法是在分配电箱进线侧增加漏电保护器，这是一种三级漏电保护形式的出现，目前规范没有详细的要求，但是有些地区已经开始执行了。

三、配电系统的构成形式及配电装置在施工现场位置和数量的确定

（一）配电系统的构成形式

根据规范的规定采用三级配电系统，供电系统的构成的方式多采用放射式。如图 9-1 所示。

（二）配电装置在施工现场位置和数量的确定

通常情况下，要解决这个问题应该从用电负荷端考虑。

1. 确定开关箱的位置和数量

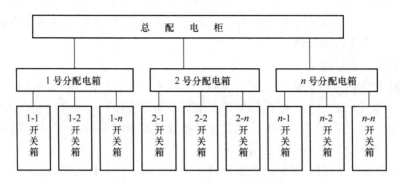

图 9-1 供电系统的构成方式

（1）开关箱的数量

开关箱它是直接与用电负荷相连、给其提供供电电源的装置或控制用电负荷动作的控制箱，有多少用电设备就有多少个开关箱。有些对于大型建筑设备上自己有配电设备，如果符合配电系统分级保护的原则和漏电保护动作电流值和动作时间的要求，可以将该配电设备视为开关箱。但是大多数的建筑设备是不带配电设备只是带自己设备的控制装置，这时必须设置开关箱。

（2）开关箱的位置

根据现行规范的规定同时满足操作使用方便，开关箱与其控制的固定式用电设备的水平距离不宜超过 3m。

2. 确定分配电箱的数量、配电回路数和位置

确定分配电箱数量位置时同时要考虑两个因素：

（1）根据使用性质和工艺工作过程确定

相同生产工艺内容在一个分配电箱内供电、故障影响面小。保证使用、检修维护方便分配电箱与其供电范围内所有开关箱的距离不得超出 30m。当无法保证时可以靠近较重要的设备附近或容量较大且容易产生故障的设备旁。

（2）根据负荷计算的结果确定

做到每个分配电箱承担的负荷（可用设备额定容量估算）大致相同、保证导线、开关设备的更替性强、减少投资。

（3）为保证配电的导线截面不至于太大，每个配电箱的总容量不可以太大。一个施工现场分配电箱的数量可以是多个，但是不易太多。它的安装位置取决于该箱配电开关箱的位置和数量。

3. 确定总配电箱的数量和位置

根据分配电箱的数量和位置和总负荷数值来确定总配电箱的数量和位置，同时要考虑电业管理部门在用电申请时的批复和用电许可证的要求。

四、确定供电系统中各个供电范围内的计算负荷

临时供电工程中确定计算负荷的方法首选是需要系数法，在该方法的理论支持下也产生了许多工程应用的经验计算公式。这些计算公式应用方便、计算简单被从事现场的工程技术人员广泛使用，但是每个公式在使用时都要注意它的使用范围和使用特点，这样才能保证计算误差最小最精确。

无论什么样规模的施工现场，临时供电工程设计中确定计算负荷前，必须有一个完全符合施工现场要求的供电系统框图（图 9-1），以框图为计算依据来确定各个配电装置的供电范围，来确定供电范围内的计算负荷。确定计算负荷的计算公式和书中前面讲述的完全一样，计算步骤是从负荷端开始、到分配电箱及总配电箱。下面根据施工现场临时供电工程特点分别讲述确定计算负荷时要注意的问题。

1. 开关箱部分负荷线（开关箱到用电设备之间）计算负荷的确定

开关箱内仅有一只带漏电保护的断路器，断路器起到线路、设备的短路故障和过负荷保护，起到电源的通断作用。确定计算负荷的目的是为了按照发热条件选择负荷线的截面和确定开关箱内断路器的动作电流值。在确定计算负荷时要注意如下几个问题：

（1）负荷线上的需要系数是 1。

（2）对于一般用电设备而言七额定功率就是设备功率，对于仅有单台电动机作为动力的设备功率确定时，将电动机铭牌上标称的额定功率除以电机的效率就是电动机的设备功率。

（3）对临电工程整体供电系统而言，开关箱负荷线上的计算负荷也是分配电箱的输出回路的计算负荷，为了分配电箱计算方便也要计算出无功计算负荷的具体数值。

2. 分配电箱部分的负荷计算

通常分配电箱内设置一个总电源总断路器和几个输出断路器，总断路器起到分配电箱的电源的分断作用和对箱内母线或配出到分支断路器导线的短路保护。输出断路器起到对连接分配电箱到开关箱配电线路的保护作用。在确定计算负荷时要考虑如下几个问题：

（1）分配电箱的输出回路和开关箱的负荷线是一条回路不必计算。

（2）分配电箱内总断路器和总配电箱输出回路是一条回路为了总配电箱计算方便也要计算出无功计算负荷的具体数值。

（3）总断路器处负荷计算时，将各支路有功、无功计算功率相加求出计算电流（下面的公式通书前部所述）。

$$P_c = \sum_1^n P_c (\text{kW}) \tag{9-1}$$

$$Q_c = \sum_1^n Q_c (\text{kvar}) \tag{9-2}$$

$$S_c = \sqrt{P_c^2 + Q_c^2} (\text{kVA}) \tag{9-3}$$

$$I_c = \frac{S_c}{\sqrt{3} U_N} (\text{A}) \tag{9-4}$$

（4）认为支线的需要系数为 1。

3. 总配电箱部分的负荷计算

通常总配电箱内设置一个总带漏电保护的断路器和几个输出断路器（或一只不带漏电保护的总断路器和几只带漏电保护的分支断路器），总断路器起到总电源的分断作用和对箱内母线的短路保护。输出断路器起到对连接分配电箱到总配电箱配电线路的保护作用。在确定计算负荷时要考虑如下几个问题：

（1）总配电箱的输出回路和分配电箱的输入是一条回路不必计算，为了总配电箱计算方便也要计算出无功计算负荷的具体数值。

（2）总断路器处负荷计算时，要将总配电箱所供电范围内用电设备进行分组，无论该设备是在哪个分配箱的供电范围内，按照分组查找到需要系数分别计算出各类用电设备组的计算负荷。

（3）单相用电设备的计算负荷，在建筑施工用电设备中，除了有大量的三相负荷外，还有一些单相负荷，如电焊机、电炉。电灯等。单相设备应尽量均匀地分配在三相线路上，以保持三相负荷尽可能平衡。若无法做到负荷在三相上的均匀分配，则应按负荷 最大的一相进行计算。

（4）对于单相的线负荷的负荷计算时，要将其转变成等效三相负荷，归纳到相应的用电设备组中进行负荷计算。

（5）同期系数的取值，理论上供电的馈电干线上要考虑同期系数，它包括同期有功系数和无功系数，但施工供电的临电工程通常取一个系数，在确定总的计算负荷时，应乘以同时系数 K_Σ 同时系数的数值也是根据统计规律确定的。对于工地总供电系统中：同期系数 $K_\Sigma = 0.8 \sim 0.9$，总的计算负荷为：

$$P_{\Sigma c} = K_\Sigma \Sigma P_c \tag{9-5}$$

$$Q_{\Sigma c} = K_\Sigma \Sigma Q_c \tag{9-6}$$

$$S_{\Sigma C} = \sqrt{P_{\Sigma c}{}^2 + Q_{\Sigma c}{}^2} \tag{9-7}$$

4. 负荷计算举例

某工地的施工现场用电设备如表 9-1，采用交流 220/380V 供电。施工工地电源为交流 10kV 的三相电源，选配一台 10/0.4kV 配电变压器供施工用，确定该台变压器的容量。

施工现场用电设备表 表 9-1

编号	用电设备名称	数量	单台设备容量	相数/电压值（V）	备注
1	搅拌机	4	5.5kW	3/380	
2	卷扬机（吊盘）	4	7.0kW	3/380	
3	起重机（塔吊）	2套	48kW	3/380	暂载率25%
4	三相电焊机	8	3.4kW	3/380	暂载率100%
5	振捣机	6	1.0kW	1/220	接于各相电压之间
6	现场照明装置		三相15kW	3/380	接于各相电压之间

部分用电设备的需要系数和功率因数 表 9-2

序号	用电设备名称	需要系数 K_d	$\cos\phi$	$\tan\phi$	用电设备台数
1	通风机、水泵	0.75～0.85	0.8	0.75	4～10
2	运输机、传输带	0.52～0.60	0.65	1.17	4～10
3	混凝土、砂浆搅拌机	0.65～0.70	0.7	1.02	4～10
4	破碎机、卷扬机	0.70～0.5	0.70	1.02	4～10
5	起重机、升降机	0.70～0.5	0.70	1.02	4～10
6	电焊变压器	0.25	0.70	1.02	4～10
7	住宅、办公室内照明	0.50～0.70	1.00	0	
8	建筑室内照明	0.80	1.00	0	

序号	用电设备名称	需要系数 K_d	$\cos\phi$	$\tan\phi$	用电设备台数
9	室外照明（有投光灯）	1	1.00	0	
10	室外照明（无投光灯）	0.85	1.00	0	
11	配电所、变电所	0.6	1.00	0	

K_d是同类设备的需要系数，可从表9-2中得到，但表中所列的需要系数值是用电设备台数较多时的数据。若用电设备台数较少时，该需要系数值可适当大一点。如果仅有1~3台用电设备则需要系数可取为1。

解：

1. 将用电设备分组查找确定每组的需要系数和功率因数

将供电范围内的用电设备按照使用功能和工作制相同的分为一组，通常将需要系数和功率因数相同的用电设备分在一组。本题中将搅拌机和振捣棒分为一组，卷扬机、塔吊、电焊机和现场照明分别分在不同的组内。从设计手册和教材中查找需要系数的值和功率因数见表。

2. 确定设备功率和每个用电设备组的计算负荷

由于搅拌机、振捣棒和卷扬机属于长期连续运行的设备它们额定功率就是设备功率。起重机和电焊机它们的暂载率属于规定折算值，不必折算它们的额定功率就是设备功率。

3. 将每个组的有功计算负荷和无功计算负荷相加，乘以同时系数得到总的计算负荷

根据使用需要系数法进行负荷计算的公式进行计算，由于供电范围内的设备容量不是很大，因此同时系数可以取值为1。

4. 列出负荷计算表

将计算结果和简单的计算过程、计算公式列在表9-3内便于核对。

5. 按照变压器的选择条件选择变压器的容量

按照变压器使用的负荷率和计算结果选择变压器的容量，当负荷率选择为80%时，变压器的容量选择为：$S_n = 250\text{kVA}$。

负荷计算表　　　　　　　　　　　　　　　　表 9-3

用电设备编号	用电设备组名称	设备功率 P_e (kW) 台数×设备功率	需要系数 (K_d)	功率因数	计算有功功率 (kW) $P_c = K_d \times P_e$	计算无功功率 (kvar) $Q_c = P_c \times \tan\phi$
1	搅拌机、振捣机	$4 \times 5.5 + 6 \times 1.0 = 28$	0.7	0.7	$28 \times 0.7 = 19.6$	19.99
2	卷扬机（吊盘）	$4 \times 7.0 = 28$	0.5	0.65	$28 \times 0.5 = 14$	16.38
3	起重机（塔吊）	$2 \times 48 = 96$	0.7	0.7	$96 \times 0.7 = 67.2$	68.54
4	电焊机	$8 \times 3.5 = 28$	0.35	0.7	$28 \times 0.35 = 9.8$	9.99
5	现场照明	15	1	1	15	0
合　计					125.6	114.9
	取有功和无功同时系数为：1				125.6	114.9
总的视在计算功率 S_c (kvar)	170.23					
变压器额定容量 S_n (kvar)	变压器负荷率为80%时：$S_c = 170.23/0.8 = 212.79$ $S_n \geqslant S_c$ 则：$S_n = 250\text{kVA}$					

五、导线型号、截面和敷设方式的选择

（一）施工现场常用的导线型号的选择

由于施工现场电源有临时性、可靠性和重复利用性等因素，导线的敷设方式大多数采用沿地直埋敷设和架空敷设，采用的电缆型号根据配电线路的不同，总配电箱至分配电箱的配电线路，电缆采用 VV22 型铠装电缆埋地敷设，分配电箱至开关箱选择 YC 型橡胶防水电缆架空敷设。临时办公室内照明及生活用电，选用 FPC 半硬阻燃管（如有吊顶采用 PVC 管）穿 BV 型铜芯塑料绝缘导线明敷设、移动式设备、配电箱和开关箱的进、出线采用橡皮绝缘电缆并加套管保护。

1. VV22 电缆（图 9-2）

电缆全称：铜芯聚氯乙烯绝缘聚钢带铠装聚氯乙烯护套电力电缆。电缆的芯数有 4 等芯、4 加 1 芯和 3 加 2 芯，截面在 $10\sim240\mathrm{mm}^2$ 之间。VV22 电缆可以敷设在室内外、隧道及直埋土壤中，电缆能承受压力和其他外力作用。

VV22(VLV22)型 3+2芯　　　　VV22(VLV22)型 4芯　　　　VV(VLV)型 4+1芯

图 9-2　VV22 型电缆 3＋2 芯、4 等芯及 4＋1 芯结构示意图

2. YC 型软电缆（图 9-3）

YC 电缆全称重型通用橡套电缆，是俗称的橡套线的一种。橡套电缆是由多股的细铜丝为导体，外包橡胶绝缘和橡胶护套的一种柔软可移动的电缆品种。适用于交流额定电压 450/750V 以下家用电器、电动工具和各种移动式电器设备或轻型移动电气设备，或用于工地上临时施工用，能承受较大的机械外力作用。线芯的长期允许工作温度应不超过 60℃。

（二）导线截面的选择

1. 导线截面选择的原则

在一般工程中导线是按照发热条件选择、按照电压损失、机械强度条件校验。特别是室内工程中大多数仅是按照发热条件选择，不考虑电压损失条件，但在临时供电工程中由于线路很长，电压损失条件应该和发热条件同时考虑。

2. 现场常用的电缆（VV22 电力电缆）和通用橡套软电缆载流量表（表 9-4、表 9-5）

图 9-3　YC 电缆全称重型通用橡套
电缆外形示意图

VV22 电力电缆载流量　　　　　表 9-4

芯数	3-5 芯			
敷设方式	空气中 35℃		土壤中 25℃	
型号	VV₂₂	VLV₂₂	VV₂₂	VLV₂₂
截面（mm²）　10	43	35	48	30
16	78	47	82	65
25	100	60	107	84
35	107	74	118	100
50	124	90	144	120
70	156	125	177	150
95	226	190	244	205
120	274	210	289	230
150	310	255	329	270
185	341	310	369	329

通用橡套软电缆载流量（A）　　　　　表 9-5

主芯截面（mm²）	3 芯、4 芯、5 芯			
	25℃	30℃	35℃	40℃
2.5	26	24	22	20
4	34	31	29	26
6	43	40	37	34
10	63	58	54	49
16	84	78	72	66
25	115	107	99	90
35	142	132	122	112
50	176	164	152	139
70	224	209	193	177
95	273	255	236	215

六、各配电箱内保护和开关设备的选择

（一）开关箱

根据规范中的规定：开关箱中必须设置带有漏电保护、具有短路保护和过负荷保护功能的断路器。

1. 断路器动作电流值的确定

断路器的动作电流值应该≥1.15～1.2倍所保护线路或设备的计算电流值。

2. 漏电保护装置动作电流和动作时间的确定

漏电动作电流应不大于 30mA，额定漏电动作时间应小于 0.1s。在潮湿和有腐蚀介质场所使用漏电保护器应采用防溅型产品，其额定漏电动作电流不大于 15mA，额定漏电动作时间应小于 0.1s。

（二）分配电箱

1. 根据规范中的规定

分配电箱内总断路器选用应该选择分断时具有可见断点的断路器，支线断路器实现支线电源的分段点和线路的保护。

2. 断路器动作电流值的确定

断路器的动作电流值应该≥1.15～1.2倍所保护线路或设备的计算电流值。

（三）总配电箱

1. 根据规范中的规定

在总配电箱内应安装带漏电保护的断路器，且分断时具有可见断点器该断路器不得用于启动电气设备的操作。为了保证供电系统的安全采用四级断路器是一个从理论上可以解释的，但是采用三级断路器也可以。目前的设计规范中没有明确的规定。

2. 断路器的动作电流值的确定

断路器的动作电流值应该≥1.15～1.2倍所保护线路上或设备的计算电流值。

3. 漏电动作电流和动作时间的确定

总配电箱中额定漏电动作电流应大于 30mA，额定漏电动作时间应大于 0.1s，为了保证使之具有分级分段保护的功能，可选 50mA/0.2s 或 100mA/0.2s 有时也可达到 300mA/0.2s。

七、配线平面图和供电系统图的设计

1. 配电线路路径

根据配电箱的实际安装的位置、系统图的构成形式、在保证导线最短、不影响正常工作、安全不易遭到破坏几个因素的前提下确定配电线路的路径。

2. 平面图纸的绘制

配线平面图纸的绘制在现场建筑工程技术现场施工工艺布置图的的基础上进行绘制。导线的标注形式和室内电气配线工程完全一致，符合国家图形符号等各种规定，图纸的类型与室内动力配线工程的平面图一致。

3. 供电系统图设计

施工现场临时供电的系统图设计和室内动力供电系统图的设计理论完全一样，系统图要表示出的内容和室内动力供电系统图也完全一致。

（1）供电系统图样例（图 9-4）

供电系统设置为三级供电两级漏电保护，系统的计量方式采用的是专用的计量表箱，当不用专用的计量表箱时，可在图中 B 段的总配电箱内加入电流互感器和电能表，如图 9-5 所示。

（2）供电系统图中的文字标注

标注形式符合国家标准标注的内容有：

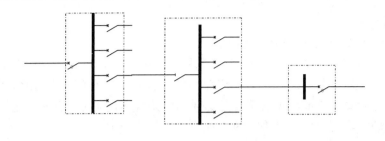

图 9-4　施工现场临时供电工程系统图的样例

图中：A 段——由计量箱至工地总配电箱的线路。

B 段——总配电箱。有些系统总配电箱内装设计量装置，A 段线路由电业部门管理。

C 段——总配电箱至分配电箱的线路，有 n 条线路。

D 段——分配电箱，有 n 个分配电箱。

E 段——分配电箱至开关箱（开关箱）的线路，有 n 条线路。

F 段——开关箱，有 n 个开关箱。

G 段——开关箱至用电设备的线路，有 n 个负荷线路。

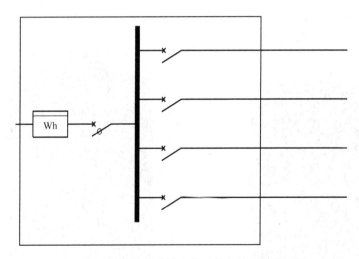

图 9-5　总配电箱内装设电能计量表的系统图样例

① 各种配电箱的编号、配电箱内断路器型号、额定电流、动作电流值、漏电动作电流、动作时间。

② 每个配电箱配出回路编号、回路用途、额定容量、导线型号、截面、穿保护管的类型、敷设形式、同一保护管内导线根数。

③ 总配电箱和分配电箱计算负荷、需要系数、功率因数标注。

八、施工现场临时供电工程中常用的配电箱及箱内断路器的选择

配电箱及箱内断路器有许多类型，只要符合国家标准的均可以使用，本书仅就经常使用的类型加以介绍。

（一）总电源配电柜柜体和分配电箱箱体

总配电柜和分配电箱安装于室外，通常采用封闭式的户外动力配电柜和配电箱，总配电柜一般采用落地时安装型式，分配电箱采用悬挂式安装。该种配电柜、配电箱没有标准型号属于非标准设备，需要根据实际设计的供配电系统图定制加工而成。型号通常表示为：XL21（改）等，它们的外形如图9-6所示。

图9-6 总电源配电柜柜体和分配电箱箱体外形图

（二）断路器

建筑工地的临时供电工程经常使用国内 DZ 系列塑料外壳断路器。

1. DZ20 系列断路器外形（图9-7）

(a) 　　　　　　　　　　　　(b)

图9-7

（a）三级断路器；（b）四级断路器

2. 适用范围

DZ20 系列塑壳断路器主要用于交流 50Hz、额定电压 380V（400V），额定电流 100～630A三相四线制的系统中，可在配电网络中用来分配电能、线路及电源设备的过载、短路和欠电压保护。特别是工地中常用的四级断路器它能保护用户和电源完全断开确保安全。DZ20系列断路是以Y型为基础产品，由绝缘外壳，操作机构，触头系统的脱扣器四个部分组成。C型、J型和G型断路器是在Y型产品的基础上派生设计而成的，它们的区别在于断流能力不同，G级最高。DZ20型断路器的技术参数见表9-6。

断路器主要技术参数表 表9-6

壳架等级额定电流（A）	极数	短路分断能力级别	断路器动作电流（A）
100	3、4	Y、C	16、25、32、40、50、63、80、100
160	3、4	Y、C	32、40、50、63、80、100、125、160
250	3、4	Y、C	100、125、160、180、200、225、250
225	3、4	Y、J、G	100、125、160、180、200、225
400	3、4	C、Y、J、G	250、315、350、400
630	3、4	C、Y、J	400、500、630

图9-8 DZL20（E）型的外形

（三）漏电断路器

工地临时供电工程经常采用的有DZ20L（E）和DZ15L（E）两种型号，前者容量较大通常使用在总配电箱和分配电箱内，后者使用在负荷箱内。DZ15L（E）系列漏电断路器（以下简称断路器）适用于交流50Hz，额定电压至380V，额定电流至100A的中性点接地电路中，作电网、设备漏电保护之用，并可用来保护线路和电动机的过载及短路，亦可作为线路的不频繁转换及电动机的不频繁起动之用。

1. DZ20L型漏电断路器的外形如图9-8所示。

2. DZ20L型漏电断路器技术参数参见表9-7。

带漏电保护功能的DZ20L系列低压断路器主要技术参数 表9-7

型号	额定电压（V）	壳架额定电流（A）	额定电流（A）	额定漏电动作电流（mA）	额定漏电动作电流时间（s）	极数
DZ20L（E）-630	220/380	630	400、500、630	300、500	0.1；0.2；0.3	2、3、4
DZ20L（E）-100	220/380	100	50、63、80、100	50、75、100	0.1；0.2；0.3	2、3、4
DZ20L（E）-40	220/380	40	6、10、16、20、25、32、40		0.1；0.2；0.3	2、3、4

注：型号的表示含义：DZ20L（E）——（后面同DZ20型断路器）；

E——表示电子式漏电保护装置，没有E表示电磁式的保护装置；

L——表示具有漏电保护功能。

3. DZ15L（E）的外形如图 9-9 所示。

4. DZ15L（E）主要技术参数参见表 9-8。

图 9-9 DZL15（E）型的外形

DZ15L (E)主要技术参数		表 9-8
产品型号	DZ15L（E）-40	DZ15L（E）-63
额定电压（V）	220/380	
额定电流（A）	10、20、32、40	50、63
额定漏电动作电流（mA）	10、20、30	30、50、63
漏电分断时间	≤0.1	
额定短路通断能力 380V（A）	3000	5000

第三节　施工现场临时用电工程设计案例

一、施工现场工程概况

某小区高层民用建筑住宅工程，建筑总面积 $120000m^2$，框架结构。施工现场分为生活区和作业区，其中作业区包括钢筋区、木工区、搅拌区与塔吊作业区及物料堆放、仓库等作业区域。施工现场平面布置图见图 9-10。施工现场施工机械（用电设备）设备表，见表 9-9。

施工现场用电施工机械设备统计表　　　　　　表 9-9

序号	名 称	台 数	单台功率（kW）	合计（kW）	备 注
1	输送泵	2	75	150	
2	350 搅拌机	2	5.5	11	
3	无齿锯	2	3	6	
4	电焊机	10	10	100	暂载率 100%
5	弯曲机	2	4	8	
6	调直机	2	3	6	
7	切断机	2	3	6	
8	电渣压力焊机	4	30	120	暂载率 100%
9	立式打夯机	2	5	10	
10	电锯	2	5.5	11	
11	振捣棒	2	2	4	
12	办公区照明	系统	30	30	根据设计
13	施工现场照明	系统	10	10	根据设计
14	QTZ80 塔吊	3	49.4	148.2	暂载率 25%
15	升降机	3	33	99	
16	电渣压力焊机	6	30	180	暂载率 100%
合计				899.2	

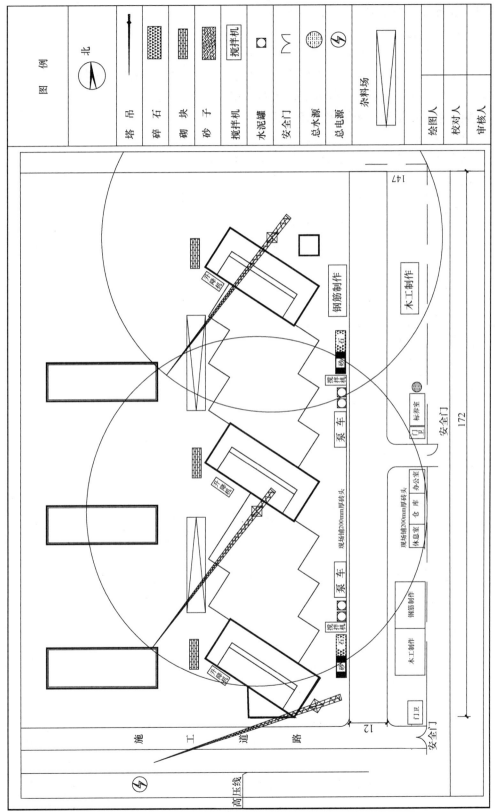

图 9-10　某小区施工现场平面布置图

在设备表统计时要注意：

（1）用电设备的工作制。

（2）用电设备的额定工作电压。

（3）现场照明的容量是依据现场照明设计的结论，本书中照明设计从略。

（4）找到每个用电设备的具体安装位置标注在现场布置图上。

二、填报申报容量表并申请用电许可证

（一）负荷的统计及计算负荷的确定

（1）确定计算方法是需要系数法、确定需要系数表、功率因数。

（2）进行用电设备的分组，按照用电设备的工作制（长期、短时和反复短时）进行分组。本工程中用电设备分为四组，每组的需要系数确定见表9-10。

（3）确定计算负荷、列出负荷计算表。

负荷计算表 表9-10

组号	序号	名 称	台 数	单台功率（kW）	设备功率（kW）	K_d	$\cos\phi$	$\tan\phi$	P_c（kW）	Q_c（kvar）	S_c（kVA）
1	1	输送泵	2	75	150	0.8	0.85	0.62	169.6	105.2	199.5
	2	350搅拌机	2	5.5	11						
	3	无齿锯	2	3	6						
	5	弯曲机	2	4	8						
	6	调直机	2	3	6						
	7	切断机	2	3	6						
	9	立式打夯机	2	5	10						
	10	电锯	2	5.5	11						
	11	振捣棒	2	2	4						
		小计							169.6	105.2	199.5
2	12	办公区照明	三相	30	30	0.95	0.6	1.33	38	50.5	63.2
	13	施工现场照明	三相	10	10						
		小计							38	50.5	63.2
3	14	QTZ80塔吊	3	49.4	148.2	0.6	0.75	0.88	148.3	130.5	197.6
	15	升降机	3	33	99						
		小计							148.3	130.5	197.6
4	16	电渣压力焊机	6	30	180	0.4	0.5	1.73	160	276.8	319.7
	4	电焊机	10	10	100						
	8	电渣压力焊机	4	30	120						
		小计							160	276.8	319.7
合计		取 $K_{\sum_p}=0.95$ 取 $K_{\sum_q}=0.98$							P_c（kW）	Q_c（kvar）	S_c（kVA）
									490.1	552	738.2

（二）根据计算结论确定变压器的台数、容量和供电回路

这项工作通常要与电业管理部门和申报部门协商确定，根据当地情况确定变压器的负荷率，变压器的型号等应符合电业管理部门的相关规定。

（1）该工程经电业部门同意，取变压器的负荷率为75％时，则该工程的变压器总额定容量不小于984.2kVA。故选择两台容量为630kVA的变压器组成的箱式变电站。

（2）根据电缆最大载流量的数值，选择两条供电回路。

临时供电工程中施工单位为了节约成本，通常采用重复利用的电力电缆，这要考虑原有电缆的截面规格。为了更换方便电缆的截面尽量统一，如做不到截面的类型也要尽量少。本工程中编号1～13为一条供电回路；编号14、15、16、4、8为一条供电回路。每条回路的容量大致相同、电流值相同。

三、施工现场供、配电工程设计

在得到用电许可证、供电总电源的位置、出线方式、计量方式以及变压器的容量已经确定后、方可进行供配电工程的设计。设计的成果应有图纸两种即：现场用电设备的配线平面图、供电系统图。成果还有设计计算书一份，该书存档以备检查。

（一）设计规范

（1）《建设工程施工现场供用电安全规范》GB 50194—2014。

（2）《施工现场临时用电安全技术规范》JGJ 46—2005。

（二）设计原则

根据JGJ 46—2005第1.0.3条之规定，建筑施工现场临时用电工程专用的电源中性点直接接地的220/380V三相四线制低压电力系统，必须符合下列规定：

（1）采用三级配电系统，即总配电柜→分配电箱→开关箱；

（2）采用TN-S接零保护系统；

（3）采用二级漏电保护系统，总配电柜→开关箱。

（三）设计方案构成和设计步骤

根据规范的规定采用三级配电系统；供电系统的构成的方式多采用放射式和链式相结合。（注意：链式连接的原则）

1. 确定开关箱的位置和数量

开关箱是直接与用电负荷相连、给其提供供电电源的装置或控制用电负荷动作的控制箱。

（1）位置

区分哪些开关箱是设备自带的（安装在设备本体上）哪些是独立存在的。根据使用者的操作方便确定位置（调查了解相关技术人员后确定其位置或根据施工现场的施工工艺设计图纸来确定）。

（2）开关箱的数量

根据《施工现场临时用电安全技术规范》JGJ 46—2005。施工现场采用"三级配电、二级漏电保护"，的系统构成形式。所以：每台设备均设备自专用的开关箱，做到"一机、一闸、一漏、一箱"的原则。原则上施工现场每一台设备就有自己独立的开关箱，但是有时也有几台设备（临时用）共用一个开关箱。

2. 确定分配电箱的数量、配电回路数和位置

（1）根据使用性质和工艺工作过程确定

保证使用方便同一工作内容在一个分配电箱内供电、故障影响面小、每个分配电箱与其开关箱的距离不超出 30m。

（2）根据负荷估算的结果初步确定

做到每个分配电箱承担的负荷（可用设备额定容量估算）大致相同、保证导线、开关设备的更替性强、减少投资。

3. 确定总配电箱（1AP）的供电回路的数量和位置

根据分配电箱的数量和位置和总负荷数值来确定总配电箱的数量和位置。

一号电源供电回路：

AP11 箱：80 塔吊 49.4kW、升降机 33kW、压力焊机 2×30kW。合计：142.4kW。

AP12 箱：与 AP11 箱相同。合计：142.4kW。

AP13 箱：与 AP11 箱相同。合计：142.4kW 。

总配电箱的位置确定有两个方案，第一：在以上三个分配电箱的中心，配出到每个分配电箱的距离相同，电压的质量相同。第二：靠近电源端即第一个分配电箱的位置，箱式变电站到总配电箱的距离短电缆减少。配出回路距离不同，电压质量有些区别。总之两种方案各有特点，要根据是否有电缆重复使用、设备对电压质量的要求等多个因数考虑来确定。本工程采用第一种方案，位置见图 9-11。

二号电源供电回路：

AP21 箱：弯曲机 4kW、调直机 3kW、两台电锯 2×5.5kW、无齿锯 3kW
电焊机四台 4×10kW。合计：61kW。

AP22 箱：混凝土输送泵 75kW、350 搅拌机 5.5kW、立式打夯机两台 2×5kW
振捣棒两台 2×2kW。合计：94.5kW。

AP23 箱：电焊机三台 3×10kW、压力焊机两台 2×30kW。合计：90kW。

AP24 箱：同 AP13 箱。合计：90kW。

AP25 箱：混凝土输送泵 75kW、350 搅拌机 5.5kW 无齿锯 3kW、调直机 3kW、切断机 3kW，合计：93.5kW。

AL11 照明箱：（现场夜间保安照明用）10kW。

AL12 照明箱：（办公区域、生活区照明用）30kW。

4. 绘制供配电系统框图

根据上述原则绘制系统框图如图 9-12、图 9-13 所示。

四、各供电范围内计算负荷的确定

（1）按照供电系统的构成框图分段进行计算。

（2）列出负荷计算表。

五、导线型号、截面、敷设方式的选择

1. 型号和敷设方式的选择

根据设计原则：总配电箱至分配电箱的配电线路，电缆采用 VV22 型铠装电缆埋地敷设、分配电箱至开关箱选择 YC 型橡胶防水电缆架空敷设、临时办公室内照明及生活用电，选用 FPC 半硬阻燃管（如有吊顶采用 PVC 管）穿 BV 型铜芯塑料绝缘导线明敷设、移动式设备、配电箱和开关箱的进、出线采用橡皮绝缘电缆并加套管保护。

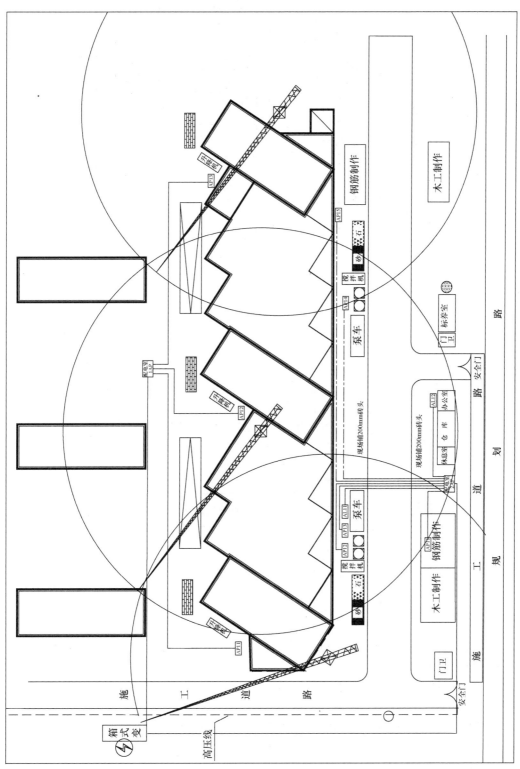

图 9-11　配电箱位置及供电范围图

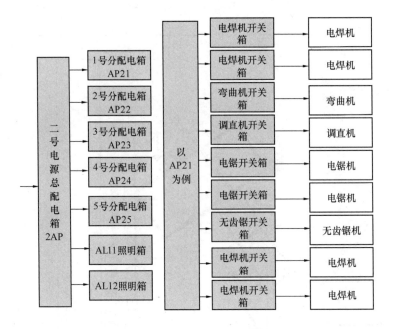

图 9-12　二号电源供配电系统框图

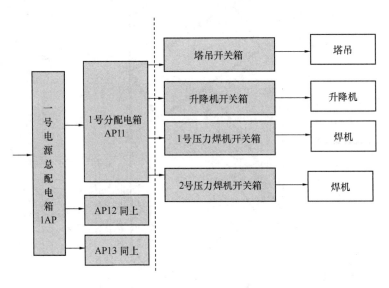

图 9-13　一号供配电系统框图

2.导线、电缆截面的选择：发热条件选择、按照电压损失、机械强度条件校验。

六、供电系统的设计

（一）各配电箱内保护、开关设备的设置

1.开关箱

根据规范中的规定：开关箱中必须设置带有漏电保护、具有短路保护、过载保护功能的漏电断路器。

2.分配电箱

根据规范中的规定：

分配电箱内总断路器应选用分断时具有可见断点的断路器并起到分配电箱总电源通、断控制，支线断路器实现支线（开关箱至分配电箱之间）电源的分段点和线路的短路、过载保护。

3. 总配电箱

根据规范中的规定：

在总配电箱内应安装带漏电保护的断路器，且分断时具有可见断点器该断路器不得用于启动电气设备的操作，干线断路器实现干线（总配电箱至分配电箱之间）电源的分段点和线路的短路、过载保护。（DZ20 型断路器的技术参数见表 9-6；带漏电保护的断路器技术参数 DZ20L 型见表 9-7；DZ15L 型见表 9-8）。

（二）各配电箱内断路器技术参数的选择

1. 总配电箱中的总断路器选择原则

（1）断路器的动作电流值的确定

断路器的动作电流值应该≥1.15～1.2 倍所保护线路上或设备的计算电流值。

（2）漏电动作电流和动作时间的确定

总配电箱中额定漏电动作电流应大于 30mA，额定漏电动作时间应大于 0.1s，为了保证使之具有分级分段保护的功能，可选 50mA/0.2s 或 100 mA/0.2s 有时也可达到 500 mA/0.2s。

2. 选择实例（以 1 号电源为例选择的原则同上）

（1）断路器的型号、额定电流、保护类型及动作电流值

选择带漏电保护功能的断路器型号：DZ20L；1 号电源总的计算电流值 556.96A，额定电流和动作电流值均为 630A，具有短路保护、过载保护的类型，脱扣器代号：4300。

计算过程如下：

设备容量 $P_e = 3 \times (49.4 + 2 \times 30 + 33) = 427.2\text{kW}$

选择需要系数 K_d（见表 9-2）为 0.6 ，功率因数值 $\cos\phi$ 为 0.7，$\tan\phi$ 为 1.02，$U_n = 380\text{V}$。

$$P_c = 427.2 \times 0.6 = 256.3\text{kW}$$

$$I_c = \frac{S_C}{\sqrt{3}U_n} \text{ (A)} = \frac{P_c}{U_n \cos\phi \sqrt{3}} = 556.96\text{A}$$

（2）漏电保护参数的选择：

为与开关箱中漏电断路器动作电流值及动作时间的配合，

动作电流值 500mA，动作时间为 0.2s

选择：DZ20L-630/4300/630A/500mA/ 0.2s

总电源导线型号、截面选择：

对于临时供电工程中的电缆截面规格要尽量少和统一，这样替代性能要强。

导线型号、截面选择常用的电缆查允许载流量表（见表 9-4）单条（VV22-3×185＋2×95)的电缆地埋直接敷设的载流量为：369A 不能满足要求，使用两条电缆 VV22-3×150＋2×95）作为一个回路使用，载流量可达到允许载流量（露天敷设可达 620A，地埋直接敷设可达 658A）。表示为：2（VV22-3×150×2×95)，符合要求。

3. 总配电箱中干线断路器的选择

（选择的原则同上）它是总配电箱至分配电箱之间电源分段点和实现线路的短路、过载保护。

（1）断路器的型号、额定电流、保护类型及动作电流值

选择具有短路和过载保护的断路器型号：DZ20Y。

干线的计算电流值 309A，额定电流为 400 和动作电流值均为 315A。

计算过程如下：

设备容量 $P_e=49.4+2\times30+33=142.4\text{kW}$

选择需要系数 K_d 为 1（分配电箱几乎同时使用），功率因数值 $\cos\phi$ 为 0.7，$\tan\phi$ 为 1.02，$U_n=380\text{V}$。

$$P_c=P_e=142.4\text{kW}$$

$$I_c=\frac{S_C}{\sqrt{3}U_n}\ (\text{A})=\frac{P_c}{U_n\cos\phi\sqrt{3}}=309\text{A}$$

脱扣器代号：4300。DZ20Y—400T/4300/315A

（考虑了线路上下级保护时动作电流值的配合关系）

（2）配出干线的导线型号及截面的选择

查电缆允许载流量表 9-4，VV22-3×150+2×95 载流量为露天可达 310A 埋地可达 329A，符合要求。

4. 分配电箱内总断路器和总配电箱的输出相对应，在确定总断路器时同上

（1）选择的原则：可以选择断路器、也可以选择隔离开关，本题是选择了断路器。但是选择隔离开关也可以满足要求。两者的区别在于，隔离开关能到达不带负荷分离电源的作用，不能对箱内母线进行保护，但也可满足基本要求了。断路器能带负荷分离电源也可对箱内的母线形成保护，但是与总配电箱内输出回路的断路器保护重叠，选择时要考虑考虑线路上下级保护时动作电流值的配合很复杂。本题中是重叠的。

（2）总断路器型号、额定电流、保护类型及动作电流值。

（以 AP—11 箱为例）

断路器型号：DZ20Y；干线的计算电流值 309A，额定电流 400A，动作电流值 315A，脱扣器代号：4300。

DZ20Y—400T/4300/315A

（3）配出支线 WP11-1 断路器的选择：

计算电流值 100A；断路器：DZ20Y—160T/4300/125A。

（4）开关箱内带漏电保护的断路器选择：

DZ20L-160/4300/125A/30mA/0.1s

负荷导线选择：查表 9-5 选：YC-3×25+2×16 允许载流量116A。

（5）配出支线 WP11-2 断路器的选择：

计算电流值 66.8A；断路器：DZ20Y—160T/4300/80A。

（6）对应的开关箱内带漏电保护的断路器选择：

DZ20L-160/4300/80A/30mA/0.1s

导线选择：查表 9-5 选：YC-5×16 允许载流量 84A。

（7）配出支线 WP11-3 断路器的选择：

计算电流值 91A；断路器：DZ20Y—160T/4300/100A。

（8）对应的开关箱内带漏电保护的断路器选择：

$$DZ20L-160/4300/100A/30mA/0.1s$$

导线选择：查表 9-5 选：YC-3×25+2×16 允许载流量 116A。

一号电源中的 AP12—13 与 AP11 相同。

5. 二号电源各配电箱内断路器技术参数的选择过程及结论表

（1）AP21 分配电箱（表 9-11、表 9-12）

负荷计算结论表

表 9-11

分配电箱编号	回路编号	设备名称	额定功率（kW）	工作制	设备功率（kW）	额定电压（V）	$\cos\phi$	$\tan\phi$	P_c（kW）	Q_c（kvar）	S_c（kVA）	I_c（A）
AP21	WP21-1	弯曲机	4		4		0.8	0.75	4	3		7.6
	WP21-2	调直机	3		3		0.8	0.75	3	2.25		5.7
	WP21-3	电锯	5.5		5.5		0.8	0.75	5.5	4.13		6.7
	WP21-4	电锯	5.5		5.5		0.8	0.75	5.5	4.13		6.7
	WP21-5	无齿锯	3		3		0.8	0.75	3	2.25		5.7
	WP21-6	电焊机	10	暂载率100%	10		0.5	1.73	10	17.3		30.4
	WP21-7	电焊机	10	暂载率100%	10		0.5	1.73	10	17.3		30.4
	WP21-8	电焊机	10	暂载率100%	10		0.5	1.73	10	17.3		30.4
	WP21-9	电焊机	10	暂载率100%	10		0.5	1.73	10	17.3		30.4
	合计								61	84.9		
	取有功、无功需要系数分别为：0.6；0.65								36.6	55.2	66.3	100.7

箱内断路器、导线选择过程及结论表

表 9-12

AP21 箱配电系统电气设备的选择	分配电箱中电源总断路器及导线型号、截面选择： 总断路器选择：DZ20Y—160T/4300/125A 导线选择查表：VV22-3×35+2×16 允许载流量 107A，符合要求。 配出回路断路器（开关箱或负荷箱内带漏电保护的断路器）及导线型号、截面选择： WP21-1～WP21-5 选择： 断路器选择：低压断路器 DZ20Y—100T/4300/16A，负荷箱或开关箱内带漏电保护的断路器：DZ15LE—40/4901/16A/30mA 导线查表选：YC-5×2.5 允许载流量 27A WP21-6～9 选择： 断路器：选择：低压断路器 DZ20Y—100T/4300/25A；负荷箱或开关箱内带漏电保护的断路器：DZ15LE—40/4901/25A/30mA 导线查选表：YC-5×6 允许载流量 44A

（2）AP22 分配电箱（表 9-13、表 9-14）

负荷计算结论表 表 9-13

分配电箱编号	回路编号	设备名称	额定功率(kW)	工作制	设备功率(kW)	额定电压380V	K_d	$\cos\phi$	$\tan\phi$	P_c(kW)	Q_c(kvar)	S_c(kVA)	I_c(A)
AP22	WP22-1	混凝土输送泵	75		75			0.8	0.75	75	56.3		107
	WP22-2	350 搅拌机	5.5		5.5			0.8	0.75	5.5	4.1		7.8
	WP22-3	立式打夯机	5		5			0.8	0.75	5	3.8		7.2
	WP22-4	立式打夯机	5		5			0.8	0.75	5	3.8		7.2
	WP22-5	振捣棒	2		2			0.8	0.75	2	1.5		2.9
	WP22-6	振捣棒	2		2			0.8	0.75	2	1.5		2.9
	合计									94.5	71		
	取有功、无功需要系数分别为：0.7；0.75									66.2	53.3	85	129

箱内断路器、导线选择过程及结论表 表 9-14

AP22 箱配电系统电气设备的选择	分配电箱中电源总断路器及导线型号、截面选择： 总断路器选择 低压断路器 DZ20Y－225T/4300/160A 导线选择查表：VV22-3×70＋2×35 允许载流量 162A WP22-1 断路器选择和漏电断路器的选择： 低压断路器 DZ20Y－225T/4300/125A 漏电断路器选择：DZ20L-160/4300/125A/30mA 导线的选择查表：YC-3×50＋2×25 允许载流量 176A WP22-2— WP22-6 断路器选择和漏电断路器的选择： 低压断路器 DZ20Y－100T/4300/16A； 漏电开关 DZ15LE-40/4901/16A/30mA 导线的选择查表：YC-5 * 2.5 允许载流量 27A

（3）AP23 分配电箱（表 9-15、表 9-16）

负荷计算结论表 表 9-15

分配电箱编号	回路编号	设备名称	额定功率(kW)	工作制	设备功率(kW)	额定电压380V	K_d	$\cos\phi$	$\tan\phi$	P_c(kW)	Q_c(kvar)	S_c(kVA)	I_c(A)
AP23	WP23-1	电焊机	10	暂载率 100%	10			0.5	1.73	10	17.3		30.4
	WP23-2	电焊机	10	暂载率 100%	10			0.5	1.73	10	17.3		30.4
	WP23-3	电焊机	10	暂载率 100%	10			0.5	1.73	10	17.3		30.4
	WP23-4	压力焊机	30	暂载率 100%	30			0.5	1.73	30	51.9		91
	WP23-5	压力焊机	30	暂载率 100%	30			0.5	1.73	30	51.9		91
	合计									90	155.7		
	取有功、无功需要系数分别为：0.5；0.55									45	85.64	96.74	146.99

箱内断路器、导线选择过程及结论表	表 9-16

	分配电箱中电源总断路器及导线型号、截面选择：
AP23 箱配电系统电气设备的选择	总断路器选择 DZ20Y—225T/4300/160A 导线选择查表：VV22-3×70＋2×35 允许载流量 162A WP22-1、2、3 断路器选择和漏电断路器的选择： 低压断路器 DZ20Y—100T/4300/40A 开关箱内带漏电保护的断路器： DZ15LE—40/4901/40A/30mA 导线查表选：YC-5×6 允许载流量 44A， WP23-4、WP23-5 断路器选择和漏电断路器的选择： 低压断路器 DZ20Y—125T/4300/100A 漏电断路器选择：DZ20L-125/4300/100A/30mA 查表选：YC—3×25＋1×16 允许载流量 112A

（4）AP24 分配电箱（表 9-17、表 9-18）

负荷计算结论表														表 9-17

分配电箱编号	回路编号	设备名称	额定功率(kW)	工作制	设备功率(kW)	额定电压(V)	K_d	$\cos\phi$	$\tan\phi$	P_c(kW)	Q_c(kvar)	S_c(kVA)	I_c(A)
AP24	WP24-1	电焊机	10	暂载率 100%	10		0.5		1.73	10	17.3		30.4
	WP24-2	电焊机	10	暂载率 100%	10		0.5		1.73	10	17.3		30.4
	WP24-3	电焊机	10	暂载率 100%	10		0.5		1.73	10	17.3		30.4
	WP24-4	压力焊机	30	暂载率 100%	30		0.5		1.73	30	51.9		91
	WP24-5	压力焊机	30	暂载率 100%	30		0.5		1.73	30	51.9		91
	合计									90	155.7		
	取有功、无功需要系数分别为：0.5；0.55									45	85.64	96.74	146.99

箱内断路器、导线选择过程及结论表	表 9-18

	分配电箱中电源总断路器及导线型号、截面选择：
AP24 箱配电系统电气设备的选择	总断路器选择 DZ20Y—225T/4300/160A 导线选择查表：VV22-3×70＋2×35 允许载流量 162A WP24-1、2、3；断路器选择和漏电断路器的选择： 低压断路器 DZ20Y—100T/4300/40A 负荷箱或开关箱内带漏电保护的断路器： DZ15LE—40/4901/40A/30mA 导线查表选：YC-5×6 允许载流量 44A， WP24-4、WP24-5 断路器选择和漏电断路器的选择： 低压断路器 DZ20Y—125T/4300/100A 漏电断路器选择：DZ20L-125/4300/100A/30mA 查表选：YC-3×25＋1×16 允许载流量 112A

（5）AP25 分配电箱（表 9-19、表 9-20）

负荷计算结论表 表 9-19

分配电箱编号	回路编号	设备名称	额定功率(kW)	工作制	设备功率(kW)	额定电压380V	K_d	$\cos\phi$	$\tan\phi$	P_c(kW)	Q_c(kvar)	S_c(kVA)	I_c(A)
AP25	WP25-1	混凝土输送泵	75				0.8	0.75		75	56.3		107
	WP25-2	350搅拌机	5.5				0.8	0.75		5.5	4.1		7.8
	WP25-3	无齿锯	3				0.8	0.75		3	2.3		5.7
	WP25-4	弯曲机	4				0.8	0.75		4	3		7.6
	WP25-5	调直机	3				0.8	0.75		3	2.3		5.7
	WP25-6	切断机	3				0.8	0.75		3	2.3		5.7
	合计									93.5	70.3		
	取有功、无功需要系数分别为：0.7；0.75									65.5	52.7	84.03	127.7

箱内断路器、导线选择过程及结论表 表 9-20

AP25箱配电系统电气设备的选择	分配电箱中电源总断路器及导线型号、截面选择： 总断路器 选择 DZ20Y—225T/4300/160A 导线选择查表：VV22-3×70+2×35 允许载流量162A。 WP25-1断路器选择和漏电断路器的选择 低压断路器 DZ20Y—225T/4300/125A 漏电断路器选择：DZ20L-160/4300/125A/30mA 导线的选择查表：YC-3×50+2×25 允许载流量176A。 WP25-2—WP25-6 断路器选择和漏电断路器的选择： 低压断路器 DZ20Y—100T/4300/16A； 漏电开关 DZ15LE-40/4901/16A/30mA 导线的选择查表：YC-5 * 2.5 允许载流量27A

（6）照明配电箱（表 9-21）

负荷计算结论和总断路器及导线选择表 表 9-21

分配电箱编号	回路编号	设备名称	额定功率(kW)	工作制	设备功率(kW)	额定电压380V	K_d	$\cos\phi$	$\tan\phi$	P_c(kW)	Q_c(kvar)	S_c(kVA)	I_c(A)
照明箱(A)L11 (A)L12	AL11		10		10		0.9	0.6	1.33	9	11.97	15	22.76
	AL12		30		30		0.9	0.6	1.33	27	35.91	44.93	68.3
AL11AL12电源总断路器、干线的选择	AL11 选择 DZ47LE—63/32A/4P 查表选：VV22-5×4 允许载流量29A。 　　AL12 选择 DZ158—100/80A/4P 查表选：VV22-5×25 允许载流量85A（要遵照电气照明设计的结论）												

（7）2号电源总配电箱（表 9-22）

负荷计算结论和箱内断路器、导线选择过程及结论表　　　　表 9-22

总配电箱编号	回路编号	分配电箱编号	额定功率（kW）	K_d	$\cos\phi$	$\tan\phi$	P_c（kW）	Q_c（kvar）	S_c（kVA）	I_c（A）
2 号总电源 2AP	2WP-1	AP21					61	84.96	66.3	100.7
	2WP-2	AP22					94.5	71	85	129.1
	2WP-3	AP23					90	155.7	85.66	146.99
	2WP-4	AP24					90	155.7	85.66	146.99
	2WP-5	AP25					93.5	70.3	84.03	127.7
	2WP-6	AL11					9	11.97	15	22.76
	2WP-7	AL12					27	35.91	44.93	68.3
	合计						465	585.54		
	取有功需要系数为 0.5；无功需要系数为 0.55						232.5	322.05	397.0	603.75
2AP 箱配电系统电气设备的选择	电源总断路器及导线型号、截面选择： 带漏电保护功能的断路器：查电气设备技术指标表选择： DZ20Y—630T/4300/630A；漏电保护器参数：/500mA/0.2s 查电缆允许载流量表：查 VV22-3×185＋2×95 允许载流量 713A 。 配出回路断路器及导线型号、截面选择： 2WP-1 分断路器选择： DZ20Y—225T/4300/160A(考虑线路上下级保护时动作电流值的配合关系) 导线选择查表：VV22-3×35＋2×16 允许载流量 107A。 2WP-2 分断路器选择： DZ20Y—225T/4300/180A 导线选择查表：VV22-3×70＋2×35 允许载流量 162A。 2WP-3　2WP-4-2WP-5 同 2WP-2。 AL11 选择 DZ47LE—63/50A/4P 查表选：VV22-5×4 允许载流量 29A。 AL12 选择 DZ158-100/80A/4P 查表选：VV22-5×25 允许载流量 85A									

七、供电系统图

供电系统图见二维码资源。

第四节　安全用电的常识及防护措施

一、电流对人体的作用及有关概念

人身接触带电导体或因绝缘损坏而带电的电气设备的金属外壳，都可能造成触电事故，导致人身伤亡。

触电对人体组织的破坏过程是很复杂的，一般讲，电流对人体的伤害，大致分为两种类型，即电击和电伤。电击是指电流通过人体的内部，影响呼吸、内脏和神经系统，造成人体内部组织的损伤和破坏，导致残废或死亡，这又叫做内伤。在触电死亡的事故统计中，多数是由电击造成的，所以，电击是最危险的一种。电伤又叫做外伤，主要是指电弧对人体表面的烧伤。当烧伤面积不大时，不至于有生命危险。在高压电的触电事故中，这两种情况都存在，对于低压来讲，主要是指电击。

（一）安全电流及其有关的因素

研究表明，通过人体电流与通电时间的乘积不超过 30mA·s 时，一般不致引起心室纤维性颤动和器质性损伤。我国规定安全电流为 30mA（50Hz 交流），这是触电时间不超过 1s 的电流值。

安全电流主要与下列因素有关：

1. 触电的持续时间

电流对肌体的作用，决定于许多相互关联的因素。其中主要是电流的强度和持续的时间，在短暂（指持续时间低于 1~3s）的电流作用下，一般讲触电的时间越长，对允许的人身电流值就越小。图 9-14 是国际电工委员会（IEC）根据科研成果，于 1980 年提出的人体触电时间和通过人体电流（50Hz 交流）对于人身肌体反应的曲线。

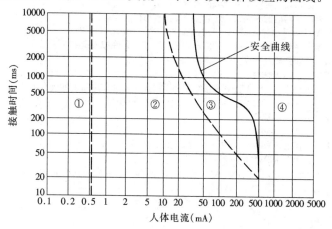

图 9-14 IEC 提出的人体触电时间和通过人体电流（50Hz 交流）
对人身肌体反应的曲线

①人体无反应区；②人体一般无病理生理性反应区；③人体一般无心室
纤维性颤动和器质性损伤区；④人体可能发生心室纤维性颤动区（严重
的可导致死亡）

2. 电流类型及频率

不同频率的电流对人体的伤害是不同的，一般来说，直流的危险性比交流小，目前世界上通用 50Hz 或 60Hz 的交流电，这个频率区间对于设计电气设备比较合理，但从安全角度来看，50~60Hz 的电流对人体的危害是最为严重，当电流的频率超过 2000Hz 时，对心肌的影响就很小了，因此，医生常用高频电流给病人治病。但是，也必须指出，在高频电压的冲击过程中，也有可能发生人身触电死亡事故。

3. 电流的途径

一般以为，电流通过心脏、肺部和中枢神经系统，其危害程度较其他途径要大。实践也已证明，电流从一手到另一手或从手到脚流过，触电的危害最为严重，这主要是因为电流通过心脏，引起心室颤动，使心脏停止工作，直接威胁着人的生命安全。因此，应特别注意，勿让触电电流经过心脏。当然，这并不是说，电流从一只脚到另一只脚流过，就没有危害。因为人体的任何部位触电，都可能形成肌肉收缩及脉搏和呼吸神经中枢的急剧失调，从而丧失知觉，形成触电伤亡事故。

4. 健康状况

人体的健康状况（生理与心理）正常与否，是决定触电伤害程度的内在因素。

（二）安全电压和人体电阻

安全电压就是不致使人直接致死或致残的电压。我国国家标准《特种电压》GB 3805—2008 规定的安全电压等级和选用举例如表 9-23 所示。

表 9-23

安 全 电 压

安全电压（交流有效值）(V)		选 用 举 例
额定值	空负荷上限值	
42	50	在有触电危险的场所使用的手持式电动工具等
36	43	在矿井、多导电粉尘等场所使用的行灯等
24	29	可供某些具有人体可能偶然触及的带电体设备选用
12	15	
6	8	

安全电压与人体电阻有关。人体电阻包括两部分，即体内电阻和皮肤电阻。体内电阻是指由肌肉组织、血液和神经等组成，其电阻较小，并且基本上不受外界的影响，一般不低于 500Ω。皮肤电阻，是指皮肤表面角质层的电阻，它是人身电阻的重要组成部分。因为皮肤表面角质层是一层不完善的电介质，厚度约为 0.005～0.2mm，电阻较大，而且并不固定，常受外界条件的影响。如果皮肤表面角质层完好，而且皮肤干燥，并在低电压作用下，其电阻值可高达 10kΩ 以上，当条件变坏时，如角质层损伤，皮肤受潮，多汗或有导电性的粉尘等，其电阻值便会急剧降低。从触电安全角度考虑，人体电阻一般取 1700Ω 左右。因此人体允许持续接触的安全电压为

$$U_{saf} = 30\text{mA} \times 1700\Omega \approx 50\text{V}$$

二、电气安全的一般措施

电气化给人类带来了巨大的物质文明，但同时也给我们带来了新的灾害——触电死亡。

人们在长期的生产实践中，逐渐积累了丰富的安全用电经验。各种安全工作规程以及有关保证安全的各种规章制度，都是这些丰富经验的总结。

所谓安全用电，是指在保证人身及设备安全的前提下，正确地使用电能以及为此目的而采取的科学的措施和手段。防止发生用电事故的主要对策，概括地讲，就是要做到思想重视、措施落实、组织保证。

保证电气安全的一般措施如下：

1. 加强安全教育

触电事故往往不给人以任何预兆，并且往往在极短的时间内造成不可挽回的严重后果。因此，对于触电事故要特别注意以防为主的方针。必须加强安全教育，人人树立安全第一的观点，个个都作安全教育工作，力争供电系统无事故地运行，彻底消灭人身触电

事故。

2. 建立和健全规章制度

供电系统中的很多事故都是由于制度不健全或违反操作规程而造成的。因此必须建立和健全必要的规章制度，特别是要建立和健全岗位责任制。

3. 确保供电工程的设计安装质量

必须"精心设计，精心施工"，严格设计的审批手续和竣工的验收制度，确保供电工程的质量。

4. 加强运行维护和检修试验工作

加强日常的运行维护工作和定期的检修试验工作，力求"防患于未然"。

5. 采用安全电压和电器

对于容易触电的场所和手持电器，应采用表 9-1 所示的安全电压。在易燃、易爆场所，应遵照《爆炸和火灾危险环境电力装置设计规范》GB 50058—2014，正确划分爆炸和火灾危险场所的等级，正确选择相应类型和级别的防爆电气设备。

爆炸危险场所使用的防爆电气设备，在运行过程中，必须具备不引燃周围爆炸性混合物的性能。满足上述要求的电气设备可制成隔爆型、增安型、本质安全型、正压型、充油型、充砂型、无火花型、防爆特殊型和粉尘防爆型等类型。

（1）隔爆型电气设备（d）

具有隔爆外壳的电气设备，是指把能点燃爆炸性混合物的部件封闭在一个外壳内，该外壳能承受内部爆炸性混合物的爆炸压力并阻止向周围的爆炸性混合物传爆的电气设备。

（2）增安型电气设备（e）

指在正常运行条件下不会产生电弧、火花或可能点燃爆炸性混合物的高温设备结构上，采取措施提高安全程度，以避免在正常和规定的过载条件下出现这些现象的电气设备。

（3）本质安全型电气设备（i）

在正常运行或在标准试验条件下所产生的火花或热效应均不能点燃爆炸性混合物的电气设备。

（4）正压型电气设备（P）

具有保护外壳，且壳内充有保护气体，其压力保持高于周围爆炸性混合物气体的压力，以避免外部爆炸性混合物进入外壳内部的电气设备。

（5）充油型电气设备（O）

全部或某些带电部件浸在油中使之不能点燃油面以上或外壳周围的爆炸性混合物的电气设备。

（6）充砂型电气设备（q）

外壳内充填细颗粒材料，以便在规定的使用条件下，外壳内产生电弧、火焰传播，壳壁或颗粒材料表面的过热温度均不能够点燃周围的爆炸性混合物的电气设备。

（7）无火花型电气设备（n）

在正常运行条件下不产生电弧或火花，也不产生能够点燃周围爆炸性混合物的高温表面或灼热点，且一般不会发生有点燃作用的故障的电气设备。

以上几种防爆电气设备的制造及检验应符合国家标准《爆炸性环境用防爆电气设备》GB 3836—83 的要求。

（8）防爆特殊型电气设备（S）

电气设备或部件采用《爆炸环境　第一部分：设备通用要求》GB 3836—2010 未包括的防爆形式时，由主管部门制订暂行规定，送劳动人事部备案，并经指定的鉴定单位检验后，按特殊电气设备"S"型处理。

（9）粉尘防爆电气设备（DIP）

国家标准《可燃性粉尘环境用电气通用要求》GB 12476.1—2013 于 2013 年 12 月 17 日发布，2014 年 11 月 14 日起实施。

6. 采用电气安全用具

绝缘安全用具分两类：

（1）基本安全用具

这类安全用具的绝缘是以承受电气设备的工件电压，并能在该电压等级产生的内过电压下保证工作人员的人身安全。例如操作隔离开关时的绝缘钩棒和绝缘夹钳等。

（2）辅助安全用具

这类安全用具的绝缘不足以完全承受电气设备的工作电压，只能加强基本安全用具的保安作用，用来防止接触电压、跨步电压、电弧灼伤对操作人员的危害。例如绝缘手套、绝缘靴、绝缘垫台，高压验电器、低压试电笔和临时接地线以及"有人工作、禁止合闸"之类标示牌等。

7. 普及安全用电知识

供电人员应注意向用户和广大群众反复宣传安全用电的重要意义，大力普及安全用电常识。例如：

（1）不得私拉电线，私用电炉。

（2）不得随意加大熔体规格或改用其他材料来取代原有熔体。

（3）装拆电线和电气设备，应请电工，避免发生触电和短路事故。

（4）电线上不能晾衣物，晾衣物的铁丝也不能太靠近电线。

（5）不得用弹弓打电线上的鸟；不能在架空线路和室外变电所附近放风筝。

（6）移动电器的插座，一般应采用带保护接地（DE）插孔的插座并正确接线。电灯宜使用拉线开关。不要用湿手去摸灯头、开关和插头等，以免触电。

（7）当发生电气故障而起火时，应立即切断电源。电气设备起火时，应用干砂覆盖灭火，或者用四氯化碳灭火器或二氧化碳灭火器来灭火，绝不能用水或酸性泡沫灭火器，否则有触电危险。使用四氯化碳灭火器时，应打开门窗，有条件的最好戴上防毒面具。使用二氧化碳灭火器时，要注意防止冻伤和窒息。

（8）当电线断落在地上时，不可走近。对落地的高压线，应离开落地点 8～10m 以上，以免跨步电压伤人；遇此断线接地故障，应划定禁止通行区，派人看守，并通知电工或供电部门前往处理。

（9）在户外遇到雷雨时不要在大树下避雨，不要拿着大块金属物品（如锄头、铝盆、金属柄雨伞等）在雷雨中停留。

（10）当导线搭在触电人身上或压在身下时，可用干燥木棒、竹竿或其他带有绝缘手柄的工具，迅速将电线挑开，但不能直接用手或用导电的物件去挑电线，以防触电。

第五节 防止触电的措施

发生了触电事故，势必会威胁人的生命安全，所以要采取适当的防护措施。通常对触电的防护有两种，即直接触电防护和间接触电防护。直接触电防护是指防止直接接触正常带电部分的防护，例如对带电导体加隔离栅栏或保护罩等。国家标准规定：在有人的一般场所，有危险电位的裸带电体应加遮护或置于人的伸臂范围以外；标称电压超过 25V（均方根值）容易被触及的裸带电体必须设置遮护物或外罩，其防护等级不应低于《外壳防护等级分类》GB 2008—2008 的 IPZX 级。间接触电防护是指防止接触正常不带电的外露可导电部分（如金属外壳、框架等）而故障时可带危险电压的防护，例如将正常不带电的外露可导电部分接地，并装设接地保护和等电位联结等。

一、接地的类型

电力系统和设备的接地，按其功能分为工作接地和保护接地两大类，此外尚有为进一步保证保护接地效果的重复接地。

（一）工作接地

在电力系统中，凡运行所需的接地称为工作接地，如电源中性点的直接接地或经消弧线圈接地以及防雷设备的接地等。各种工作接地有其各自的功能。例如电源中性点的直接接地，能在运行中维持三相系统中相线对地电压不变；电源中性点经消弧线圈的接地，能在单相接地时消除接地点的断续电弧，防止系统出现过电压。对于防雷设备，如果不接地就不能很好地泄放雷电流。

（二）保护接地

电气设备的金属外壳可能因绝缘损坏而带电，为防止这种电压危及人身安全而人为地将电气设备的金属外壳与大地做金属连接称为保护接地。

保护接地的形式有两种：一种是设备的外露可导电部分经各自的 PE 线分别直接接地，例如 TT 系统和 IT 系统，我国过去称为保护接地；另一种是设备的外露可导电部分经公共的 PE 线或 PEN 线接地，例如 TN 系统，我国过去称为保护接零。

1. TN 系统

TN 系统的电源中性点直接接地，并引出有 N 线，属三相四线制系统。系统上各种电气设备的所有外露可导电部分（正常运行时不带电），必须通过保护线与低压配电系统中的中性点相连。当其设备发生单相接地故障时，就形成单相接地短路，其过电流保护装置动作，迅速切除故障部分。按中性点与保护线的组合情况，TN 系统分以下三种形式：

（1）TN—C 系统

这种系统的 N 线和 PE 线合为一根 PEN 线，所有设备的外露可导电部分均与 PEN 线相连。当三相负荷不平衡或只有单相用电设备时，PEN 线上有电流通过。

在该系统中，如一相绝缘损坏，设备外壳带电，则由该相线、外壳、保护中性线形成闭合回路。只要导线截面及开关保护装置选择恰当，能够保证将故障设备脱离电源，保障安全。因而 TN—C 系统通常用于三相负荷比较平衡，而且单相负荷容量比较小的工厂、车间的供配电系统中。在中性点直接接地 1kV 以下的系统中均采用保护接零。

（2）TN—S 系统

这种系统的 N 线和 PE 线是分开的，所有设备的外露可导电部分均与公共的 PE 线相连，在正常情况下，保护线 PE 上没有电流，故设备外壳不带电。

这种系统的优点在于公共 PE 线在正常情况下没有电流通过，因此不会对接在 PE 线上的其他设备产生电磁干扰，但这种系统消耗的材料多，增加了投资，因此，这种系统多用于环境条件较差、对安全可靠性要求较高及设备对电磁干扰要求较严的场合。

（3）TN－C－S 系统

在这种保护系统中，中性线与保护线有一部分是共同的，局部采用专设的保护线。

这种系统兼有 TN－C 和 TN－S 系统的特点，常用于配电系统末端环境条件较差或有数据处理等设备的场所。

2. TT 系统

TT 系统的电源中性点直接接地，也引出有 N 线，属三相四线制系统，而设备的外露可导电部分则经各自的 PE 线分别直接接地，其保护接地的功能可用图 9-15 来说明。

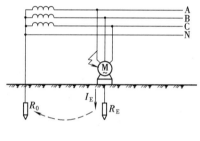

图 9-15 TT 系统

TT 系统由于所有设备的外露可导电部分都是经各自的 PE 线分别直接接地的，各自的 PE 线间无电磁联系，因此也适于对数据处理，精密检测装置等供电；同时，TT 系统又与 TN 系统一样属三相四线制系统，接用相电压的单相设备也很方便，如果装设灵敏的触电保护装置，也能保证人身安全，所以这种系统在国外应用较广泛，而在我国则通常采用接保护中性线保护，很少采用 TT 系统。但从发展的眼光看，这种系统在我国也有推广应用的前景。

3. IT 系统

IT 系统的中性点不接地或经阻抗（约 1000Ω）接地，且通常不引出 N 线，因此它一般为三相三线制系统，其中电气设备的外露可导电部分经各自的 PE 线分别直接接地。这种系统中的设备如发生一相接地故障时，其外露可导电部分将呈现对地电压，并经设备外露可导电部分的接地装置、大地和非故障的两相对地电容以及电源中性点接地装置（如采取中性点经阻抗接地时）而形成单相接地故障电流，如图 9-16 所示。如果电源中性点不接地，则此故障电流完全为电容电流。这种 IT 系统属小接地电流系统。小接地电流系统在发生一相接地故障时，其三个线电压维持不变，因此三相用电设备仍可继续正常运行；但应装设绝缘监察装置或单相接地保护。在 IT 系统中发生接地故障时，由绝缘监察装置或单相接地保护发出音响或灯光信号，以提醒值班人员及时排除接地故障，否则当另一相再发生接地故障时，将发展为两相接地短路，导致供电中断。

IT 系统的一个突出优点是：当发生一相接地故障时，所有三相用电设备仍可暂时继续运行。但同时另两相的对地电压将由相电压升高到线电压，增加了对人身和设备安全的威胁。IT 系统的另一个优点是其所有设备的外露可导电部分，与 TT 系统一样，都是经各自的 PE 线分别直接接地，各设备的 PE 线之间无电

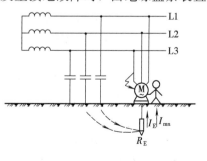

图 9-16 IT 系统

磁联系，因此也适用于数据处理、精密检测装置等供电。IT 系统在我国矿山、冶金行业应用相对较多，在建筑供电中应用较少。

（三）重复接地

在电源中性点直接接地的 TN 系统中，为确保公共 PE 线或 PEN 线安全可靠，除在电源中性点进行工作接地外，还必须在 PE 线或 PEN 线的下列地方进行必要的重复接地：①在架空线路的干线和分支线的终端及沿线每隔 1km 处；②电缆和架空线在引入车间或大型建筑物处。否则，在 PE 线或 PEN 线发生断线并有设备发生一相接地故障时，接在断线后面的所有设备的外露可导电部分都将呈现接近于相电压的对地电压，即 $U_E \approx U_\varphi$，如图 9-17 所示，这是很危险的。如果进行了重复接地，如图 9-18 所示，则在发生同样故

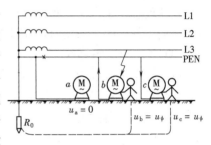

图 9-17 无重复接地时中性线断线时的情况

障时，断线后面的 PE 线或 PEN 线的对地电压 $U'_E = I_E \cdot R_E$。假设电源中性点接地电阻 R_E 与重复接地电阻 R'_E 相等，则断线后面一段 PE 线和 PEN 线的对地电压 $U'_E = U_\varphi/2$，其危险程度大大降低。当然，实际上由于 $R_E > R'_E$，所以 $U'_E > U_\varphi/2$，对人还是有危险的，因此应尽量避免发生 PE 线或 PEN 线的断线故障。施工时，一定要保证 PE 线和 PEN 线的安装质量。运行中也要特别注意对 PE 线和 PEN 线状况的检视。根据同样的理由，PE 线和 PEN 线上一般不允许装设开关或熔断器。

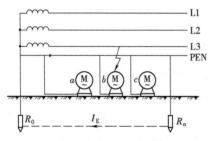

图 9-18 有重复接地时中性线断线时的情况

二、民用建筑低压配电系统接地故障保护

民用建筑低压配电系统中接地故障通常包括相线与大地、相线与 PE 线或 PEN 线以及相线与设备的外露可导电部分之间的短路等。

接地故障的危害很大，在有的场合，接地故障电流很大，必须迅速切断电路，以保证线路的短路热稳定性，否则将会因过电流引起火灾和爆炸，带来严重后果。在有的场合，接地故障电流较小，但故障设备的外露可导电部分又可能呈现危险的对地电压，如不及时切除故障或提供报警信号，就有可能发生人身触电事故，因此对接地故障必须引起足够的重视，切实采取接地故障的保护措施。

（一）民用建筑低压供电系统接地故障保护的要求

民用建筑低压供电系统接地故障保护的装设，应与配电系统的接地形式和故障回路的阻抗值相适应，当发生接地故障时，除了应满足短路热稳定度的要求外，还应迅速切断故障电路，或者迅速发出报警信号以便及时排除故障，防止发生人身触电伤亡和火灾爆炸事故。

从确保人身安全的角度考虑，接地故障保护装置的动作电流 $I_{OP(E)}$ 应保证故障设备外露可导电部分的对地电压 $U_E \le 50V$，这个 50V 电压是我国规定的一般正常情况下允许持续接触的安全电压。如设备外露可导电部分的接地电阻为 R_E（单位为 Ω），则接地故障保护的动作电流（单位为 A）应为：

$$I_{\text{OP(E)}} \leqslant U_E/R_E = 50R_E/(\text{A}) \tag{9-8}$$

对于三相四线制系统（包括 TN 系统和 TT 系统）来说，适用于切断故障电路的接地故障保护装置如低压熔断器、低压断路器及专用的触电保护器（漏电断路器）。其动作时间的要求为：①配电线路或仅供给固定式电气设备用电的末端线路，其保护装置动作时间 $t_{\text{OP(E)}} \leqslant 5s$。②对接有手握设备和移动设备的公共 PE 线和 PEN 线来说，为确保人身安全，在 TN 系统中，其保护装置动作时间 $t_{\text{OP(E)}} \leqslant 0.4s$；在 TT 系统中，其保护装置动作时间如表 9-24 所列。

TT 系统中接地故障保护动作时间（供电给手持设备和移动设备）　　表 9-24

预期接触电压（V）	50	75	90	110	150	220
切断故障回路最大时间（s）	5	0.6	0.45	0.36	0.27	0.17

对于三相三线制系统（IT 系统）来说，式（9-8）适用于只发出音响或灯光信号的单相接地保护装置。这种系统在另一相又发生接地故障时则应切断故障电路，其接地故障装置如低压熔断器、低压断路器及专用的触电保护器（漏电断路器）的动作电流（单位为 A）应为：

$$I_{\text{op(E)}} \leqslant \sqrt{3}U_{E \cdot R}/2 \mid Z_{\varphi-\text{PE}} \mid \tag{9-9}$$

式中　$U_{E \cdot R}$——线路的额定电压（相电压），V；

$\mid Z_{\varphi-\text{PE}} \mid$——包括相线和 PE 线在内的故障回路阻抗，$\Omega$。

上式是考虑到使保护装置动作的故障电流实际上是两相接地短路电流，作用的电压为线电压，即 $U_{E \cdot R}$，而故障回路是两个不同相的线路，因此故障回路总阻抗，应为一个故障线路阻抗 $\mid Z_{\varphi-\text{PE}} \mid$ 的 2 倍。而保护动作时间规定为 $t_{\text{OP(E)}} \leqslant 0.4s$。

（二）漏电保护器及应用

漏电保护器有漏电开关和漏电断路器，根据不同要求装设于民用建筑供电系统中防止接地故障造成危害。

1. 漏电开关

漏电开关分带过载和短路保护和不带过载只带短路保护两种。为尽量缩小停电范围，可采用分段保护方案。将额定漏电动作电流大于几百毫安至几安培的漏电开关装在电源变压器低压侧，主要对线路和电气设备进行保护。将漏电动作电流大于几十毫安至几百毫安的漏电开关装在分支电路上，保护人体间接触电及防止漏电引起火灾。在线路末端的用电设备处和容易发生触电的场所装设额定漏电动作电流 30mA 及以下的漏电开关，对直接触碰带电导体的人体进行保护。

漏电开关多用在有家用电器（电冰箱、洗衣机、电风扇、电熨斗、电饭锅等）的线路中，并用于带有金属外壳的手持式电动工具、露天作业用易受雨淋、潮湿等影响的移动用电设备（如工地使用的搅拌机、水泵、潜水泵、电动锤、传送带及农村加工农产品的用电设备，脱粒机等）的线路中，以及在易燃易爆场所的电气设备和照明线路中。

漏电开关按工作原理分电压动作型、电流动作型、电压电流动作型、交流脉冲型和直流动作型等。因为电流动作型的检测特性好、用途广，可用于全系统的总保护，又可用于各干线、支路的分支保护，因而目前得到了较广泛的应用。

2. 漏电断路器

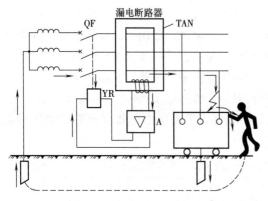

图 9-19　电流动作型漏电断路器工作原理图
TAN—零序电流互感器；A—放大器；
YR—脱扣器；QF—低压断路器

漏电断路器又称漏电保护器或触电保护器。它按工作原理分为电压动作型和电流动作型两种，目前常用的为电流动作型。我国国标 GB 6829—86 适用于电流动作型漏电保护器。图 9-19 为电流动作型漏电断路器的工作原理示意图。它由零序电流互感器 TAN，放大器 A 和低压断路器 QF（内含脱扣器 YR）等三部分组成。设备正常运行时，主电路三相电流相量和为零，因此零序电流互感器 TAN 的铁心中没有磁通，其二次侧没有输出电压。如果设备发生漏电或单相接地故障时，由于主电路三相电流的相量和不为零，零序电流互感器 TAN 的铁心中就有零序磁通，其二次侧就有输出电流，经放大器 A 放大后，通入脱扣器 YR 中，使断路器 QF 跳闸，从而切除故障电路，避免人员发生触电事故。

从漏电故障发生时零序电流传感器检测到漏电电流到主开关切断电源，全过程约需 100ms，可有效起到触电保护人身安全作用。

采用电流动作型漏电保护器，可以按不同对象分片、分级保护，故障跳闸时只切断与故障有关部分，正常线路不受影响，从而实现选择性切除故障支路，当装设漏电电流动作的保护电器时，应能将其所保护的回路所有带电导线断开。在 TN 系统中，当能可靠地保持 N 线为地电位时，N 线可不需断开。

有关漏电开关和漏电断路器的技术性能、类型、选用方法、各种形式接地系统中使用时的正确接线，安装时的注意事项和处理方法均可参考有关手册和产品说明书。

三、等电位联结

常用的等电位联结包括总等电位联结和辅助等电位联结两种。所谓"总等电位联结"，如图 9-20 所示，即将电气装置的 PE 线或 PEN 线与附近的所有金属管道构件（例如接地干线，水管、燃气管、采暖和空调管道等，如果可能也包括建筑物的钢筋及金属构件）在进入建筑物处接向总等电位联结端子板（即接地端子板）。总等电位联结靠均衡电位而降低接触电压，同时它也能消除从电源线路引入建筑物的危险电压。它是建筑物内电气装置的一项基本安全措施。IEC 标准和一些技术先进国家的电气规范都将总等电位联结作为接地故障保护的基本条件。实际上总等电位联结已兼有电源进线重复接地的作用。

对于特别潮湿、触电危险大的局部特殊环境如浴室、医院手术室等处，还应作"局部等电位联结"，如图 9-21 所示，即在此局部范围内，将 PE 线或 PEN 线与附近所有的上述金属管件等相互联结，作为总等电位联结的补充，以进一步提高用电安全水平。局部等电位联结的主要目的在于使接触电压降低至安全电压限制以下。它同时也有效地解决了 TN 系统 5S 和 0.4S 不同切断时间带来的问题。

另外，《建筑物防雷设计规范》GB 50057—2010 亦规定：装有防雷装置的建筑物，在防雷装置与其他设施和建筑物内人员无法隔离的情况下，也应采取等电位联结。

等电位联结不需增设保护电器，只要在施工时增加一些连接导线，就可以均衡电位而

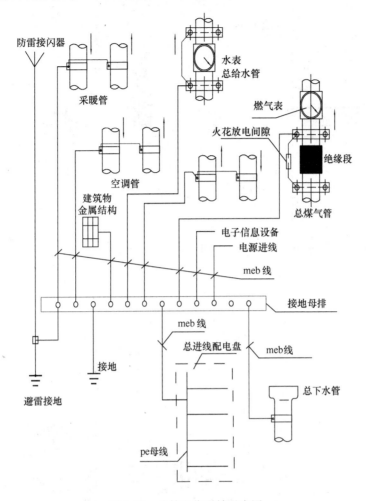

图 9-20 总等电位联结示意图

降低接触电压，消除因电位差而引起的电击危险。这是一种经济而又有效的防电击措施。

此外，当部分电气装置位于总等电位联结作用区以外时，应装用漏电断路器，且这部分的 PE 线应与电源进线的 PE 线隔离，改接至单独的接地极（局部 TT 系统），以杜绝外部窜入的危险电压。

四、触电的急救处理

对触电人如急救处理及时和正确，就可能使因触电而呈假死的人获救，反之，必带来不能弥补的后果，因此，不仅医务人员，从事电气工作的人也必须熟悉和掌握触电急救技术。

1．脱离电源

如果发现有人触电，应首先使人脱离电源。具体方法是：

（1）如果开关距离救护人员较近，应迅速拉开开关，切断电源。

（2）如果开关距离救护人员较远，可用绝缘手钳或装有干燥木柄的刀、斧、铁锹等将电线切断，或用干燥的木棒、衣物作工具拉开触电人，也可用单手拉住触电人干燥的衣物使其脱离电源。

（3）对高压触电人，使用的绝缘工具必须符合相应的电压的安全要求。如触电人在较

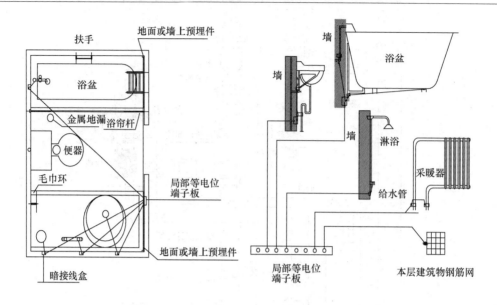

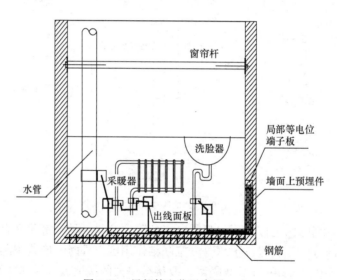

图 9-21　局部等电位示意图

高地点触电（例如在电杆上），须采取安全措施，防止触电人脱离电源后从高处摔下受伤。

2. 急救处理

当触电人脱离电源后，应依据具体情况迅速对症救治，同时尽快派人请医生前来抢救。

（1）如触电人伤害不严重，神志尚清醒，只有些心慌、四肢发麻，全身无力，应使其安静休息，不要走路，并应严密细致观察其病变；

（2）如触电人伤害较严重，失去知觉，停止呼吸，但心脏微有跳动时，应采取口对口人工呼吸法；如果虽有呼吸，但心脏停止跳动时，应采取胸外心脏按压法；

（3）如果触电人伤害得相当严重，心跳和呼吸都已停止，人完全失去知觉时，则需采用口对口人工呼吸和胸外挤压心脏两种方法同时进行。如果现场只有一人抢救时，可交替使用这两种方法，先胸外挤压心脏 4～8 次，然后口对口呼气 2～3 次，再进行心脏按压，如此循环反复操作。

3. 人工呼吸和心脏按压

当人触电后一旦出现假死现象，应迅速施行人工呼吸或心脏按压，口对口吹气法、胸外挤压心脏法和开胸直接挤压心脏法等。其中口对口吹气法和胸外挤压心脏法效果较好。

第六节　住宅建筑的漏电保护

随着我国的经济发展和社会进步，人民群众的生命和财产安全也日益受到重视和保障，国家建设法规中有关保障安全的条款愈加严格和增多，电气方面的规范则尽量向 IEC 标准靠拢。对漏电保护装置的安装和运行建立了《漏电保护器安装和运行》规范，而现在实施的国家建设标准《住宅设计规范》中也对民用住宅建筑的漏电保护有着详细的规定。

一、住宅楼漏电保护设备的选择和系统中设定位置的确定

1. 住宅楼装设漏电保护设备的目的

国家建设标准《住宅设计规范》中规定，住宅楼电源进线处应该装设具有漏电保护功能总断路器，目的是为了防止电气线路和设备发生接地短路故障引起电气火灾。其保护范围包括从进线总开关箱起到单元配电箱之间的电气线路和设备。《住宅设计规范》同时也规定了要在户内开关箱内加带漏电保护功能的断路器，以防止用电设备的漏电所引起对人身的危害。

国家对于《漏电保护器安装和运行》的规定中也指出：低压配电系统中装设漏电保护器（剩余电流动作保护器）是防止电击事故的有效措施之一，也是防止漏电引起电气火灾和电气设备损坏事故的技术措施。

2. 漏电保护装设的位置

目前工程设计中大多采用在住宅楼总进户处装设三相带漏电保护的断路器，在每个住户房间内分户配电箱处装设单相带漏电保护的断路器。

3. 确定漏电断路器位置时的注意问题

由于住宅工程的层数、户型有多种类型，漏电保护装置装设的位置确定时要考虑以下几个方面的因素。

（1）漏电保护断路器的设置应根据建筑户数确定位置

多层民用住宅如果是两个单元作为一个进户而且一梯二户的住宅，由于建筑高度的限制一般是 5 层或 6 层，所以总的住户较少，总进户线上的泄漏电流较小，这时漏电保护断路器既可以设在总进线开关处，也可以设在总进线配电箱的至各单元的分支开关上。虽然都能达到保护的目的，但是将漏电断路器设置在总电源处的做法不如将漏电断路器设置在单元的分支开关上。后一种做法可靠性、稳定性都比前一种好。但是如果是三个单元作为一个电源进户，显然住户的数量增加了，如果仅在电源总的进户处设置漏电断路器，显然漏电电流值是不能符合要求的。特别是高层住宅、住户较多时，问题更加突出。对于多层建筑如果改在每个单元箱处设置漏电断路器，高层改在每个集中计量箱处设置漏电流保护器。根据下面对泄漏电流的计算，这种做法是可以保证用电安全并且漏电断路器可以正常工作的长期工作性、可靠性和稳定性。

（2）供电系统中漏电保护断路器的动作值以及动作时限应有选择性配合

根据我国现行的《低压配电设计规范》规定：多级装设的漏电电流动作保护器，应在时限上有选择性配合。在供电系统中对各级漏电保护用的断路器应该在动作电流值和动作时限上有目的的选择配合。

假定一个供电系统动作电流值没有选择性配合，就可能出现漏电保护装置的越级动作，给供电系统造成不必要的麻烦。另外，在供电系统中不同位置的漏电保护断路器的漏电动作时间也应该有明确的选择性配合。如果一个供电系统的总进线漏电断路器动作时间没有考虑和住户进线漏电断路器动作时间的配合，当住户的照明回路漏电（泄漏电流值超过300mA），会造成进线处漏电保护器动作，而现在居住建筑的照明回路通常不设漏电保护，所以照明回路故障很容易造成整个供电回路断电。另外，住户的插座回路漏电（其泄漏电流值大于300mA或500mA），这时也可能导致进线处漏电保护器动作。从供电系统保护意义上讲，当故障出现时，距故障点最近的漏电断路器应该最先动作，这样供电系统的安全性和稳定性是最好的。要保证这一点对于住宅建筑来讲进线主开关设置漏电动作电流值为100mA、动作时间小于40ms的漏电保护断路器，而在分支回路设置漏电动作电流值为30mA、动作时间小于10ms的漏电保护断路器。如果按正常漏电保护器跳闸误差时间±20％计算，这种设置方式从动作电流值和动作时间上都有配合的余量来防止越级动作。可以防止照明回路和插座回路故障引起总进线处的动作，把故障的影响范围限制在每住户的供电范围内，而不影响及整个供电系统。如果用电负荷较大也可以将在进线处的漏电保护器数值定为300mA，动作时间0.25s或0.5s，用户侧动作电流值和动作时间不变，这样也可以使整个系统保持较高的稳定性。

（3）漏电保护断路器的设置要充分考虑到负荷的性质

在住宅中有一些如电梯负荷、变频供水泵等公用设施的用电设备，这些设备在运行时会产生高次谐波，会使总进线断路器上设置漏电保护装置产生误动作。为了保证供电系统的可靠性，对这些设备装设漏电保护时要考虑到它们的使用性质。要保证他们的漏电保护对使用者的影响，要保持漏电保护断路器向这些负荷供电时的独立性，是保证住宅供电系统长期工作可靠性和稳定性的一个关键。又如，消防用的电力负荷不能使用漏电保护的断路器，这是充分考虑到漏电的影响和火灾影响程度哪一个重要的问题，因此漏电保护断路器设置的位置必须考虑到负荷的使用性质，即保证人身的安全有保证系统的可靠性是设置的原则。

二、漏电电流值的确定

漏电电流值的确定包含两个方面的问题，一个是供电线路，另一个是用电设备的配电线路，或者说一个是保证人身的安全，一个是保证线路的安全。

漏电电流保护值的确定国家有着详细的规定，现行的国家《漏电保护器安装和运行》的规定中选用的漏电保护器的额定漏电不动作电流，应不小于电气线路和设备的正常泄漏电流的最大值的2倍。《低压配电设计规范》要求为减少接地故障引起的电气火灾危险而装设的漏电电流动作保护器，其额定动作电流不应超过0.5A。

1. 住户中用电设备漏电断路器动作电流值的确定

每个住户是家用器设备直接使用者，为了保证安全国家对于直接与人体接触的电气设备有着明确漏电电流值的规定。

（1）手握式用电设备为15mA；

（2）环境恶劣或潮湿场所的用电设备为 6～10mA；

（3）医疗电气设备为 6mA；

（4）建筑施工工地的用电设备为 15～30mA；

（5）家用电器回路为 30mA；

（6）成套开关柜分配电盘等为 100mA；

（7）防止电气火灾为 300mA。

从上述规定可以看出，每个住户是家用电器设备的直接使用者，对于住宅建筑中每个住户的漏电保护一般采用动作值为 30mA。

2. 对于电源总进户处和单元配电箱处漏电电流值的确定

（1）漏电电流值确定的原则

根据规范规定防止电气火灾危险而装设的漏电电流动作保护器，其额定动作电流不应超过 0.5A，这种规定只是一个上限，动作电流值是多少如何确定，应该根据实际的计算结论和产品的漏电动作电流等级来确定。在计算漏电电流时有几个因素必须要考虑，其一，泄漏电流不同于额定工作电流，得到准确数值很难；其二，计算电器设备的泄漏电流是合格用电设备允许的最大值，正常情况下漏电电流的值会小于最大值；其三，随着设备使用时间的增加、电器设备的绝缘程度老化等因素，泄漏电流值会增加；其四，如果电器设备不在工作状态，电设备的供电线路的泄漏电流仍存在一部分。

（2）计算举例

【例 9-1】住宅每户户泄漏电流计算（以二居室 $100m^2$ 左右计）。

根据相关技术人员的统计，导线、家用荧光灯和家用电器设备漏电流的指标可按下表参考执行估算。

	漏电电流值 （mA/km）	漏电电流值 （mA/套）	漏电电流值 （mA/套）	漏电电流值 （mA/套）	漏电电流值 （mA/套）
2.5、$4m^2$ 塑料绝缘铜芯导线	52				
普通荧光灯		0.02			
一般家用电器设备			0.1		
空调				3.5	
手持式家用电器			（BV－$2.5mm^2$）		0.75

如果每个住户内的线路长度按照（BV－$2.5mm^2$），这样规格为 150m，包括家用电器两套、荧光灯八套、电视机一台、台式计算机一台、手持小家电（电吹风等）三台、空调两台。

解： 参考上表的指标取系数后计算如下：

线路　52mA×0.15＝7.8mA

一般家用电器　0.1mA×2＝0.2mA

荧光灯　0.02mA×8＝0.16mA

计算机、电视机各一台　3.5mA×2＝7mA

手持家用电器　0.75mA×3＝2.25mA

空调　3.5mA×2＝7mA

总漏电电流值为：24.41mA

【例 9-2】 住宅楼每个单元泄漏电流计算。

某多层民用住宅楼一个单元处漏电电流的计算，该单元每层 3 户单相，6 层。

在住宅楼漏电电流计算时要考虑电器设备同时运行的问题，也就是在负荷计算时同期系数问题。在进行同期系数的确定时由于目前没有准确的规定，确定的原则可以参考负荷计算时同期系数的取值。一般情况下同期系数取值在 0.4～0.65 之间。

解： 本题若取同期系数为 0.44，参照住户计算的结论。

计算结果如下：24.41×3×6×0.44＝193.3mA

【例 9-3】 电源引入处漏电电流的计算。

以某一栋住宅一条供电回路给两个单元供电为例。

解： 该栋楼两个单元，6 层、每层三户（每户面积在 100m² 作用），若同期系数取值为 0.42，则计算结果如下：

$$24.41mA×3 户×6 层×2 单元×0.42＝369.1mA$$

本 章 小 结

一、施工现场临时供用电工程是建筑施工企业在做施工组织设计时不可缺少的部分，该项工程的设计与施工要求国家都有针对性的严格规定。特别是供用电系统的构成形式必须是"两级漏电保护"、"三级供电保护"，配线形式必须是"三相五线制"以及使用的设备必须配备"一机一闸"的保护和控制配备等。

二、完成现场临时供用电工程的工作内容和步骤

1. 向工地所在地供电管理部门提交用电申请，获得电业管理部门的用电许可证。

2. 进行现场临时供用电工程的设计，上报设计文件，得到施工管理部门的批准并备案。

3. 开始临电工程施工的和验收。

4. 送电。

三、触电分为两种类型，即电击和电伤，其中电击是最危险的。它能造成人体内部组织的损坏甚至危及人的生命。而电伤是电弧产生后对人体表面的烧伤和灼伤。我国规定的安全电流值是触电时间不超出 1s 时的电流值，安全电压与人体电阻值有关。

四、漏电保护多采用漏电开关和漏电断路器实现，建筑使用的功能不同时漏电保护设备装设的位置也会不同。常见的住宅类建筑应在电源引入处装设该设备，在户内开关箱内装设。前者的保护范围是从电源进线总开关箱到单元配电箱之间的电气线路和设备；后者是防止室内用电设备产生漏电电流对人身的危害。

复 习 思 考 题

1. 什么叫安全电流？它与哪些因素有关？我国规定的安全电流为多少？

2. 什么叫安全电压？我国规定的安全电压额定值为多少？

3. 什么叫防爆电气设备？防爆电气设备有哪些类型？

4. 常用的电气安全用具分哪几类？

5. 什么叫直接触电防护和间接触电防护？

6. 什么叫工作接地？什么叫保护接地？各举例说明。

7. TN 系统、TT 系统、IT 系统在接地形式上有何区别？

8. 什么叫重复接地？其功能是什么？

9. 试述电流型漏电断路器的基本结构和工作原理。

10. 什么叫等电位联结？其功能是什么？

11. 发现有人触电，如何急救处理？

12. 某工地的施工现场用电设备为：5.5kW 混凝土搅拌机 4 台，7kW 的卷扬机 2 台，48kW 的塔式起重机 1 台，1kW 的振捣器 8 台，23.4kW 的单相 380V 电焊机 1 台，照明用电 15kW，当地电源为一万伏的三相高压电，试为该工地选配一台配电变压器供施工用。

13. 某大楼采用三相四线制 220/380V 供电，楼内的单相用电设备有：加热器 5 台各 2kW，干燥器 4 台各 3kW，照明用电 2kW。试将各类单相用电设备合理地分配在三相四线制线路上，并确定大楼的计算负荷。

14. 某工地采用三相四线制供电，有一临时支路上需带 30kW 的电动机 2 台，8kW 的电动机 15 台，电动机的平均效率为 83%，平均功率因数为 0.8，需要系数为 0.62，总配电盘至该临时用电的配电盘的距离为 250m，若允许电压损失 $\Delta U\%$ 为 7%，试问应选用多大截面的铝芯橡胶绝缘导线供电？

第十章 电气照明工程

电气照明工程包含了两个方面的内容，或涉及两个学科即光学和电学，光学是指照明，电学是指如何给照明装置供电。照明所达到的目的是满足视觉要求，根据作业环境条件和性质使之获得良好的视觉功效、合理地照度值和显色性、适宜的亮度分布。在考虑到不同建筑内对照明的要求有所不同的特点，处理好人工照明与自然采光之间的关系，在充分利用自然光的同时，合理地选择照明方式和照明装置的控制方式，如定时开关、调光开关、光电控制器等节电和限电装置以充分的提高光效率。电气工程所达到的目的是准确的确定负荷等级，正确选择供电方案和配线设计方案，保证照明质量和照明功能的实施。

本章所涉及的光学理论基础知识，仅局限于电气照明工程设计中所涉及的可见光。并且是从应用的角度去认识光和分析光。

第一节 光学与视觉的基础知识

一、光的本质

光是电磁波谱中的一部分，它具有的能量是许多种辐射能形式的一种。辐射能按波长或频率的一定顺序排列成的图形称为电磁波的波谱。

二、可见光

由于人的视觉能力有一定局限范围，只能感觉到电磁波的波长由 380～780nm（纳米）之间的光部分产生的辐射能，也就是说只有这个范围内的电磁波能对人的视觉器官产生反应，故称电磁波的波长由 380～780nm（纳米）之间部分的光为可见光。对于电磁波的波长小于 380nm（纳米）和大于 780（nm）的部分正常人视觉器官没有反应。例如：我们常说的紫外线，它的波长在 100～380nm 之间，所以我们看不见。又例如：我们常说的红外线，它的波长大于 780nm（普通白炽灯可以产生波长在 5000nm 的红外线），我们也看不见。见图 10-1。

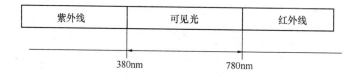

紫外线	可见光	红外线

380nm　　　　780nm

图 10-1　可见光的范围

三、光和颜色

通常情况下，人的视觉器官所感觉到太阳发出的光是没有颜色的，故称自然光。这是因为自然光中包含了可见光全部的波长范围或者说自然光中包括了所有颜色的可见光。在可见光的光谱中，某一确定波长的光，有着它特定的颜色，我们称这种光为单色光。由于人的视觉器官感觉能力的局限性，我们是看不到单色光的。可见光中光的颜色是由连续不断的光谱混合而形成。当可见光的波长从 380nm 向 780nm 连续增加时，光的颜色也从紫色起，依蓝、绿、黄、橙、红的顺序逐渐变化。通常我们所说的光是某一种颜色，它不是一段固定的波长，而应该是一段波长的范围。而且相邻两种光的颜色之间会有一些中间颜色，例如：在黄和橙之间有淡黄、杏黄等。由此也不难看出正是人们无法确定这些光颜色的波长是多少，就无法用波长去区分光的色彩了。那么只好借助自然界的一些常见的颜色去描述光的色彩。这充分说明了光颜色的变化是渐进的，任何相邻两种颜色光之间不会有颜色的突然变化。对于电光源所产生光的颜色，其原理与上述相同。关于电光源颜色的论述内容见第十一章第一节常用电光源。

四、光的基本度量单位

在照明工程中对光的定量分析是非常重要的。我们不仅对光源产生的光要进行度量，对光辐射（光照）的效果也要进行度量。常见的度量单位有：光通量、发光强度、照度和亮度。下面从工程应用的角度分别进行介绍。

（一）光通量

用 Φ 表示，其单位是 lm，读作流明。

光向周围空间辐射在单位时间内能够对人的视觉器官引起反应的那部分光辐射能量的大小，称为光通量。它是人视觉器官对光的一种评价，我们常说的某种光源亮、某种光源暗。所指的就是光通量的大和小。或者认为较亮的光源发出的光通量多、较暗的光源发出的光通量少。对于某种光源来说光通量是表示了光源的发光能力。例如：一只单相交流、220V40W 的荧光灯发出的光通量是 2200lm 左右，同样 40W 的白炽灯发出的光通量是 260lm 左右。所以我们感觉到 40W 的荧光灯比 40W 的白炽灯要亮。或者说荧光灯的发光能力强。在实际的照明工程中，我们常用光通量的大小来衡量某种光源发光能力的程度。

（二）发光强度

简称光强，用 I 表示，其单位是 cd，读作坎德拉。

由于发光体形状不同，它在空间的不同范围内所辐射的光通量不一定是相同的，有时为了满足各种需求特别将发光体制造成各种形状，而产生不均匀的光通量分布。这时为了表示发光体发出的光通量在空间分布的情况，我们常用光通量在空间单位角度内的密度，即发光强度这个物理量来定量的描述这种情况。发光强度是光源在某一特定方向上一个单位立体角内所发出光通量的大小。它是一个基本的强度计量单位。定义式如下：

$$1 坎德拉 = 1 流明 / 1 立体角，即：1cd = 1lm/1sr \tag{10-1}$$

在照明工程中，如要阐述某个光源的发光强度的大小，一定要指出是那个方向上发光强度的数值。但是在有些时候，所描述发光强度时不是特别强调哪一个方向上的数值，在这种情况下它所描述的发光强度是指某个光源的平均发光强度。

可见光通量和发光强度都是描述光源所产生的辐射光程度，是对光源发光能力的某种定量描述。

（三）照度

用 E 来表示，其单位是 lx，读作勒克司。

照度是从被照物体的角度上对光的一种描述。它所描述的是被照物体表面上所接收光通量大小的一个物理量。通常认为：被照物体表面上的单位面积内所接收光通量的大小称为该物体表面的照度。它是不考虑由于人们的视觉条件的不同，从而造成了对物体看清程度有所差异的这方面因素的影响，只用照度值的大小去定量描述对物体看清程度。在适当的范围内照度值的大小可以说明看清物体的程度，照度值大时看物体，比照度值小时看得更清楚。它的定义式如下：

$$1 \text{勒克司} = 1 \text{流明}/1 \text{平方米}，即 1lx = 1lm/1m^2 \tag{10-2}$$

照度值是我们国家衡量照明质量中一个非常重要的光学技术指标。我们国家根据自身的特点和许多客观条件并同时考虑了许多因素的影响而制定了针对适合各种场合、各种地点所使用的详细的照度值标准，为使用者提供了非常方便而又具体的遵照依据。有关照度标准的具体内容详见后面的章节的论述。.

（四）亮度

用符号 L 表示，其单位是 nt，读作尼特。

一般来讲，亮度是描述发光物体表面发光强弱程度的物理量。在实际的照明工程中，通常认为亮度是表示发光物体表面在发光强度方向上的单位面积内，发光强度大小的物理量，有时也称发光物体在某个方向上的发光强度的大小为该物体的表面亮度。定义式如下：

$$1 \text{尼特} = 1 \text{坎德拉}/1 \text{平方米}，即 1nt = cd/m^2 \tag{10-3}$$

需要特别强调的是，这里所指的发光体表面的亮度是广义的，它可以是光源本身产生的。也可以是被照物体对光的反射时所产生的表面亮度。所以，在照明工程中，如果用亮度来描述光的特性时，值通常是指发光体的表面亮度。值得注意的是；对亮度描述时，有的时候对光源的表面亮度或对物体表面亮度的具体描述，这两种描述各有其特点。首先，光源的表面亮度是由光源本身的结构特点和发光体的多方面技术指标所决定的。也就是说光源的表面亮度在光源的"产品"出厂后就随之一确定了。现将常见几种光源的表面亮度的值列在表 10-1 中。而物体的表面亮度是由光源产生光的照射，物体表面上所产生的反射等多种因素所决定。可见若想确定物体表面亮度值所进行的计算是比较麻烦的。所以，目前在照明工程中通常情况下，不采用亮度的程度作为评价照明质量的指标。有些国家将亮度标准作为对照明质量进行评定的指标。

在上述四个常用的光学指标中，光通量是对光源发光能力的定量描述。发光强度是对光通量密度的定量描述。照度是物体表面上接收光通量多少的定量描述，它是间接衡量人的视觉器官是否可以看清物体程度的一个指标。亮度是对发光物体表面（包括光源和被照物体表面）产生的发光强度对人的

几种常见光源的表面
亮度的估计值　表 10-1

光源的名称	亮度的范围（nt）
40W 的普通荧光灯	5400～5600
40W 的普通白炽灯	600～630

视觉器官辐射能量强弱的描述，也是衡量人的视觉器官是否可以看清物体程度的一个指标。这四个光学指标从不同的角度描述了在照明工程中光的特性，它们之间的关系式可以推导出来，如果直观定性的对这四个光学指标进行描述可如图 10-2 所示。

五、光与人的视觉之间的关系

在照明工程中，研究可见光的目的是为了产生一个良好的光环境，但是衡量光环境的唯一指标是必须满足人的视觉条件和视觉条件所影响的心理感知。因此我们必须掌握人的视觉系统及和与视觉系统有关的各个方面知识内容，而且要着重研究人的视觉系统和可见

光之间的内在关系，以便获得一个既符合人的视觉要求又符合人的心理要求的良好光环境。本书中仅涉及于照明工程有关的基本内容并从照明工程应用的角度来说明并解释上述问题。在这种情况下仅对描述视觉系统的特性的几个基本概念作一下介绍。

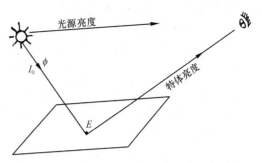

图 10-2　光通量、照度、发光强度、光源和
物体表面亮度之间的关系示意图

（一）视野

视野也称为视场，它是指人的头部不动时人眼可以看见的空间范围。正常人两眼的视野水平范围为：180°左右。而垂直范围为：130°左右。上部：60°左右。下部：70°左右。

（二）视觉的阈限

当视野内的光所辐射的能量达到一定数量时，才会产生视觉反应。一般情况下，能产生视觉反应的光辐射能量的值称为视觉的阈限。光辐射的能量值通常用亮度表示，也可以用光通量表示。

这里要特别强调的是：视觉的阈限是受多种因素影响的，例如：所视物体所在的空间条件（物体的背景亮度等条件）；视物体时间条件（看物体时间的长短等条件）；物体本身的颜色等，都可以影响视觉的阈限。

在照明工程中，大多数是用较长时间看一个较大物体，来评价照明的效果。也可以说是在基本看清物体即光辐射的能量达到一定值时的前提下进行评价。所以对视觉的阈限的下限不是特别重视。但是这并不是说视觉的阈限没有下限，当视觉在低于阈限的下限值时是看不清物体的。我们必须清楚地知道当亮度超出一定值时视觉系统也不能工作。一般情况下，当亮度超出 10^6 nt 时视觉系统会感到不适应而产生视觉疲劳或者视觉系统不能工作导致看不清物体。所以亮度值的适当是评价照明效果的一个指标。

（三）视觉、暗视觉和中介视觉

当视场的亮度在 3nt 及以上时，视觉系统工作的视觉状态是明视觉状态，简称：明视觉，医学上称为锥体视觉。

在明视觉状态下，人的视觉系统对各种颜色的光的感觉不同，可以分清可见光范围内不同波长的光，即可以分清光的不同颜色。这里所指的光可以是光源自身发出的也可以是物体反射的。在照明工程中，必须使被照物体和光源所在的视场处在一个明视觉的状态下，这样才能体现出被照环境的颜色感、立体感等，才会有一个良好的照明效果。

当视场的亮度在 0.03nt 及以下时，视觉系统工作的视觉状态是暗视觉状态简称：暗视觉，医学上称为杆体视觉。

在暗视觉状态下，人的视觉系统无法对各种颜色的光进行判断，只能对可见光范围内的波长为 507nm 左右的光有反应。这个道理就说明了，为什么我们在暗视觉状态下无论什么颜色的物体都认为是一种灰色或黑色的颜色。另外，在暗视觉状态下，只能看清体积较大的物体，对体积较小的物体视觉系统是没有反应的。

当视场的亮度在 0.03～3nt 时，视觉系统工作的状态是明视觉和暗视觉之间，因此称为中介视觉。这时视觉的特性是既不属于明视觉也不属于暗视觉。

（四）明视觉与暗视觉的适应性

当视场中的亮度值产生较大幅度变化时，视觉系统也要随着亮度的变化发生变化，称这种变化为适应性，并且有明视觉适应性和暗视觉适应性两种，简称：明适应和暗适应。

明适应，当视场中的亮度值由小值向较大值变化时，光的辐射能量突然增加。视觉系统不能正常工作，什么也看不清，一般情况下约1分钟后，才可以恢复正常，称这种现象为明适应。例如：我们从室内走到阳光充足的室外，会感到阳光特别刺眼而看不清物体，等待一会就恢复正常了。

暗适应，当视场中的亮度值由大值向较小值变化时，光的辐射能量突然减少。视觉系统不能正常工作，什么也看不清，一般情况下约3～4min后，才可以恢复正常，称这种现象为暗适应。例如：当我们刚刚走进剧场时，看不清座位、牌号等，眼前一片漆黑，等待一会就恢复正常了。

我们所谈到的适应时间的数值只是一个估计值，实际上适应时间数值的长短与亮度值变化的幅度、变化前后亮度值的大小有关。另外，适应时间的长短也是因人的生理因素不同而有一定的区别。但是无论是怎样的数值，我们可以得到如下结论：暗适应的时间总是比明适应的时间长。

在照明工程设计中，我们主要研究的是暗适应的时间，将暗适应的时间降低到最短是最终目标。从影响暗适应时间主要因素的几个方面入手，为降低暗适应的时间通常有几种做法。例如：在影剧院的设计中，我们把进入影剧院的入口处到大厅以及观赏厅的亮度值逐渐降低。当人们进入观赏厅时就不会长时间的看不见座位和牌号。对于地下通道和隧道也可以依此法设计。将入口处和通道处的亮度合理的设定，这样就可以减少暗适应的时间，使人们进入通道后迅速进入到正常的视觉状态降低事故的发生率。

（五）视觉系统正常工作的条件（也称看清物体的基本条件）

看清物体的基本条件一般地讲，包含两个方面的因素。一个是物体自身的因素；另一个是物体所在视场的光环境。而两方面的因素也有一定的内在联系而且都影响着看清物体的程度。我们都知道当物体外形太小时或物体速度太快时，是看不清物体的真实本体的。例如：电影胶片是一帧一帧的固定图片，当它快速运动时，我们见到的不是固定图片而是有连续动作的动画情景。对有些特别小的物体，我们只能看清它的轮廓而对物体表面上的一些细部内容是分不清楚的。

在照明工程中，我们所讨论的可以看清物体的条件是以运动速度限定在一定范围内或固定物体，以及物体的外形有一定的尺寸的前提下进行的。也就是只分析视场的光环境的因素和光环境的因素对物体本身的影响的程度。在这种前提下，看清物体的基本条件主要有如下几个方面：

1. 亮度（或照度）

在视场中物体表面的适当亮度值（或照度值）是看清物体的第一个基本条件。我们所说的这个值不仅仅是一个确定的数值而是一个范围。

2. 对比度

对比度包括颜色对比度和亮度对比度。

我们通常认为：在视场中当物体本身的颜色和背景的颜色差别较大时，容易看清物体。当物体本身的亮度和背景的亮度差别较大时，也容易看清物体。所以设想，为了看清物体就可以将两者的差别无限制的加大，然而，这样做达不到预想目的，反而适得其反。实际上视觉系统能够识别背景亮度和物体亮度之差是有一定阈限的。超出这个范围时视觉系统不能正常工作，根本看不清物体的。在工程中只有这种定性分析的结论是不够的，那么这个范围是多少必须定量的分析。

在理论上，我们是用可见度（也称视度或者称为能见度）这个物理量来衡量亮度对比度的。为了说明可见度这个物理量我们必须首先解释如下一些基本概念。

（1）临界亮度差

视觉系统可以看清物体亮度（L_O）和背景亮度（L_B）差的最小值，称为视觉系统的临界亮度差（L_{OB}）。

$$L_{OB} = L_O - L_B \tag{10-4}$$

（2）临界亮度对比

临界亮度差的值（L_{OB}）和背景亮度（L_B）值之比，称为临界亮度对比，用 S_c 来表示。

$$S_C = L_{OB}/L_B \tag{10-5}$$

（3）实际亮度差

在视场中物体的实际亮度（L_{OF}）和背景亮度（L_{BF}）的差称为实际亮度差，用 L_{OBF} 来表示。

$$L_{OBF} = L_{OF}/L_{BF} \tag{10-6}$$

（4）实际亮度对比

实际亮度差的值（L_{OF}）和背景亮度（L_{BF}）值之比，称为实际亮度对比，用 S_{CF} 来表示。

$$S_{CF} = L_{OF}/L_{BF} \tag{10-7}$$

可见度是实际亮度对比（S_{CF}）和临界亮度对比（S_C）的比值，用 S 来表示。

$$S = S_{CF}/S_C \tag{10-8}$$

经过推导，在照明工程中常用实际亮度差（L_{OBF}）和临界亮度差（L_{OB}）的比值来代替实际亮度对比（S_{CF}）和临界亮度对比（S_C）的比值。

$$S = L_{OBF}/L_{OB} \tag{10-9}$$

从上式中可以清楚地看到可见度的值越大就越能看清物体。

3. 眩光的限制

眩光是指在视场中当光有特别高的亮度值或亮度对比的值很大时，所产生了一种使视觉系统在观察物体时感到不舒服或使其不能正常工作的感觉，称这种光为眩光。在照明工程中，眩光的限制程度如何也是评价照明质量的一个指标。实际上，产生使人感到不舒服眩光的机会远大于使其不能正常工作的眩光的机会。这种眩光的长期存在会在人的心理上形成疲劳、烦躁等不良的感受，严重时会对工作和学习都造成不良的影响。

限制眩光的方法除了选择合理的亮度和亮度对比外，对视角加以限制等方法也是非常重要的。该内容详见关于照明器论述的有关章节。

所以在一般的照明工程中，合理的亮度（照度）值、适合的对比度（可见度）、眩光的限制的水平是看清物体的基本条件。

第二节 材料的光学性质

一个良好的光环境的建立不仅取决于光源和人的视觉系统，视场中的建筑材料、装饰材料对光环境的影响效果也不能忽略。不同的建筑材料、装饰材料对光的反应程度是有所不同的，这种不同的反应对光环境的影响也不同。有时对光环境的效果的影响起到非常关键的作用。为了描述它们影响的程度，在照明工程中我们将不同建筑、装饰材料对光环境的影响程度用材料的光学性质来描述。值得注意的是：这里所说的材料光学性质仅仅是从对光环境影响的角度去讨论的，实际上材料的光学性质的描述不仅是这一个部分还有其他的内容。

一、材料的反射系数、透射系数和吸收系数

当材料在光的照射下时，光的辐射就能在材料中产生能量的反应过程。辐射能中的一部分能量被材料本身所吸收，一部分能量以光的形式被材料光滑的表面所反射出来，而另一部分能量则穿过材料本身而透射出去。显然这三部分的能量之和等于光照射到材料上的光辐射能量，即符合能量守恒定律。可用公式表示如下：

$$\Phi = \Phi_\rho + \Phi_\tau + \Phi_\alpha \tag{10-10}$$

式中 Φ——照射到材料表面总的光通量值；

Φ_ρ——Φ 以光的形式被材料所反射出来的光通量值；

Φ_τ——Φ 穿过材料本身透射出去一部分的光通量值；

Φ_α——Φ 被材料本身所吸收进去一部分的光通量值。

不同材料 Φ_ρ、Φ_τ、Φ_α 的值是不同的，也就是说它们的光学性质不同。为了清楚的定量地表示它们值的不同，在照明工程中定义了下列系数：

（1）反射系数，（ρ），也称反射比

$$\rho = \Phi_\rho / \Phi \tag{10-11}$$

（2）透射系数（τ），也称透射比

$$\tau = \Phi_\tau / \Phi \tag{10-12}$$

（3）吸收系数（α），也称吸收比

$$\alpha = \Phi_\alpha / \Phi \tag{10-13}$$

从上式可以看出无论是反射系数、透射系数还是吸收系数都是表示它们所反应的能量值占照射到材料表面光通量的比例。有时也用百分数表示

在照明工程中我们比较关心的是反射系数和透射系数。下面列出常用的建筑材料的反射系数和透射系数如（表 10-2）。

常用建筑材料的反射系数表　　　　　　　　　　　　　　　表 10-2

材 料 名 称	反 射 系 数	透 射 系 数	备 注
普通玻璃	0.12～0.18	0.78～0.8	厚度 6～3mm
磨砂玻璃	0.26～0.34	0.54～0.61	厚度 6mm 以下
乳白玻璃	0.16 左右	0.65 左右	厚度 1mm 以下
压花玻璃	0.14 左右	0.58～0.72	厚度 3mm 以下

材 料 名 称	反 射 系 数	透 射 系 数	备 注
有机玻璃	0.13 左右	0.86	厚度 6mm 以下
白粉墙（石灰水）	0.7～0.75		
乳胶涂料	0.84		
浅色调和漆	0.75～0.85		
石膏板（白色）	0.87～0.9		表面基本光滑
石膏板（白色）	0.8～0.85		表面不太光滑
塑料扣板（白色）	0.5		
塑料扣板（灰色乳黄）	0.3～0.4		
塑料扣板（花色）	0.2～0.3		花色不太多
水泥砂浆面	0.4		
混凝土面	0.3		
水磨石（灰白色）	0.5		
水磨石（黑白色）	0.45		
水磨石（黑灰色）	0.2		
深色壁纸（平面）	0.3～0.5		
浅色墙壁纸（平面）	0.75～0.8		
深色壁纸（有纹）	0.2～0.3		
浅色墙壁纸（有纹）	0.6～0.7		
光学镀膜玻璃	0.8～0.9		
一般的铝板（抛光）	0.6～0.7		
光学镀膜铝板	0.7～0.9		
金属板（不锈钢）	0.5～0.7		
木材板白板	0.6～0.7		
木材素板	0.5～0.65		
木材花板	0.4～0.55		

二、光的反射

在反应材料光学性质的几个系数中，影响照明效果的重要因素是反射系数。而对光反射的影响因素也是比较多的，为了更好地说明光的反射，将光的反射分为几种不同的形式加以区分。例如：光的定向反射、光漫反射和光的混合反射等。不同的反射形式其对照明效果的影响也有所不同。通常对上述的几种反射性质定义如下：

1. 光的定向反射

定向反射的特征是，从物体表面反射的光有一个固定的空间角度也称有规律反射。在这个空间角度以外是看不到反射的光线。那些表面光滑的材料都属于定向反射的材料，例如：玻璃镜面、抛光的各种金属表面等。

根据材料定向反射的道理可以控制光的辐射方向，合理地分配光，有效地利用光。根据这个道理制造成符合不同要求的灯罩，可以将光依照人们的需求进行分配。所以我们见到的灯罩有不同的材料及不同的形状。

2. 光的漫反射

漫反射的特征是，从物体表面反射的光没有一个固定的空间角度也称无规律反射。那些表面不光滑的材料都属于漫反射，如：粉刷的各种涂料、乳胶漆、墙壁纸等。

在漫反射材料中，如果在各个反射方向上的发光强度均相等，称这种材料为均匀反射材料，显然也有不均匀反射材料。但是在照明工程中为了分析和计算方便，减少计算的工程量，对于常用的一些建筑材料都近似的认为是均匀反射材料。虽然对光效果的影响程度计算时有些误差但在工程应用中其值是不超出规定范围的。

3. 混合反射

有些建筑材料中兼有多种反射特征，故称之为混合反射，例如：瓷面砖等。在确定其特性时，我们要依照该材料中所包含各类反射的内容以及各种反射所占的比例来分析材料对照明效果的影响。

第三节　常用电光源的种类和技术指标

在本章中以介绍目前使用较多的室内照明和室外建筑物立面照明的光源为重点，同时介绍大型建筑物中室内高度较高时使用的混光灯，装饰照明中常用的霓虹灯和光纤照明方式。对光源的介绍是从安装、使用的角度出发，侧重于光源的特点和不同光源之间区别讲述常用电光源。

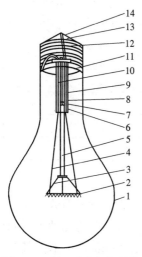

图 10-3　螺口式白炽灯结构
1—玻璃壳；2—灯丝；3—钼丝支架；
4—内导丝；5—玻璃杆；6—封接丝；
7—排气孔；8—排气管；9—喇叭管；
10—外导丝；11—粘接焊泥；12—灯头；13—绝缘体；14—焊锡

一、热辐射光源

将电能加到某物体上当达到一定温度值的时候会产生热量，而一部分热量以光的形式出现，从而产生了光，由于光的来源是热量故称热辐射光源，例如：常用的白炽灯，它是将电能加到白炽灯中的钨丝上，当钨丝被加热到一定温度时（称炽热时）而发出了光。还有卤钨灯等，也是依照这个原理产生了光。它们都被称为热辐射光源。

（一）普通白炽灯

1. 普通白炽灯的结构和种类

如图 10-3 所示，它包括透光的外壳、发光的灯丝、灯丝的支架、和电源相连的引线和灯头所。普通的白炽灯是一般玻璃制成的梨形，也有磨砂玻璃和乳白玻璃制成的。形状也有球形、蘑菇形和烛形等多种形状。为了提高其使用寿命、降低灯丝的光通量衰减，通常将灯泡内抽成真空或加入一些氩、氮或氪和氮的混合气体。为了提高光效也可以将灯丝加粗或做成单螺旋形和双螺旋形。白炽灯的灯头是为了固定灯泡，灯头的形式有两种，即卡口型和螺口型。灯头的直径也有几种不同规格。

2. 白炽灯的特点

价格低、形状和体积较小、容易和不同形式的照明器配合，组成各种造型。它的安装和维护、更换方便。点燃和在点燃的时间短，发光的连续性好。可以满足有调光要求的场合以及要求瞬间点燃的场合使用。它对电压波动值的要求不十分严格，但是发光的同时也发出热量，因此有防火要求的场合不宜使用。

3. 白炽灯的新产品和派生系列产品介绍

在普通白炽灯的基础上，又有一些新型产品，如：在玻璃泡上涂有放射膜的反射型白炽灯、使用低电压的白炽灯、能承受高大气压的白炽灯，还有 PAR 型灯即密封聚束型灯。目前有节能型、冷光型、和卤素型等几种形式。玻璃壳的内部蒸涂了一层铝膜，形成了抛物面反射碗，前端为压制成防眩光的花纹棱镜前盖、和不同颜色的透光玻璃。光束角也小，一般在十几度到三十几度之间，可以起到聚光的作用。另外，寿命较长一般情况下，它的寿命是普通白炽灯的几倍。

（二）卤钨灯

1. 卤钨灯的结构和种类。

卤钨灯也是热辐射光源的一种，它是在普通白炽灯的基础上将卤族元素的化合物充入灯泡内制成的。结构和断面如图 10-4 所示。由于发热时钨丝蒸发出来的钨和卤族元素的化合物不断的分解和化合，形成不断的卤钨再生循环，从而增加了卤钨灯的使用寿命同时也加大了光的辐射量。常用的卤钨灯有两种类型，一类是灯泡内充入碘化物故称为碘钨灯；另一类是灯泡内充入溴化物故称溴钨灯。

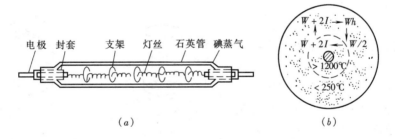

图 10-4　卤钨灯外形图和断面图

（a）外形图；（b）断面图

卤钨灯是在耐高温的石英玻璃或高硅氧玻璃的长直玻璃管内，设置螺旋状长直钨丝。为了防止灯丝断裂，管内采用圆片状石英支架支撑。灯管在真空的条件下，再充入微量的卤族化合物。由于灯在点燃时温度很高，两端引线采用稳定性很高的钼铂制成。

2. 卤钨灯的特点。

卤钨灯具有体积小、光色好、可以瞬间点燃、发光的连续性好使用的寿命长、发光效率高、表面亮度也较高的优点；但是它的灯丝结构所决定了其耐振性较差。

二、气体放电光源

利用气体放电时可以发光的原理而制造的光源称为气体放电光源，例如：荧光灯、汞灯等。都是将某装置内充入气体在外部加入电能使其处于放电状态从而发出光。

（一）荧光灯

1. 荧光灯的结构和种类

荧光灯是由玻璃管、管内的钨丝电极所组成，并在管内壁上涂有荧光粉，将其管内抽成真空然后充入少量的惰性气体，例如氩和汞，荧光灯通过灯角和外电路相连（图10-5）。

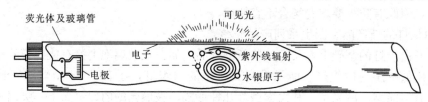

图 10-5 荧光灯的结构示意图

图 10-6 紧凑型
荧光灯示意图

荧光灯的玻璃管可以加工成不同的几何形状，常见的有直管形、环形、U形、D形及双D形等多种形式。当荧光灯管内壁涂不同性质的荧光粉时它将有不同颜色的光发出，常见的有日光色（RR）、暖光色（RN）、冷光色（RL）和三基色（YZS）（三基色是指蓝光、绿光和红色光混合的白光）。紧凑型荧光灯如图10-6所示。

2. 荧光灯的特点

荧光灯具有表面亮度低、光线柔和、发光效率高、寿命长优点，属于冷光源。但是点燃时需要时间，正常工作时也需要一定的附件，频闪效应严重等缺点。

3. 荧光灯的附件。

荧光灯的附件包括镇流器、启辉器和补偿电容器。启辉器和镇流器分为电感式和电子式两种形式。电感式的启辉器和镇流器各是独立结构。见图10-7。电子式的是将启辉器、镇流器和电容器的功能用电子元件组合成一个电路，这样就可以将其制造成一个组合的整体结构。

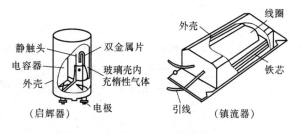

图 10-7 电感式荧光灯的附件示意图

4. 荧光灯的接线方式和工作原理

荧光灯附件的形式不同接线的方式也不同，但是它们的工作原理基本相同。

（1）电感式的附件荧光灯的接线方式（图10-8）和工作原理

将开关闭合前，启辉器内部的静触点和动触点没有接触。开关闭合后，电源的电压加在启辉器的两端，动触点受热膨胀并与静触点接触使电路闭合。同时，由于启辉器是一个小型的辉光灯，在电压的作用下点燃辉光并放电。当电路闭合后辉光放电结束，启辉器内的温度下降，动触点和静触点断开使电路也同时断开。镇流器和灯丝及启辉器是串联的，而镇流器是一个电感元件，在启辉器断开的瞬间镇流器和电源的电压合成一个较高

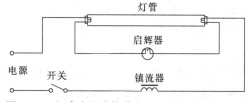

图 10-8 电感式的附件荧光灯的接线方式示意图

的电压脉冲。而在这个电压脉冲的作用下两个灯丝的电极间发射电子并形成极间放电同时迅速地将荧光灯点燃。由于点燃后灯管两端的电压值不足以使启辉器再次点燃，也不可能产生辉光放电。

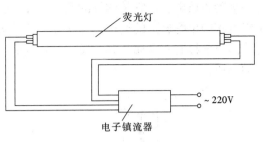

图10-9 电子镇流器的荧光灯接线图

（2）电子式的附件荧光灯的接线方式（图10-9）和工作原理

电子式的附件是电子元件组合而成，工作原理和电感式的原理是一样的，只不过所完成启动的动作过程是由电子装置来完成。

（二）高压汞灯

1. 高压汞灯的结构和种类

高压汞灯的结构如图10-10所示。灯体外部是一椭圆形玻璃泡，灯泡内壁上涂有一层荧光粉，上部的灯头是螺旋形，通过粘合剂和灯泡相连。高压汞灯中最重要的部分是灯泡内的发光放电管。它是用石英玻璃制造而成，也称石英放电管。靠灯泡内的金属支架固定。灯管内抽成真空后充入汞和氩气。在灯管的两端装有钨丝的主电极，在放电管的另一端还装有辅助电极，与同端的主电极距离较近。由于灯管内充入的是汞，而且工作时气体的压力在2~6个大气压。故此称为高压汞灯。根据镇流器和启辉器装设的形式可分为自镇式（将镇流器和启辉器装在灯泡内部）和组合式（镇流器和启辉器装在灯泡外部）。

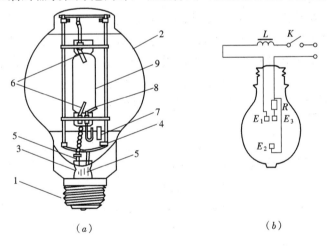

（a）   （b）

图10-10 高压汞灯内部构

（a）高压汞灯的构造；（b）工作电路图

1—灯头；2—玻璃壳；3—抽气管；4—支架；5—导线；6—主电极；7—启动电阻；8—辅助电极；9—放电管

2. 高压汞灯的特点

高压汞灯具有发光效率高、使用寿命长的优点，但是光色指标较差，点燃和再点燃的时间较长的缺点。由于必须有附件才能使用，附件的质量对光源的影响较大。

（三）钠灯

钠灯根据其工作压力分为高压钠灯和低压钠灯两种，结构和外部接线如图10-11所示。它的结构形式是，其外部是由硼酸盐玻璃制造成的灯泡，灯泡内抽成真空。灯泡内设有一个陶瓷放电管，它是钠灯的重要部件。管的两端各有一个电极，电极的结构是在钨杆上绕有多圈单螺旋形的钨丝。并在其上涂敷氧化钡等具有发射电子功能的物质。而且在放电管的外面接有双金属片开关及用钨丝绕成的加热线圈。放电管的内部充入钠和汞以及其他的物质。

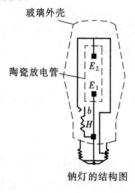
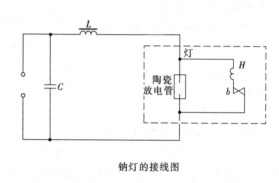

钠灯的结构图　　　　　　　　钠灯的接线图

图 10-11　高压钠灯结构和外部接线

它的工作原理如同荧光灯一样，双金属片相当于启辉器，和外接镇流器的连接方式相同。虽然它的光学特性指标和荧光灯有差别，但是特点相似，发光效率高、光色指标较差、点燃和再点燃都需要一定的时间。

（四）金属卤化物灯

金属卤化物灯在结构上和高压汞灯相同，只是在放电管内除充入了汞和氩气之外，同时还要充入其他种类的金属元素，例如：钠、铊、铟、铊、镝、锡、钬等卤化物，故称金属卤化物灯。它的工作原理和所有的气体放电光源灯基本相同。光学性能指标根据其内部充入的金属元素种类的不同有一些细小差别，但是它仍属与气体放电光源灯的范围。

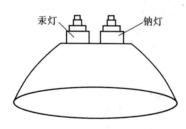

图 10-12　汞灯和钠灯混光灯

（五）混光灯

在一个照明装置内装设两种气体放电光源或几种气体放电光源，即称这种光源为混合光源。例如在一个照明装置内部同时装设了汞灯和钠灯（图 10-12）。这种混合光源它的光学性能指标是两种光源的组合，相互补充其缺点发挥优点，使光学性能指标更好。目前常用的是汞灯和钠灯相结合的混光灯。

三、霓虹灯

它是装饰照明中经常采用的一种光源，属于气体放电光源。通常情况下是直管状，但也可以根据需要容易地制造成各种形状，而且制造的过程也非常简单。管用玻璃制造而成，管内抽成真空后加入氖、氩、氦等惰性气体，管壁上可以涂敷不同性质的荧光粉。不同性质的荧光粉会使灯呈现不同的颜色，目前常用的有红色、黄色、绿色和蓝色。管的两端有引线和电源相连。点燃时要激活管内的气体形成辉光放电而产生光，因此需要加入专用的霓虹灯变压器来完成。常用的霓虹灯变压器与电源相连的一次线圈电压为 220V，而与霓虹灯相连的二次线圈电压为 15000V。它的接线方式如图 10-13 所示。可见二次线圈的高电压对人有触电的潜在危险性，使用时要特别加以注意。由于变压器容量的限定和控制上的要求,每一组霓虹灯都必须采用一个变压器。在安装霓虹灯时要考虑变压器的安装位置。

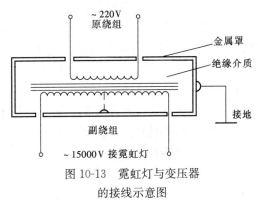

图 10-13 霓虹灯与变压器的接线示意图

霓虹灯的特点非常突出,它的发光效率特别低、显色性能也差、电能的消耗也非常大。但是它的颜色多样化、形状易根据装饰的要求而改变,特别容易的制成满足人们要求的各种图形,满足人们艺术上的要求。另外霓虹灯的控制也非常方便,特别是现在多用电子程控装置来进行。这样利用电子程控装置的编程来完成霓虹灯的接通断开的时间和顺序,可以使用霓虹灯组成的图形有多种变化。这种手法广泛地采用为突出建筑物立面的特点及各种宣传广告中。

四、光纤照明装置

光纤照明是利用光纤将光线导向被照物体,这样可以提高照明的精确度和对比度,为采用通常照明方式无法达到的被照物体提供照明。同时光纤有其柔软的外特性可以沿建筑物、构筑物、标志性的建筑等外型布置为突出建筑的特点服务。利用光纤的柔韧性可以达到艺术独特的照明效果。光纤产生的光不含红外线和紫外线不会造成对被照物体的损坏。

光纤照明装置是由光纤发射机、光纤管、和发光端所组成。按其发光的形式有端点发光的光纤称为点发光光纤和整条线路都发光的光纤称为线发光光纤。光纤发射机内装有金属卤化物的光源。

按发出的光颜色分为单色光和多色光。多色光的产生是利用颜色转盘来实现的。目前转盘有五种颜色供选择。它的连接形式除图 10-14 中的一般连接、封闭环式、双端连接外,还有链式等。光纤的直径、数量、光纤的最大输送距离光纤的使用环境都有一定的限制规定。

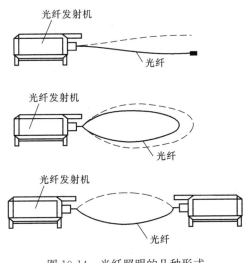

图 10-14 光纤照明的几种形式

光纤照明是最近几年来一种新兴的照明方式。由于光纤自身所具有的一些独特物理特性,光纤照明被应用在室内装饰照明、局部效果照明、广告牌照明、建筑物室外公共区域的引导性照明、室内外水下照明和建筑物轮廓及立面照明之中,并且已经取得了良好的照明效果。

(一)光纤照明的特点

光纤照明具有以下显著的特点:

(1)单个光源可具备多个发光特性相同的发光点;

(2)光源易更换,也易于维修;

(3)发光器可以放置在非专业人员难以接触的位置,因此具有防破坏性;

（4）无紫外线、红外线光，可减少对某些物品如文物、纺织品的损坏；

（5）发光点小型化，重量轻，易更换、安装，可以制成很小尺寸，放置在玻璃器皿或其他小物体内发光形成特殊的装饰照明效果；

（6）无电磁干扰，可被应用在核磁共振室、雷达控制室等有电磁屏蔽要求的特殊场所之内；

（7）无电火花，无电击危险，可被应用于化工、石油、天然气平台、喷泉水池、游泳池等有火灾、爆炸性危险或潮湿多水的特殊场所；

（8）可自动变换光色；

（9）可重复使用，节省投资；

（10）柔软易折不易碎，易被加工成各种不同的图案，系统发热低于一般照明系统，可降低空调系统的电能消耗。

（二）光纤照明系统组成

光纤照明系统可分成点发光（即末端发光）系统和线发光（即侧面发光）系统。它的系统由发光器、发光导体和终端组成。

（1）发光器

发光器装置包括光源、反射器、紫外线（UV）和红外线（IR）滤光器及旋转式玻璃色盘（选配件）。根据其内部所配光源不同，一般分成卤钨灯系列和金卤灯系列两种。其中卤钨灯光源功率一般为 50 或 75W，输入电压为交流 12V（装置自带电源变压器），适用于博物馆或展览馆等对温湿度及紫外线、红外线有特殊控制要求的场所；金卤灯光源功率一般为 150 或 200W，输入电压为交流 220V，适用于建筑物轮廓照明及立面照明等光亮度要求较高的场所。根据防护等级的不同，发光器装置一般分成室内型和室外型两种。旋转式玻璃色盘最多可配成八种颜色自动变换。该装置可由计算机按设定程序变化控制，也可由音响系统输出的音频信号同步控制。该装置自带电源插头，适用的电源为交流 220V，50Hz。

（2）发光导体

发光导体一般由塑料或玻璃纤维束或单根塑料纤维构成，考虑到传输过程中的光衰减，其长度一般不超过 30m。可通过系统串联解决。常见的发光导体有以下两种：

（1）点发光光纤

光纤外覆非常薄的塑料或玻璃纤维涂层，防止光线外泄，其外有一层不透明的衬层和一层塑料、橡胶或金属丝制的耐热、抗紫外线保护套（用于保护和支撑光纤），分室内型及室外防水型两种，均需配有发光终端附件。

（2）线发光光纤

光纤采用特殊结构，可通长发光，其外有一层透明的衬层和一层耐热、抗紫外线的 PVC 透明保护套，其外径规格有 8、11 及 15mm 三种，分室内标准型及室外防水型两种，均需配有不发光终端附件。

（3）终端附件

无论是点发光光纤还是线发光光纤的末端，均需配置终端附件。根据点发光光纤和线发光光纤的不同发光特点，有如下两种类型的终端附件：

1）发光终端附件：配置在点发光光纤终端的各类反射式或直射式类似于灯具的发光

附件，有筒灯型、配透镜型（可聚光或发散光）、地面专用型以及水下型终端。

2）不发光终端附件：配置在线发光光纤终端，为不透明密闭型封套。

（三）光纤照明的应用

由于光纤照明所具有的许多特点，使得它的应用是广泛的，但是目前应用较多的是室外的装饰照明。

（1）置于顶部较高、难于进行维护或无法承重的场所的效果照明。将末端发光系统用于酒店大堂高大穹顶的满天星造型，配以发散光透镜型发光终端附件和旋转式玻璃色盘，可形成星星闪闪发光的动态效果，远非一般照明系统可比。

（2）建筑物室外公共区域的引导性照明。采用落地管式（线发光）系统或埋地点指引式（末端发光）系统用于标志照明，同一般照明方式相比减少了光源维护的工作量，且无漏电危险。

（3）室外喷泉水下照明。采用末端发光系统，配置水下型终端，用于室外喷泉水下照明，且可由音响系统输出的音频信号同步控制光亮输出和光色变换，其照明效果及安全性好于普通的低压水下照明系统，并易于维护，无漏电危险。

（4）建筑物轮廓照明及立面照明。采用线发光系统与末端发光系统相结合的方式，进行建筑物轮廓及立面照明。

（5）建筑物室内局部照明。采用末端发光系统，配置聚光透镜形或发散光透镜形，发光终端附件用于室内局部照明，如博物馆内对温湿度及紫外线、红外线有特殊控制要求的丝织品文物、绘画文物或印刷品文物的局部照明，均采用光纤照明系统。

（6）建筑物广告牌照明。线发光光纤柔软易折不易碎，易被加工成各种不同的图案，无电击危险，无需高压变压器，可自动变换光色，并且施工安装方便，能够重复使用. 因此，常被用于设置在建筑物上的广告牌照明，同传统的霓虹灯相比，光纤照明具有明显的性能优势。

五、LED 照明装置

LED 叫做发光二极管，目前这类照明方式越来越被人们采用，有许多方面的应用。大多数使用场合是室外大型广场类的照明，室内也有一些。从照明的角度来说它有如下特点：

（1）由于 LED 发出的光束是向前的并具有一定发散角，这样就可以不必像白炽灯需要加装反光碗。而且 LED 本身发出的是色光，这样就不需要由有色配光镜来滤光，从而解决了假显示和配光镜颜色漂移问题，提高了光利用率。

（2）工作寿命长，为 5～10 年，维修保养费用低。而传统信号灯每年需要更换 3～4次，维修保养费用高。当然 5～10 年的寿命是一个理论数据，是根据 LED 单管 10 万小时的寿命来计算，但实际上 LED 信号灯由于工作环境恶劣，日晒雨淋、严寒酷暑，对 LED寿命必然会有影响。

（3）功耗小，一般约仅为白炽灯光源信号灯的 10％～20％。这一点是符合国家的相关能源政策。

（4）由于单个 LED 仅为整个信号灯灯盘中的特殊的一个发光单元，只要信号灯线路板设计合理，即使个别 LED 烧毁，也不会影响别的 LED 发光单元，从而影响信号灯整体效果。

但是 LED 信号灯本身也存特殊的缺点：

（1）如前面所讲的因温度升高而产生的光强衰减。

（2）LED 实际是个半导体 PN 结，其正向导通电压虽然都在一个范围内，但各不相同，这种情况导致部分 LED 不能工作在正常工作点上。

（3）LED 价格较之于白炽灯价格要贵几倍。

六、绿色照明

就现有科技水平而言，绿色照明涵盖两个方面：第一必须有一个优质的光源，即发光体发射出来的光对人的视觉是无害的；第二必须有先进的照明技术，确保最终的照明对人眼无害。两者同时兼备，才是真正的绿色照明。

优质光源应同时具备以下四点。

（1）灯光源发出的光为全色光。所谓全色光，即光谱连续分布在人眼可见范围内，视觉不易疲劳。

（2）灯光光谱成分中应没有紫外光和红外光。因为长期过多接受紫外线，不仅容易引起角膜炎，还会对晶状体、视网膜、脉络膜等造成伤害。

（3）光的色温应贴近自然光。色温是用温度表示光的颜色的一种量化指标，因为人们长期在自然光下生活，人眼对自然光适应性强，视觉效果好。

（4）灯光为无频闪光。频闪光是发光时出现一定频率的亮暗交替变化。普通日光灯的供电频率为 50Hz，表示发光时每秒亮暗 100 次，属于低频率的频闪光，会使人眼的调节器官，如睫状肌、瞳孔括约肌等处于紧张的调节状态，导致视觉疲劳，从而加速青少年近视。

优质的照明技术同时具备以下四个方面。

1. 眩光小。凡是感到刺眼的光都是眩光，极易使眼睛发生调节痉挛，严重时可损伤视网膜，导致失明。优质的照明技术必须在灯具上装有消去直射和反射眩光的特殊技术措施，尽量将光源作漫射处理，同时使光能损失最小，成为人们常说的十分"柔和"的光进入人的视野。

2. 照度高。照度标准高，在无眩光条件下，将照度标准值提高到上限，可使眼睛在观察物体时感到轻松。

3. 照度分布均匀。自然光的照度分布最好，在人的视觉观察范围内，从中心至边缘，均匀度为 100%，因而不仅视觉效果好，而且长时间观察不易疲劳。当人工光的照度分布均匀性达到 60% 以上时，对人眼适应性及视觉效果影响不大当其均匀性小于 50% 时，人眼的视觉效果和视觉疲劳会明显变差和加重。

4. 观察功能强。照明的目的在于观察，若给观察提供深层次的方便，如用特殊的技术，在台灯的合适位置上装一个优良的光学放大镜，既可使眼睛看东西轻松，又能观察肉眼看不清的东西。

七、光源的性能指标

（一）光通量（额定光通量）

它是衡量光源能力的重要指标。光源的光通量是指在额定的状态下光源的发光能力。所谓额定状态包括：给光源供电电压是额定的，电功率是额定的，同时光源是在使用的有效寿命期间内。

（二）发光效率（简称额定光效）（lm/W）

发光效率是指光源在额定的状态下单位电功率下所产生的光通量的指标。

上述所谓的额定状态包括：给光源供电电压是额定的，电功率是额定的，同时光源是在使用的有效寿命期间内。

（三）寿命（有效寿命、全寿命和平均寿命）。

对于光源的有效寿命是指保证光通量和发光效率额定值的损耗不低于 20%～30% 的时间。另外我们称从光源的第一次点燃到不能使用的时间为光源的全寿命。这是一个连续的累积数值。但是同一种规格的光源影响其全寿命时间的因素比较复杂，在工程中使用的是平均寿命来衡量光源的使用时间。平均寿命是测定出来的。同时点燃同一规格型号的一组光源当有 50% 损坏时所测定的时间即平均寿命时间。

（四）光色指标

光色的指标有两个方面，一方面是对光源表面颜色的描述，另一方面是对物体表面颜色的描述。

1. 色表

光源表面的颜色的程度称为光源的色表。为了定量的分析色表的程度常用色温来表示。它的衡量单位用 K 来表示，读作开尔文。常用电光源的色温见表 10-3。

但也可以用颜色直接表示，例如红色、橙色、黑色等。前者是定量的描述光源表面的颜色的程度。后者是从人的视觉的角度对光源的一种定性的描述。

常用几种电光源色表的参考表　　　　　　　　　　　　　表 10-3

光源的名称	色温的范围（K）	光源的名称	色温的范围（K）
普通荧光灯	4000～5300	高压汞灯	4400～5500
白炽灯	2400～2900	高压钠灯	3600～4000

在照明工程中常说的冷光源、暖光源可以用 K 值来表示，一般情况下小于 3300K 的光源称为暖光源，大于 5300K 的光源称为冷光源，而在 3300～5300K 之间的光源称为中间光源。

2. 显色性

它是衡量当光源照射到物体的表面时，光对物体真实颜色显示的程度的一个指标，用显色指数（R_a）表示。

我们把太阳光对物体真实颜色显示的程度定义为 $R_a=100$，其他光源的显色指数见表 10-4。

常用几种电光源显色指数的参考表　　　　　　　　　　表 10-4

光源的名称	显色指数的范围（R_a）	光源的名称	显色指数的范围（R_a）
普通荧光灯	75～85	高压汞灯	50～60
白炽灯	80～90		

（五）点燃时间和稳定时间

点燃时间包括点燃时间和再点燃时间两种时间。点燃时间是指光源接通电源后光源的光通量达到其额定值的时间，再点燃时间是指光源刚熄灭后的马上又需再次点燃的时间。

一般来说热辐射光源点燃时间短在 1s 左右。而再点燃时间只针对气体放电光源而言，当气体放电光源熄灭后需要冷却和调整一段时间才能具备点燃的条件。我们把点燃时间和需要冷却时间的和称为再点燃时间。

稳定时间是光源点燃后达到额定光通量或额定状态的时间。

可见热辐射光源比气体放电光源的点燃时间要短，而且热辐射光源基本上不需要再点燃时间。气体放电光源是需要稳定时间的，而热辐射光源基本不需要稳定的时间。

（六）环境条件对两种光源性能的影响程度

环境条件的具体内容包括：光源的供电电压值变化条件，光源所在位置的温度变化条件，频闪效应，耐振性能等。

一般地讲，环境条件对热辐射光源的性能指标影响不大，对气体放电光源的性能指标影响较大，例如：供电电源的电压值过低，温度过低时荧光灯点燃的时间会很长有时甚至不能点燃，频闪效应使发出的光不稳定。由于气体放电光源启动时需要一些辅助设备，因此它的耐振性能较差。

（七）光源的电学指标

1. 额定电压（U_n）

额定电压是指保证电光源可以正常工作，保证经济运行的电压值。

所谓保证电光源的正常工作是指：光源可以点燃并产生额定的光通量，例如气体放电光源电压过低不能点燃，过高可以点燃，而白炽灯电压过高或过低都是可以点燃的，但是它们发出的光通量会超出或低于额定值。超出其额定值时，虽然光的辐射能量加大，但同时它的使用寿命随之降低。这一点也说明了经济运行的重要性。

2. 额定功率（P_n）

光源在额定电压下工作时所具有的有功功率的值。对于气体放电光源是不包含附加的消耗功率。

（八）光源的结构指标

光源的结构指标主要是灯头的形式。它对于灯头的安装有指导作用。

光源的灯头的形式可以分为：插口式、卡口式和螺旋式。

1. 螺旋式灯头的表示形式（图 10-15）

AB/CD

A——螺口式灯头用（E）来表示；

B——螺纹外圆的直径，mm；双接触片的灯头加符号 d 表示；

C——灯头的高度，mm；

D——灯头裙边的外径，没有裙边的不表示。

2. 卡口式灯头的表示形式（图 10-16）

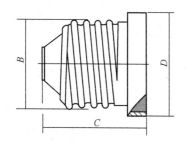

图 10-15 螺旋式灯头的表示形式

AB/CD

A——用 B 表示卡口式的灯头；

B——灯头圆柱体直径，mm；

C——灯头的接触片数；

d——灯头高度，mm。

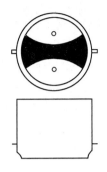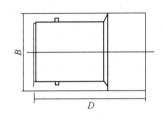

图 10-16　卡口式灯头的表示形式

3. 插口式的灯头表示

一般用 GRF$_a$ 等表示，在其后用数字表示接头的规格。

（九）热辐射和气体放电光源光学性能指标的比较（表 10-5）

两种光源的性能指标比较　　　　　　　　　　　　　　　　　　表 10-5

光源类型 性能指标	热辐射光源	气体放电光源
光效（lm/W）	7～21	25～85
显色指数（R_a）	90 以上	65～80
色温（K）	2400～3200	3000～7000
平均寿命（h）	1000～1500	1500～5500
频闪效应	影响小	影响大
环境条件的影响	影响小	影响大
点燃时间和稳定时间	瞬时或时间很短	1s～5min
额定电功率范围	8～2000	6～3500
额定光通量范围	50～4000	150～32000

第四节　常用照明器（灯罩）光学性能指标

照明器在理论上是指完成照明任务的器具。它包括光源和灯罩。但由于在照明工程中购买照明器时光源和灯罩是要分别购买。因此通常人们则认为照明器是灯罩，光源是灯泡或灯管（从形状上命其名字）。在本书中所说的照明器是指灯罩。而且仅从照明器对光源的影响的角度来讨论它。

在一般情况下，照明器的光学性能指标是用光强或亮度在空间的分布，效率和保护角这几个指标来描述的。

一、配光曲线

我们把照明器的光强在空间的分布情况绘制一个曲线，称该曲线为照明器的配光曲线。曲线的表示方式从理论上一般分为三种：在极坐标系中表示；在直角坐标系中表示方式和等光强曲线方式来表示。工程表示方式也有一种即列表表示法。

（一）极坐标表示配光曲线的读识

假定经过光源中心的一个平面作为测光面，在此基础上测定出照明器在空间不同角度上发光强度的值。选择一确定的方向作为起点，将其各个角度上的发光强度用矢量表示，若连接矢量的终端就形成一条曲线，称此曲线为该照明器的配光曲线。如果照明器是对称的，只用一个测光面上的配光曲线就可以表示出照明器的光强在空间的分布情况，所以表示对称光源的照明器用此曲线比较适合。在工程使用中比较简单和方便。为了方便的比较出不同照明器配光曲线的区别，无论照明器的型号如何，通常都用假设光源的光通量的固定值来绘制其配光曲线。如果光源的光通量实际的值不一致时可以进行换算。下面是两种典型的配光曲线，图 10-17 是对称光源的配光曲线，图 10-18 则是不对称光源的配光曲线。

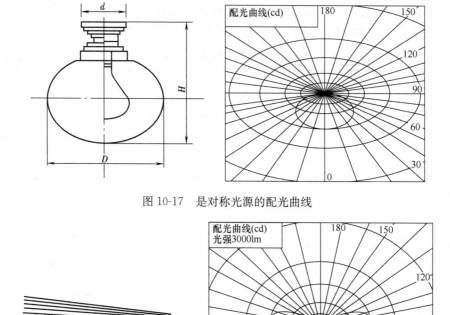

图 10-17　是对称光源的配光曲线

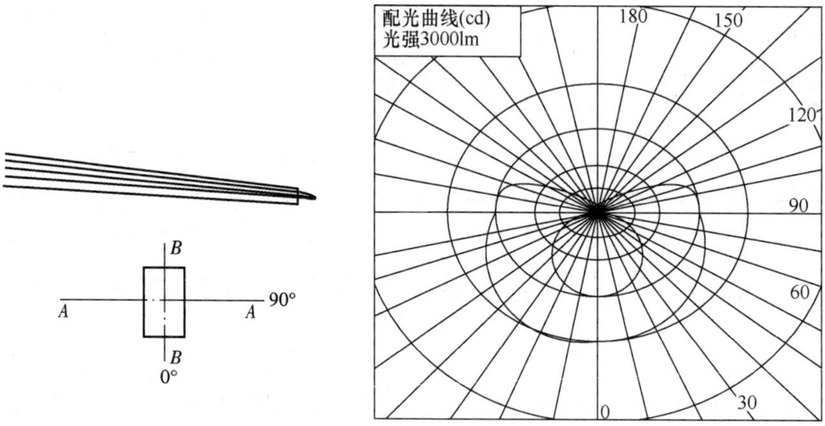

图 10-18　不对称光源的配光曲线

可见对称光源的配光曲线所表示的是单个图形，也就是说用一个测光面能表示清楚光强在空间的分布。而不对称光源要想表示清楚光强在空间的分布必须用两个图形即两个测光面的配光曲线来表示。图中 A 向是一条曲线，B 向又是一条曲线。两条曲线的光强分布是不同的。

（二）平面直角坐标表示配光曲线的读识

对于一些光束角比较小的照明器，如果采用极坐标表示比较复杂。通常采用直角坐标的方式来表示其配光曲线。在直角坐标系中，横轴表示光束的角度，纵轴表示发光强度。根据照明器的特点而绘制的曲线称为用直角坐标表示的配光曲线（图10-19）。

如果照明器是不对称的，用极坐标表示其配光曲线，要想表示清楚必须采用多个测光面，多个与测光面相对应的配光曲线图。这样比较复杂。为了清楚的表示出配光特性，可以用等光强曲线图来表示（也称等烛光图）。但是这种图形表示比较复杂，工程中采用的较少，这里不做介绍了。

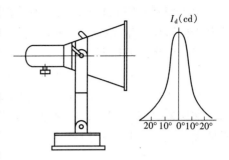

图 10-19　平面直角坐标表示
配光曲线示意图

（三）列表表示法

假设照明器的光通量为100lm，将空间的角度按与照明器垂直的空间角度为0°，依次排列然后将每个角度对应的发光强度的值列表，见表10-6。非对称和对称的光源的表示形式是不一样的（见表10-7）。

对称光源的列表形式　　　　　　　　　　　　　表 10-6

角度（$n°$）	0	5	30	60	90	150	180
发光强度（cd）	75	77	86	45	43	34	22

注：表中的数值是以乳白玻璃水晶底面的照明器为例。

从表中的数值可以看出由于照明器的底部是水晶的0°时发光强度不是最大，而在30°时是最大值。

非对称光源的列表形式　　　　　　　　　　　　　表 10-7

角度（$n°$）		0	45	75	95
发光强度100流明时（cd）	$\Phi=0°$	128	143	134	120
	$\Phi=45°$	128	120	81	73
	$\Phi=90°$	128	91	33	0

注：表中的数值是以普通荧光灯为例。

表中 $\Phi=0°$、$\Phi=45°$、$\Phi=90°$分别表示垂直面的水平角度。有一些光源用两个角度值来表示。

例如：光源为直管式荧光灯的照明器，假设经照明器中灯管的中心作一个抛面，将该抛面上与照明器相对应的投影线作为参考轴，令与该参考轴垂直的平面为垂直面，令该面与参考轴的水平夹角为水平角。可见水平角度为0°时发光强度最大，而90°时发光强度就会变小。但是在 $\Phi=0°$时的一组数值是最大的，在 $\Phi=90°$时的一组数值是最小的。这就是非对称光源的特点。

二、照明器的效率（η）

照明器的效率是发出光通量的值和其本身光源发出的光通量值的比值。用下式表示：

$$\eta = \Phi_2/\Phi_1 \times 100\% \tag{10-14}$$

式中　Φ_1——光源发出的光通量，lm；

　　　Φ_2——照明器发出的光通量，lm。

由于照明器中光源发出的光有一部分要经过照明器的反射才发出，因此当光照射到照明器表面时要产生光的损耗，所以照明器的效率小于1。

三、常用的照明器的类型

（一）按光通量在空间分布的比例分类

从照明器的光通量在向上、向下两个半球射出比例的角度来看，照明器可以分为：直接型照明器（图 10-20）、间接型照明器、半直接型照明器、半间接型照明器和漫射型的照明器（图 10-21）。它们光通量的分配比例如表 10-8 所示。

常用的照明器的配光曲线分类表　　　　　　　　　　　表 10-8

类　型		直接型	半直接型	漫射型	半间接型	间接型
光通量分布特性（占照明器总光通量）	上半球	0～10%	10%～40%	40%～60%	60%～90%	90%～100%
	下半球	100%～90%	90%～60%	60%～40%	40%～10%	10%～0
特　点		光线集中，工作面上可获得充分照度	光线能集中在工作面上，空间也能得到适当照度，比直接型眩光小	空间各个方向光强基本一致，可达到无眩光	增加了反射光的作用，使光线比较均匀柔和	扩散性好，光线柔和均匀，避免了眩光，但光的利用率低
示意图						

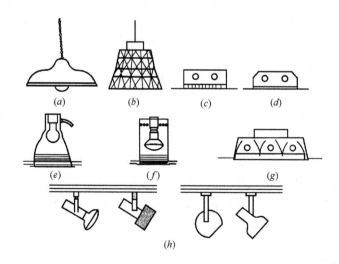

图 10-20　直接型照明器

（a）斗笠形搪瓷罩；（b）板块式镜面罩；（c）方形隔栅荧光灯具；（d）棱镜透光板荧光灯具；

（e）下射灯（普通灯）；（f）下射灯（反射灯）；（g）镜面反射罩，单向隔栅灯具；

（h）点射灯，（装在导轨上）

（二）按照安装方式照明器分类（图 10-22）

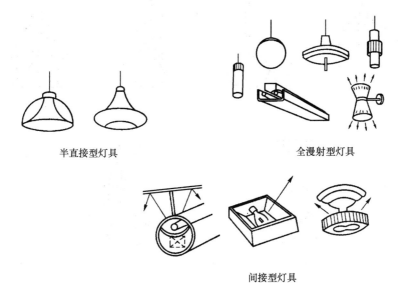

半直接型灯具 全漫射型灯具

间接型灯具

图 10-21 半直接型、间接型和漫射型照明器

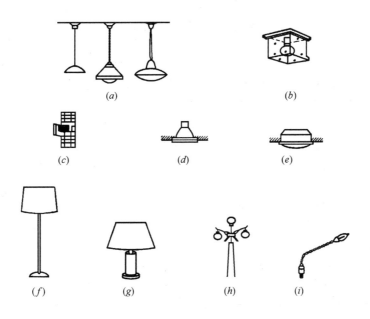

(a) *(b)*

(c) *(d)* *(e)*

(f) *(g)* *(h)* *(i)*

图 10-22 不同安装方式的照明器

(a) 悬吊式；*(b)* 吸顶式；*(c)* 壁式；*(d)* 嵌入式；*(e)* 半嵌入
(f) 落地式；*(g)* 台式；*(h)* 庭院式；*(i)* 道路广场式

（三）按照结构特点照明器分类（图 10-23）

（四）照明器按照防触电类型分类（表 10-9）

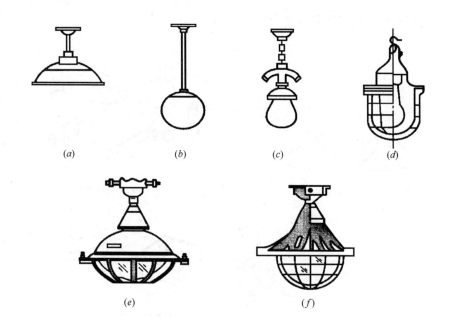

图 10-23 照明器不同结构特点分类图示

(a) 开启型；(b) 闭合型；(c) 密闭型；(d) 防爆型

(e) 安全型；(f) 隔爆型

照明器按照防触电类型分类 表 10-9

照明器等级	照明器主要性能	应 用 说 明
0 类	依赖基本经缘防止触电，一旦绝缘失败，靠周围环境提供保护，否则，易触及部分和外壳会带电	安全程度不高，适用于安全程度好的场合，如空气干燥、尘埃少，木地板等条件下的吊灯，吸顶灯
Ⅰ 类	除基本绝缘外，易触及的部分和外壳有接地装置，一旦基本绝缘失效时，不致有危险	用于金属外壳的照明器，如投光灯、路灯、庭院灯等
Ⅱ 类	采用双重绝缘或加强绝缘作为安全防护，无保护导线（地线）	绝缘性好，安全程度高，适用于环境差、人经常触摸的照明器，如台灯、手提灯等
Ⅲ 类	采用安全电压（交流有效值不超过 50V），灯内不会产生高于此值的电压	安全程度最高，可用于恶劣环境，如机床工作灯、儿童用等

复 习 思 考 题

1. 常用的电光源的种类有几种？发光的原理是什么？

2. 光源的光色指标有哪些具体指标其具体的内容是什么？

3. 荧光灯和白炽灯的光学性能指标有哪些区别？

4. 照明器、灯具、光源和照明装置这几个名称有哪些区别？

5. 什么是配光曲线。它有几种形式？各是什么？

6. 照明器的效率是表示什么的？

7. 在照明工程中所研究的光是属于哪个范畴的光。

8. 光的基本度量单位有哪些？它们都是表示光的哪方面特性的？请说明一下它们之间的关系。

9. 在明视觉和暗视觉的状态下，人的视觉系统有哪些特点？

10. 正常人的视觉系统可以看清物体条件是什么？

11. 表示材料光学特性的三个系数是什么？他们表示的是材料的哪方面特点？

12. 评价照明质量的光学特性指标有哪些？它们具体表示的内容是什么？

第十一章　照明设计（光照设计）

照明设计也称光照设计，它主要涉及的内容包括合理选择光源、照明器、正确的使用照明方式，在保证照明质量指标的前提下进行合理的布置。本篇主要讲述照明工程中光照设计的方法和光学知识的应用。它包括照明器的布置和照度的选择及计算。

第一节　评价照明质量的指标

在照明工程中评价照明质量的主要指标是照明方式的选择及光学指标的实现，这些光学指标的制定是国家有关部门经过调查并综合多种因素而制成的。

一、照度标准

照度标准是一个什么样的标准，怎么在工程中正确的执行？首先必须了解照度标准制定的原则和照度标准的种类。

（一）照度标准制定的原则

照度标准制定的原则是根据可以满足视觉的功能要求、降低视疲劳的程度以及提高视觉满意度和综合经济性能等多种因素而制定的。任何一个国家都根据其本国的特点制定了符合自己国家的照度标准。虽然考虑的重点有所不同，但是都规定了在某个特定的环境中可以满足上述几个基本要求的照度值。特别要注意的是：照度标准是一个最低限度标准，也就是最低照度标准。由于影响照度值的因素比较复杂，符合上述条件要求的照度值是一个范围而不是唯一的值，或者说人的视觉系统所适应的是一个范围。所以照度值规定的不是一个值而是照度的一个范围值。

（二）照度标准的使用

在照度标准使用时要注意被照工作面高度的规定，在现行照度标准中规定的被照工作面高度一般情况下定为0.75m。有时被照工作面是地面，例如：大厅、电梯间的前室等或根据实际情况确定了某一个高度。所以在使用时一定要加以注意。考虑到现行照度标准的规定是一个范围，所以要根据被照物体的实际需要、经济条件、周围条件等因素来确定是使用上限还是下限值。在没有要求时一般使用中间的数值。

（三）照度的水平

照度水平的制定是考虑了许多因素的影响。我们国家有着自己的照度标准，而且是比较详细的。在一般照明方式下，正常照明必须遵照其照度标准。根据照明的场所类型确定照度值的范围。但在采用其他照明方式时应该遵照如下的规定：

（1）采用备用照明时，在工作面上的照度值不应低于一般照明方式照度值的10%。当只作为事故照明时，而且短时间使用可为一般照明方式照度值的5%。

（2）用于疏散照明时照度值不应低于0.5lx。

（3）工作场所内的安全照明的照度值不宜低于该场所一般照明方式照度值的5％。

另外为了照度值的调整方便，照度值一般选取照度标准中所规定范围内的中间值。

二、照度的均匀度

照度的均匀度是指被照物体工作面上的最低照度和平均照度的比值。在照明设计中照度的均匀度有如下具体要求：

（1）对于室内一般照明方式下，照度的均匀度不应小于0.7。

（2）对于室内混合照明方式下，一般照明方式单独使用时，在工作面产生的照度值，不宜低于混合照明方式下所产生的总照度值的1/3～1/5，并且不宜低于50lx。

（3）在分区照明和局部照明下，通道区域的照度值不宜低于工作区域照度值的1/5。

三、照度的分布（照度比）

照度比是指背景的平均照度和被照物体工作面上平均照度之比。

通常在长期连续工作的室内照明下，例如：教室、办公室、阅览室等的照度比应该在0.25～0.85之间，这样可以在看清物体的同时降低视觉的疲劳程度。被照房间内亮度的分布应采用如下比值

（1）工作区内亮度与工作区域相邻环境的亮度的比值不宜低于3：1。

（2）工作区内亮度与视野范围内的平均亮度的比值不宜低于10：1。

（3）光源的表面亮度与工作区内亮度的比值不应大于40：1。

（4）采用间接照明方式时，反射面内的照度值不宜小于工作区域照度值的1/10。

（5）如果需要采用人工照明方式进行长时间连续工作的房间（例如：办公室、阅览室教室等），它的各个反射面的反射系数和其反射面的照度和工作面的照度的比值之间的关系应参照表（11-1）执行。通常将反射面的照度值与工作面的照度值的比值称为照度比。

反射系数与照度比之间的关系　　　　　　　　　　　表 11-1

反射面的名称	反射比的范围	照度比的范围
顶棚	0.7～0.8	0.25～0.9
墙面	0.5～0.7	0.4～0.8
地面	0.2～0.4	0.7～1.0

通常在长期连续工作的室内，例如：教室、办公室、阅览室等的照度比应该在0.25～0.85之间。这样可以在看清物体的同时降低视觉的疲劳程度。

四、室内照明的种类和方式

（一）照明的种类

照明的种类可分为正常照明、应急照明、值班照明和警卫照明、装饰照明和障碍照明灯。

（1）正常照明：它是为了满足人们正常视觉要求即符合照度水平标准的照明形式。

（2）应急照明：它包括备用照明、疏散照明和安全照明。

备用照明是在正常照明没有供应时，为保证正常照度时的一种照明形式。这样可以使工作得已继续进行。

疏散照明和安全照明是正常照明没有供应时，为保证人身安全的一种照明形式。这种

照明形式是以满足人的视觉系统可以正常工作的最低条件为目的。或者说是满足视觉条件的最低照度值。这种照度值的确定是以当事故产生时人可以基本看清门的位置，通道的路线从而得以顺利疏散为条件的。

（3）值班照明和警卫照明：为完成特殊任务的一种照明形式。

（4）装饰照明：它是在满足基本照度值的前提下，将照明器的外形及照明器中光源的光色和室内装饰效果相结合体现艺术化的一种照明形式。

（5）障碍标志灯：它包括当建筑物和构筑物的高度达到一定范围值时，对航空形成了障碍，为避免在夜间航行时产生事故，在建筑物或构筑物的顶端设置照明灯。同时也包括人为形成的障碍，为引起人们的注意避免事故的发生而设置的照明灯，例如：在人们行走的道路上临时挖掘的各种沟、临时搭建的设施等，为了保证人们夜间行走安全而设置的照明灯。

（二）照明的方式

它包括一般照明、分区照明、局部照明和混合照明的方式。

（1）一般照明：保证照度的均匀度和满足照度水平要求的照明方式。

（2）分区照明和局部照明：为提高某个区域或某个局部的照度值或满足特殊照明要求而采用的照明方式。

（3）混合照明：在一般照明方式或分区照明和局部照明单独使用的前提下，不能满足照度的要求，可将两种方式同时使用的照明方式。

五、光源的光色指标和眩光的限制

光源的颜色和光源的显色性的指标应符合被照场所的要求。室内一般照明直接眩光的限制，可以从光源背景的亮度以及灯具的入射角等多方面考虑。直接眩光的限制程度用眩光限制质量的等级来衡定。直接眩光限制的质量等级见表11-2。

直接眩光限制的质量等级 表 11-2

眩光限制的质量等级	眩光的程度	视觉要求和适用的场所示例
1	高质量	无有眩光	计算机室；绘图室；手术室等
2	中等质量	有轻微眩光	会议室；营业厅；普通的教室休息厅；视觉要求一般的工作场所
3	低质量	有眩光	没有特殊视觉要求的场所

在眩光限制质量为1级和2级时，必须对间接的眩光加以限制才能达到其质量标准的要求。限制的方法主要是控制照明器的角度；加大发光面积和降低反射面的反射系数。

六、照明的节能和绿色照明

在满足视觉条件的前提下照明的节能包括两个方面，一方面选择发光效率较高的光源从而降低光源的电功率。另一个方面是选择功率因数较高的光源从而降低光源的无功损耗。两个方面同时满足是最好的结果。但是从各种光源的技术特性不难看出，发光效率高的光源功率因数比较低，功率因数高的光源发光源的效率又比较低。在实际工程中经常采用发光效率较高的光源，然后在光源中加入电容器进行补偿以提高功率因数降低无功损耗。加入的方法一种是在光源的外部附加一个电容器，另一种方法是采用电子式补偿的形式将光源、电容器和包括光源的启动装置装在一起，这样结构紧凑、简单，并且安装和使用时也非常方便。目前气体放电光源有相当一部分采用了电子式的启动装置和补偿装置。

绿色照明是一个新的理念，在现代建筑中对环境的要求越来越高，提出了一个新的概念就是绿色环境，绿色环境一般地讲，包括建筑环境、空调环境和视觉环境等都应该是绿色的。所谓绿色视觉环境的实现靠绿色照明。而绿色照明原则是满足人们视觉的基本要求、心理的基本要求、没有光污染的照明方式。

第二节　电光源和照明器的选择

电光源和照明器的选择是光照设计中比较重要的环节，考虑到建筑室内使用功能的同时还要考虑到室内装饰材料的反光效果等因素。

一、电光源的选择的一般原则

通常电光源的选择要同时考虑三个方面，即照明设施的目的与用途、环境要求和节能，例如：

（1）美术馆、商店、化学分析实验室、印染车间 $R_a \geqslant 80$；

（2）办公室、阅览室：高色温；休息场所：低色温；

（3）开关频繁：白炽灯、卤钨灯；

（4）需调光：白炽灯、卤钨灯；

（5）需瞬时点亮：不用 HID 灯；

（6）低温：不用电感式荧光灯；

（7）空调房：不用白炽灯和卤钨灯；

（8）电压波动：不用 HID 灯；

（9）机床：不用气体放电灯；

（10）有振动：不用卤钨灯；

（11）悬挂高度在 4m 以上时，宜采用高强气体放电灯；

（12）充分考虑初次投资与年运行费用，其中年运行费用包括电力费、年耗用灯泡费、照明装置的维护费以及折旧费，其中电费和维护费占较大比重。

二、光源性能的比较及光色的选择

在光源选择时要对不同种类的光源性能进行比较，根据不同种类光源的主要性能对照表 11-3，找到最适合的光源。在对光源颜色有要求的场合还要参考表 11-4 对光源颜色进行选择。各种不同类型光源的主要技术性能见表 11-5。

<table>
<tr><td colspan="4" align="center">光源的颜色分类及其适用场所</td><td align="right">表 11-3</td></tr>
<tr><td>光源的颜色分类</td><td>相关色温（K）</td><td>颜色特征</td><td colspan="2">适用场所举例</td></tr>
<tr><td>Ⅰ</td><td><3300</td><td>暖</td><td colspan="2">居室、餐厅、酒吧、陈列室等</td></tr>
<tr><td>Ⅱ</td><td>3300～5300</td><td>中间</td><td colspan="2">教室、办公室、会议室、阅览室等</td></tr>
<tr><td>Ⅲ</td><td>>5300</td><td>冷</td><td colspan="2">设计室、计算机房</td></tr>
</table>

不同显色指数的光源应用实例　　　　　　　　　　　　表 11-4

光色分类	显色指数 R_a	光源示例	适用场所举例
I	$\geqslant 80$	白炽灯、卤钨灯、稀土节能荧光灯、三基色荧光灯、高显色高压钠灯	美术展厅、化妆室、客厅、餐厅、多功能厅、高级商店营业厅
II	$60 \leqslant R_a < 80$	荧光灯、金属卤化物灯	教室、办公室、会议室、阅览室、候车室、自选商店等
III	$40 \leqslant R_a < 60$	荧光高压汞灯	行李房、库房等
IV	< 40	高压钠灯	颜色要求不高的库房、室外道路照明等

各种不同光源类型的主要技术性能　　　　　　　　　　表 11-5

光源种类	额定功率范围（W）	发光效率（lm/W）	光源色温范围	显色性	光源寿命（h）
普通白炽灯	10～1500	7.3～25	2400～2900	95～99	1000～2000
卤钨灯	60～5000	14～30	2800～3300	95～99	1500～2000
普通卤粉直管荧光灯	4～200	60～70	3500～6600	60～72	6000～8000
三基色直管荧光灯	18～85	93～104	2800～6500	80～98	10000～15000
三基色单端荧光灯	3～65	44～87	2800～6500	80～85	5000～8000
高压汞灯	50～1000	32～55	3300～4300	35～40	5000～10000
金属卤化物	35～3500	52～130	3000～5900	65～90	5000～10000
高压钠灯	35～1000	64～140	1950/2200/2500	23/60/85	12000～24000
高频无级灯	55～100	55～90	3000～4000	80～85	4000～8000

三、照明器的选择

照明器的选择受到多个方面条件制约，是一个非常复杂的事情。通常照明器的选择一般按照配光特性、外形与建筑物相协调要求、使用的环境条件、防触电保护要求和投资条件选择。

从节能的角度来讲应优先选用配光合理、效率较高的灯具：室内开启式灯具的效率不宜低于 70%；带有包合式灯罩的灯具的效率不宜低于 55%；带格栅灯具的效率不宜低于 50%。

从符合工作场所环境条件的角度，合理选择灯具。在特别潮湿的场所，应采用防潮灯具或带防水灯头的开启式灯具；在有腐蚀性气体和蒸汽的场所，宜采用耐腐蚀性材料制成的密闭式灯具，若采用开启式灯具，各部分应有防腐蚀、防水的措施；在高温场所，宜采用带有散热孔的开启式灯具；在有尘埃的场所，应按防尘的保护等级分类来选择合适的灯具；在振动、摆动较大场所，应选用有防振措施和保护网的灯具，防止灯泡自行脱落或掉下；在易受机械损伤的场所，灯具应加保护网；在有爆炸和火灾危险场所，应根据爆炸和火灾危险的等级选择相应的灯具。为了电气安全和灯具的正常工作，应根据灯具的使用方法和使用环境，选择带有相应防触电保护的灯具。在满足照明质量、环境条件和防触电保护要求的情况下，应尽量选用高效率、长寿命、安装维护方便的灯具，以降低运行费用。

此外，还应注意与建筑相协调。灯具造型应与环境相协调，同时注意体现民族风格和地方特点以及个人爱好，体现照明设计的表现力。

此外，照明器的不同安装方式也对照明器的选择起到决定性的作用，在一般情况下可以参考表11-6对照明器进行选择。

不同安装方式照明器的选择　　　　　　　　　　　　表 11-6

安装方式	特　　点
壁灯	安装在墙壁上、庭柱上，用于局部照明或没有顶棚的场所
吸顶灯	将照明器吸附在顶棚面上，主要用于没有吊顶的房间。吸顶式的光带适用于计算机房、变电站等
嵌入式	适用于有吊顶的房间，照明器是嵌入在吊顶内安装的，可以有效消除眩光。与吊顶结合能形成美观的装饰艺术效果
半嵌入式	将照明器的一半或一部分嵌入顶棚，其余部分露在顶棚外，介于吸顶式和嵌入式之间。适用于顶棚吊顶深度不够的场所，在走廊处应用较多
吊灯	最普通的一种照明器安装形式，主要利用吊杆、吊链、吊管、吊灯线来吊装饰照明器
地脚灯	主要作用是照明走廊，便于人员行走。用在医院病房、公共走廊、宾馆客房、卧室等
台灯	主要放在写字台上、工作台上、阅览桌上，作为书写阅读使用
落地灯	主要用于高级客房、宾馆、带茶几沙发的房间以及家庭的床头或书架旁
庭院灯	灯头或灯罩多数向上安装，灯管和灯架多数安装在庭、院地坛上，特别适于公园、街心花园、宾馆以及机关学校的庭院内
道路广场灯	主要用于夜间的通行照明。广场灯用于车站前广场、机场前广场、港口、码头、公共汽车站广场、立交桥、停车场、集合广场、室外体育场等
移动式灯	用于室内、外移动性的工作场所以及室外电视、电影的摄影等场所
自动应急照明灯	适用于宾馆、饭店、医院、影剧院、商场、银行、邮电、地下室、会议室、动力站房、人防工程、隧道等公共场所。可以作为应急照明、紧急疏散照明、安全防火照明灯

四、照明器、光源选择的配合

照明器和光源的选择时配合非常重要，合适的光源和照明器的统一协调对最终效果体现起到决定性的作用。在不同的建筑物内、不同的使用环境条件下，可以按照表11-7选择。

不同使用环境条件下光源和照明器选择参考　　　　　　表 11-7

	序号	建筑物类型	可选择光源的类型	可选择照明器的类型
室内	1	住宅和学生公寓	荧光灯、有调光要求的可以选择白炽灯	在厨房、洗衣间和卫生间等潮湿的场合选择防水防潮型，其他场合采用配光曲线直接形式的为主
	2	学校、办公楼、综合楼	教室、阅览室、办公室、绘图室等均以荧光灯为主、有绘画室的房间采用白炽灯或显色指标高的卤钨等气体放电光源	非对称配光曲线、直接配光曲线为主，黑板灯等有特殊要求应该设置如斜向反射的黑板灯等

	序号	建筑物类型	可选择光源的类型	可选择照明器的类型
室内	3	商业和服务类	普通照明采用荧光灯、高显色性钠灯、金属卤化物、低压卤钨等，特殊照明采用点光源或线光源	一般采用漫射反射特性和光栅、光带等。有展出窗口、特殊物品的采用窄配光曲线的照明器
	4	医院类	以荧光灯为主、有无菌要求的场合采用杀菌灯、手术室等采用无影灯	以直接配光曲线为主
	5	体育场馆类	金属卤化物、高显色高压钠灯和光栅、光带和投光灯相结合	宽光束与窄光束相结合的直接式配光曲线
	6	展览馆类	三基色荧光灯、金属卤化物灯和高反射白炽灯等	通道采用光带等宽光束照明装置、展区采用窄光束的点光源为主
室外	1	道路	高压汞灯、钠灯和金属卤化物等	漫射式配光曲线
	2	庭院	小功率的高压汞灯、钠灯和金属卤化物等，以及太阳能和节能光源	漫射式配光曲线
	3	广场	高压汞灯、钠灯和金属卤化物灯	漫射式配光曲线
	4	楼体	高压汞灯、钠灯和金属卤化物灯等	光束窄的反射性能高的投光灯

第三节　照明器的布置和平均照度的计算

主要针对室内一般照明方式，当采用直接式照明装置时，为保证被照面上照度的均匀度的需要而讲述对称光源的照明器和非对称光源的照明器布置的一般设计方法和有关设计方面的基础知识。为采用计算机做辅助设计奠定基础。

一、对称光源照明器的布置

（一）几种高度的具体规定

1. 照明器的悬挂高度（h_1）

照明器的悬挂高度是指固定照明器的位置至照明器中心的距离。

2. 照明器的安装高度（h_2）

照明器的安装高度是指照明器的中心至地面的距离。

3. 照明器的计算高度（h_{rc} 或 h_c）

照明器的计算高度是指照明器的中心至工作面的距离。

4. 工作面高度（h_3）

工作面高度是指被照面至地面的距离。有时被照面是地面，这时工作面就是地面。

5. 房间高度（H）

房间高度是指固定照明器的位置至地面的距离。

（二）几种高度的具体规定（见图 11-1）

（三）照明器高度确定时要考虑的因素和确定方法

1. 悬挂高度和安装高度的确定

要考虑的主要因素有几个方面，第一，是对照明器安全防护问题。当照明器在房间悬挂时其高度必须保证工作人员在正常工作时不能够触击到照明器，以免产生将照明器损坏和工作人员触电的危险。第二，安装和维护问题。照明器的悬挂高度和安装高度应考虑安装和维护方便。在采用一般的辅助工具就可以进行安装和维护时的高度，应该是首先选择的高度值。第三，照明器（光源）的适宜高度。照明器中的光源的特征决定了它只能适合某种高度的照明，超出这个值的时

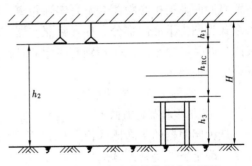

图 11-1　几种高度的具体规定的图示

候光源不能正常工作。例如：普通的直管荧光灯（YG1—40）只能在高度 3～4m 以下时才可以正常工作，60W 的白炽灯只能在 2～3m 以下时才可以正常工作。当超出这样数值时光源产生的辐射能量损失非常大以至照射到工作面时几乎没有光通量。故此每一种形式的照明器（光源）都有其自身的适宜的高度。

2. 工作面高度和计算高度的确定

工作面的高度是根据被照面的高度确定的，例如：大厅的被照面是地面，那么工作面就是地面的高度，办公室的被照面是办公桌，那么办公桌距地的高度就是工作面的高度。

而计算高度可根据安装高度和工作面高度的差值确定：

$$H_C = H_2 - H_3 \tag{11-1}$$

（四）照明器平面布置

照明器的平面布置是为了确定照明器之间的距离和照明器距墙边的距离。但是为了保证照度的均匀度和合理的照度水平，必须合理的确定照明器的计算高度。所以照明器的布置实际上就是找出照明器的计算高度和照明器之间的距离的关系而找到一个两者之间合理的比值。

照明器计算高度和照明器中心距离之间的比值，称为距高比，用 L/H_C 表示，其中 L 是指两只照明器中心之间的距离；H_C 是照明器所安装房间中的计算高度。

每一种型号的照明器由于结构特性和光源种类的固定，都有适合自身特征距高比的固定值。只要在平面布置时，保证其距高比的值就能保证照度的均匀性和符合要求的照度标准。均匀布置时的几种形式见图 11-2。

从图中可以看到正方形布置时，照明器的中心距离就是实际距离。而矩形布置和菱形

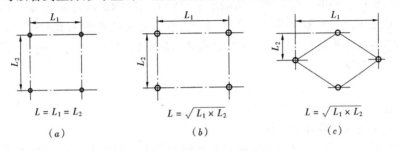

图 11-2　均匀布置时的几种形式

(a) 正方形；(b) 矩形；(c) 菱形

布置时照明器的中心距离并不是实际距离。称这个距离为等效距离。它于实际距离之间的关系式见图中下面的部分。在实际照明器布置时，当选择了一个距离后另一个距离就可以按照公式计算出来。但是特别要注意的是首先确定的数值要有一定的根据，否则是不能保证照度值的要求。

（五）各种布置方式的示例

1. 正方形形布置方式

某种照明器的距高比的值（L/H_C）为1.2，试将照明器布置成正方形。根据照明器高度的确定条件得到计算高度（H_C）为2m。若正方形布置时，两只照明器之间的距离：$L=(L/H_C)\times H_C=1.2\times 2m=2.4m$。布置如图11-3所示。

2. 矩形形布置方式（图11-4）

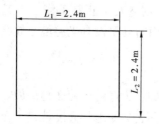

图 11-3　正方形布置时的布置图

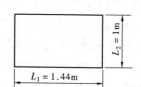

图 11-4　矩形布置时的布置图

已知条件如上，计算 L 等于2.4m。这时的 L 既不是矩形的长边距离（L_1）也不是短边距离（L_2），它是等效距离。它与长、短边的距离的关系如下式：

$$L=\sqrt{L_1 L_2} \tag{11-2}$$

由上式可以看出为保证两者之间的关系，当确定了一个 L_1 或 L_2 时，即可确定其对应的 L_2 或 L_1，即 $L_1=L^2/L_2$，使用上式并代入已知条件，如当 $L_2=1m$ 时，经计算可得到；$L_1=1.44m$。

3. 菱形布置和其他形式

与矩形布置的原理相同，通过已知距高比的值，经计算得到的距离是一个等效距离，它和菱形的两个距离之间也有一定的关系既：$L=\sqrt{L_1 L_2}$。当选择了一个 L_1 后通过关系式就可以求出 L_2 的数值。举例从略。

（六）照明器的中心到墙边距离的确定。

上述所讲的照明器的平面布置只是确定了照明器之间的距离，照明器的中心到墙边的距离确定也是定位的一个重要条件。在确定照明器中心距墙边的距离时应遵照如下原则，如果将照明器的中心距离记为：L，照明器距墙边的距离记为：L_q，这时 L_q 就可以用如下公式来估算它的范围。

$$L_q=(1/5\sim 1/3)L \tag{11-3}$$

在特殊情况下数值也可以取 $1/2L$。

二、非对称光源照明器的布置

常见的非对称光源有荧光灯和其他一些种类的光源，所谓非对称光源是指光源的发光强度在空间各个角度内分配是不均匀的。我们以常用的荧光灯为例说明非对称光源照明器的布置方法。

荧光灯的安装高度的确定和布置方法和对称光源相同。由于荧光灯的结构特点在水平布置时有一些特点。为了说明方便，首先对荧光灯的方向做如下规定，图 11-5。

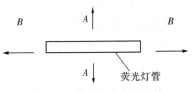

图 11-5　荧光灯方向的规定

那么几只荧光灯在水平灯长方向的间距就记为 L_{B-B}，方向与其垂直的方向的间距就记为 L_{A-A} 方向。对于包括荧光灯在内的所有非对称光源的距高比规定都有 L_{A-A}/H_c 和 L_{B-B}/H_c 的两种值，以供给在两个方向上布置时分别使用。这样非对称光源之间的距离就可以确定了。它的计算方法同对称光源的布置方法。根据上述方法就可以将照明器之间的距离确定。

照明器到墙边的距离确定时就受到了一些特殊因素的影响，应该分别从 A 和 B 两个方向讨论。由于荧光灯的结构特点决定了在其灯长方向（B 方向）发出的光受到固定灯管的支架和灯管两端灯角限制，所发出的光通量要比另一方向（A 方向）要少，因此在灯长方向距墙的距离就有了一些固定的数值。一般情况下建议使用如下规定：照明器的端部至墙边的距离 $300 \sim 500$mm 为宜，或者是灯长的 $1/5 \sim 1/3$。上述数值是考虑了靠墙边有工作面时的情况，如果靠墙边没有工作面时，上述的数值可以加大。举例说明非对称光源照明器的布置。

【例 11-1】 有一个绘图室长 14m，宽 7m，室内高度 3.5m，选用照明器型号 YG-40 型单管荧光灯布置。照明器的全长为 1.33m，A-A 方向的距高比为 1.46，B-B 方向的距高比为 1.28。

解：1. 首先确定高度

绘图室的工作面高度即桌面距地的高度，取为 0.8m，照明器的悬挂高度为 0.7m，这时计算高度为　　　　　　$H_c = H - L_1 - L_2 = 3.5 - 0.7 - 0.8 = 2$m

2. 确定与照明器有关的数据。查荧光灯 YG-40 的有关材料得到：灯长为 1.33m，A-A 方向的距高比为 1.46，B-B 方向的距高比为 1.28。

3. 确定照明器之间的距离。

A-A 方向：$L_{A-A} = (L_{A-A}/H_c)H_c$

$\qquad\qquad = 1.46 \times 2$m

$\qquad\qquad = 2.92$m 本题初步取值为 3m

B-B 方向：$L_{B-B} = (L_{B-B}/H_c)H_c$

$\qquad\qquad = 1.28 \times 2$m

$\qquad\qquad = 2.56$m 本题初步取值为 2.5m

在一般的照明工程中取值是要经过多次实验而最后确定。本书受篇幅的限制，不进行反复的实验的举例。取值的范围建议一般不超过计算值的 20% 左右为宜。当然越接近计算值就越好。

4. 确定照明器距墙边的距离

（1）$A-A$ 方向。

在这个方向上一般情况下，其距离为 L_{A-A} 取值的 $1/2 \sim 1/3$。

则有：$1/2L_{A-A} \sim 1/3L_{A-A}$ 即：$1/2 \times 3 \sim 1/3 \times 3$m；$1.5 \sim 1$m。

本题取值为：1m

（2）*B-B* 方向。

遵照在灯长方向距墙的规定：1/3L～1/5L 则：1/3×1.33～1/5×1.33m 就是所取值的范围，就可以在（1～0.27m）之间取值，本题取值为：0.335m。

5. 绘制布置图（图 11-6）

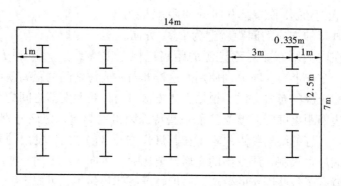

图 11-6　非对称光源照明器的布置

三、平均照度的计算

照度的计算有许多种形式。从光源类型的角度上讲，它包括点光源直射照度的计算；线光源直射照度的计算；面光源直射照度的计算；从考虑被照面上所接受的光通量角度上讲，有只计算直射光通量部分的逐点法和同时考虑直射光通量和反射光通量的利用系数法等。根据现行的民用建筑电气设计规范中的有关条款规定，照度计算的方法比较适用于室内、室外（例如：体育馆、场等）的直射光，对任意平面上一点照度的计算的方法采用逐点法等。平均球面照度和平均柱面照度的计算方法比较适用于在有少量视觉作业的房间，例如：大门厅、大休息厅营业厅、候车厅等场所。而平均照度的计算的方法适用于房间的长度小于宽度的四倍，并且照明器的布置方式是以保证照度的均匀度为条件而进行的。照明器的配光曲线是对称或基本对称都适用。所以目前采用平均照度计算的方法是大多数情况下使用的方法。而平均照度计算方法的也有适应于设计各阶段特点的不同具体方法。它们虽然名称有所变化，但是它们全部是利用系数法派生出来的，例如：适应于方案设计阶段的灯数概算法、单位面积容量法；适应于施工设计阶段的利用系数法。在本章中讲述平均照度计算法、平均球面照度计算法和平均柱面照度计算法。

（一）光通量利用系数（简称利用系数）

利用量系数也称光通量利用系数或利用系数。在人工照明环境中，一般地讲，被照物体表面上所接受的光通量有两部分组成，其中一部分是照明器辐射出的。如果准确地讲，对于光源被完全封闭形式的照明器来说是正确的。但是对光源没有完全被封闭形式的照明器来说就不准确了。实际上应该是光源直射光和灯罩透射或反射光两部分所组成。如果把灯罩的影响另外考虑，我们则认为是照明器中光源辐射出来的。在工程中平均照度的计算通常是这样应用的。而另一部分则是照明器中光源照射到物体所在房间内空间而形成各种反射光辐射的结果。为了定量的分析照射到物体表面上的光通量和光源所发出的光通量之间的关系，就引入了光通量利用系数的概念。

如果把照射到物体表面的光通量表示为 Φ_W。而光源所发出的光通量表示为 Φ_S 则有如下公式：

$$U = \Phi_w / \Phi_S \tag{11-4}$$

称 U 为光通量利用系数。可见光通量利用系数是反映光源发出的光通量和被照物体表面接受光通量关系的重要数值。这个数值的确定对照度计算起着非常重要的作用。由于光的损耗是必然的，因此光通量利用系数的值是小于 1 的，所以有时也将利用系数的值表示为百分值的形式。

（二）对房间形状定量描述的方法

为了定量的分析出光源照射到物体表面上的光通量和所在房间空间形状之间相互影响的程度。有必要对对房间空间形状进行定量的描述，以找出它们之间的关系。在现行的照度计算方法中，常用的对房间形状的描述方法有两种，第一种是带域空腔法。第二种是室形指数法。分别讲述如下：

1. 带域空腔法

带域空腔法是将房间内被照物体及工作面为水平面和经照明器中心做水平面，把房间划成三个空间。通常称为三个空腔。这三个空腔分别是顶棚空腔，室空腔，地板空腔。

顶棚空腔：照明器中心平面至顶棚平面之间的空间。

室空腔：照明器中心平面至工作面的水平面之间的空腔。

地板空腔：工作面的水平面至地板平面之间的空腔。

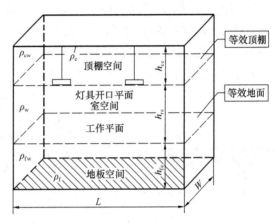

图 11-7 室内空间的划分

图 11-7 为吊装式照明器的室内空间的划分，为了更加简单准确的表示房间的空腔特性，采用了三个空间系数的定义。

（1）顶棚空间系数或顶棚空间比（CCR）

$$CCR = 5H_{CC}(L+W)/(L \times W) \tag{11-5}$$

（2）室空间系数或室空间比（RCR）

$$RCR = 5H_{RC}(L+W)/(L \times W) \tag{11-6}$$

（3）地板空间系数或地板空间比（FCR）

$$FCR = 5H_{FC}(L+W)/(L \times W) \tag{11-7}$$

式中 L——房间的长度，m；

$\quad W$——房间的宽度，m；

H_{CC}——顶棚空间高度，m；

H_{RC}——室空间高度，m；

H_{FC}——地板空间高度，m。

值得注意的是：当照明器吸顶安装时，顶棚空间系数或顶棚空间比（CCR）的值为零，即：$CCR = 0$。而当被照的工作面是地板时，地板空间系数或地板空间比（FCR）的值也为零，即 $FCR = 0$。同时我们也可以用室空间系数表示地板空间系数和顶棚空间系数见下式：

$$FCR = H_{FC}/H_{RC} \times RCR \qquad (11-8)$$
$$CCR = H_{CC}/H_{RC} \times RCR \qquad (11-9)$$

所以在通常情况下，采用室空间系数的值表示房间空间的形状比较方便。

2. 室形指数法

用室形指数来表示房间空间形状时，则有如下定义式：

$$I = L \times W / (H_{RC}(L+W)) \qquad (11-10)$$

式中 I——室形指数；

$\quad H_{RC}$——照明器中心至工作面的高度，m；

$\quad L$ 和 W——分别表示房间的长度和高度，m。

由上式可以看出，用室形指数是可以表示房间形状的。

从理论上讲室形指数的值是没有限定的，但是在应用中是有限定的。根据平均照度计算的方法适用于房间的长度小于宽度的 4 倍的规定，在实际的照明工程中，如果要计算平均照度，这时室形指数值的范围一般在 0.6～5.0 之间。既然室空间系数和室形指数都可以表示房间的形状，它们之间一定存在内在的联系。经推导得到如下关系式：

$$RCR = 5/I \qquad (11-11)$$

可见两者之间只是数值的差别没有本质的区别。

3. 室空间比（室形指数）和房间形状之间的关系。

室空间比（室形指数）和房间形状之间的关系用图 11-8 表示。

由图不难看出，当室空间比的值较大时利用系数较低，当室空间比的值较小时利用系数较大。从理论上讲，为了提高利用系数可以降低房间的高度，但是房间的高度不可能无限降低，那么一定有一个比较适合的数值即满足房间的实际情况。另外对于房间高度值较大时，利用系数就会很低从而照明器的光得不到充分的利用。这就说明了利用系数法为什么对房间高度和宽度的比例有一定要求的理论根据。

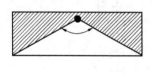 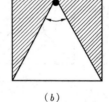

（a） （b）

图 11-8 利用系数和室空间比的关系

（a）室空间比值小，光通利用系数值大；（b）室空间比值大，光通利用系数值小

（三）房间内墙壁、棚面对光的反射程度定量描述

照射到物体表面上光的一部分是由组成房间的各个面对光的反射而产生的。房间的各个部分反射的情况图 11-9 所示。

在房间内墙壁、棚面和地面对光反射的程度取决于墙面材料和棚面、地面材料的光学特性即反射系数（ρ）。这一数值可从材料的光学特性列表中选择。但是实际的墙面或棚面是由多种材料组成的（例如：墙面上有玻璃窗、木制的门、不同材料组成的墙裙等），这就有了多种材料所组成的多种放射系数的综合影响。在实际工程中，确定房间的各种放射系数时我们就要考虑上述影响，分别进行计算。

1. 墙平均反射系数（ρ_{AV}）的确定

我们在确定墙面反射系数时引入了一个可以反映不同材料对光反射程度不同的综合系数即：墙平均反射系数（ρ_{AV}）。它的定义式如下：

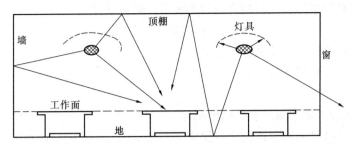

图 11-9　房间墙面、棚面和地面对光源的光的反射情况示意图

$$\rho_{AV} = \sum \rho_i A_i / \sum A_i \tag{11-12}$$

式中　ρ_i——组成墙面的不同材料中第 i 个材料的反射系数；

　　　A_i——组成墙面的不同材料中第 i 个材料的表面积。

如果有一些材料的面积与墙面的面积比较来看所占的比例很小，那么这些材料的反射影响可以不予考虑。这样计算公式就可以简化。在一般情况下，墙面上的壁画、小型的装饰物等可以忽略。

2. 棚面等效反射系数（ρ_j）的确定

棚面的放射是组成顶棚空腔的两个部分的放射面综合产生的结果，两个放射面一部分是顶棚的表面积，另一部分是组成顶棚空腔的其他表面积。这两部分的面积之和记为（A_S）。在考虑了这两部分放射影响时，我们引入了称为等效顶棚反射系数的定义（ρ_j）。

$$\rho_j = \rho_{AV} A_O / (A_S - \rho_{AV} A_S + \rho_{AV} A_O) \tag{11-13}$$

式中　ρ_{AV}——平均反射系数的求出详见式（11-12）；

　　　A_S——顶棚空间内所有表面积之和，m^2；

　　　A_O——顶棚的表面积，m^2。

（四）利用系数的确定

由以上论述，可以知道影响利用系数的因素有如下几个方面：一个是照明器本身，另外是物体所在房间内而形成各种反射的光。根据这样的道理，计算成了各种型号的照明器在不同形式的房间内、不同反射条件下的光通利用系数表，以供设计中选用。表的形式见附表 3、附表 4。

查表的步骤如下：

（1）确定照明器的型号，找到其对应的利用系数表。

（2）确定房间形状的描述，计算室空间比或室形指数。

（3）查找墙面材料和棚面材料的反射系数。并计算墙面的平均放射系数和顶棚等效放射系数。

（4）确定利用系数的值。

查表时可以应用工程中常用的平均插值法等方法来处理一些表中没有表示的内容。

四、采用利用系数法进行平均照度计算的基本公式

（一）平均照度计算的基本公式的引出

照度的定义式为：$E = \Phi_{接受} / A$ \hspace{2em} (11-14)

式中　$\Phi_{接受}$——所指被照面上接受的光通量，lm；

　　　A——被照房间的面积，m^2。

当然也可用利用系数和光源的光通量来表示。则有下式

$$E = U\Phi_{光源}/A \qquad (11\text{-}15)$$

式中 $\Phi_{光源}$——所指光源所发出的光通量；

U——光通利用系数，见式（11-4）；

A——被照房间面积，m^2。

（二）减光系数的基本概念和数值的确定。

采用上述公式计算的照度值只是在照明器刚刚使用时的照度值，在照明器的使用过程中，随着使用时间的延长，光源的光通量会有衰减见表11-8，另外照明器表面有一些灰尘也会造成光的衰减见表11-9，以及房间的灰尘造成反射光通量下降，见表11-10，这些都会使房间的照度值下降。通常把这些影响的因素称为减光现象。

为了定量的分析减光现象的影响程度，引入减光系数的概念。减光系数用 M 表示。它包括了表示光源的光通量衰减程度的系数（K_1）（表11-8），表示照明器表面灰尘造成光通量衰减的系数（K_2）（表11-9）和房间的灰尘造成反射光通量下降程度的系数（K_3）（表11-10），这时就有式如下：

$$M = K_1 K_2 K_3 \qquad (11\text{-}16)$$

光源的光通量的衰减程度的系数（K_1） 表 11-8

光源类型	白炽灯	荧光灯	卤钨灯	高压钠灯	高压汞灯
系数（K_1）	0.85	0.8	0.9	0.75	0.87

照明器表面灰尘造成光通量衰减的系数（K_2） 表 11-9

房间清洁程度	照明器清洁次数（次/年）	（K_2）		
		直接式照明器	半直接式照明器	间接式照明器
比较清洁	2	0.95	0.87	0.85
一般清洁	2	0.86	0.76	0.60
不清洁	3	0.75	0.65	0.50

房间的灰尘造成反射光通量下降程度的系数（K_3） 表 11-10

房间清洁程度	K_3		
	直接式照明器	半直接式照明器	间接式照明器
比较清洁	0.95	0.9	0.85
一般清洁	0.92	0.8	0.73
不清洁	0.9	0.75	0.55

（三）平均照度计算的基本公式。

在考虑了减光系数和所有的因素后，平均照度计算的基本公式为：

$$E_{av} = (N \times \Phi \times U \times M)/A \qquad (11\text{-}17)$$

式中 E_{av}——被照面上的平均照度，lx；

N——光源的数量，只；

Φ——每只光源的光通量，lm；

U——照明器的光通利用系数；

M——减光系数，见式（11-16）；

A——被照面积，m^2。

五、平均照度的计算示例

【例 11-2】有一个绘图室长 14.6m，宽 7.2m，室内高度 3.2m，选用照明器型号 YG1-1 型 40W 单管型荧光灯进行的布置，每只荧光灯的光通量为 2200lm。其悬挂高度 0.7m，灯的只数 15 只。墙面采用白色涂料。棚面采用浅色塑料扣板。有五个高为 2m、宽 1.5m 的一般玻璃窗，两个高 2.2m、宽 1.5m 的木质门。试计算绘图室内的平均照度。

解：1. 确定室空间系数（室空间比 RCR）

$$RCR = 5H_{RC}\left(\frac{L+W}{L\times W}\right) = 5\times1.75\left(\frac{14.6+7.2}{14.6\times7.2}\right) = 1.8，取值为 2。$$

2. 确定的反射系数为：墙面为 0.7，木质门为 0.5，浅色塑料扣板为 0.5，玻璃为 0.18。

3. 计算墙面平均反射系数和棚面的等效反射系数

（1）墙面平均反射系数的确定 $\rho_{AV} = \Sigma\rho_i A_i/\Sigma A$

$$= (\rho_1 A_1 + \rho_2 A_2 + \rho_3 A_3)/(A_1 + A_2 + A_3)$$

如果令 $A_1+A_2+A_3$ 为 A，既不包括顶棚空间墙和不包括地板空间的墙总面积（它包括门、窗和墙的面积），那么则有：

$$= [\rho_1 A_1 + \rho_2 A_2 + \rho_3(A - A_1 - A_2)]/A$$

$$= \{0.5(2\times1.45\times1.5) + 0.18(5\times2\times1.5) + 0.7[2\times(14.6+7.2)$$

$$\times1.75 - (2\times1.45\times1.5)$$

$$- (5\times2\times1.5)]\}/(2\times(14.6+7.2)\times1.75)$$

$$= \{2.2 + 2.7 + 0.7[76.3 - 6.6 - 15]\}/76.3$$

$$= 0.566，取值为 0.5$$

（2）顶棚的等效反射系数的确定

根据顶棚的等效反射系数的计算公式。

$$\rho_j = \rho_{AV} A_O/(A_S - \rho_{AV} A_S + \rho_{AV} A_O)$$

1）平均反射系数的确定：

由于顶棚只有一种材料所组成，它的平均反射系数即为材料本身的反射系数查表得到 ρ_{AV} 为 0.5。

2）顶棚的表面积的确定 A_O

$$A_O = L\times W = 14.6\times7.2 = 105.12m^2$$

3）顶棚空间内所有表面积 A_S 的确定

$$A_S = A_O + [0.7\times2\times(L+W)] = 105.12 + 30.5 = 135.62m^2$$

4）计算顶棚等效反射系数

$$\rho_j = \rho_{AV} A_O/(A_S - \rho_{AV} A_S + \rho_{AV} A_O)$$

$$= 0.5\times105.12/(135.62 - 0.5\times135.62 + 0.5\times105.12)$$

$$= 52.56/120.37$$

$$= 0.437，取值为 0.5$$

4. 确定利用系数（U）

条件为：墙面平均反射比：$\rho_{AV'}=0.5$，等效顶棚放射比：$\rho_j=0.5$，照明器型号：YG1-1型40W，室空间比：$RCR=2$。利用系数 u 为0.75。

5. 查表11-8～11-10，得：$K_1=0.8$，$K_2=0.86$，$K_3=0.92$。则

$$M = K_1 \times K_2 \times K_3 = 0.8 \times 0.86 \times 0.92 = 0.63$$

6. 应用计算公式

$$E = (N \times \Phi \times U \times M)/A$$
$$= (15 \times 2200 \times 0.75 \times 0.63)/(14.6 \times 7.2)$$
$$= 148.33\text{lm}$$

实际的照度值为90.97lm。

【例11-3】某教室长度为9m；宽度为6m；房间高度为3m；工作面距地高为0.75m。当采用单管简式40W的荧光灯作照明时，若要满足照度的值不低于250lx，试确定照明器的只数。（假定：顶棚反射系数为0.7，墙面的平均反射系数为0.7，地面反射系数为0.3。）

解： 1. 求 RCR

取 $h_{CC}=0.5\text{m}$，则 $h_{RC}=3-0.75-0.5=1.75\text{m}$

$$RCR = \frac{5h_{RC}(L+W)}{LW} = \frac{5 \times 1.75 \times (9+6)}{9 \times 6} = 2.43$$

2. 求利用系数

经查表得：$(RCR1，U1) = (2，0.85)$，

$(RCR2，U2) = (3，0.78)$

用插入法求 U：

$$U = U_1 + \frac{U_2 - U_1}{RCR_2 - RCR_1}(RCR - RCR_1)$$

$$= 0.85 + \frac{0.78 - 0.85}{3 - 2}(2.43 - 2) = 0.82$$

3. 求减光系数

查维护系数表得 $K1=0.8$、$K2=K3=0.95$，则

$$M = K1 \times K2 \times K3 = 0.722$$

4. 求照明器只数

根据题意照度的值不能低于250lx，如取照度值为300lx时照明器的只数为：

$$N = \frac{Eav \cdot LW}{\Phi \cdot (U)M} = \frac{300 \times 54}{2200 \times (0.82) \times 0.722} = 12.43 \text{ 盏}$$

取整数为12只。

5. 验算当照明器的只数为12只时实际该教室的照度值。

计算过程从略：照度值达到289.44lx符合要求。

六、平均照度的估算方法

根据现行设计规范中的有关条款之要求，在照明的方案设计阶段和初步设计阶段可以采用平均照度的估算方法。其方法包括单位面积容量法和灯数概算图表法等。单位面积容量法是在假定一些条件的前提下，求出符合某种照度值时所需光源电功率的总和。灯数概算图表法是在假定一些条件的前提下，求出符合某种照度值时，照明器数量的总和。

（一）单位面积容量法

单位面积容量法是根据利用系数法的基本理论，在假定一些条件的前提下而推导的简便计算公式。当假定的条件不同时计算公式也有些不一样。但在实际的照明工程中有着一个统一的假定条件，并在这个假定的条件下指定了一个表格以便使用，假定条件有如下几条

1. 不进行等效顶棚反射系数的计算，认为其值为 0.7。
2. 不进行墙面平均反射系数的计算，认为其值为 0.5。
3. 不进行地面的反射系数计算，认为其值为 0.2。
4. 当采用热辐射光源时，是以 100W 普通白炽灯为基准。如果采用气体放电光源时，是以 40W 普通荧光灯为基准的。
5. 房间的长度小于宽度的 4 倍。
6. 采用照明器必须是对称或近似对称，照明器的计算高度不超出 4m。
7. 照明器的布置必须按着其距高比的要求进行均匀布置。
8. 照明器的效率不能低于 50%，或照明器是直接式、半直接式的。
9. 照明器的维护系数不低于 0.75。

这时的计算公式为：

$$P_D = P_X \times A \tag{11-18}$$

式中　P_D——被照房间内安装照明器的总电功率，W；

　　　P_X——被照房间内单位面积内安装照明器的电功率，W/m²；

　　　A——被照房间的面积，m²。

这时如果确定照明器的只数可用下式：

$$N = P_D/P \tag{11-19}$$

式中　N——照明器的只数；

　　　P_D——被照房间内安装照明器的总电功率，W；

　　　P——每只照明器的电功率，W。

（二）修正系数的概念和引入

在实际的使用中以上的几个条件不一定同时满足，这时我们引入修正系数来完善计算公式。

如果将上述几个修正系数的影响综合考虑并记为 C。

这时的公式为：$P_D = P_X \times A \times C$ 　　　　(11-20)

在这里想提一个建议，既然是一种估算方法就没有必要加入修正系数进行详细计算了。

（三）单位面积容量法的计算表的使用

为了使用方便根据上式制定了一个单位面积容量法的计算表。特别要指出的是每一种照明器仅对应与自己相适应的单位面积容量法的计算表。为了说明单位面积容量法的计算

表的使用方法。现以不带反射罩的单管荧光灯为例说明查表的过程，见表 11-11。

不带反射罩的单管荧光灯单位面积容量法的计算 表 11-11

计算高度 （m）	房间面积 （m²）	最低照度值（lx）					
		30	50	75	100	150	200
2~3	10~15	3.9	6.5	9.8	13	19.5	26
	15~25	3.4	5.6	8.4	11.2	16.7	22.2
	25~50	3.0	4.9	7.3	9.7	14.6	19.4
	50~100	2.6	4.2	6.3	8.4	12.6	16.8
	150~300	2.3	3.7	5.6	7.4	11.1	14.8
	300 以上	2.0	3.4	5.1	6.7	10.1	13.4
3~4	10~15	4.9	9.8	14.7	19.6	29.4	39.2
	15~20	4.7	7.8	11.7	15.6	23.4	31.2
	20~30	4.0	6.7	10	13.3	20	26.6
	30~50	3.4	5.7	8.5	11.3	17	22.6
	50~120	3.0	4.9	7.3	9.7	14.6	19.4
	120~300	2.6	4.2	6.3	8.4	12.6	16.8
	300	2.3	3.8	5.7	7.5	11.2	14.9

例如：有一个房间照明器的计算高度为 2.5m，房间的面积为 65m² 时，采用不带反射罩的单管荧光灯，设计照度想达到 150lx 时。求房间总的安装电功率和当采用荧光灯的电功率为 40W 的照明器时求照明器的只数查表 11-11，计算高度为 2~3m 之间，房间面积为 50~100m² 之间时。查第四行和第五列所对应的数值，得到值为：12.6W/m² 这时房间的总安装电功率，用公式 $P_D = P_X \times A$ 计算得到总安装电功率为：819W，取值为 820W。

确定照明器的只数：用公式 $N = P_D/P$ 计算得照明器的只数为 20.5 只，取 21 只。

另外还有一种更加粗略的估算方法。它是根据房间的使用途或名称来进行估算的。所假定的条件和上述一样。通过查房间单位面积安装电功率表 11-12，得到 P_X 然后采用计算公式估算出总的电功率。

常见的几种房间的单位面积安装功率 表 11-12

序号	房间名称	安装功率 （W/m²）	序号	房间名称	安装功率 （W/m²）
1	一般商场	2~3	10	仓库	1.5~2.5
2	高级商场	3~4	11	餐厅	3.5~4.5
3	教室	3~5	12	一般食堂	3~4
4	绘图室	4~6	13	一般值班照明	1.5~2
5	会议室	3~5	14	浴室	1~2
6	住宅	1.5~2.5	15	变电所值班照明	4~5
7	大厅	2.5~3.5	16	锅炉房	2~3
8	休息厅	1~2	17	水泵房、空压站	2~3
9	车库	1~2	18	楼梯间、前室	2.5~3.5

注：本表中是以荧光灯为参考对象，采用白炽灯时可适当增加 2~4 倍。

（四）灯数概算图表法

这是一个以利用系数法为理论根据而制定的简便方法，它假定的条件如下：

（1）被照面上的平均照度值为100lx。

（2）减光系数是0.7。

（3）房间的长度小于宽度的4倍。通常长度是宽度的2倍。

（4）照明器的布置必须按着距高比的要求均匀布置。

根据上述的假定条件按每只照明器的特点绘制成适合的图表，可见每一种型号的照明器只有适合自己的一张图表，不可混用。

（五）灯数概算图表（图11-10）的使用

图表左侧的数值为照明器的只数，图中 H 所表示的是计算高度，单位是m。

图的下部数值为被照房间的面积，其他的条件见表中的内容。

例：在某个房间内的面积为39m²，采用荧光灯的型号为：YG-1-1 若满足平均照度值为100lx时，计算高度是2m。确定荧光灯的数量。查表可得到荧光灯的数值为6只。

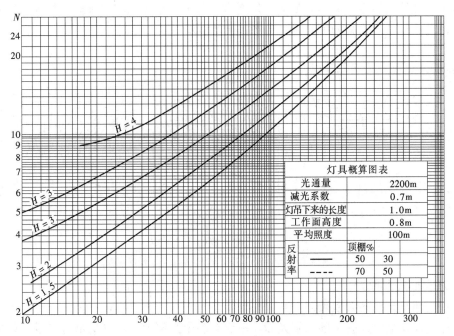

图 11-10　灯数概算图表（荧光灯型号为：YG-1-1）

第四节　室内装饰照明装置和照度计算

装饰照明是在满足基本照度值（是指完全可以看清物体的颜色、形状等）的前提下，将照明器的外形以及照明器中光源的颜色，并将室内装饰效果与其有效相结合的一种可以体现出艺术化照明的形式。它的设计理念是保证室内装饰效果的同时使照度标准值符合国家标准，重要的是利用照明器的外形和光源中光色营造不可取代的艺术效果。它的形式有多种多样，从理论上将装饰照明装置有两种：（1）独立的装饰化照明利用照明器自身的外形完成装饰效果，如：吊灯、吸顶灯、壁灯、台灯、地灯、节日灯和投光灯等。（2）建筑装饰化照明（与建筑配合的装饰效果）如发光顶棚、嵌入式筒灯光带、发光灯槽（光檐）等。

一、发光天棚照明装置的形成和照度的计算

发光天棚也称发光顶棚，它是将许多照明器设置在天棚内，在光源下的天棚面采用半透明、漫反射材料。使照明器中的光通量通过顶棚产生大面积发光面，如同顶棚全部发光，故称发光顶棚。它的特点突出并装饰效果好，光线柔和，照度均匀，视场广阔，使人感到舒适轻松。

图 11-11　部分发光的发光顶棚

（一）发光天棚照明装置的形成

发光顶棚照明装置应有两部分组成，一部分是天棚的发光材料；第二部分是天棚内的照明器。它们均对照明的效果有一定的影响，而且它们之间又相互影响。但通常情况下，是先确定了天棚的材料后来确定照明装置。它的基本形式有如下几种，如图 11-12 所示。

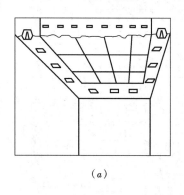
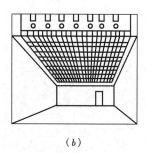
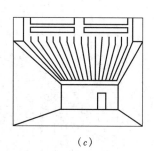

（a）　　　　　　　　　　（b）　　　　　　　　　　（c）

图 11-12　发光天棚的几种形式

（a）大面积发光的天棚；（b）格栅式天棚；（c）格片式天棚

1. 基本形式和种类

（1）全部发光面的大型天棚

该种形式为整个天棚全部是发光面，一般有多个几何形状相同的部分组成。如果整个面均采用一种材料，显得有些呆板没有立体感。可以用有些图案的材料作发光面或将几何形状做得超出常见的几种类型。

（2）部分发光面

在整个天棚中有较大的一部分做成发光面。发光面的几何形状、材料上的图案也有所不同。从而可以体现出艺术性和观赏性。这种做法灵活、可变性强，为装饰提供了必要条件。

（3）格栅式或格片式发光天棚

它是一种改变了发光面形状的天棚，由一定宽度的发光材料纵横交织在一起，形成了许多孔格，光源通过孔格和发光材料的反射而发出光。这种孔格的形状和材料可以方便地改变，灵活性好。由于有孔格光源的散热问题也得到了解决。但是灰尘也容易进入，造成光源的光通量下降。

2. 为了保证发光面上的照度是均匀的，在布置时根据发光面和照明器的不同有如下要求，一般情况下，发光天棚中光源的距离和高度之间的关系如图 11-13 所示。

(1) 当采用漫射式照明装置时，照明器之间的距离 L 和照明器中心至发光面中心的距离 H 的比值一般为：$L/H \leqslant 1.5$，最大 $L/H \leqslant 1.8$。

(2) 当采用直接式照明装置时，由于照明器上有反射罩，照明器之间的距离 L 和照明器中心至发光面中心的距离 H 的比值（L/H）一般不宜超过 1.5。

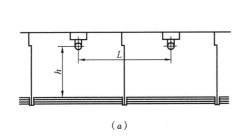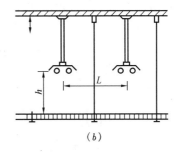

(a)　　　　　　　　　　　　　　　(b)

图 11-13　发光天棚中光源的距离和高度之间的关系示意图

(a) 光盒式的光源；(b) 吊顶式的光源

(3) 发光顶棚中照明器布置时 L/H 最大的数值的参考表 11-13。

照明器间距与照明器至发光面中心距离的比值（L/H）　　　　**表 11-13**

照明器或光源的类型	发光顶棚发光材料的类型	
	乳白玻璃	磨砂玻璃或遮光格珊
没有反射罩的白炽灯	2.5	2.0
没有反射罩的荧光灯	2.0	1.5
漫反射的照明器	1.25~1.8	1.0~1.2
有一般反射罩的照明器	1.25~1.3	1.2
有高反射罩的照明器	1.2	1.0

（二）发光天棚照明装置产生的照度计算

根据利用系数法进行平均照度计算的基本原理，发光天棚照明装置在工作面上所接受的光通量，也是由两部分光通量组成，其中一部分是光源直射的光通量，记为 Φ_z。而另一部分是经房间内各种反射面的多次反射辐射到工作面的光通量，记为 Φ_f。

如果定义发光天棚照明装置的利用系数为 U_c。则有如下关系式：

$$U_c = (\Phi_z + \Phi_f)/\Phi_\Sigma \tag{11-21}$$

式中　Φ_Σ——发光天棚内照明装置总的光通量，lm。

在照明工程的一般计算中，认为发光天棚照明装置的利用系数首先与发光天棚本身的透光效率（η_c）有关。而透光效率是由透光材料的光学特性和发光天棚形式所决定。其次与被照房间的形状、墙面和棚面的反射系数、发光天棚和地面面积的比值以及光源的效率有关。我们把这几方面的影响统称为发光天棚光通量的综合利用系数，记为 η_z。如果忽略一些不主要的因素的影响，这时发光天棚照明装置的利用系数 U_c 可用下式表示：

$$U_c = \eta_c \times \eta_z \tag{11-22}$$

那么，发光天棚照明装置在工作面上产生的照度值的计算公式为：

$$E = (\Phi_\Sigma \times U_c \times M)/A \tag{11-23}$$

式中　Φ_Σ——发光天棚内照明装置总的光通量，lm；

U_c——发光天棚照明装置的利用系数，$U_c = \eta_c \times \eta_z$；

M——减光系数同平均照度的计算公式中的系数；

A——被照房间的面积，m^2。

发光天棚透光效率和发光天棚光通综合利用系数见表11-14、表11-15。

发光天棚本身的透光效率（η_c）　　　　　　　表 11-14

透光材料的名称	透光材料的效率 η_c
乳白玻璃	0.55～0.65
塑料制品	0.4～0.5
遮光格栅	0.25～0.35

发光天棚光通综合利用系数（η_z）　　　　　　　表 11-15

发光天棚和地板面积比（A_c/A_f）	0.55 以下			0.56～0.7		
室空腔内墙壁放射比（ρ_c）	0.3	0.5	0.7	0.3	0.5	0.7
室形指数（I）	发光天棚光通综合利用系数（η_z）%					
0.2	2	4.5	9	2.5	5.5	11
0.4	3.5	7	14	4	8	17
0.5	4.5	9	16	5.5	11	19
1.0	7	13	21	8.5	16	25
1.5	8	15	23.5	9.5	18	28
2	9	16.5	25	11	20	30
3	10	17.5	26	12	21	31.6

注：本表假定棚的放射系数为0.7。

（三）计算举例

【例11-4】 有一小型会议室房间长为10m，宽为8m，高为5m。发光天棚采用塑料制品做透光面。发光天棚的长为8m，宽为6m。发光天棚的表面距顶棚的距离为1.2m。当光源采用40W的荧光灯时（2200lm），如果在工作面为0.8m的平面上形成不低于80lx的照度值时，计算荧光灯的只数。ρ_w 为0.7。

解： 1. 确定室形指数（I）

室空间高度（H_{RC}）等于：$H_{RC} = 5 - 1.2 - 0.8 = 3m$

$$I = L \times W/H_{RC}(L+W) = (10 \times 8)/(3 \times (10+8)) = 1.48$$

2. 计算发光天棚和地板面积比（A_c/A_f）

$$A_c/A_f = (8 \times 6)/(8 \times 10) = 0.6$$

3. 查表确定发光天棚本身的透光效率（η_c）和发光天棚光通综合利用系数（η_z），查表11-14第三行第二列 η_c 为0.5，表11-15第八行第七列 η_z 为：0.28。

用公式（11-22）计算利用系数 $U=\eta_c\times\eta_z=0.14$

4. 确定减光系数（M）

计算过程和公式同平均照度计算公式，其计算如下：

$$M=K_1\times K_2\times K_3=0.8\times0.95\times0.95=0.72$$

5. 求照明器的只数

由公式（11-23）可推导出如下公式：

$$\Phi_\Sigma=E\times A/U\times M=(80\times80)/(0.14\times0.72)=63492.06\text{lm}$$

$$N=\Phi/\Phi_\Sigma=63492.06/2200=28.86\text{ 只}$$

取 30 只，这时照度不会低于 85lx。

二、花灯的照度计算和布置

将几只光源按一定的几何形状组合在一起就称其为花灯照明装置（图 11-14）。花灯的形式有多种多样，可以方便地和房间的形状、颜色相配合使用。它主要应用于建筑物的装饰照明。由于光源较多，所以光通量也较大，故此起到了主要照明作用。但是它发出的光相对集中照射的面积较小，有时和其他照明装置一起配合使用。

图 11-14 六个光源的花灯效果图

（一）花灯照明装置自身的光通量利用系数

由于花灯照明装置中的光源相距较近，另外为了突出花灯的特点，花灯上常附带一些光学特性好的材料。花灯照明装置发出的光通量是由两个方面组成的，一部分是光源自身发出的光通量，另一个部分是经花灯照明装置中的光源支架、照明装置中的装饰物的多次反射而产生并发出的光通量。同时这些材料也吸收了一些光通量。在照明工程中必须考虑这些因素的影响。为了表示清楚，把花灯照明装置辐射出的光通量（Φ_z）和其装置中光源的光通量（Φ_g）之比定义为花灯照明装置自身的光通量利用系数（U_{hz}），可用下式表示：

$$U_{hz}=\Phi_z/\Phi_g \tag{11-24}$$

式中 Φ_g——花灯照明装置中光源的光通量，lm；

Φ_z——花灯照明装置的辐射出的光通量，lm。

在实际工程应用时可以通过有些设计手册中提供的表查到光通利用系数，表的类型见表 11-16。

花灯照明装置自身的光通量利用系数（U_{hz}）　　　表 11-16

花灯的配光特性	一般花灯的结构，组合照明器的数量在（n）以下		
	n 为 3 个以下时	n 为 4~9 个以下时	n 为 10~16 左右时
漫射配光	0.95	0.85	0.65
半反射配光	0.9	0.8	0.55
反射配光	0.8	0.7	0.45

（二）花灯照明装置的光通量利用系数（U_h）

和其他照明装置一样，花灯照明装置所在的房间形状、各种反射系数、花灯的结构特点也决定了花灯照明装置辐射在工作面上的光通量。如果将此量定义为花灯照明装置的光通量利用系数（U_h），参见表 11-17，则用下式表示：

$$U_h = \Phi_{zh}/\Phi_g \tag{11-25}$$

式中　Φ_g——花灯照明装置中光源的光通量，lm；

　　　　Φ_{zh}——花灯照明装置辐射在工作面上的光通量，lm。

花灯照明装置的光通量利用系数（U_h）　　　　　　表 11-17

配光特性	漫射配光		半反射配光		反射配光	
棚面反射比（ρ）	0.7	0.5	0.7	0.5	0.7	0.5
墙面反射比（ρ）	0.5	0.3	0.5	0.3	0.5	0.3
室形指数（i）	花灯照明装置的光通量利用系数（U_h）					
0.4	0.21	0.12	0.19	0.09	0.17	0.08
0.6	0.31	0.18	0.30	0.16	0.25	0.12
0.8	0.37	0.24	0.34	0.21	0.32	0.16
1	0.44	0.28	0.41	0.26	0.37	0.21
2	0.66	0.46	0.63	0.4	0.56	0.33
3	0.78	0.56	0.75	0.49	0.56	0.38
5	0.88	0.64	0.85	0.57	0.74	0.46

（三）花灯照明装置的照度计算公式

$$E = (\Phi_\Sigma \times U \times M)/A \tag{11-26}$$

式中　Φ_Σ——花灯照明装置总的光通量，lm；

　　　　U——花灯照明装置的利用系数，$U = U_h \times U_{hz}$；

　　　　M——减光系数同平均照度计算公式中相同；

　　　　A——被照房间的面积，m^2。

【例 11-5】有一前厅，房间高 5.5m，房间的长度为 25m，宽度为 12m。采用半反射配光特性的花灯做主要照明。如果花灯的悬挂高度为 1.5m，顶棚的反射系数为 0.7。墙壁的放射系数为 0.5。要求在地面上形成不小于 30lx 的照度值。若光源采用白炽灯时，求每只花灯上光源的总电功率、光源的数量和每只光源的电功率。

解：1. 确定花灯照明装置自身的光通量利用系数（U_{hz}）。

花灯的形式和数量的确定是根据对房间的装饰要求来决定的，通常是由装饰设计人员确定。本题假定为 3 盏花灯，且每只花灯上的光源数量为 10 只以上。这时查表 11-16 的第三行第四列，得到花灯照明装置自身的光通量利用系数（U_{hz}）为 0.55。

2. 计算室形指数确定花灯照明装置的光通量利用系数（U_h）。

（1）室形指数的确定

$$I = (L \times W)/[H_{RC}(L+W)]$$
$$= 25 \times 12/[(5.5-1.5)(25+12)] = 2.02，取值为 2。$$

（2）查表 11-17 第九行第四列得到花灯照明装置的光通量利用系数（U_h）为 0.63。

3. 确定减光系数（M）

计算过程和公式同平均照度计算公式其计算如下：

$$M=K_1 \times K_2 \times K_3=0.8 \times 0.95 \times 0.95=0.72$$

4. 花灯照明装置总的光通量计算

采用公式 $E=(\Phi_\Sigma \times U \times M)/A$ 推导式如下

$\Phi_\Sigma=E \times A/(U \times M)=30 \times 25 \times 12/(0.55 \times 0.63 \times 0.72)=36075.04\text{lm}$。

5. 每盏花灯光通量和每盏花灯中光源的数量计算

每盏花灯光通量：$\Phi=\Phi_\Sigma/3=12025.02\text{lm}$

每盏花灯中每个光源的光通量计算（题中以假设光源的数量为 10 只）

这时 $\Phi=\Phi_\Sigma/10$ 只

$=12025.02/10=1202.5\text{lm}$

6. 确定每只光源的电功率。

如果选择电功率为 100W 的白炽灯，每只 1240lm，即可满足要求。

三、光檐照明装置和其他装饰照明装置照度计算

无论是哪种照明装置它的照度计算基本公式都是在平均照度计算的基础上派生出来的。只要考虑了不同的照明装置的光

图 11-15　光檐照明装置效果图

通利用系数也不同这个因素就可以计算出照度值（图 11-15）。

第五节　光照设计方法和步骤

一、光照设计的一般步骤

（一）明确照明设施的用途和目的

照明设计必须明确被照建筑物的用途，以便满足其要求，共同完成建筑物的功能。

（二）光环境的构思及照度分布的确定

在明确了照明目的的基础上，确定一个适合建筑功能要求的照度分布，例如：教室要宁静、照度要均匀，照度值要满足要求。舞厅要求兴奋、刺激，照度的分布要有强烈的差别，要有颜色、亮度变化的光、闪耀的光。

（三）合理照度值（亮度值）的确定

要根据国家的照度标准和使用者的具体要求，即考虑经济性又考虑合理性来选择照度值。

（四）照明方式的确定

在没有特殊要求的场合应采用一般照明方式；为了突出某个局部的照度值应该采用局部照明方式；要想将室内按其使用功能分别达到不同的照度值时，可以采用分区照明方式。

（五）光源的选择

主要考虑光色、效率等光学指标，保证照明器点燃时的光学效果。

（六）照明器的选择

在考虑光学特性的同时，也要满足使用场合的环境条件要求。照明器的外形要和建筑装饰效果有着整体性、协调性的配合。保证照明器点燃时的光学效果和在照明器不点燃时的外形效果与建筑物装饰效果都能相协调。

（七）照明器的布置和照度的计算

照明器的布置和照度的计算有着相互限定和制约的关系。通常情况下有两种方式，一种是在照明器的布置后，然后进行照度计算。另一种形式是先进行照度计算后再进行照明器的布置。无论是哪一种方式后者都是以满足前者的条件为目的。这两种方式在使用时可根据具体的实际情况来选定。

（八）对照明设计效果的检验和调整

这是一个非常重要的步骤，在设计中会产生许多问题，要依靠调整才能达到比较理想的效果。调整的内容包括照度值的调整和照明器布置的调整两个方面。检验包括实际照度值和设计照度值相差的数值是否满足精度的要求。

二、各类建筑室内光照设计的示例

（一）住宅光照设计的一般要求和设计示例

住宅光照设计要满足使用功能的要求，既有浓厚生活感；又要有独特的艺术感。因此住宅的光照设计是非常复杂的。设计的作品多种多样，在这里我们只讲述一些基本原则。

1. 住宅光照设计时照度值的确定

现代的住宅不仅仅是为了休息，而是集工作、娱乐、休息为一体的综合性的场合。在照度值确定时，要根据使用功能的要求来确定照度值。具体数值可以查找国家有关照度标准。

2. 住宅内各房间的亮度分布

各房间内的亮度不宜均匀分布，否则会使人感到单调、不舒服、影响空间感。一般情况下顶棚的照度要高一些、墙壁稍低、地面最低。各个房间的照度分布的确定应该根据房间内功能分区的要求来实现。

3. 住宅照明方式和照明器的种类

住宅照明可分为：一般照明、局部照明和装饰照明。

一般照明作为保证基本照度值的主要照明方式，它同时也要保证照度的均匀度，无眩光等基本要求。通常采用直接式和半直接式的照明装置，以房间的中心为定位点均匀的布置在房间内。在保证基本照度的基础上，对于要提高照度值的工作区、阅览区、梳妆台、食品加工区等应加入局部照明方式。另外，对于一些有装饰要求的重点区域也要采用局部照明方式，例如：壁画、照片等。采用投射形式的照明器进行局部照明，以提高其观赏性。

在照明器种类的选择时要考虑其装饰性，同时也要考虑安全性、舒适性、经济性和观赏性。

4. 各类房间光照设计

（1）卧室（图 11-16）

卧室是人们休息的地方，通常设有一般照明、床头照明、梳妆照明等。房间有一定高

图 11-16　卧室照明效果图

度时，可采用花灯为主以嵌入式的吸顶灯为辅，形成有层次的混合照明方式。如果房间的高度不高时，可直接采用吸顶灯做主要照明。有时也可以不用主照明。吸顶灯可采用筒形灯、局部照明采用小型射灯。

（2）起居室（图 11-17）

它是招待客人、家人休息、交谈的场所。在一般照明方式下，它的照度值应该最高，同时照度的均匀度也必须保证。照明器应该是具有一定的代表性、有着主人身份、性格等特点。另外照明器要符合装饰性的要求。一般采用花灯照明装置作为主要照明，以落地灯、台灯作为辅助照明。既有保证了明亮欢快的全面照明效果，又可以产生有层次的亮度分布，光线柔和，特点突出、具有一定的艺术性和欣赏性。

图 11-17　起居室照明效果图

（3）书房（图 11-18）

书房的主要功能是学习、看报和处理一些文字上的事情，它的环境要求高雅、宁静具有浓厚的书香气氛。一般不采用特殊的照明装置，以台灯作为主要照明。

（4）餐厅

作为人们进餐的地方，为了增加食欲，使菜肴的色泽真实、有颜色感，应采用的光源的显色指数要不低于 85。照明器选择为深照型的，而且餐桌区域和其他区域应有一定的

图 11-18　书房照明效果图

照度分布，形成突出主题的作用。

（二）办公室光照设计的一般要求和设计示例

办公室的光照设计应该满足既可以提供一个充足的照度条件，又可以提供一个舒适、明快的照明环境气氛，以便提高办公的效率和质量。

1. 照度值的选择和确定

办公室内有各种不同的使用功能，在选择照度值时，应该执行国家的照度标准，满足照度标准的要求。但是要注意国家照度标准的值是一个范围，而不是一个独立的值。选择时只要在范围内就可以满足要求。同时要注意照度值所对应工作面的高度是不一样的值，例如：会议室、报告厅等规定的工作面高度是距地 0.75m。门厅则是地面。

2. 亮度的分布

为了看清物体就要保证有适当的照度值的分布，一般情况下，被视物体上的亮度值和背景照度或相邻不被视物体上的亮度值对比建议如下值：工作区内亮度与工作区域相邻环境的亮度的比值不宜低于 3∶1。工作区内亮度与视野范围内的平均亮度的比值不宜低于 10∶1。

3. 照明方式和照明器的选择

办公室的照明方式应以一般照明方式和局部方式相结合。公共区域用一般照明方式时，多用直接式的照明器构成均匀的、大面积的光照环境，光源以用冷光源为主，嵌入式的栅格荧光灯、发光顶棚应用的比较多。局部照明采用可调光的白炽灯，亮度可以自行调节以满足个人视觉特性的需求。

（三）商场光照设计的一般要求和设计示例

商场的光照设计是一个特点较为突出的设计。因为人们进入商场的目的是立即购物和选择性购物，商场的环境对后者起着决定性的影响作用，所以，商场的光照设计，它既要保证商场的经营特点明显，又要保证商场的商品有艺术的感染力和吸引力，同时也要满足显色指数、光色、照度、均匀度及眩光的限制等照明质量的要求。

1. 照度值的选择和确定

商场内按其使用功能分成几个区域，例如：商品展示区、通道、收款台等。商场内的照度值的选择，应首先明确功能区，根据其功能区的要求参照国家的照度标准来确定照度值。但是国家的商业建筑的照度标准是以看清物体为原则的，没有考虑装饰的需求。照度标准只是一个最低值，在确定时可以根据经济条件适当有所提高。

2. 亮度的分布

商场光照设计的目的是为了吸引顾客和提高他们的购买欲望促进消费，同时突出其特色和反映商品的真实价值。如果将商场内的平均的亮度（通道区、休闲区等无商品区）确定为1，那么一般商品的陈列区应为其1.5～2.0倍，重点商品的陈列区应为其2.0～3.0倍，突出特色的商品应更加高。不难看出这是利用亮度值的变化去引导顾客，这就是亮度分布的基本指导思想。

3. 照明方式和种类及照明器的选择

商场的照明方式一般情况下，多采用混合照明方式。照明的种类包括了所有的照明种类。有正常照明、应急照明、装饰照明和警卫照明。通常将正常照明和装饰照明结合在一起。应急照明和警卫照明结合在一起。在这里仅介绍前者。

照明器的选择应考虑点燃时和未点燃时的两种要求。照明器的形状要与商品的特点、商品的陈列方式、商品所在位置的建筑装饰特色巧妙的结合。大面积一般照明方式时一般采用发光天棚或嵌入式的格栅荧光灯。有大厅时可采用组合式的花灯，或根据建筑的特点而制造的特殊形状照明器。而利用不同的光色、不同的照度、恰当的亮度分布，或采用对称光源和非对称光源相结合的方式，可以营造出一个有立体空间的感觉，也可使人有身临其境又融为一体亲切感。另外利用亮度的不同形成不同商品的分区也可以突出商品的特色。在突出商品的同时，也要使商场的环境成为一个具有艺术感染力、吸引力的使人自愿留足之地。照明器中光源的光色和显色性是真实反映商品颜色、光泽、质量的重要条件。一般情况下选择冷光源的荧光灯作为主光源，而对要突出的重点商品，可以采用热辐射光源，例如：卤素系列的光源或白炽灯。

（四）宾馆光照设计的一般要求和设计示例

宾馆是集办公、居住、购物为一体的综合场所。可根据其使用功能的要求按参照住宅、商场、办公室的具体要求进行设计。

三、光照设计平面图的绘制

光照设计平面图是在建筑平面图的基础上，按建筑平面图的比例，以国际或国家规定的有关图形和文字标准而绘制成的平面图。在图中所表示出照明器的型号、数量、照明器安装的平面位置和高度以及照明器中光源的型号、数量和电功率，设计的照度值。由于涉及照明器的控制和供电线路的敷设等其他问题，一般情况下是和照明控制及线路敷设图在一起绘制，而不单独绘制。

（一）图形符号和文字符号的规定

1. 照明器图形符号的规定，见附表17。

2. 文字符号的规定。

$$a-b\frac{c \times d}{e}f$$

或

$$a-b\frac{c \times d \times L}{e}f \qquad (11-27)$$

式中　a——同类照明器的数量；

　　　b——照明器的型号；

　　　c——照明器中光源的数量；

　　　d——每只光源的电功率，W；

　　　e——照明器的安装高度，m；

　　　f——照明器的安装方式（表11-18）；

　　　L——光源的种类。

IN——白炽灯	FL——荧光灯	IR——红外灯	UV——紫外灯
Ne——氖灯	I——碘灯	Xe——氙灯	Na——钠灯
Hg——汞灯	ARC——弧光灯	LED——发光二极管	

照明器安装方式的代号　　　　　　　　　　　　　　　表 11-18

代　号	照明器的安装方式	代　号	照明器的安装方式
CP	线吊式安装	T	台上安装
CP_1	固定线吊式	SP	支架上安装
CP_2	防水线吊式	CL	柱上安装
CP_3	吊线器式	HM	座灯头
W	壁装式	R	嵌入式安装
WR	墙壁内安装	S 或 C	吸顶式安装
P	管吊式	CH	链吊式安装

注：有些安装方式比较特殊也可以自行确定代号表示，但是要在设计中加以文字说明。

（二）表示举例

$$12-YG2\text{-}1\frac{2 \times 40}{2.8}CP$$

这组符号所表示的意义是：在一个房间内有 12 只型号为 YG2-1 的照明器。每只照明器中有两只光源，每只光源的电功率是 40W，安装高度是 2.8m，照明器的安装方式是用线吊式的（见表 11-18）。

（三）实际照明工程图纸中光照设计内容以及图纸读识

以图 11-19 为例，在图中表示的内容有：

（1）光照设计有五个部分，教室内一般照明、黑板灯照明、卫生间一般照明、镜前照明和走廊照明。

（2）图中图形符号（对照附表查看）表示的照明器有五种类型，教室内普通照明器为双管荧光灯、黑板采用单管荧光灯、卫生间采用防水防尘灯和镜前照明用单管荧光灯、走廊采用格栅型灯。

（3）图中文字符号分别表示了五种照明装置的详细内容（对照式 11-27）。

1）普通教室有 49 只型号为 PAKA04 型、每只照明器中装设有 2 只 40W 普通直管高显色荧光灯（PZ），采用（SW）安装方式进行安装其安装高度为 2.6m。SW 安装形式是

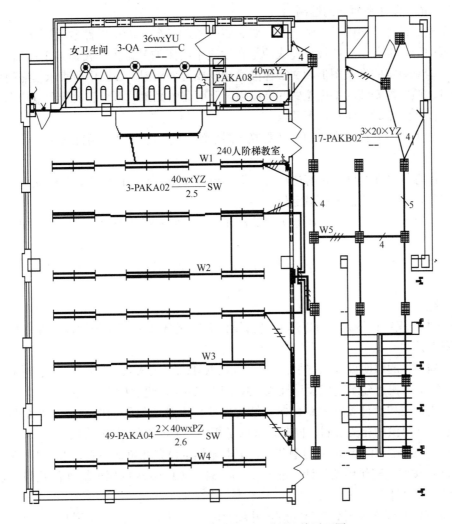

图 11-19　某学校阶梯教室照明及配线平面图

一种设计者自行确定的安装方式，因此在普通的安装方式中不能查到，这种安装方式详见设计者的安装样图。

2）教室内的黑板灯 3 只型号为 PAKA02、每只照明器中装设有 1 只 40W 直管荧光灯（YZ），采用（SW）安装方式进行安装其安装高度为 2.5m。安装方式同教室内一般照明器的安装方式。

3）卫生间内的一般照明采用 3 只型号为 QA、每只照明器中装设有 1 只 36W 环形荧光灯（YU），采用吸顶（C）安装方式进行安装，所以安装高度的位置上用横线表示。镜前照明器有 3 只型号为 PAKA08、每只照明器中装设有 1 只 40W 直管荧光灯（YZ），采用吸顶（C）安装方式进行安装。

4）走廊内采用 17 套格栅型灯，型号为 PAKB02 每套照明器中装设有 3 只 20W 直管荧光灯（YZ），采用吸顶（C）安装方式进行安装，所以安装高度的位置上用横线表示。

（4）图中照明器的型号系列为 PAKA 或 PAKB，设计者设计理念是选用统一系列，给更换和采购带来了方便。

（四）光照设计平面图的绘制

由于光照设计平面图不单独绘制，要和照明器的控制及配电线路敷设图在一起绘制，它是图纸中的一部分。光照设计完成的是在建筑平面图的基础上，按建筑平面图的比例，以国际或国家规定的有关图形和文字标准而绘制成的平面图。在图中所表示出照明器的型号、数量、照明器安装的平面位置和高度以及照明器中光源的型号、数量和电功率。在光照设计平面图绘制时要注意以下几点：

（1）图中的图形符号表示的意义要遵守国家的规定标准，如有特殊表示形式用图例加以说明。

（2）图形符号在绘制时没有严格的比例，但要和图纸的比例协调，要保证可以指导实际安装定位，即中心定位和边沿定位。

（3）文字标注时必须使用国家规定的标注方式，如有特殊表示形式用文字加以说明。

第六节　某学院教学楼 D 座五层照明设计（光照部分）

一、概述

由于本工程项目不大，所以不必进行设计方案优选及电气初步设计，现直接进行电气施工图设计。

本工程项目的照明设计依据是：《中华人民共和国建筑法》、《建筑照明设计标准》GB 50034—2013、《民用建筑电气设计规范》JGJ 16—2008；建设单位提供的关于本工程项目的上级正式批文和设计委托书；建筑、结构专业提供的建筑平面图和基础平面图；给排水、暖通专业提供的相关资料。同时，采取了相应的节能设计措施，即：

1. 配电线路选用高导电率的铜芯线，配电箱尽量设置在负荷中心，以减少线路损耗。

2. 严格按照《建筑照明设计标准》GB 50034—2013 要求的照度标准值及照明功率密度值进行照明设计。

3. 所有荧光灯均采用高效节能灯，并配置电子镇流器，单灯功率因数不小于 0.9。

4. 所有楼梯间、走道照明采取就地设置开关以达到节能的目的。

二、光照设计

根据《建筑照明设计标准》GB 50034—2013 的规定，并结合建设单位的实际要求，现确定本工程项目各功能房间的照明标准及主要功能房间的照明功率密度如表 11-19、表11-20 所示。

功能房间的照明标准（依据 GB 50034—2013 第 5 章中的内容）　　　表 11-19

房间或场所	参考平面及其高度（m）	照度标准值（lx）	统一眩光值 UGR	照度均匀度 U_0	一般显色指数 Ra
教　室	课桌面 0.8	300	19	0.6	80
教室黑板	黑板面	500	—	0.7	80
办公室	桌面 0.8	300	22	0.4	80
楼梯间	地面	75	—	0.6	60
走　道	地面	100	—	0.6	60
卫生间	地面	100	—	0.4	80
工具间	地面	100	—	0.4	60

主要功能房间的照明标准（依据 GB 50034—2013 第 5 章中的内容）　　表 11-20

房间或场所	照明功率密度（W/m²）		对应照度值	对应室形指数
	现行值	目标值		
教　室	9	8	300	1.50
办公室	9	8	300	1.50

1. 教室照度计算

以普通教室的照度计算为例进行说明。

普通教室的开间为 8.16m，进深为 6.96m，净高为 3.2m（如图 11-20 所示）。

根据《建筑照明设计标准》GB 50034—2013 的规定，长时间工作房间表面反射比宜按表 11-21 进行选取。

长时间工作房间表面反射比　　表 11-21

表面名称	反射比
顶棚	0.6～0.9
墙面	0.5～0.8
地面	0.2～0.4

设计中，选取顶棚的反射比为 0.7，墙面的反射比为 0.5，地面的反射比为 0.2。

选用照明器的型号为 YG2-2 简式双管荧光灯，光源采用 40W 的荧光灯时（2400lm）。YG2-2 灯具的利用系数如表 11-22 所示。

YG2-2 灯具的利用系数表　　表 11-22

ρ_{cc}	70			50			30		
ρ_{wa}	50	30	10	50	30	10	50	30	10
ρ_{fc}	20								
RCR									
1	1.00	0.96	0.93	0.96	0.93	0.90	0.89	0.87	0.83
2	0.88	0.83	0.78	0.85	0.80	0.75	0.82	0.78	0.74
3	0.79	0.72	0.67	0.76	0.70	0.65	0.73	0.68	0.64
4	0.70	0.62	0.57	0.67	0.61	0.56	0.65	0.60	0.55
5	0.63	0.55	0.49	0.60	0.54	0.48	0.59	0.52	0.48
6	0.56	0.48	0.43	0.55	0.48	0.42	0.53	0.47	0.42
7	0.51	0.43	0.37	0.49	0.42	0.37	0.48	0.41	0.37
8	0.46	0.38	0.32	0.44	0.37	0.32	0.43	0.37	0.32

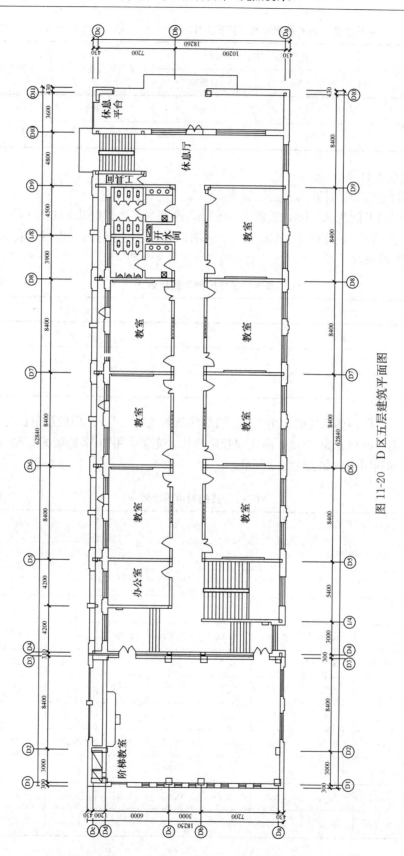

图 11-20　D 区五层建筑平面图

解：

① 该教室的室空间比 RCR

取 $h_{cc} = 0.5\text{m}$，则 $h_{rc} = 3.2 - 0.5 - 0.8 = 1.9\text{m}$

$$RCR = \frac{5h_{rc}(L+W)}{LW} = \frac{5 \times 1.9 \times (8.16 + 6.96)}{8.16 \times 6.96} = 2.53$$

②求利用系数 U

查表 11-22 得：$(RCR1, U1) = (2, 0.88)$，$(RCR2, U2) = (3, 0.79)$

用插入法求 U：

$$U = U1 + \frac{U2 - U1}{RCR2 - RCR1}(RCR - RCR1) = 0.79 + \frac{0.79 - 0.88}{3 - 2}(2.53 - 2) = 0.74$$

③教室的维护系数为 0.8

④求照明器的只数

$$N = \frac{E_{av}A}{\Phi_S U k} = \frac{300 \times (8.16 \times 6.96)}{2 \times 2400 \times 0.74 \times 0.8} = 5.9，取整数为 6 只。$$

⑤校验

当房间或场所的室形指数与给定的对应值不一致时，其照明功率密度限值应进行折算修正。

该教室的室形指数为

$$RI = \frac{LW}{h_{rc}(L+W)} = \frac{8.16 \times 6.96}{1.9 \times (8.16 + 6.96)} = 1.98 \in (1.5, 2)，由《建筑照明设计标准》$$

GB 50034—2013 第 6 章表 6.3.13 可知，LPD 不用修正，即该教室在照度为 300lx 时，LPD 值应小于 9W/m^2。

该教室实际的 LPD 值为

$$LPD = \frac{\sum P}{A} = \frac{6 \times 2 \times 40}{8.16 \times 6.96} = 8.45\text{W/m}^2，校验合格。$$

2. 黑板照明设计

教室的黑板照明属于局部照明，由于教室中的黑板利用率很高，所以在进行黑板照明设计时必须同时从学生和教师的角度去考虑如何进行设计。

（1）从学生的角度考虑首先是要消除黑板面的反射造成的晃眼的感觉，其次是要保证黑板照明的光源不能直接进入学生的眼睛。为了不让黑板灯的光源直接进入学生的眼睛，应使黑板灯的遮光角 α（灯具和眼睛之间的连线与水平线之间的夹角）大于 $60°$（图 11-21）。

（2）从教师的角度考虑是要是要消除黑板面的反射造成的晃眼的感觉。具体的措施是从老师所处位置开始仰角 $45°$ 以内的范围内看不见光源（图 11-22）。

综上，教室中黑板的最佳安装位置如图 11-23 所示。

（3）黑板照明灯具位置

黑板照明灯具距装有黑板的墙的距离如表 11-23 所示。

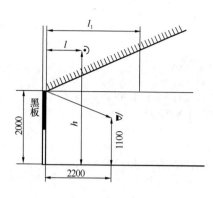

图 11-21　学生与黑板灯的位置关系

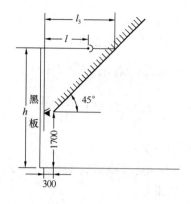

图 11-22　教师与黑板灯的位置关系

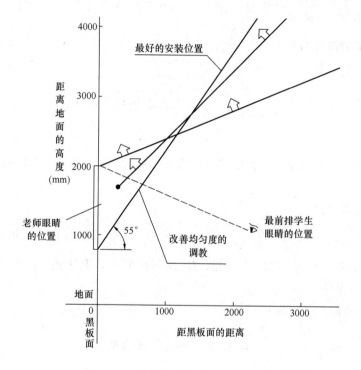

图 11-23　教室中黑板的最佳安装位置

黑板照明灯具距装有黑板的墙的距离（m）　　　　　　　　　　　　　　表 11-23

地面至光源的距离 h	2.6	2.7	2.8	3.0	3.2	3.4	3.6
光源距装有黑板的墙的距离 l	0.6	0.7	0.8	0.9	1.1	1.2	1.3

（4）黑板照明灯具数量

黑板照明灯具数量的选取如表 11-24 所示。

黑板照明灯具数量的选取　　　　　　　　　　　　　　表 11-24

黑板宽度（m）	36W 单管专用荧光灯（套）	黑板宽度（m）	36W 单管专用荧光灯（套）
3～3.6	2	4～5	3

该教室内黑板的长度为 3.8m，故选择 2 套 36W 单管专用荧光灯作为黑板照明灯具，其安装方向为灯具的长轴与黑板的板面平行。

3. 走廊照度计算

走廊的长度为 33.6m，宽度为 2.76m，净高为 3.2m（如图 11-20 所示）。选用照明器的型号为 YG2-2 简式双管荧光灯，光源采用 40W 的荧光灯时（2400lm）。YG2-2 灯具的利用系数如表 11-22 所示。

用利用系数法进行走廊平均照度的计算。

解：

①该走廊的室空间比 RCR

$$h_{rc} = 3.2m$$

$$RCR = \frac{5h_{rc}(L+W)}{LW} = \frac{5 \times 3.2 \times (33.6+2.76)}{33.6 \times 2.76} = 6.27$$

②求利用系数 U

查表 11-22 知：$(RCR1, U1) = (6, 0.56)$，$(RCR2, U2) = (7, 0.51)$

用插入法求 U：

$$U = U1 + \frac{U2-U1}{RCR2-RCR1}(RCR - RCR1) = 0.56 + \frac{0.51-0.56}{7-6}(6.27-6) = 0.55$$

a) 教室的维护系数为 0.8

b) 求照明器的只数

$$N = \frac{E_{av}A}{\Phi_S Uk} = \frac{100 \times (33.6 \times 2.76)}{2 \times 2400 \times 0.55 \times 0.8} = 4.39，取整数为 5 只。$$

4. 办公室照度计算

办公室的开间为 3.96m，宽度为 5.76m，净高为 3.2m（如图 11-20 所示）。选用照明器的型号为 YG2-2 简式双管荧光灯，光源采用 40W 的荧光灯时（2400lm）。YG2-2 灯具的利用系数如表 11-22 所示。

①该办公室的室空间比 RCR

取 $h_{cc} = 0.5m$，则 $h_{rc} = 3.2 - 0.5 - 0.8 = 1.9m$

$$RCR = \frac{5h_{rc}(L+W)}{LW} = \frac{5 \times 1.9 \times (3.96+5.76)}{3.96 \times 5.76} = 4.05$$

②求利用系数 U

查表 11-22 知：$(RCR1, U1) = (4, 0.70)$，$(RCR2, U2) = (5, 0.63)$

用插入法求 U：

$$U = U1 + \frac{U2-U1}{RCR2-RCR1}(RCR - RCR1) = 0.70 + \frac{0.63-0.70}{5-4}(4.05-4) = 0.70$$

③教室的维护系数为 0.8

④求照明器的只数

$$N = \frac{E_{av}A}{\Phi_S Uk} = \frac{300 \times (3.96 \times 5.76)}{2 \times 2400 \times 0.70 \times 0.8} = 2.5，取整数为 2 只。$$

$$E_{av} = \frac{\Phi_S N U k}{A} = \frac{2 \times 2 \times 2400 \times 0.7 \times 0.8}{3.96 \times 5.76} = 236lx$$

⑤校验

当房间或场所的室形指数与给定的对应值不一致时，其照明功率密度限值应进行折算修正。

该教室的室形指数为

$$RI = \frac{LW}{h_{rc}(L+W)} = \frac{3.96 \times 5.76}{1.9 \times (3.96+5.76)} = 1.24 \in (1,1.5)$$，由《建筑照明设计标准》

GB 50034—2013 第 6 章表 6.3.13 可知，LPD 需进行修正，即该教室在照度为 300lx 时，LPD 值应小于 $9 \times 1.24 = 11.12 \text{W/m}^2$。当前，办公室的照度为 236lx，测对应的 LPD 值为 8.74W/m^2。

该教室实际的 LPD 值为

$$LPD = \frac{\Sigma P}{A} = \frac{2 \times 2 \times 40}{3.96 \times 5.76} = 7.01 \text{W/m}^2$$，校验合格。

5. 其他房间的照度计算略。

三、灯具布置

在灯具布置时，应注意以下几个方面的问题。

1. 学校教室照明，主要应注意荧光灯的长轴应平行于学生的主视线，并与黑板垂直。灯具与桌面的垂直距离不宜小于 1.7m（由于阶梯教室的课桌是阶梯式分布的，所以如果采用荧光灯的长轴平行于学生的主视线，灯具相对于桌面就会形成一个高度差，这不利用光在桌面上的均匀公布，所以在阶梯教室灯具在布置时，长轴应与阶梯方向相垂直）。

2. 黑板照明灯应采用非对称配光的灯具，灯具排列应与黑板平行。

3. 普通教室前后应各设两组插座，如有特殊需要，可另行加入。

四、某学院教学楼 D 区五层照明设备及插座布置如图 11-24 及图 11-25 所示

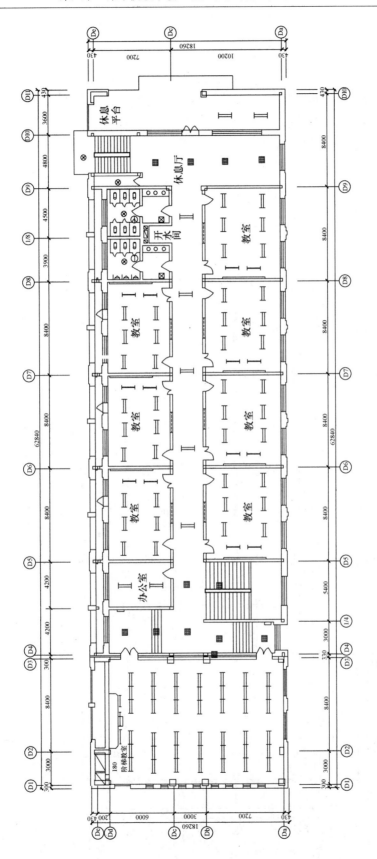

图 11-24 D 区五层照明平面图 1：100

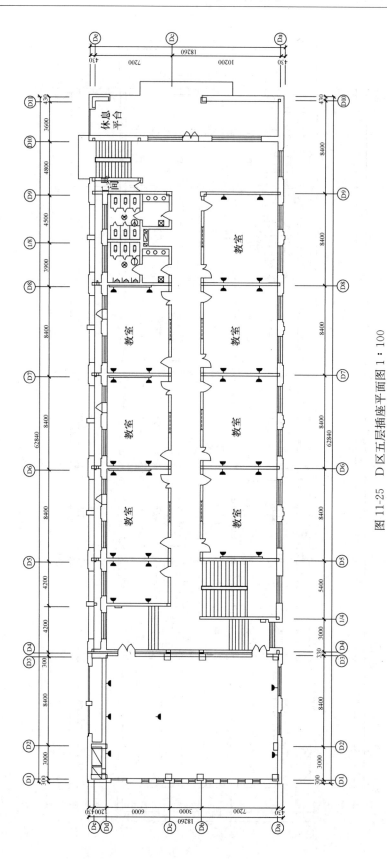

图 11-25 D区五层插座平面图 1：100

复 习 思 考 题

1. 在光照设计时，房间的高度有哪些具体规定？

2. 在照明器布置时所说的距高比、等效距离的概念是什么？

3. 什么是光通利用系数？

4. 在照度计算时要对房间形状进行描述时用到的室空间比、室形指数具体内容是什么？

5. 平均照度计算的估算方法有几种？它们的前提是什么？

6. 某教室长度为 9m；宽度为 6m；房间高度为 3m。工作面距地高 0.75m。当采用单管简式 40W 的荧光灯作照明时，要满足照度的值不低于 250lx 时。确定照明器的只数，并进行保证照度均匀度要求的照明器布置。（房间的等效顶棚反射系数为 0.7，墙面的平均放射系数为 0.7，地面反射系数为 0.3）。

7. 采用单位面积容量法计算上题。

8. 室内装饰照明装置设计时，照度计算的方法和平均照度计算的方法有哪些不同、哪些相同的地方？

9. 各类建筑室内光照设计的特点。照明装置选择的原则是什么？

10. 照明的种类中正常照明和应急照明有哪些区别？

第十二章　照明设计（电气设计）

照明的电气设计所涉及的内容包括：照明器的电源供应、开关控制、保护、供电线路的选择和保护，以及照明器使用时的用电安全问题。本章不仅对上述内容涉及的理论基础加以论述，并应用理论知识讲述电气设计的实际应用知识。同时完成照明的电气设计计算和照明电气设计图纸的绘制。所设计的内容是在光照设计完成后的基础上，讲述与电气设计有关的基础知识和应用知识。有些电气设计的内容在理论上和前面讲述的供电系统是完全一样的，这里就不重复了。只针对一些特殊的问题加以论述。

第一节　照明供电系统的构成和负荷计算方法

一、照明供电系统的构成

（一）照明供电系统的接线形式

照明供电系统实质上是一个确立了供电对象（照明）的供电系统，它的供电系统构成除了满足和其他供电系统一样的要求外，还要考虑其自身的特殊性。要根据其中断供电可能造成的影响和损失，合理的确定用电负荷对供电电源的要求即负荷等级（详见负荷的分级和对供电电源的部分章节），合理选择供电系统构成方案。另外，要根据计量的方式的不同而采用不同的系统构成形式，对于民用建筑来说计量方式对系统的构成起到决定性的作用。

图 12-1 中表示的是某住宅中一个单元的计量箱，箱内装设有这个单元内每个用户的电能表，如果在一个建筑内有多个单元就有多个计量箱。在每个计量箱的进线处是否加入总的电源保护开关，根据具体的实际情况确定，在每个分户箱内分别装设有电源开关保护和漏电保护装置。它们的数量和型号由设计确定。通常情况下电源开关保护主要针对与照明器的线路保护和照明器的自身保护，而漏电保护主要针对与插座相连的台灯、落地灯和一些家用电器设备，例如：热水器、电饭锅等。可见从计量箱到用户的分户箱系统一定是放射式的接线方式没有别的选择。如果在一个建筑内有多个单元就有多个计量箱，可将多个计量箱按照实际情况连接成放射式、树干式和环形式或混合式，这时接线形式就可以确定了，如图 12-2、图 12-3 采用了放射式和链式相结合的方式。

总之建筑物内照明供电系统的组成按其形状可分为如下几种：放射式、树干式和环形

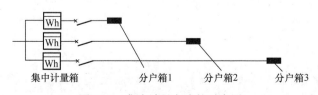

图 12-1　集中计量方式的示意图

式以及混合式。它们的组成形式和特点详见供电部分有关内容。

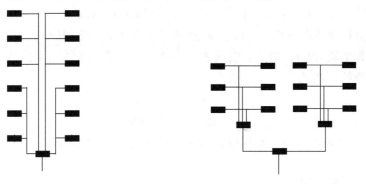

图 12-2　多层建筑供电系统示意图　　　　图 12-3　民用建筑的供电系统示意图

（二）照明的供电系统的接地形式

从安全的角度考虑，低压配电系统必须采用一定的措施来保证其实现．通常采用的方式称为接地。低压配电系统的接地形式通常有三种：TN 系统形式，TT 系统形式，IT 系统形式。由于照明装置的用电电源大多数是单相用电设备，建筑物内照明的供电系统的接地形式常用 TN 系统形式。TN 系统形式是供电系统中有一点直接接地，用电设备的外露可以导电的部分采用保护线与接地点连接，从而保证用电设备人员的安全。从中性线与保护线的连接情况可分为三种形式，分别为：TN-S、TN-C 和 TN-C-S 系统。具体的接线形式见供电部分的有关内容

（三）照明供电系统的供电电压和回路的划分

虽然照明用电设备所需的电源电压大多数是交流单相 220V 的，对于照明供电系统来讲当一个单相回路超出 16A 时或灯具数量超出 25 个时，要采用三相 220/380V 的供电电源。三相照明线路各个相的负荷要合理分配，保持平衡，每个分配电箱中最大与最小相的负荷电流差不宜超出 30％。

根据照明器分布的情况（容量、数量和控制要求等条件）来确定总配电箱和分配电箱的型号、内部结构形式以及配电箱中保护控制设备的技术数据。一般情况下分配电箱在建筑的每层设一个或几个，它们有若干个回路输出，回路的划分原则应能同时满足两个条件：第一，为了控制和保护达到其合理性，使用功能相同的照明器应在一个回路中。第二，每一回路的照明器数量（包括插座）不超过 20 个，最多不超过 25 个，或计算电流不超出 16A。大型的建筑组合灯具每一单相回路不宜超出 25A，光源的数量不宜超出 60 个。

插座作为连接单相用电装置、移动形式的照明装置如台灯、地灯等和电源之间设备，它属于照明设计范畴。插座供电的回路应该是单独划分的，一般情况下单独回路的插座不宜超出 10 个（组），对于住宅来说可以不受限制，但是不同性质的用电设备必须单独设立供电回路，如：空调机、电加热的洗浴和厨房用电设备等。

二、照明负荷计算

照明用电负荷计算的和供电负荷计算的目的是一样的都是为了确定计算负荷。只不过在计算方法上有一些特点，在本节中是针对这些特点讲述照明用电负荷的计算方法。

计算负荷是按发热条件选择电缆、导线截面和选择电气设备的重要依据之一，计算负荷是持续了 30 分钟的最大负荷值。它有几种表示形式。

（1）计算有功负荷（P_c）有时也称为计算负荷，单位：瓦或千瓦（W 或 kW）；

（2）计算无功负荷（Q_c），单位：乏或千乏（var 或 kvar）；

（3）计算视在负荷（S_c），单位：伏安或千伏安（VA 或 kVA）；

（4）计算电流（I_c），单位：安（A）。

它们之间的关系式为

$$S_c^2 = P_c^2 + Q_c^2 \tag{12-1}$$

$$Q_c = P_c \times \tan\phi \tag{12-2}$$

式中：$\tan\phi$ 是 $\cos\phi$ 所对应的正切值。$\cos\phi$ 的值是光源的功率因数，可以从光源的技术参数表中查找到。

对于单相电路计算电流：

$$I_c = P_c / (\cos\phi U_p) \text{ 或 } I_c = S_c / U_p \tag{12-3}$$

式中 U_p——相电压（220V）。

对于三相电路计算电流

$$I_c = P_c / (\sqrt{3}\cos\phi U_L) \text{ 或 } I_c = S_c / (\sqrt{3} \times U_L) \tag{12-4}$$

式中 U_L 为线电压（380V）。

三、计算负荷确定的计算方法

照明工程中计算负荷确定的计算方法基本有两种，分别为单位指标法和需要系数法。这两种方法是根据设计的不同阶段分别采用。在一般情况下，照明的方案设计阶段可采用单位指标法。在照明的初步设计阶段和施工图设计阶段可采用需要系数法。

（一）单位指标法

单位指标法是一种在住宅的设计各个阶段均可以使用的方法，根据单位指标的不同可以分为：单位面积法、单位指标法和负荷密度法等。

单位面积法和负荷密度法都是通过已知某种类型的建筑物的每个单位面积的用电容量，将其乘以建筑物的总面积得到建筑物总的用电容量。单位指标法是通过已知某种住宅建筑中每个户型的用电容量，将其乘以这类户型的数量得到总的用电容量。这里的单位指标是经过中国民用建筑电气负荷研究专题组调查和研究得到的，在民用建筑电气设计手册中和相关资料中均可以查到，这种方法使用简单得到广大设计者的认可。在使用该方法时要特别注意，这时得到的用电总容量即电功率就是计算有功负荷。而其他形式的计算负荷用公式（12-1）～（12-4）进行计算。

（二）需要系数法

1. 设备功率的确定

在进行负荷计算时，首先要确定照明用电负荷的设备功率。设备功率和设备额定容量的概念是不同的，它只在使用需要系数法进行负荷计算时才出现。对于照明用电负荷的设备功率应该按下列方法确定。

（1）单相供电照明用电设备设备功率的计算方法。

1）对于白炽灯和高压卤钨灯其标出的额定功率就是设备功率；

2）对于气体放电光源中的各种灯的设备功率是其标出的额定功率与变压器、镇流器功率损耗之和。

不同的气体放电光源加入功率的损耗是不同的，可用如下关系式来表示。

$$P_e = P_n(1 + \alpha) \tag{12-5}$$

当采用电感式附件时 α 的值可用表 12-1 查找。

气体放电光源的功率损耗　　　　　　　　　　表 12-1

灯　具	镇流器类型	功率损耗（α）
荧光灯	普通型电感镇流器	25%
	节能型电感镇流器	15%～18%
	电子镇流器	10%
金属卤化物灯、高压钠灯、荧光高压汞灯	普通型电感镇流器	14%～16%
	节能型电感镇流器	9%～10%

（2）对于三相供电的照明用电设备设备功率的计算方法

在照明工程中所采用的光源大部分是要求用单相电源供电，也就是说它们是单相负荷，所标称的功率则是单相额定功率，而设备功率也是单相的，在三相供电的线路中要将单相负荷均匀地分布到每个单相中，分布的情况用相不平衡率表示。所谓的相不平衡率（η）是指如下形式：

$$\eta = (P_{MAX} - P_{MIN})/P_{AV} \tag{12-6}$$

式中　P_{MAX}——三相线路中最大单相的设备功率；

　　　P_{MIN}——三相线路中最小单相的设备功率；

　　　P_{AV}——三相线路中平均单相的设备功率，$P_{AV} = (P_{L1} + P_{L2} + P_{L3})/3$。

在一般情况下，对于照明线路的总配电箱要求其值不应大于 15%。在现行的设计规范中要求每个分配电箱中最大和最小相电流差不宜超出 30%。如果满足这种情况时，那么三相设备功率就是最大单相设备功率的 3 倍。

2. 用需要系数法进行负荷计算

（1）计算公式的引出

在考虑了不同建筑的使用照度值是不同的它所需要的负荷值也不同，照明器不能同时点燃，即使同时点燃也不一定同时达到最大值等多种情况后。经过统计和测定形成了一个可以反映上述情况的系数，称为需要系数，记为 K_d，这时计算负荷可由下式求出。

$$P_c = K_d \times P_e \tag{12-7}$$

式中　K_d——需要系数，各种建筑的负荷需要系数可用如表 12-2 选择；

　　　P_e——照明器的设备功率，W。

（2）计算负荷确定的计算示例

【例 12-1】有一个绘图室长 14.6m，宽 7.2m，室内高度 3.2m，选用 15 只照明器型号 YG2-1 型 2×40W 双管型荧光灯进行的布置。采用单相 220V 的交流电供应。试求其计算电流。

解：1）确定绘图室内照明器的额定功率（P_n）和设备功率（P_e）

$$P_n = 15 \times 2 \times 40 = 1200W$$

$$P_e = P_n(1 + \alpha) = 1200(1 + 0.18) = 1416W$$

查表 12-1 得 α 为 0.18。

各类建筑的照明负荷需要系数（K_d）   表 12-2

建筑的类型	需要系数	建筑的类型	需要系数
普通住宅 20—50 户	0.7～0.6	候车厅	0.76
普通住宅 50—100 户	0.6～0.55	展览馆；影剧院	0.7～0.8
商场	0.85～0.95	博物馆	0.83～0.93
旅游宾馆	0.5～0.65	一般体育馆	0.86
教室设计室 绘图室	0.9～0.95	锅炉房 水泵间	0.85
学校	0.6～0.7	仓库	0.5～0.7
医院	0.55～0.65	走廊 通道 事故照明	1

2）查找需要系数。

查表 12-2 第六行、第二列得到需要系数为 0.9～0.95，取值为 0.93，（因为设计室面积较小）。

3）确定计算有功负荷（计算负荷），结果如下：

$$P_c = K_d \times P_e = 0.93 \times 1416 = 1316.9\text{W}$$

4）确定计算电流 I_c。由于是单相供电，首先从 YG2-1 型 2×40W 双管型荧光灯的技术参数表中查找 $\cos\phi$ 的值为 0.65。结果如下：

$$I = P_c / \cos\phi U_p = 1316.9/0.65 \times 220 = 9.21\text{A}$$

四、在一条线路上连接有多种光源时计算电流的确定

在我们上述所讨论的负荷计算时，仅考虑了照明时采用的是同一种类型的光源（白炽灯或荧光灯）。也就是说所选择光源的功率因数都是一个相同的数值。当在一条照明线路上连接有多种光源时，例如接有荧光灯和白炽灯时，负荷计算的方法有所变化，这时负荷的计算应按下列公式进行，确定计算电流的公式为：

$$I_C = \sqrt{(I_{PC1} + I_{PC2} + \cdots + I_{PCn})^2 + (I_{qC1} + I_{qC2} + \cdots + I_{qCn})^2} \tag{12-8}$$

式中 I_{PC1}、$I_{PC2} \cdots I_{PCn}$——各种光源的有功计算电流；

I_{qC1}、$I_{qC2} \cdots I_{qCn}$——各种光源的无功计算电流。

但是在多种情况下一条照明线路上连接的照明器是白炽灯和荧光灯。

【例 12-2】有一条交流 220V 的照明线路上，连接有 40W 白炽灯 10 只，同时连接有带镇流器的 40W 荧光灯 10 只。求这条线路上的计算电流。假定：白炽灯的功率因数为 1 而荧光灯的功率因数为 0.65（未加入电容器补偿装置）而且功率损耗为 0.2。

解： 1. 白炽灯的有功计算电流为：

$$I_{PC1=} = P_{C1}/U = 10 \times 40/220 = 1.82\text{A}$$

2. 荧光灯的有功计算电流：

$$I_{PC2} = P_{C2}/(U \cdot \cos\phi) = 1.2 \times 10 \times 40/(220 \times 0.65) = 3.36\text{A}$$

无功计算电流：

$$I_{qC2} = Q_{C2}/(U\sin\phi) = P \times \tan\phi/(U\sin\phi)$$

荧光灯的功率因数为 0.65，$\tan\phi$ 为 1.16，$\sin\phi$ 为 0.76。

$$I_{qC2} = 1.2 \times 10 \times 40 \times 1.16/(220 \times 0.76) = 3.33\text{A}$$

3. 求这条线路上的计算电流 I_C

$$I_C = \sqrt{(I_{PC1} + I_{PC2})^2 + (I_{qC2})^2}$$
$$= \sqrt{(1.82 + 3.36)^2 + 3.33^2}$$
$$= 6.16A$$

如果仅按公式分别计算白炽灯和荧光灯的总电流，那么白炽灯的电流为 1.82A，而荧光灯的电流为 3.36A。线路的总电流以两者之和则为 5.18A。

可见实际线路的总电流并不等于白炽灯总电流和荧光灯的总电流之和。这一点是必须值得注意。

第二节　导线、保护设备和开关设备的选择

一、常用导线型号的选择

导线型号的选择是根据供电线路的额定电压、电力负荷的等级、导线敷设的方式和导线使用的环境条件等条件来确定，它的选择原则和动力线路的选择的原则是一样的原理。

二、导线截面的选择

为了保证照明供电系统的安全可靠的运行，导线截面的选择必须同时满足如下要求。

（1）在照明供电系统中的导线，应满足可以通过正常最大的负荷电流，并且正常最大的负荷电流通过时所产生的发热温度不至于造成导线使用寿命时间的减少。

（2）为了满足机械强度的要求，在不同的使用场合时，导线的最小截面不应小于其最小的允许值。

（3）导线通过正常最大的负荷电流时产生的电压损耗值不应超出其规定的允许值。

由于按导线允许载流量选择导线的截面和按导线应满足的机械强度要求选择导线的截面的方法与动力线路选择的原则是一个原理，选择时参照有关内容。

在照明线路中按电压损失条件的选择导线的截面时，选择的原理和动力线路的选择原理基本是相同的。由于照明线路中有其自身特点，在计算方法上有一点特殊性。

三、按电压损失条件的选择导线的截面

（1）照明器端子处电压偏移允许值（以额定电压的百分数表示）

一般工作的场所的照明为 ±5%。在视觉要求较高的室内照明为 +5%、−2.5%，对于远离电源小面积一般场所的照明可以取值 +5%、−10%，对于应急照明、警卫照明、道路照明可为 +5%、−10%。

（2）照明线路电压损失的计算

照明线路的电压损失的计算分两种情况，第一种是在照明线路中照明器中的光源功率因数接近为 1（即 $\cos\phi \approx 1$）。也就是说线路中光源是白炽灯或采用了电容补偿装置的荧光灯（$\cos\phi \approx 0.9$ 左右）。第二种是在照明线路中照明器有两种形式除了照明器中的光源功率因数接近为 1 以外，还有一些气体放电光源并且它们没有采用加入电容补偿装置，其功率因数小于 1（或说 $\cos\phi < 1$）。这时对于第二种情况，电压损失的计算参见动力线路的电压损失计算的内容。第一种情况是工程中常见的。以下分别按照一条线路上导线截面相同时和不相同时进行分析。

1) 在照明线路中整条线路的截面相同时电压损失的计算。

实际工程中，照明线路中作为干线的导线或电缆的截面在一般情况下是相同的，这时的计算公式如下：

$$\Delta U_{al} = \Sigma M/(A \times C) \tag{12-9}$$

式中　ΣM——线路全部功率距之和；

$$\Sigma M = \Sigma PL$$

　　　　P——有功功率，kW；

　　　　L——线路长度，km；

　　　　A——导线、电缆的截面，mm^2；

　　　　C——计算系数见表 12-3；

　　ΔU_{al}——线路电压损失的百分值。

计算系数（C）值　　　　　　表 12-3

线路的额定电压 （V）	线路的形式	C（kW·m/mm²）	
		铝　线	铜　线
220/380	三相四线	46.2	76.5
220	单相	7.74	12.8

2) 有分支照明线路导线截面的选择

对于有分支照明线路的电压损失计算可以参照动力线路的计算方法，先求出等效负荷然后进行计算。对于每一只照明器的电压损失计算可采用分段计算的方法。但是，照明线路的照明器分布是不均匀的，当按动力线路的计算方法进行，在计算时要产生一定的误差。这种误差在工程中是允许的，如果详细计算请参照有关资料。

四、常用的照明器开关设备及选择

常用照明器的开关设备按控制形式分为：直接手动式（例如：扳把式、琴键式、拉线式等）。间接方式有：触摸感应式、声音感应式、亮度感应式等。如果按开关设备使用的环境可以分为：一般式、防水防潮式、防尘式、隔爆式和防爆式等。无论是哪种形式它们在选择时都应该满足下列条件：

（1）开关设备本身的额定电压值必须大于所安装线路的工作电压值；

（2）开关设备本身的额定电流值必须大于所安装线路中的计算电流值；

（3）开关设备的形式必须符合使用环境的要求和控制方式的要求。

五、常用的保护设备及其选择

照明线路的保护一般情况下要装设短路保护、过负荷保护以及根据实际要求装设欠电压保护和漏电保护。常用的保护装置有低压断路器和具有漏电保护的断路器。它们的选择除按使用的环境条件选择外还必须满足下列条件：

（1）保护设备本身的额定电压值必须大于所安装线路中的工作电压值；

（2）保护设备本身的动作电流值必须大于所安装线路中的计算电流值；

（3）带漏电保护功能的断路器漏电动作的电流值和动作时间应符合所装设位置和保护对象的要求。

第三节　照明配线和供电系统设计

一、电气配线平面图

电气配线平面图是在照明器布置图的基础上，将已经选择的导线、开关、插座、配电箱按着国家规定的图形符号和文字符号，按一定的要求进行布置。然后按规定的比例绘制到照明器布置图上。同时要表示出导线型号根数，截面及敷设方式，导线的路径和开关，插座，配电箱的连接位置。

（一）有关规定

1. 图形的规定见附录。

2. 文字标注的规定，详见动力配线平面图设计的有关规定。

（二）电气配线平面图的绘制

1. 绘制建筑平面图

在建筑专业提供的建筑平面图基础上，将一些与照明设计没有关系的尺寸去掉，例如：表示墙体、梁柱、窗、楼梯等结构的尺寸。同时对于在建筑平面图上有些细部尺寸也没有必要标注，例如：楼梯的上下顺序、通风口、烟道等的尺寸。而将与照明设计有关的一些尺寸的标注要保留，例如：横向、纵向的定位轴线尺寸。另外对于门的形式（单向开启、双向开启、单扇门双扇门等）和单向门开启方向一定要表示清楚。绘制时线形宽度的确定应该是图中所有线形宽度中最细的实线。

2. 电气设备的布置

根据已经确定的照明设计方案，将照明器的配电设备、开关、插座等设备按规定的图形符号绘制在建筑平面图上。由于这些图形符号没有比例要求，在绘制时定位尺寸是靠中心点的位置确定的。外形的大小满足图面的整洁、美观、有规律即可，但是必须保证和实际安装位置相同，例如：在平面图中，安装在墙内的配电箱、接线盒、插座、开关等必须绘制在墙体内，而且配电箱、插座、开关的开启方向也应该符合实际的方向。

3. 连接导线根数的确定和绘制

根据照明设计方案中确定的控制方式确定导线的根数是配线设计中较复杂的问题，将实际的接线形式在图纸上表示出来是配线设计的关键。

（1）一只开关控制一盏灯的情况

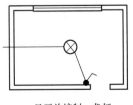
一只开关控制一盏灯
的照明平面图

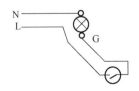
一只开关控制一盏灯
的透视接线图

（2）多只开关控制多盏灯的情况

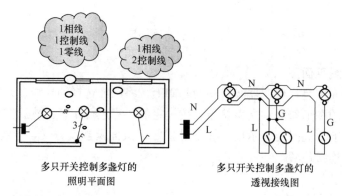

多只开关控制多盏灯的　　　　　　多只开关控制多盏灯的
照明平面图　　　　　　　　　　透视接线图

（3）两只开关控制一盏灯的情况

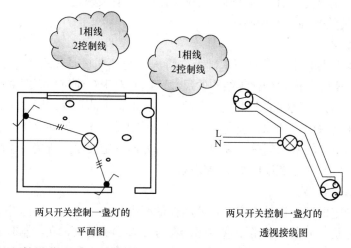

两只开关控制一盏灯的　　　　　　两只开关控制一盏灯的

平面图　　　　　　　　　　　　透视接线图

导线的路径和敷设位置应和实际情况相同，导线线条的粗细和设备绘制的线条相等即可。同时配电线路控制线路的线条粗细及表示方式应该满足导线绘制的有关规定。

4. 设备和导线的文字标注

标注的方式与动力配电线路的标注方式相同。

（三）电气配线平面图的示例（图 12-4）

二、供电系统图的设计

（一）绘制原则

供电系统图中应该表示的内容是，供电系统的形式即电源总配电箱和各个分配电箱的连接形式（放射式或链式等）。以及连接各配电箱之间连接导线的型号、规格、敷设方式等在平面图没有表示清楚的内容。总配电箱和分配电箱中的型号以及配电箱中所选择的保护设备的型号及有关技术数据（如动作电流的整定值等）。它的绘制也没有比例的具体要求只要图中要表示的内容安排的合理、清晰即可。

（二）供电系统图的示例（图 12-5）

三、电气照明设计的内容和步骤

（一）熟悉建筑图纸

对于室内照明设计而言，必须对建筑有全面的了解，才能保证照明设计正确、合理。而这些全面的了解是通过各种图纸上所表示的内容来进行的。因此对于与照明设计有关的图纸必须学会读识。这些图纸包括如下类型。

1. 总平面图

总平面图是表明建筑和周围环境的关系，例如：与相邻建筑、道路等之间的相对位置、与各种能源的相对位置等。可以根据总平面图中所表示的电源位置来确定电源的引入方向、进线形式。

2. 建筑平面图

建筑平面图是室内照明设计的主要依据之一。它是按一定的比例绘制出建筑物内各房间的功能以及各房间之间的关系和具体尺寸的图纸。一般情况下建筑平面图是按建筑层次分别绘制出各层的平面图，以建筑物内窗的下部作一个水平剖面而绘制的俯视图。也有一些建筑物中因为许多层建筑在结构和平面布置相同，可以仅绘制出标准层的平面图而代替分层平面图，减少了图纸的重复出现。

电气照明设计中，导线、配电箱、开关、照明器以及插座等设备的平面的位置均是在建筑平面图中得以表示，通常称为电气照明配线平面图。

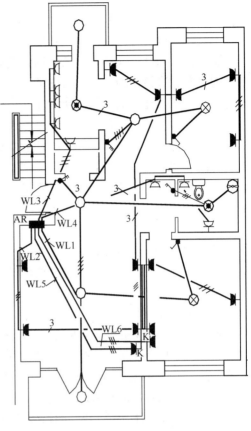

图 12-4　电气配线平面图

3. 建筑立面图

建筑的立面图有几种，它能分别表示出建筑物外形在各个不同视角的里面形状。作为建筑物外立面的电气照明设计才考虑对立面的体现，从而确定建筑的主立面照明方案。

4. 剖面图

建筑的剖面图是表示建筑结构形式、各层高度及有关高度尺寸的图纸。在电气照明设计中的照度计算、配电箱、开关、照明器以及插座等设备的安装高度的确定要以此图为依据。另外在剖面图中可以知道建筑的结构形式，为导线的敷设方式的确定提供了依据。

5. 其他专业的有关图纸

无论是什么功能性的建筑，都是由许多专业来共同完成的，例如：电梯、通信、信息、供热、空调、给水、排水和各种生产工艺的完成。这些专业对照明都有一定的要求，因此必须了解这些图纸以满足它们的具

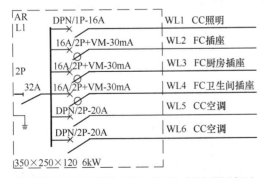

图中导线均为BV-500型、WF1：3×25。WL2~WL6 3×4穿保护管型式和管径：FPC20

图 12-5　供电系统图

体要求。同时在照明器的安装、导线的敷设方式确定时也要与这些专业相互之间配合。

（二）照明场所的使用功能的了解和掌握

照明设计是以完善建筑的使用功能为目标。了解和掌握被照场所的使用功能，是为了确定照明方式和照度值找到可靠的依据，例如：教室、会议室、办公室需要平均的照明方式照度的分布也应该是均匀的，绘图室则要求图板的位置照度值比其他的位置要高等。这些都应该首先明确建筑的使用功能后才能做到合理、准确地达到照明设计的目的。

（三）建筑内部装饰情况

现在由于人们对生活、工作时的环境要求越来越高，因此，对于许多建筑来说它的内部都在不同程度上进行了装修。而且装修的方式手段也有多种多样。照明设计应该与装修的设计效果相配合，在装修的设计时要提出照明设计的方案，在全面掌握装修的意图和方法的同时强调照明的效果和装饰效果的统一性，而且要在装修施工时与其密切配合保证照明器的安装和设计的意图一致性。

（四）照明的供电电源的情况

照明的供电电源的情况包括供电的容量、电源的数量、电源的形式、引入的方式、计量的要求等。

（五）建筑部门和有关主管部门的具体要求和技术的法规

照明设计时除按国家的有关的法规外，还应根据各个地区对照明的具体要求来执行。各个地区根据自身的特点指定了适合的法规，它是国家法规的进一步说明和国家的法规有着同样的效力。它的内容包括：设计规范、施工规范和建筑职能部门的有关现行的文件等。

（六）设计方案的确定和设计的步骤

电气照明工程设计应该在统一的指导思想下进行，无论是光照设计还是电气设计，无论是局部的还是整体的电气照明设计，都应该遵照这个思想进行照明方案设计。设计方案是贯彻设计的全过程，是具有指导性和纲领性的方案。它可以体现出设计的先进性、合理性，是电气照明技术和其他工程技术相结合的共同作品，因此设计方案是设计工作的基础。

（七）设计方案确定

设计方案确定时应同时考虑如下因素。首先明确建筑物以及建筑物内各房间的使用功能，要注意体现不同建筑的特点和气氛。要与建筑的艺术风格和装修的效果相结合。照明器的选择、光源的选择要保证经济合理性和先进性。照明设计的方法要应用成熟新技术、新方法。设计方案应该具有一定的特点，特别是装饰性的照明要有新的创意。

（八）设计步骤和内容

1. 选择适合的照度值进行照度的计算

按使用场所的要求和国家的照度标准确定照度值。照度计算的方法要根据设计不同阶段的要求确定。

2. 照明器的布置

根据照明的方式确定照明器的布置方式，例如：一般照明和局部照明布置的方法是不一样的。

3. 开关、插座和配电箱的布置

按操作使用方便和环境的条件确定开关、插座的位置。配电箱的位置应该设立在负荷的中心，同时要考虑配电箱的进线、出线方便以及控制和维护的方便。配电箱是照明的电源为保证它的可靠性，配电箱不应设在高温、潮湿以及易受到机械外力损坏的地方。

4. 照明供电系统的设计

照明供电系统的设计首先要考虑的是必须满足用电负荷（被照对象）对电源的可靠性的要求。供电系统的形式应该是链式、放射式、树干式、混合式等多种形式的组合，使供电系统更加合理。然后根据照明器分布的情况（容量、数量和控制要求等条件）来确定总配电箱和分配电箱的型号、内部结构形式以及配电箱中保护控制设备的技术数据。一般情况下分配电箱在建筑的每层各设一个或几个，它们有若干个回路输出。回路的划分原则应能同时满足两个条件：第一，为了控制和保护达到其合理性，使用功能相同的照明器应在一个回路中；第二，每一回路的照明器数量（包括插座）不超过 20 个，最多不超过 25 个，或计算电流不超出 16A。大型的建筑组合灯具每一单相回路不宜超出 25A，光源的数量不宜超出 60 个。对于三相照明系统的相不平均率也必须符合要求。

5. 电气设备、导线的选择及其计算

线路的布置、导线敷设形式的确定。它包括进户线、干线、支线导线敷设位置和敷设方式的确定。在敷设时必须注意与建筑的结构情况相结合，考虑建筑结构的特点进行敷设。在不影响建筑结构的同时，保证供电系统的合理性，尽量做到线路和导线的长度最短，保证和其他管线的水平距离和垂直距离的要求。

6. 绘制照明配线平面图

7. 绘制供电系统图

8. 绘制施工安装大样图

施工安装大样图是为了有些特殊安装方式的设备、照明器而绘制的图纸。由于没有国家标准的具体规定，绘制时比例无有要求只要表示清楚即可。

（九）有关设计的文字材料

包括设计说明、主要设备材料表，还有不给施工单位提供的只作为资料保存的设计计算书。

（十）用电安全的设计

电气照明部分用电安全的要求除满足一般的规定外，还有一些具体的特殊要求。

1. 为局部照明装置（例如：落地灯、台灯）连接而用插座的连线必须要有专用的保护线（PE 线）并将照明装置的外露可导电部分与保护线相连接。

2. 如果照明装置有和人体有接触的可能性，也必须将照明装置的外露可导电部分与保护线相连接。

3. 要在配电箱内将给插座的供电回路设置漏电保护装置，其保护装置的动作电流值不应大于 30mA。

4. 照明器的供电回路和插座供电回路必须分别设置。

第四节　某学院教学楼 D 座五层照明设计（电气部分）

仍以某学院教学楼 D 座五层为例进行照明工程电气设计。

一、配电系统结构设计

1. 回路划分

教学楼内的配电线路应按教学分区划分回路，教学楼内的照明和插座均按照明负荷考虑。教室内电源插座和照明用电应分设不同回路。门厅、走道及楼梯等公共场所照明宜设单独回路。针对本项目，可以将普通教室的灯具和插座各划分为一个回路，阶梯教室的灯具数量较多，可以将照明用电划分为四个回路，加上插座共计五个回路。本座的直线长度为63m，按照供配电回路的最大长度不宜超过35m的要求，在本层两侧楼梯间附近的位置各设置一个照明配电箱，具体位置如图12-6所示。走道及楼梯间的照明用电由所在侧的照明配电箱配出。具体回路划分情况见图12-6所示。

2. 照明控制

依据《建筑照明设计标准》GB 50034—2013的第七章的相关要求：

（1）公共建筑和工业建筑的走廊、楼梯间、门厅等公共场所的照明，宜采用集中控制，并按建筑使用条件和天然采光状况采取分区、分组控制措施；

（2）除设置单个灯具的房间外，每个房间灯的控制开关不宜少于2个；

（3）房间或场所装设两列或多列灯具时，宜按下列方式分组控制；

结合节能方面的考虑及使用时的便捷，可以将普通教室的照明分为三个区域，加上黑板照明共四个区域。用两组双联单控扳式暗开关进行控制，分别设置在教室门的两侧。具体控制如图12-6所示。

二、配电系统图的绘制

1. 负荷计算

（1）回路的负荷计算

回路划分完成后，就需要对回路及配电箱系统进行负荷计算了。我们以编号为AL5-1配电箱中的W3回路为例进行负荷计算：

$P_e = 0.96\text{kW}$，$k_d = 1$，$\cos\varphi = 0.9$

$P_c = k_d P_e = 1 \times 0.96\text{kW} = 0.96\text{kW}$

$$I_c = \frac{P_C}{U\cos\varphi} = \frac{0.96}{0.22 \times 0.9}\text{A} = 4.8\text{A}$$

其他回路的负荷计算结果见表12-4、表12-5所示。

AL5-1 负荷计算书　　　　　　　　　　　　　　　表 12-4

序号	箱体编号	回路编号	负荷名称	相序分配	电压(kV)	P_e(kW)	K_d	$\cos\varphi$	P_C(kW)	I_C(A)
1		W1	照明	L1	0.22	0.60	1	0.90	0.60	3.0
2		W2	照明	L2	0.22	0.96	1	0.90	0.96	4.8
3		W3	照明	L3	0.22	0.96	1	0.90	0.96	4.8
4		W4	照明	L1	0.22	0.96	1	0.90	0.96	4.8
5		W5	照明	L2	0.22	0.56	1	0.90	0.56	2.8
6	AL5-1	W6	照明	L3	0.22	0.96	1	0.90	0.96	4.8
7		W7	插座	L1	0.22	0.40	1	0.90	0.40	2.0
8		W8	插座	L2	0.22	0.40	1	0.90	0.40	2.0
9		W9	插座	L3	0.22	0.40	1	0.90	0.40	2.0
10		W10	插座	L1	0.22	0.40	1	0.90	0.40	2.0
11		W11	插座	L2	0.22	1.23	1	0.90	1.23	6.2
12		W12	备用	L3	0.22					
13		L1 相			0.22	2.36				
14	单相负	L2 相			0.22	3.15				
15	荷统计	L3 相			0.22	2.32				
16		等效三相			380	9.45	0.90	0.90	8.5	14.4

AL5-2 负荷计算书　　　　　　　　　　　　　　　表 12-5

序号	箱体编号	回路编号	负荷名称	相序分配	电压(kV)	P_e(kW)	K_d	$\cos\varphi$	P_C(kW)	I_C(A)
1		W1	照明	L1	0.22	0.56	1	0.90	0.56	2.8
2		W2	照明	L2	0.22	0.56	1	0.90	0.56	2.8
3		W3	照明	L3	0.22	0.56	1	0.90	0.56	2.8
4		W4	照明	L1	0.22	0.56	1	0.90	0.56	2.8
5		W5	照明	L2	0.22	0.56	1	0.90	0.56	2.8
6	AL5-2	W6	照明	L3	0.22	0.56	1	0.90	0.56	2.8
7		W7	照明	L1	0.22	0.80	1	0.90	0.80	4.0
8		W8	插座	L2	0.22	0.40	1	0.90	0.40	2.0
9		W9	插座	L3	0.22	0.40	1	0.90	0.40	2.0
10		W10	插座	L1	0.22	0.40	1	0.90	0.40	2.0
11		W11	插座	L2	0.22	0.40	1	0.90	0.40	2.0
12		W12	插座	L3	0.22	0.40	1	0.90	0.40	2.0
13	单相负	L1 相			0.22	2.32				
14		L2 相			0.22	1.92				
15	荷统计	L3 相			0.22	1.92				
16		等效三相			380	6.96	0.90	0.90	6.26	10.6

（2）配电箱系统的负荷计算

我们编号为 AL5-1 的配电箱系统为例进行负荷计算，具体计算过程如下：

参考各类建筑的照明负荷需要系数表（表 12-2），取配电箱的需要系数为 0.9。

对配电箱的各单相负荷进行统计。

$$P_{L1} = 2.36\text{kW}, \ P_{L2} = 3.15\text{kW}, \ P_{L3} = 2.32\text{kW}$$

$$P_e = 3P_{max} = 3 \times 3.15\text{kW} = 9.45\text{kW}$$

$$P_c = k_d P_e = 0.9 \times 9.45 = 8.5\text{kW}$$

$$I_c = \frac{P_c}{\sqrt{3}U_L\cos\varphi} = \frac{8.5}{1.732 \times 0.38 \times 0.9} = 14.4\text{A}$$

2. 导线、电气设备的选择及其计算

我们以编号为 AL5-1 配电箱中的 W3 回路为例进行导线及设备的选择：

（1）导线的选择

照明回路宜选用电阻率较高的铜导线，该回路的计算电流为 4.8A，我们选择 BV-2.5 的导线，查《建筑电气常用数据》（图集号 04DX101-1）BV 电线持续载流量（二），可知其持续载流量为 16A，满足要求。

（2）保护设备的选择

W3 回路为照明回路，在选择断路器作为保护设备时，只需要短路保护即可。

其整定电流为：

$$I_{dz} = 1.2I_C = 1.2 \times 4.8A = 5.76A，取 10A。$$

初选北元电器的断路器作为保护电器，型号为 BM65C10/2P。

3. 电压损失校验

选择一条最长的线路 W6 作电压损失校验，$L=34\text{m}$，查表 12-3 知单相 220VBV 线的计算系数为 $C=12.8\text{kW·m/mm}^2$，$P=0.96\text{kW}$。

$$\Delta U\% = \frac{\sum PL}{S \cdot C} = \frac{0.96 \times 34}{2.5 \times 12.8} = 1.02\%，满足电压损失要求。$$

4. 配电系统图的绘制

配电系统图如图 12-8 所示。

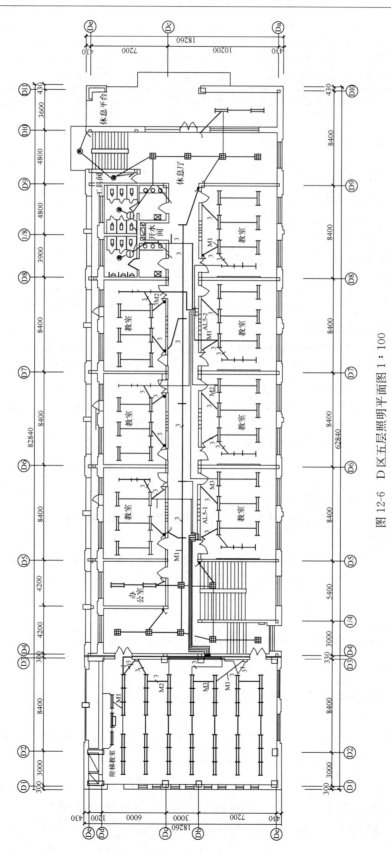

图 12-6　D区五层照明平面图 1∶100

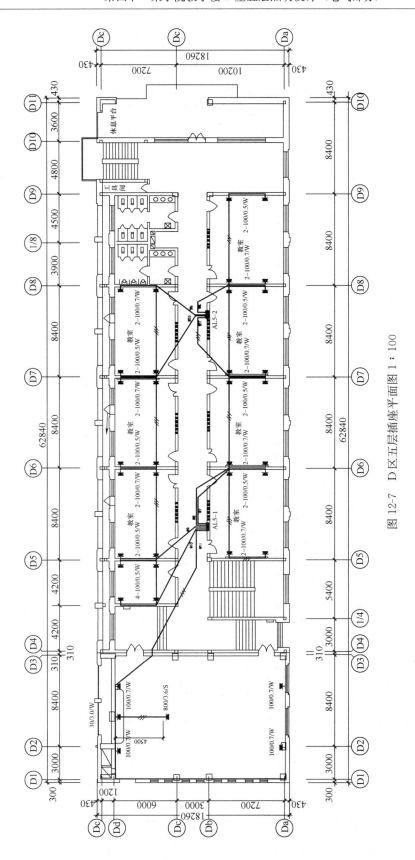

图 12-7 D 区五层插座平面图 1∶100

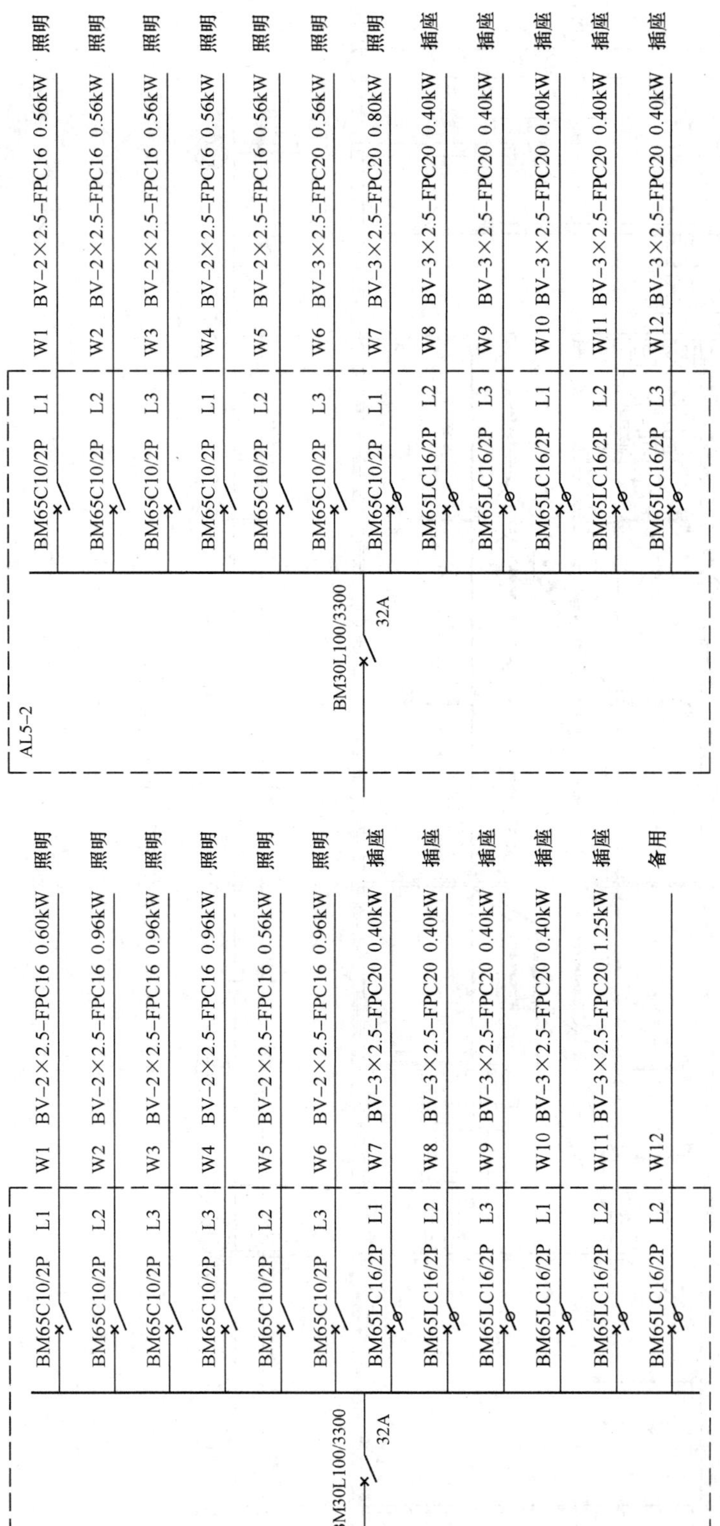

AL5-2					
BM65C10/2P	L1	W1	BV-2×2.5-FPC16	0.56kW	照明
BM65C10/2P	L2	W2	BV-2×2.5-FPC16	0.56kW	照明
BM65C10/2P	L3	W3	BV-2×2.5-FPC16	0.56kW	照明
BM65C10/2P	L1	W4	BV-2×2.5-FPC16	0.56kW	照明
BM65C10/2P	L2	W5	BV-2×2.5-FPC16	0.56kW	照明
BM65C10/2P	L3	W6	BV-3×2.5-FPC20	0.56kW	照明
BM65C10/2P	L1	W7	BV-3×2.5-FPC20	0.80kW	照明
BM65LC16/2P	L2	W8	BV-3×2.5-FPC20	0.40kW	插座
BM65LC16/2P	L3	W9	BV-3×2.5-FPC20	0.40kW	插座
BM65LC16/2P	L1	W10	BV-3×2.5-FPC20	0.40kW	插座
BM65LC16/2P	L2	W11	BV-3×2.5-FPC20	0.40kW	插座
BM65LC16/2P	L3	W12	BV-3×2.5-FPC20	0.40kW	插座

BM30L100/3300 32A

AL5-1					
BM65C10/2P	L1	W1	BV-2×2.5-FPC16	0.60kW	照明
BM65C10/2P	L2	W2	BV-2×2.5-FPC16	0.96kW	照明
BM65C10/2P	L3	W3	BV-2×2.5-FPC16	0.96kW	照明
BM65C10/2P	L3	W4	BV-2×2.5-FPC16	0.96kW	照明
BM65C10/2P	L2	W5	BV-2×2.5-FPC16	0.56kW	照明
BM65C10/2P	L3	W6	BV-2×2.5-FPC16	0.96kW	照明
BM65LC16/2P	L1	W7	BV-3×2.5-FPC20	0.40kW	插座
BM65LC16/2P	L2	W8	BV-3×2.5-FPC20	0.40kW	插座
BM65LC16/2P	L3	W9	BV-3×2.5-FPC20	0.40kW	插座
BM65LC16/2P	L1	W10	BV-3×2.5-FPC20	0.40kW	插座
BM65LC16/2P	L2	W11	BV-3×2.5-FPC20	1.25kW	插座
BM65LC16/2P	L2	W12			备用

BM30L100/3300 32A

图 12-8 配电系统图

复 习 思 考 题

1. 照明线路的负荷计算有哪些特点？

2. 照明器线路单相回路的划分原则是什么？

3. 有一条交流 220V 的单相线路上，连接有 15 只 40W 简式荧光灯和 15 只 60W 的白炽灯。确定该线路上的计算电流。

4. 各类型号单只照明器设备功率的确定原则。

5. 三相照明线路中，三相设备功率的确定原则。

6. 照明线路中保护设备和开关设备的选择原则。

7. 电气照明设计的图纸有哪几种类型。

8. 为保证照明用电设备的使用安全，采用的方法是什么？

第十三章　建筑物立面照明和剧场照明设计

第一节　建筑物立面照明的设计理念和设计方法

一、设计理念

建筑物立面照明设计的目的：充分体现建筑物夜间形象，以突出原建筑物的风格、形状特点为原则，用光照技术、阴影技术等多种方法，创造出一个符合建筑设计大师思想的与自然光照下明显不同的效果，从而在另一个方面体现出建筑物风格和形状特点。完美的建筑物立面照明效果取决于照明器材和对现代照明技术的娴熟应用，但更取决于丰厚的艺术修养和对建筑的深刻理解。

1. 对建筑物立面效果的理解

任何一栋建筑物立面效果，建筑设计师都有其自己独特的设计意图，在设计时应该全面了解建筑物风格特点、使用功能，结构特点、建筑物立面的装饰材料、建筑物周围的光环境，同时掌握建筑设计师对建筑物立面设计时的几个关键、有特点的部分。在对建筑物立面照明设计时能保证突出建筑重点，有能保证建筑物整体效果，要尽可能展示出建筑物关键部位的特征充分体现出设计师的设计风格，突出建筑灵魂的部分，例如：西方建筑的塔尖，坡顶，圆拱，中国古建筑的琉璃屋顶，重檐、现代建筑的抽象性、寓意性都从不同方面表示出独有建筑风格，将这些作为照明的重点无疑有着相当作用，定会取得的画龙点睛、事半功倍的效果。

2. 建筑物立面照明设计时亮度（照度）的掌握

目前，我国尚未制定城市建筑夜景照明的设计标准，综合各个方面的因素认为建筑物立面的亮度值是最直观的照明指标。建筑物立面照明设计时，应该参照 CIE 的推荐标准，在不同夜间环境中，对昏暗的、中等的和明亮夜视，建筑主立面的平均亮度值分别为4nt、6nt、12nt 左右。但是在实际的工程设计中 CIE 推荐的建筑立面平均亮度标准往往用照度标准代替，这只是因为我国应用的室内照明设计是按照照度标准进行的。设计者感到设计计算和选择比较方便而已。从理论上讲照度值和表面亮度值之间是有一定的联系的，也存在着必然的关系。照度是表示建筑物立面上单位面积内接受的光通量多少的描述。建筑物表面亮度是指光源照射到建筑物表面上所产生的反射光的光强对人视觉器官能量强弱程度的描述。无论是照度值还是亮度值影响它们数值大小的因素只有两个部分，即光源的直射光和各种反射光。光源发出的光的能量很容易确定，可以从光源自身和照明器的光学特性得到，而反射的光对于室内来说主要是墙壁、地板和棚面的反射所组成，不同的建筑材料反射系数是不一样的，可以从建筑材料的光学特性来定量分析得到。室外则不同了，建筑物表面的反射光，主要考虑的对象是建筑物表面的材料对光的反射，不同材料的反射系数也不同。次要的考虑是周围建筑物和构筑物的反射光对本建筑物表面亮度的影响。

从建筑物立面照明实际工程设计的角度出发，本照度简单实用可操作性强原则。同时根据 CIE 的推荐亮度值标准按照理论性的公式简单的进行了照度的换算。在考虑了我国室外环境对光源和照明器光学指标的影响、光源本身光衰减程度和技术制造质量等多方面的现实条件，在实际设计时可参照表 13-2 对设计照度进行选择。

另外，亮度的对比也是在设计中必须考虑的因素。通过相邻建筑、路灯与设计的建筑物之间的亮度差异，来保证建筑物具有良好的立体感。

3. 建筑物立面照明设计时色彩的掌握

建筑物立面照明设计中一个非常重要的环节——色彩的运用。建筑物立面照明属于装饰照明的范畴，所谓的装饰照明是在满足正常视觉条件下，将光源的光色和建筑物的装饰效果有机结合的一种艺术化照明方式。而色彩是艺术化体现手法中不可或缺的重要因素，不同的色彩可以表示出不同的情感特征，它还可以衬托某种环境气氛、刺激人的某种情绪、强化人的心理印象。所以光的色彩运用时要考虑光源颜色和建筑物表面材料颜色的融合，建筑物的历史背景、建筑风格的一致，使用功能、周边环境的统一，如：古建筑和现代建筑的立面照明、商业服务业、娱乐业和商务用的写字楼、办公楼它们在使用功能上有明显的区别，在光色的选择时要有明显的差别。一般来讲，在同一个级别的照度或亮度条件下，色彩它影响人的视觉效果，它会使得对物体大小、形状等在主观感觉中发生变化，对真实存在的物理量认识不准确了，产生了主观的对温度、重量和距离感觉。这就是所谓的色彩物理效应。另外，色彩还有对人的心理产出一定的影响，即心理效应。色彩的心理效应主要反映两个方面，一是悦目性，二是情感性。悦目性给人带来美感、情感性给人带来情绪变动和引起联想乃至起到象征作用。

在实际的工程设计中，大致把色彩分为两大类，即暖色光（红、橙、黄、棕等）和冷色光（蓝、绿、青）。红、黄色能刺激和兴奋神经系统，青、绿色有助于镇静、白色凸显庄严大方等。

除了在本体建筑物立面照明设计时考虑光色外，选择光色时一定要了解周围环境的色彩对设计效果的影响，因为反映到人视觉的色彩是一个综合的效果，从光波的波谱中可以分析到各种色彩之间没有突然地变化，单纯的颜色在实际中是没有的。要避免在增强某种光色的同时也改变了建筑立面上其他颜色的色调，引起色彩失衡。

4. 合理的控制眩光、突出设计特色

要将照明技术和艺术的有机结合，即符合照明功能，又具有富有艺术性。关键的问题是应该解决照明技术使用时的独到创意和产生具有设计特色的立面照明设计思想。

眩光对于正常的室内照明设计来讲是一个必须限制问题，对于室外的建筑物立面照明，它是否也是一定要消除的现象呢，能否利用眩光来产生一定的特殊效果，使得建筑物立面照明的方式多样化和特点明显呢？从理论上讲眩光的产生是应该具备一定的条件，但是主要影响眩光产生的是保护角和光源的光强。在室内人们的位置相对活动范围很小，保护角很容易控制。室外则不一样了，人们的活动空间很大，保护角不断变化。我们可以利用这一点，设计时确定在一定的区域内产生眩光，其他位置没有眩光。就可以满足人们对探索秘密愿望，吸引人们的好奇心理同时展示了建筑物。当然，眩光的值和光污染的值要有严格控制，在保证没有光污染的前提下产生眩光，在保证不对路人、建筑物周围居住人们产生眩光的影响下进行眩光的制造。

5. 节约能源、安全和便于维护是设计时要考虑的因素在选择光源和照明器时要选择那些使用长寿命、高光效的优质节能光源，效率高照明器。而且考虑到使用时灵活性，如：节日和平日照明等因素选择合理的控制方式，节约能源。建筑物立面照明特别是泛光照明方式，照明装置在室外设置，环境条件很差，要充分考虑到便于维护方便的因素。

二、照明方式

目前使用的建筑物立面照明有三种方式：泛光照明、建筑物轮廓照明和建筑物内透照明。

1. 泛光照明

利用装设在建筑物前方地面上或对面其他建筑物上的单只或成组的投光灯直接照射到建筑立面上，使建筑物表面的亮度高于其周围环境亮度，以突出建筑物立面造型为效果。这种照明方式能表示出建筑物的全貌、特点以及建筑物表面的层次、装饰材料质感和颜色等细节，充分体现出建筑设计人员对建筑物立面设计的设计思想和设计手法，它是现代建筑物立面照明方式中最直接、最原始和最简单有效的照明方式。

2. 轮廓照明

将单个的白炽灯或灯串、霓虹灯管、光纤和激光灯等沿着建筑物的外轮廓敷设，以突出建筑物的轮廓为效果显示出建筑物的外形。轮廓照明方式只能表示出建筑物的轮廓，不如泛光照明那样能体现出建筑物立面的整体效果。一般情况下对于要求较高的建筑物立面照明手段中作为辅助照明手段，和其他照明方式配合形成一个完整的照明效果。但是对于一般场合仅仅为了突出建筑的外形轮廓，是最有效地方式。

3. 建筑物内部的透光照明

在商业、服务业和公共建筑中，利用设置在建筑物内与外界相通的橱窗光亮，使该橱窗的表面亮度高于周围环境的亮度，间接地凸显了建筑物立面的效果。内透光照明方式比室外泛光照明效果更直接，但是它反映建筑物全部立面效果的程度受到建筑物表面透光材料的限制。一栋建筑物的立面不可能完全是同一种透光材料所构成，也不可能全部采用透光材料。但是由于照明装置是设在建筑物内部，可以结合橱窗的商品展示、广告宣传进行，可以采用各种装饰照明的手法，使得色彩斑斓、形状各异，这种照明方式在节约了造价同时也给维修带来了方便。

根据被照建筑物的特征和要求，合理选用最佳的照明方式。将上述三种方式结合使用，以达到最佳的建筑物立面照明效果。

第二节　泛光照明设计

一、设计程序

建筑立面照明设计和其他设计不同之处在于设计前的准备工作特别重要，要了解建筑物本身特点和分析周边环境因素对设计效果的影响。确定设计构思和设计方案，照明装置的安装位置。

（一）现场调查和现场照明效果的实验环境分析

1. 充分掌握和了解建筑物的建筑风格、艺术特点、建筑物的使用功能，设计对象在城市中的具体位置，和该地区的建设规划和发展情况。

2. 测定建筑周围的光环境，充分了解周围建筑物立面照明的效果和该区域照明方式的特色，结合白天建筑物的形象和艺术效果，处理好协调性和统一性、特色性之间的关系。要测定出被照建筑物所在地点周围环境的亮度特别是建筑物背景亮度。以便确定出合理的对比度。做照明效果的实验确定在建筑物的立面上，合适的位置、照明器投射的角度和合适的亮度分布来突出应该着重展示的部分。

（二）确定合理设计标准、进行设计方案的构思

1. 参照国际和当地管理部门对立面照明照度设计标准，确定设计照度值。

2. 了解建筑设计师对该建筑的风格和形象的思想，听取建筑设计师对该建筑立面照明设计建议和要求，并根据建筑物的结构造型、体量、外墙的材料形式、颜色、材料的反射特性等特点。确定该建筑需要重点表现的部位，确定照明使用的光源和照明装置提出初步设计方案。

3. 绘制效果图。

（三）进入到施工图设计阶段

二、建筑物立面照明光源、照明器的选择以及安装

（一）照明器、光源的选择

作为室外使用的照明光源由于照射的距离较远、显色性也有一定的要求，通常使用高功率、高强度的气体放电光源，例如：金属卤化物灯和钠灯。

照明器的选择是根据被照物体的面积、光源距被照物体的长度来确定的。每一种照明器能达到的照射距离、照射角度照射的面积，可以从配光曲线上体现出来。照明器的配光曲线按发光的角度一般可分为七种形式，如表 13-1。

照明器按发光角度的分类表　　　　　　　　　　　　　　表 13-1

编号	发光角度（°）	配光曲线的名称	编号	发光角度（°）	配光曲线的名称
1	10～18	特狭光束	5	70～100	宽光束
2	18～29	狭光束	6	100～130	特宽光束
3	29～46	中等光束	7	130 以上	特宽光束
4	46～70	中等宽光束			

另外作为建筑物立面照明的照明器一般情况下使用在室外，所以照明器有防水防尘型的各个等级（等级见附表），以供在不同的场合使用。通常室外灯具的防护等级应达到IP≥55，并有一定防撞击能力。

照明器的确定包含照明器中光源形式和技术指标的确定以及照明器的配光曲线的确定。光源的技术指标主要是光色指标。光源的功率是在照度计算后进行的。为了体现建筑物立面的色彩，有时是要用真实的表示方法去表示。也有时为了某种要求要采用渲染的表示方法。因此光源的光色指标要根据具体情况确定。特别要注意的是建筑物本身的颜色和光源颜色相结合时能体现的综合颜色。

在工程设计中，有时在照明器中为了提高光通量和改善光源的光色指标采用两个光源或多个光源的混光光源。

（二）安装位置确定

要保证建筑物立面上的照度均匀度，并能形成合适的亮度对比，必须准确的确定照明

器的安装位置。在确定照明器的安装位置时应注意如下因素：

1. 不要因照明器的出现而影响建筑物立面的艺术效果，从而喧宾夺主，破坏建筑物的整体效果。照明器的位置也不要影响交通和人的走路。一般情况下，将照明器安装在不被人们注意的地方，例如：建筑物前的花坛中、空场地中、建筑物对面的街道上等。

2. 正确的处理照度的均匀度和亮度对比度之间的关系。建筑物的立面照明是靠一组照明器共同来完成的，因此照明器安装的间距是保证建筑物表面照度的均匀度和亮度对比度的唯一条件。一般情况下是根据照明器的配光曲线的数据来确定照明器的安装间距。对于同样配光曲线的照明器，为保证照度均匀度间距要小一些，为保证适合亮度对比度其间距就应大一些。

在实际的工程设计中，通常采用照明器安装的位置，即距建筑物的距离不同来保证照度的均匀度。通过灯光在远处、近处对建筑物立面的照射，使得照射到建筑物立面上的光通量均匀。将不同距离的灯光分为主要灯光和辅助灯光两种，起到消除阴影区保证照度的均匀度作用。另外，为了保证主要建筑物的立面上有合理的照度对比度，控制在次要立面上的亮度为主立面亮度的 50%，可以保持主要建筑物立面上具有立体感。

立面照明采用多组安装于不同位置的投光灯，是保证主要建筑物立面上具有良好照度均匀度和亮度对比度的最好设计方法。

3. 照明器安装高度和角度的调整。照明器安装高度和角度是可以按照明器的配光曲线和照度值、均匀度对比度的要求计算得出。投光灯发光的角度和主投射方向、与主视线方向之间保证有良好的对应关系，为获得良好的光影造型，主投光方向与主视线方向间的夹角以大于 45°小于 90°为宜。但是，对形状各异的建筑物立面确定最佳投射方向，必须要在现场经过多次试验、调整才可以到达最佳效果。但是由于室外照明影响的因素较多也较复杂，计算的数据有一定的误差必须进行调整才能达到目的。调整是在计算的基础进行的。

三、建筑物表面照度值的确定

（一）照度值的选择

照度值的确定一方面要按照建筑物立面照明所使用照度的建议值去考虑如表 13-2，因为这个表面照度值考虑了多种因素。但是另一个方面，要想突出所要照明的建筑物必须和周围环境的亮度其他建筑物表面亮度综合考虑，也就是说要比它们的照度值高。

建筑物立面照明照度的推荐值 表 13-2

建筑物立面的特征		平均照度的推荐值（lx）		
		建筑物周围环境条件		
表面颜色	反射系数	亮	中	暗
白色	0.7～0.85	100～150	75～100	50～75
灰色	0.5～0.7	150～250	100～150	75～100
灰黑色	0.2～0.5	250～300	150～200	100～150

（二）照度的计算

照度的计算方法有逐点计算法、有效光通量法和单位面积容量法。这几种方法各有特点。逐点计算法是这几种方法中最精确的方法，可以求出照度的分布、照度的均匀度、照度梯度和无论是垂直还是任何倾斜角度平面的照度值。但是计算的过程比较复杂、计算量也比较大，手工计算也容易出错。如果采用计算机作为计算手段才会有准确的计算结果。如果要求对被照面上每一个部分都要有特别精确的照度值，必须采用该方法。特别是有些理论上的需要时，这种方法是首选。单位容量法计算的过程简单计算时也容易得到计算结果，但是计算得出的结果准确度较差，但是对于照度值的要求不是很高时，例如：照明方案设计时的照度计算可以采用该方法。有效光通量法是一种在工程中常用的方法。一般性建筑物的立面照明也可以采用该方法。它的计算原理和前面所讲的室内平均照度计算是完全一样的。用这种方法得出照度值计算结果的精度比单位容量法高、比逐点计算法低。计算过程比较简单、计算量也不大计算出的结果虽然有一定的误差，但是在照明工程中是可以满足要求的。下面分别介绍有效光通量法和单位容量法。

1. 有效光通量法

（1）被照面上平均照度的计算公式

$$E_{av} = MN\Phi_l / A \tag{13-1}$$

式中　E_{av}——被照面上的平均照度，lx；

　　　M——减光补偿系数，详见表 13-3；

　　　Φ_l——每只光源照射在建筑物表面上的光通量，lm；

　　　A——建筑物上被照面积，m^2；

　　　N——照明器的只数。

由上述公式不难看出建筑物的被照面上平均照度的计算公式和室内平均照度的计算公式基本相同，其关键求出光源照射在建筑物表面上的光通量。

（2）减光补偿系数的确定

与其他照明器一样在使用过程中随着时间的延长光源的光通量也要产生光的衰减，另外照明器表面的清洁程度也会影响光通量的辐射程度。考虑上述因素后引入减光补偿系数。为了计算方便根据经验编写了表 13-3 以供使用。

减光补偿系数表　　　　　　　　　　　　　　　　　　表 13-3

照明器安装位置的环境条件	减光补偿系数的值	照明器安装位置的环境条件	减光补偿系数的值
经常打扫的清洁场所	0.7～0.8	有环境污染的场所	0.5～0.6
一般清洁的场所	0.6～0.7		

（3）光源照射在建筑物表面上的光通量的确定

在作建筑物立面照明时，无论使用那一种配光曲线的照明器，它的光源发出的光通量都不会全部投射到被照物体上。总有一些光通量会在建筑物的被照面上溢出，也有一些光通量在辐射的过程中消耗掉以及有一些光通量照射在被照物体之外。采用多个照明器作建筑立面照明时，我们将照明器直射到建筑物表面的光通量占所有光源额定光通量的百分数记为 U 并称之为利用系数。则有下式

　　　$U=$（照明器直射到建筑物表面的光通量/所有光源额定光通量之和）％

通过详细的分析不难得出，影响利用系数的因素也很多，不容易考虑的全面，所以要想计算出利用系数的值是比较复杂的。在照明工程中如果采用多个照明器进行建筑物的立面照明，则有一种简单的计算方法可供使用，即按照未照射到建筑物表面照明器的等效台数占总台数的百分比估算利用系数见表 13-4。

有效光通利用系数的估算值表　　　　　　　　　　表 13-4

未照射到建筑物表面照明器的等效台数占总台数的百分比（%）	20	40	80	100
有效光通利用系数的估算值	0.9	0.8	0.6	0.5

在上表使用时未照射到建筑物表面照明器的等效台数可用根据配光曲线和照射光束角度来绘制图纸按照图纸上的面积来求出等效台数其值。

2. 单位容量法

（1）单位容量法的计算公式。

单位容量法是一种可以估算出照明器的数量和照明器的电功率的直接、简便的工程估算法，可以按下列公式求出照明器的电功率。

$$P_\Sigma = P \times A \tag{13-2}$$

式中　P_Σ——照射到建筑物表面上的总电功率，W；

　　　A——被照的单位面积，m^2；

　　　P——单位面积上符合照度值的电功率，W。

（2）单位面积上符合照度值的电功率的计算

单位面积上符合照度值的电功率的计算的推导过程比较复杂，推导时要考虑的因素较多，理论上有一套比较详细、完整、符合实际的推导方法。虽然准确，但是计算起来是特别复杂。所以在工程中经常采用下列估算方法进行估算。

估算公式如下

$$P = M \times E \tag{13-3}$$

式中　M——各类照明器的计算系数，见表 13-5；

　　　E——设计时所选择的照度值，lx；

　　　P——单位面积上符合照度值的总电功率，W/m^2。

各类照明器的计算系数（M）　　　　　　　　　　表 13-5

光源种类	白炽灯	卤钨灯	高压汞灯	高压钠灯	金属卤化灯
M 的值	0.239	0.227	0.091	0.50	0.065

（3）每只照明器的电功率（P_i）和照明器数量（N）求法按下式进行

$$N = P_\Sigma / P_i \tag{13-4}$$

（4）举例

【例】某个建筑物的被照表面的面积是 800m^2，如果想将该面积上造成的照度值为 200lx。试计算但采用 1000W 金属卤化物灯时，所需照明器的数量。

解： 1. 查照明器的计算系数（M）求出单位面积上符合照度值电功率的值。

查表第一行第五列得到计算系数值为　$M = 0.065$。

$$P = M \times E = 0.065 \times 200\text{lx} = 13\text{W/m}^2$$

2. 计算照射到建筑面上的总功率 P_Σ

$$P_\Sigma = P \times A = 13 \times 800 = 10400\text{W}$$

3. 计算照明器数量 N

$N = P_\Sigma / P_i = 10400/1000 = 10.4$ 只。为了保证满足要求取值为 11 只。

第三节　内透光照明设计

一、设计理念

利用建筑物的房间与外边相接的窗口，通过窗口透出的灯光展示建筑物立面的特点，就是所谓的内透光照明。这是建筑物立面照明中一种典型的照明设计方法，随着建筑中以玻璃幕墙作为建筑立面的形式逐渐增多，内透光照明设计方法会被越来越多的照明设计师所使用。

二、内透光照明设计时照明器位置确定和内透光的形式特点

在单独使用内透光照明方式时，照明器配光曲线的不同、照明器装设的位置不同以及照明器中光源选择的不同，对其照明的效果也会不同，当确立了光源、配光曲线的前提下，按照装设的位置内透光照明有以下几种形式。

1. 在窗口的上檐设置照明装置作为内透光照明

在窗口的上檐处设置光源，让光源直接透出窗外，这是一种照明方式。装设在窗口上檐的光源可以是点光源、线光源或者其他形式。将一栋建筑中所有窗口灯光效果配合在一起就构成建筑立面整体的效果。这种照明方式比较灵活，每个窗口的照明方案和形式是一个独立的照明单元，可以形成自己的照明风格和特点。多个窗口又可以相互配合组合成整体照明效果。这种照明方式有层次感、形式变化多样、建筑的深度和立体感强。适合于大型建筑物中窗口较多的建筑物立面照明中使用。

2. 在靠近窗口的房间顶棚上设置照明装置作为内透光照明

在靠近窗口处的顶棚上设置适当照明装置，通过照亮窗口附近的顶棚和墙面，反射到窗口形成在室外窗口处的亮度，从而得到建筑物立面的照明效果，这是一种间接的建筑物立面照明设计方式。通过房间内部墙面和棚面的照度值不同，形成由窗口向房间纵深亮度分布，达到窗口照明另一种变化体验。体现出建筑物立面和房间结合的纵深感，整体感，在形成于房间亮度对比的同时体现出建筑物立面照明的效果。

3. 利用室内功能性照明兼做建筑的内透光照明

利用室内功能性照明兼为建筑的内透光照明，这是一种非常间接地照明方式，要保证符合室内的照度标准，满足室内照明的功能性要求，有达到室外照明的效果，若想达到两者均可兼顾做法比较难以掌握。对于建筑物立面照明要求不是很高是可以采用该种方法，它节约投资、运行成本也大有降低。

4. 在窗口的周边设置照明装置作为内透光照明

这种方式与在靠近窗口的房间顶棚上设置照明装置作为内透光照明方式有许多相同之处，也是一种间接照明方式。窗口的周边是指窗口的上檐处和接近窗口处室内的墙面和棚面，这是一种有目的的直接照明方式，结合了前两种方式的特点和手法，可以充分展示他们的优点、互相补充光照效果，是一种非常好的设计手法。

三、内透光照明方式的特点

首先是不用在建筑外边设置灯具，保证了建筑外观的整齐，使用内透光照明能够最大限度地控制眩光的影响。内透光照明由于选择了低功率、低亮度的光源，同时照明灯具又能够进行良好的隐蔽安装，因而使得它成为眩光干扰非常小的一种照明手法。内透光照明

能够最大限度低减少对城市环境和城区天空的光污染。内透光照明能营造更多的景观变化。由于内透光照明是以一个个窗口作为独立单元进行灯光设计，然后再构成一个整体景观，因而，不同单元之间的相互组合可以演化出极多的变化，这就使得用内透光方式设计的夜景观可以演化出非常多的图案，能更好地满足人们赏景时求新求变、希望看到更多景致的心理，使建筑能在不同时日以不同的夜景面貌来展示自身形象、烘托环境气氛。内透光是一种照明方式，它可以有很多类型的变化，通过选择不同的照明光源，采取相应的照明配置，结合建筑形式、窗口形式、建筑墙面、建筑构件和透光玻璃，可以设计出丰富多彩的夜景效果。内透光照明的维护管理，与外投光照明相比有很大的不同，总的说来应该是更方便、更安全。

四、内透光照明光学指标的评价

从建筑物立面照明的角度来讲，评价内透光的光学评价指标包括建筑物表面照度、被照建筑物和周边建筑物的亮度对比度以及与建筑物本体、周边建筑色彩的配合。

五、内透光照明方式和泛光照明、轮廓照明方式的结合

1. 外投光和内透光的结合

以玻璃幕墙做为立面的主要组成部分的建筑物，在玻璃之间有较宽的带状实墙或金属板墙，还有一些建筑它的立面主要是实墙结构，虽然其间排列了大量整齐的窗。对这类立面形式，如果将内透光和外投光结合起来使用或许有更好的效果，玻璃窗口处设内透光，实墙墙面或金属框板处设外投光。协调好两种照明方式对建筑物整体立面的统一性是设计的关键，要保证内外照明效果相近或效果差别过大会而产生的呆板和拥堵或冲突则造成的整体效果的混乱。处理好内透光和外投光结合时，共同塑造景观时，二者之间的景观和背景的关系，主体和衬托的关系，照明对比亮度、色调对比、灯光形式对比的关系。

2. 内透光配合建筑轮廓照明

对于建筑有优美的外轮廓线或建筑立面上有一些比较突出且外廓优美的构件，可以利用线光源或点状光源形成的连线勾勒出建筑或构件的外廓，同时配合建筑的内透光照明，也能形成生动的照明效果，此时的内透光应采用将整个房间都照亮的形式，这样可以使效果形成较好的对比和补充。

六、照明器和光源的选择

照明器和光源的选择是根据照明方式来确定的，通常采用的光源是管荧光灯、金属卤化物灯和高压钠灯等。在窗口的上檐安装灯具，所设计的照明效果是照亮反光窗帘、塑造窗口的边框、直接透出窗外的光源亮线，普通的直管荧光灯比较合适。采用斜照式配光，让出光口在水平方向的灯具把尽可能多的光通量送到窗上。利用房间内部的功能性灯具兼做内透光照明时，所选择的光源自然也是以荧光灯为主，灯具若为悬吊形式，应选半直接型配光，保证有足够的上射光通量，灯具若为吸顶形式，采用斜照式配光。利用照亮室内近窗处墙面做透光照明时，使用小型泛光灯具，配置金属卤化物灯或高压钠灯光源比较适合。

第四节　舞台灯光设计介绍

舞台上灯光设计是照明工程中非常典型光照设计应用实例，掌握舞台上灯光使用功能，将设计中使用光源、照明器的光学技术指标、电学技术指标与舞台效果的紧密结合是设计的最终目的。通过对舞台灯光设计理念的理解和对设计过程的学习，熟悉舞台整体灯光系统的调试，正确操纵调光设备、掌握调光的方法，提高对舞台灯光设备的运行维护和操作能力。搞懂舞台灯光系统中配电线路敷设和照明器、控制设备的安装特点，正确的选择安装方法。

一、舞台照明种类和功能

舞台照明的种类是按照舞台的使用功能和舞台效果而设定的，通常将照明器安装的位置称为光位。

（一）舞台灯光的常用光位

1. 面光：自观众席顶部正面投向舞台的光，主要作用为人物正面照明及整台基本光。

2. 耳光：位于台口外两侧，斜投于舞台的光，分为上下数层，主要辅助面光，加强面部照明，增加人物、景物的立体感。

3. 柱光（又称侧光）：自台口内两侧投射的光，主要用于人物或景物的两侧面照明，增加立体感、轮廓感。

4. 顶光：自舞台上方投向舞台的光，由前到后分为一排顶光、二排顶光、三排顶光等，主要用于舞台普遍照明，增强舞台照度，并且有很多景物、道具的定点照射，主要靠顶光去解决。

5. 逆光：自舞台逆方向投射的光（如顶光、桥光等反向照射），可勾画出人物、景物的轮廓，增强立体感和透明感。

6. 侧光：在舞台两侧天桥处投向舞台的光，主要用于辅助柱光，增强立体感，也用于其他光位不便投射的方位。

7. 脚光：自台口前的台板上向舞台投射的光，主要辅助面光照明和消除由于面光等高位照射的人物面部和下颚所形成的阴影。

8. 天、地排光：自天幕上方和下方投向天幕的光，主要用于天幕的照明和色彩变化。

9. 流动光：位于舞台两侧的流动灯架上，主要辅助桥光，补充舞台两侧光线或其他特定光线。

10. 追光：自观众席或其他位置需用的光位，主要用于跟踪演员表演或突出某一特定光线，又用于主持人。

舞台灯光的光位数量是可以根据舞台不同的使用功能来确定，通常标准舞台灯光位置如图 13-1 所示。

图 13-2 是某学院新建设的文化艺术中心舞台灯光位置图，由于学院舞台使用的特殊要求，舞台灯光仅仅设立了灯光的一部分。设立了一套面光，两套耳光、顶光、柱光、侧光，三套逆光和一套天排光照明灯，加上还有两套追光灯和四套电脑灯。

（二）常用各个灯位照明装置的特点

1. 聚光灯：是舞台照明上使用最广泛的主流灯的种类之一，它照射光线集中，光斑轮廓边沿较为清晰，能突出一个局部，也可放大光斑照明一个区域，作为舞台主要光源，常用于面光、耳光、侧光等光位。

2. 柔光灯：光线柔和匀称，既能突出某一部分，又没有生硬的光斑，便于几个灯相衔接，多用于柱光、流动光等近距离光位。

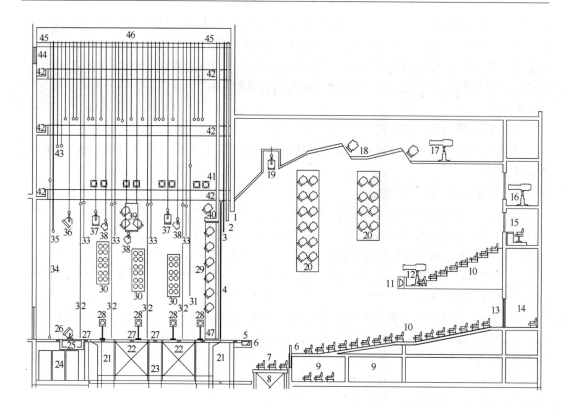

图 13-1　标准舞台灯光位置图

1—台台；2—防水幕；3—装饰幕；4—大幕；5—脚光；6—台唇；7—乐池；8—升降乐池；9—地下储藏室；10—观众席；11—二层挑台光；12—二层观众席追光；13—安全门；14—前厅；15—调光室；16—后追光室；17—二道面光及追光室；18—道面光；19—乐池灯；20—耳光；21—台仓；22—升降台；23—转台；24—配电室；25—灯槽；26—地排灯；27—舞台地板回路插口；28—舞台流动灯；29—柱光；30—侧光吊笼；31—二道幕；32—边幕；33—檐幕；34—天幕；35—黑幕；36—天排光；37—顶排聚光；38—顶排泛光；39—灯光吊桥；40—台口吊桥；41—天桥侧光；42—天桥；43—吊杆设备；44—通风口；45—舞台提升设备层；46—栅栏天顶；47—活动台口

3. 回光灯：它是一种反射式的灯具，其特点是光质硬、照度高和射程远，是一种既经济又高效的强光灯。

4. 散光灯：光线漫散、均称、投射面积大，分为天排散光和地排散光，多用于天幕照射，也可用于舞台主席台的普遍照明。

5. 造型灯：原理介于追光灯和聚光灯之间，是一种特殊灯具，主要用于人物和景物的造型投射。

6. 脚光灯：光线柔和，面积广泛。主要作为向中景也可在台口位置辅助面光照明。

7. 光柱灯（称筒灯）：可用于人物和景物各方位照明，也可直接安装于舞台上，暴露于观众，形成灯阵，作舞台装饰和照明双重作用。

8. 投景、幻灯及天幕效果灯：可在舞台天幕上形成整体画面，及各种特殊效果，如：风、雨、雷、电、水、火、烟、云等。

9. 电脑灯：是信号控制的智能灯具，其光色、光斑、照度均优于以上常规灯具是近年发展起来的一种智能灯具，常安装在面光、顶光、舞台后台阶等位置，其运行中的色、

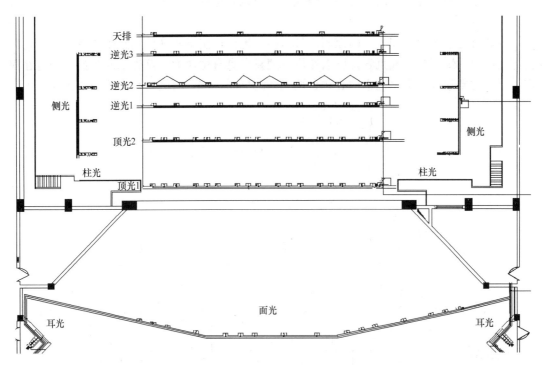

图 13-2 某学院新建设的文化艺术中心舞台灯光位置图

形、图等均可编制运行程序。由于功率大小不同，在舞台上使用要有所区别。一般小功率电脑灯，只适合舞厅使用。在舞台上小功率电脑灯光线、光斑常被舞台聚光灯、回光灯等淡化掉，所以在选用上要特别留意。

10. 追光灯：是舞台灯光的灯具，特点是亮度高、运用透镜成像，可呈现清晰光斑，通过调节焦距，又可改变光斑虚实。有活动光栏，可以方便地改换色彩，灯体可以自由运转等。目前市场品种较多，有卤钨光源、镝光源、金属卤化物光源、追光灯在特定距离下的光强照度下，以距离作为技术指标，如 8～10m 追光灯、15～30m 追光灯、30～50m 追光灯、50～80m 追光灯等，并且在功能上区分为：机械追光灯，其调焦、光栏、换色均为手动完成；另一种为电脑追光灯，其调焦、光栏、换色、调整色温均通过推拉电器而自动完成（图 13-3）。

二、调光

舞台的调光是对舞台上所有灯光根据舞台剧情景的变化来对其控制，它的主要目的是满足舞台对灯光变化的要求和需要，调光的主要设备有换色器、电脑调光台、硅柜等。在

图 13-3 舞台常用几种灯光的外形

调光的工程中使用许多术语，每个术语代表了对调光过程的描述。

（一）调光的目的

舞台灯光系统通过调光台的控制信号对硅柜进行控制来实现控制整个舞台的灯光。舞台灯光可以为烘托某种气氛发挥巨大作用，使舞台具有生命力，灯光如同演员一样也在演出。某学院新建设的文化艺术中心舞台调光系统见图13-4。灯光可以产生以下效果：

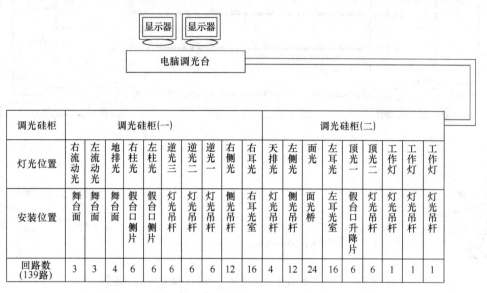

调光硅柜	调光硅柜(一)									调光硅柜(二)								
灯光位置	右流动光	左流动光	地排光	右柱光	左柱光	逆光三	逆光二	逆光一	右侧光	右耳光	天排光	左侧光	面光	左耳光	顶光一	顶光二	工作灯	工作灯	工作灯
安装位置	舞台面	舞台面	舞台面	假台口侧片	假台口侧片	灯光吊杆	灯光吊杆	灯光吊杆	侧光吊杆	右耳光室	灯光吊杆	侧光吊杆	面光桥	左耳光室	假台口升降片	灯光吊杆	灯光吊杆	灯光吊杆	灯光吊杆
回路数(139路)	3	3	4	6	6	6	6	6	12	16	4	12	24	16	6	6	1	1	1

图13-4　某学院新建设的文化艺术中心舞台调光系统

1. 清晰

清晰是舞台灯光最主要的目的，清晰取决于舞台大小、舞台距观众的距离、射向舞台的灯光强度、灯光设备的优劣、灯光颜色。黄色灯光的穿透力最强，其他颜色依次是蓝、绿、橙、红，但灯光强并不等于清晰，为了使观众迅速、容易的看清希望他们看到的部分，可以借重灯光，不希望观众看见的部分，则用灯光隐去。在景与景之间或舞蹈与舞蹈之间有时用灯光来代替幕布，可以利用灯暗迅速地在黑暗中换幕布，换演员或别的人物，这样做可以无需拉幕。

2. 突出

如果舞台上的灯光强度都一样，射向后景的灯光同演员脸部或舞蹈者身上的灯光一样强，演员的重要性就会减弱，或者舞蹈者的外貌特征就显示不出来。台上的一切布景、美工、人物处于同样的灯光下，就好像一帧照片，或一幅没有层次。没有深浅的油画。灯光的效果之一就是突出人物，把他们同后景或天幕区分开来，在他们与它们背后的事物之间形成层次，以示区别，同时创造必要的阴影，从而突出人物。可减弱后景灯光，使之只及照射在演员身上的十分之一，以此来突出人物，侧面灯光也有助于突出人物，利用背后射来的灯光如同摄影一般，有时也能达到同样目的，但不能让观众看见灯光来源。

3. 模仿自然

运用灯光来模仿自然，特别是用来表示季节更替，或者表示一天的不同时辰，如晚上、白天、黎明、傍晚。灯光还可以暗示热带的骄阳或寒带的寒冷，可以表示明月之夜的美和魅力，灯光颜色的变化对于传达这类意义和情感有极大的作用。

4. 结构

如能像画家绘画着色一样运用舞台灯光，通过光线、阴影和色彩表现不同的构思和结构，那么舞台就好似艺术家的一幅艺术杰作，而且是一幅不断运动着的画，随着戏剧情节发展设计的灯光，不断地变化着。

5. 暗示效果

明亮的光线，温暖的色彩可以烘托舞台面所需要的适当气氛。而明亮的光线加上暗淡的阴影则适于表现暧昧模糊的场景。磷光或华丽的光表示超自然的场景，而灰暗的灯光会产生悲剧效果。

舞台因所演出的剧目不同对灯具要求也会有所不同，所以我们在配用灯具前必须要清楚在此舞台上以演出何种剧目为主，这样配置灯具就会有较明确的目标和意图。因此我们首先要了解舞台灯具的常用光位，这是正确选用配置的一个重要环节。

1）自带液晶显示器，另配 VGA 彩色显示器。

2）调光台有面板锁功能，配有工作灯座（工作灯为选配件，另外购买）。

3）无硬盘、全固化软件系统设计，瞬间开机启动，工作稳定可靠。

4）配有中文面板操作表，易学易用。

5）预留网络接口。

（二）调光设备和常用技术术语

1. 调光设备常用的技术术语

（1）调光器——在控制信号作用下，能实现灯光亮度变化的装置。

（2）调光柜——调光器的柜式组合。

（3）控制台——向调光器输出控制信号，进行调光控制的工作台。

（4）控制信号——设备控制部分馈给调光器的信号。

（5）控制回路——独立变化控制信号的最小单元，简称通道。

（6）单控——一个控制回路的独立控制。

（7）组控——具有相同亮度的若干控制回路的集中控制。

（8）集控——具有不同亮度的若干控制回路的集中控制。

（9）段控——实现段与段之间灯光交替变化的控制方式。

（10）总控——把单控、组控、集控和段控的组合称为总控。

（11）最大输出电压——在规定的电网电源和额定负载条件下，调光器可输出电压的最大值。

（12）最小输出电压——在规定的电网电源和额定负载条件下，调光器可输出电压的最小值。

（13）输出电压的不一致性——含有两回路或两回路以上的调光器，在同一测试环境、相同负载、相同控制信号的条件下，各调光回路输出电压的不一致程度。

（14）调光回路输出直流分量——由于输出电压正、负半周波形的不对称而产生的直流分量。

（15）输出电压的温度漂移——在标准电网、额定负载及设定的控制电压下，因环境温度而引起的回路输出电压的变化。

2. 调光设备的外形和技术参数

（1）外形（图 13-5）

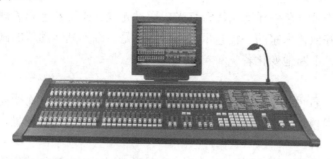

图 13-5　调光台外形

某文化艺术中心的调光硅柜如图 13-6 所示，选择的是 RGB 数字调光硅柜，数字硅柜是实现大功率负荷调光的载体，亦是调光系统的核心硬件。具有全数字智能网络功能，外观设计新颖，性能稳定可靠，可满足大型舞台、会堂、舞台、电视台等调光系统配置的需要。每路 6kW，带有 DMX-512 接口、网络接口，1024 级高触发精度，可将硅柜的柜温、硅温、三相输入电压、硅路输出电压和电流、散热风扇转速等系统状态等通过 LAN 网络或 RGB 遥测返送回控制室进行系统状态的遥测与报告。

图 13-6　调光硅柜外形

（2）主要技术参数

1）单机版还是网络型；

2）输入：380/220VAC；

3）输出：

输出回路：12 路可编程调光输出

输出电流：20A/路最大输出电流

输出电压：交流 0～220VAC/单相

输出形式：可控硅输出

控制模式：模块内部调压的方式分闭环和开环两种

闭环调压的范围 AC20～220V

开环调压的范围 AC0～220V

4）调光器自带 CPU；

5）通信接口；

6）通信速率：最大 38400bit/s；

7）接线；

8）就地显示；

9）适用范围；

10）应用环境：通风，无强腐蚀性场合；

11）散热方式：自然通风散热；

12）环境温度：运行：－10～50℃　储存：－20～60℃；

13）尺寸：370×500×450（$L×W×H$）mm；

14）质量：10～30kg。

3. 电脑换色控制装置

采用电脑换色装置可以使灯光的颜色有规定有计划的改变，并且达到颜色和剧情变化的协调。一般的电脑换色装置均可以达到大屏幕蓝色背光液晶全中文菜单显示，可任意编组、编场、编色，按键次数少，编程效率高；数字化多级和无级飞梭调速，分组延时输出，可在任何输出状态下单独调号，精确控制到每一个灯，给灯光设计人员提供了很大的创作空间；具有 USB 的外存接口，可直接操作外存，同类型控制台只需插入闪存盘即可操作，不破坏原有的存储内容，特别适合异地流动演出，大大提高设备利用率；可控制换色器复位、开关风扇和工作指示灯以适应环境要求；信号通过高速光电隔离输出，稳定准确，抗干扰能力极强，传输距离可达 1200m，且不怕强电回馈烧坏控制台；人性化设计，手感好，操作简捷。

（1）某文化艺术中心电脑换色装置系统（图 13-7）

（2）电脑换色装置外形（图 13-8）和主要技术参数

电脑换色装置的主要技术参数

信号标准：DMX512

人机界面：240×128 液晶图形中文菜单，蓝色 LED 背光

额定编组：16 组

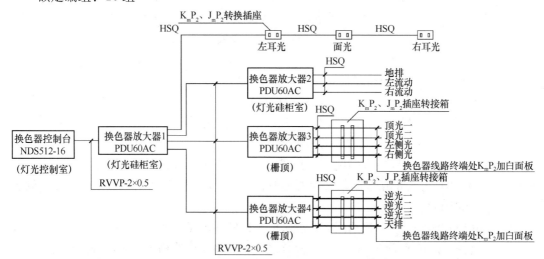

图 13-7　某文化艺术中心电脑换色装置系统图

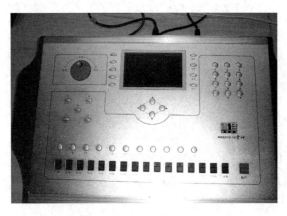

图 13-8　电脑换色装置外形图

最大编组：256 组（16 组/页×16 页）

编址范围：512 个独立通道

可控色数：8~11 色

调速范围：高、中、低三档调速或连续无级调速

记忆场数：128 场景（内存）

外存场数：USB 闪存盘，每盘存 128 场

输出模式：直接＋预备＋记忆＋循环＋延时

信号输出：符合 RS485 标准

信号接口：2 个 J5F2

控制距离：≤1200m

三、舞台灯光以及设备的安装

（一）灯光系统电气设备运行中的安全设置

1. 合理配置输出

每个调光、直通输出由 1 只 32A 的插座配出，每个插座三根导线长度一致，通过绞合输出。

2. 良好的接地

为消除可控硅干扰，使音、视频设备达到使用要求，在灯光系统设计中选择比较合理、实用的接地系统。扩声系统和灯光系统都设有独立接地干线，当采用共用地极，其接地电阻 $R≤1Ω$。电力电缆和灯线全部安装在金属线槽内，金属线槽设有良好接地装置。

3. 触电保护

由于灯光配电线路大部分经插座接到舞台灯光，按低压配电系统常规做法插座回路应装设漏电保护，作间接接触保护，因漏电开关容易误动作，直接影响舞台灯光系统的可靠性，因此以我们采取 PE 线与相关回路相线一起配线的方式，以减小零序阻抗，保证在发生单相接地故障时，保护装置能可靠动作，保障人身安全。

4. 雷电防护

在变电所低压母线装设避雷器，调光灯光配电柜装设浪涌保护器，防止文化艺术中心舞台或附近建筑物遭受雷击时，由于电磁感应、静电感应产生的过电流、过电压损坏调光柜及灯光控制计算机系统，保证调光柜及灯光控制计算机系统安全。

（二）灯光系统电气线缆及线路敷设设置

1. 硅柜安装的位置到所有插座的输出导线，均由三根线长度一致通过绞合输出。必须和音、视频等信号线相互远离，必须相遇时做 90°交叉，留有 0.5m 距离，无法避免必须平行时，间距设置大于 1m。

2. 所有信号连接线缆应该选用五芯屏蔽线，以防止电磁干扰。

3. 设有独立的接地干线，电力电缆和灯线应安装在金属线槽内，金属线槽应接地。

4. 插座箱强、弱电之间用金属隔板分隔，避免了强电对弱电的干扰，保证弱电系统安全。

5. 插座箱应选用符合国标的国际上先进产品，插箱内强、弱电之间用金属隔板分隔，保证安全，有利于电磁兼容。

6. 电缆桥架采用热敏电缆作火灾探测，预防电缆火灾。

7. 桥架或线槽加盖，并做防火处理。动力电缆和控制电缆的型号、电压、载流量、截面、芯数，外护套等应满足其电路类型、传输型号、使用环境和敷设方式的要求，并符合有关规范。

8. 移动部件的控制和动力电缆采用满足防火要求软电缆。电缆的敷设应按《电气装置安装工程 1kV 及以下配线工程施工检验验收规范》的要求进行。

9. 电缆敷设时应将电磁干扰降低到最低程度。当采用电缆软管时，其长度不能超1m。动力或控制线路用的悬挂或下垂的软电缆应设有应力释放中心芯线，其两端应夹紧，以释放导线应力。

10. 动力或控制线路所用的多芯和屏蔽电缆的芯线易于按编号识别，少于 25 芯的电缆才使用颜色代码，不利用电缆敷设形式或顺序来识别电缆芯数。

11. 每根动力和控制电缆的两端的电缆编号相同，并打上有唯一编号的永久标记。

12. 电线应有足够长度的电缆以满足有关设备总行程的要求，其中包括到维修位置所需的行程。所有电缆进线设备上，有适当的进线接头，以便换电缆，剩余汇总电缆应卷在电缆盘上或放在设备内，并牢牢固定。

13. 箱盒安装时应垂直于墙面对齐，垂直偏差不大于 2mm，进出线箱排列整齐，并留有适当的余量。管内穿线不同回路、不同电压和交直流的导线，不得穿入同一根管子内，导线在管内不得有接头和扭曲，导线穿入管子内，在出口处，装护套来保护导线。电缆敷设前，仔细检查电缆是否有机械损伤，并进行绝缘摇测。动力和照明配电箱的安装，其质量标准符合国家电气工程施工规范。落地动力配电箱牢固安装在角钢或槽钢基础上，用螺钉固定，并做好接地。进出线的管子在基础内高出基础面 10cm 左右，后面不开检修门的靠墙安装。落地式动力配电箱安装时垂直度为每米 1.5m，盘间接缝为 2mm。照明箱一般为挂墙安装，暗装的挂墙式配电箱在砌墙时直接安装在墙内，也可在墙上预留洞然后再装。保证安装牢固，接地良好，安装平、正、尺寸符合设计要求，底边距地面 1.5m，照明配电箱垂直偏差不大于 3mm，进出配电箱的管路配到配电箱内并用管帽和锁紧螺母固定。安装配电箱，其盖板表面和粉刷层一样平，进出箱内的管线采用暗敷方式。

（三）灯光电气设备柜设置

1. 结构

电气设备的机柜和机架都采用经过防锈处理的金属和钢板制作，必要时用钢板或型钢的柜架加强。电气设备柜有防尘和防潮措施。除通风处和电缆进出口外，所有机柜和机架都全部封闭。每个机柜的深度能保证适当的设备和接线的空间。每一特定组的各机柜深度、高度和颜色都相同。

2. 通风

所有电气元件或装置都能在所用外罩内和规定的环境下连续运行。机柜设有适当的自然通风，以散去设备产生的热量，通过进口采用细网或泡沫隔栅保护，以防杂物进入。外壳应加压密封且进风需过滤。

3. 电缆进出线

电缆孔在工厂按所需位置预留，并设有可拆卸板以便在现场最后加工。电缆进出线处考虑电缆的外径、敷设方式和足够的弯曲半径，并有电缆固定装置。

4. 机柜门及检修面板

门和面板设计有足够的刚度，门和面板可拆卸检修，面板装有防尘密封条，所有外壳和面板都在彻底清除油脂和锈迹后涂烘干漆。

5. 标识

设备柜内的部件标志也应为永久性标志，不得使用临时粘贴标志或钢笔识别印记。铭牌与标志的尺寸足够大，在正常光线下 2m 的距离能看清楚铭牌与标志的文件。

（四）硅柜室施工要求

1. 由于可控硅工作时会散发出大量的热量，为了保证硅的正常工作，硅柜室必须装有单独的空调系统和通风设备；

2. 置放可控硅、供电柜和场灯柜的底下设有 10 号槽钢机座；

3. 硅柜室防静电地板高为 300mm；

4. 调光配电室内楼板荷载要求每平方米 800kg；

5. 电缆桥架穿过楼板、墙体处留洞尺寸见施工图；

6. 缆桥架敷设后所有孔洞需用耐火材料作防火封堵。

四、舞台灯光设计简介

（一）舞台灯光设计原则

舞台灯光系统设计是遵循舞台艺术表演的规律和特殊使用要求进行配置的，其目的在于将各种表演艺术再现过程所需的灯光工艺设备，按系统工程进行设计配置，使舞台灯光系统准确、圆满地为艺术展示服务。

1. 创造完全的舞台布光自由空间，适应一切布光要求；

2. 为使该系统能够持续运行，适当加大储备和扩展空间；

3. 系统的抗干扰能力和安全性作为重要设计指标；

4. 高效节能冷光新型灯具被引入系统设计中；

5. DMX512 数字信号网络技术被引入系统设计的各个环节之中。

（二）舞台灯光系统工艺设计要求

1. 工艺设计和设备配置具有综合舞台的使用功能，在短时间内可轮换多种不同剧种的灯光操作方案。

2. 系统设计可以从一种照明方案快速转换到另外一种照明方案，转换时间在 2 小时内完成。

3. 允许使用全部配置的各种类型灯具和其他补充设备。

4. 足够的安全性和存储容量，整个系统在不中断主电力供应的前提下，对主控台进行持续的诊断检查。

5. 设备完全符合舞台背景噪声的技术要求。

（三）舞台灯光系统设计说明

舞台灯光中面光、耳光和追光等设计时特别有针对性，设计时根据具体要求一对一地进行布置即可。舞台灯光灯位布置的顶光要求较多，区位构成布光阵列，舞台各部位均有布光点，因此杜绝死区，灵活多变，按需组合是顶光设计时的复杂之处。

1. 顶光系统设计配置

顶光作用是对舞台纵深的表演空间进行必要的照明，顶光配置中采用的各种灯具，大大地提高了光的透光性，透光率比目前国产镜提高了150%，遮光叶设计美观新颖，四页设置合理，遮光效果好，可作舞台顶光或染色用。

配置灯具分布如下：

舞台上空，共设有多道灯具吊杆。其中每道顶光分别用不同数目的灯具，如螺纹聚光灯（配换色器）、平凸聚光灯（配换色器）等。

灯具的排列及投射方法：

第一道顶光与面光相衔接照明主演区，衔接时注意人物的高度，可在第一道顶光位置作为定点光及安置特效灯光，并选择部分灯加强表演区支点的照明。第二道至第十道可向舞台后直投也可垂直向下投射、可加强舞台人物造型及景物空间的照明。前、后排光相衔接，使舞台表演区获得比较均匀的色彩和亮度。

2. 灯光换色器设计配置

安装在部分灯具上的换色器，其作用舞台光、染色、色彩变化、衬托剧情，达到多姿多彩的效果。

3. 换色器配置

选用换色器控制台与其他设备串接。

换色器的设计推广，大大地减少了舞台灯具的数量，减轻了灯光工作者的劳动强度，也节约了投资金额，所以它是一种目前舞台配置不可缺少的器械，目前市场上主要有机械换色器和电脑换色器两种。

（1）舞台机械换色器：其设计简便，价格较低，为20世纪80～90年代中期主流产品，目前已接近于淘汰。

（2）舞台电脑换色器：是近几年发展起来的新型换色器，其采用国际标准的DMX-512信号输出，可由专用控制器控制，也可连接于电脑调光台使用，它有多模式、高精度、大容量、控制距离远等特点，成为目前市场换色器的主流产品。

现代的舞台灯光设计者对舞台灯光提出了一个新的管理理念——统一管理，集中控制。就是把多台功能效果各异的数字灯光设备连接起来由一部数字调光台控制，例如将数字调光用的硅箱、数字换色器、电脑效果灯、电脑换色灯、数字烟机、数字泡泡机等统统连接在一张电脑控制台上，由一位灯光师来控制。

4. 换色器的技术指标

色彩是舞台灯光中信息量最大的部分，它的变化将直接影响到艺术效果，哪怕是传统的戏剧和话剧，现在也是越来越离不开色彩的变化，大型歌舞演出中除了电脑灯和变色灯以外，其余的舞台灯具几乎都配上了换色器。因此，在当代舞台艺术表演中，自动换色器已成为灯光器材中极其重要的一员，换色器质量的好坏也直接关系到一场演出的成功与否。

根据换色器实际使用情况以保证使用安全可靠为主的技术指标主要有，产品的外观及工艺是保证产品质量的重要指标，检测的内容含：结构工整、表面装饰或涂层光洁、牢固可靠；文字符号的标识清晰端正，符合有关标准要求；表面不得有划伤、挂流；内部接线工艺及元件的安装要求整洁、安全、可靠，通风散热性能良好；各种操作开关灵活可靠；绝缘性能及对电压的适应性能应符合国家电子产品的技术要求；放大器使用的电源类别要匹配；换色器有固定在灯具的板卡及安全链。

测试方法：使用高压试验，或高压摇表测试及目测。

5. 主要技术指标及测量方法

（1）最快换色时间

回光灯平均每色的最快换色时间，是将换色器从色纸上一端的第一种颜色转换至最后一种颜色的总时间和总换色数之比，并与相邻单色转换的时间核实。采用数字式秒表三次测试后进行平均。

（2）换色的准确性

以目测及量具测量的方式，在任意换色的操作方式下，检查换色的准确性及重复换色定位的准确性（≤3mm）并检查是否有过冲，测试三次。

（3）换色的同步性能

采用 6 台换色器同时进行换色，用目测方式检查各台换色器换色的同步情况，测试三次。

（4）拉力

将拉力计用胶带粘在色纸上（从第一色开始），启动换色器，待平衡稳定后读出拉力，6 台换色器拉力进行平均。

（5）噪声

噪声（静止时）：61dB(A)

噪声（运动时）：63dB(A)

（6）易用性

检查安装、拆卸是否方便、放大器的负载能力、色纸的通用性和最多换色种类、控制台操作界面是否良好等。

6. 舞台灯光控制设备配置

目前市场调光台，主要有模拟调光器和数字调光器，一般在条件允许时采用数字式的调光装置。

数字调光器：使用音片机技术，为 DM512 数字信号，数字调光台使用方便（特别是大回路），其调光功能、备份功能、编组功能、调光曲线等均优于模拟调光台，很受用户欢迎。常见的有 12 路、36 路、72 路、120 路、240 路、1000 路等，每路多为 2kW、4kW、6kW、8kW 等。

在了解了灯位、灯具特点和控制设备及换色器后，就可以依照剧场各自特点、使用规模的大小、用灯繁简，因地制宜地设计出正确的使用方案了。

复 习 思 考 题

1. 建筑立面照明设计时应该考虑哪些因素？

2. 建筑立面照明设计时所选择照明器的配光曲线有哪几种类型？

3. 建筑立面照明设计要进行照度计算和负荷计算它们的方法和特点？

4. 剧场照明中光位有哪些种类?

5. 调光的目的是什么?

6. 舞台灯光系统电气线缆选择及线路敷设有哪些特点?

第十章至第十三章（电气照明部分）的小结

本书将电气照明与供电合在一起其目的是为了更好地将两者的联系表示清楚。电气照明本身就是由电气和照明两套系统组成。电气部分的基本理论和供电的理论是相同的，只要将照明器视为是一个具有一定特点，用电负载加以分析和处理即可。

照明系统是光能的产生、分配以及控制的系统。而照明的工程技术实质上是一种光的应用技术。因此对光的一些基本知识要有一定的掌握，掌握基本知识时要注意和电光源的基本光学特性相结合，有目的学习，例如光色指标、光效、特别是光的基本计量单位要有一个准确的认识。

现代社会和过去社会对照明的理解有着很大的区别，过去对照明的理解是为了满足人们基本的视觉要求而采用的一种方式。现代的照明不仅是为了满足人们的视觉要求，同时也要满足心理的要求。创造一个良好的光环境已是现代建筑中不可缺少的条件。因此在照明器布置时要特别注意满足多种需求。

照度的计算是一个定量确定光通量在某个被照面上所获的值，但是必须指出被照面上的光通量不仅是光源所产生的直射的光通量，还有在被照空间各种反射面反射光的作用。虽然照度的计算不是很复杂但也麻烦，目前已有许多计算软件可以使用，这样就给照度计算带来了方便，学习照度计算是要为使用计算软件奠定基础。

照明设计是一个多种知识综合过程，学习设计时不仅要将设计规程理解清楚，同时要将建筑概论中所涉及的知识加以应用、要详细掌握建筑的结构，使用的建筑材料的光学特性。对各种场合对照明的特殊要求更加要详细了解。

照明的部分是一个实用性很强的专业内容，学习时要理论联系实际。

附　　录

附表 1~附表 16 给出了民用建筑照明设计标准中的一些摘录，以及电气用图形和文字符号等相关内容，供参考使用。

照明用荧光灯的规格参数　　　　　　　　　　　　附表 1

类　别		型　号	功率 (W)	灯管电压 (V)	光通量 (lm)	电流 (mA)	寿命 (h)	灯管直径× 灯管长度 (mm×mm)	镇流器参数		功率因数 cosφ
									阻抗 (Ω)	最大功耗 (W)	
直管式	预热式	YZ6RR①	6	50±6	160	140	1500	16×226.7	1400	4.5	0.34
		YZ8RR	8	60±6	250	150	1500	16×302.4	1285	4.5	0.38
		YZ15RR	15	51±7	450	330	3000	40.5×451.6	256	8	0.33
		YZ20RR	20	57±7	775	370	3000	40.5×604.0	214	8	0.35
		YZ30RR	30	81±10	1295	405	5000	40.5×908.8	460	8	0.43
		YZ40RR	40	103±10	2000	430	5000	40.5×1213.6	390	9	0.52
		YZ100RR	100	92±11	4400	1500	2000	40.5×1213.6	123	20	0.37
		YZ110RR	110	92	4200	1500	2000	38×1213.6			
		YZ110RL①	110	92	4800	1500	2000	38×1213.6			
		TLD18W/54②	18	57±7	1050	370	8000	26×604.0			
		TLD18W/33②	18	57±7	1150	370	8000	26×604.0			
		TLD36W/54	36	103±10	2500	430	8000	26×1213.6			
		TLD36W/33	36	103±10	3000	430	8000	26×1213.6			
	快速启燃式	YZK15RR	15	51±7	450	330	3000	40.5×451.6	202	4.5	0.27
		YZK20RR	20	51±7	770	370	3000	40.5×604.0	196	6	0.32
		YZK40RR	40	103±10	2000	430	5000	40.5×1213.6	168	12	0.55
		YZK65RR	65	120	3500	670	3000	38×1514.2			
		YZK85RR	85	120	4500	800	3000	38×1778.0			
		YZK125RR	125	149	5500	940	2000	38×2389.1			

照明用白炽灯的规格参数

附表 2

光源型号	电压 (V)	功率 (W)	光通量 (lm)	最大直径 (mm)	平均寿命 (h)	灯头型号	附　注
PZ220-15		15	100				
PZ220-25		25	220			E27/27 或 B22d/25×26	
PZ220-40		40	330	61			
PZ220-60		60	630				
PZ220-75		75	850	71			梨形灯泡
PZ220-100		100	1250				
PZ220-150		150	2090	81		E27/33 或 B22d/30×30	
PZ220-200		200	2920				
PZ220-300		300	4610	111.5			
PZ220-500		500	8300	131.5		E40/45	
PZ220-1000		1000	18600	151.5			
PZS220-36		36	350				
PZS220-40		40	415				
PZS220-55		55	630				双螺旋灯丝
PZS220-60		60	715	61			
PZS220-75	220	75	960		1000		
PZS220-94		94	1250			E27/27 或 B22d/25×26	
PZS220-100		100	1350				
PZM220-15		15	2920				
PZM220-25		25	4610	56			
PZM220-40		40	8300				蘑菇形灯泡
PZM220-60		60	18600				
PZM220-75		75	110	61			
PZM220-100		100	220				
PZQ220-40		40	345	80		E27/27	
PZQ220-60		60	620	100			
PZQ220-75		75	824			E27/35×30	球形灯泡
PZQ220-100		100	1240	125			
PZQ220-150		150	2070			E40/45	
PZF220-100		100	925	81		E27/35×30	
PZF220-300		300	3410	127			反射型
PZF220-500		500	6140	154		E40/45	

注：1. 本表所列白炽灯其玻璃泡均为透明的。白炽灯的玻璃泡也可用乳白玻璃、涂白玻璃或磨砂玻璃，它们发出光通量分别是透明玻璃泡白炽灯的 75%、85% 和 97%。

2. 灯头型号中，E 表示螺旋形，B 表示插口型。

3. 一般显色指数，$R_1 = 95 \sim 99$。

单管荧光灯主要技术参数

（型号：YG1-1）

附表 3

规格（mm）	长度（L）	1280	配光曲线简图	
	宽度（B）	70		
	厚度（H）	45		
灯具效率		81%		
最大允许距高比	A－A	1.62～1.65		
	B－B	1.22～1.25		

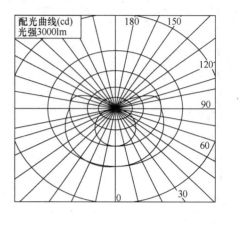

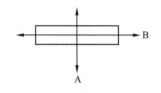

利用系数　$S/h_{RC}=1.0$

等效顶棚反射比（%）	70				50				30				10				0
墙面平均反射比（%）	70	50	30	10	70	50	30	10	70	50	30	10	70	50	30	10	0
室空间比																	
1	0.93	0.89	0.86	0.83	0.89	0.85	0.83	0.80	0.85	0.82	0.80	0.78	0.81	0.79	0.77	0.75	0.73
2	0.85	0.79	0.73	0.69	0.81	0.75	0.71	0.67	0.77	0.73	0.69	0.65	0.73	0.70	0.67	0.64	0.62
3	0.78	0.70	0.63	0.58	0.74	0.67	0.61	0.57	0.70	0.65	0.60	0.56	0.67	0.62	0.58	0.55	0.53
4	0.71	0.61	0.54	0.49	0.67	0.59	0.53	0.48	0.64	0.57	0.52	0.47	0.61	0.55	0.51	0.47	0.45
5	0.65	0.55	0.47	0.42	0.62	0.53	0.46	0.41	0.59	0.51	0.45	0.41	0.56	0.49	0.44	0.40	0.39
6	0.60	0.49	0.42	0.36	0.57	0.48	0.41	0.36	0.54	0.46	0.40	0.36	0.52	0.45	0.40	0.35	0.34
7	0.55	0.44	0.37	0.32	0.52	0.43	0.36	0.31	0.50	0.42	0.36	0.31	0.48	0.40	0.35	0.31	0.29
8	0.51	0.40	0.33	0.27	0.48	0.39	0.32	0.27	0.46	0.37	0.32	0.27	0.44	0.36	0.31	0.27	0.25
9	0.47	0.36	0.29	0.24	0.45	0.35	0.29	0.24	0.43	0.34	0.28	0.24	0.41	0.33	0.28	0.24	0.22
10	0.43	0.32	0.25	0.20	0.41	0.31	0.24	0.20	0.39	0.30	0.24	0.20	0.37	0.29	0.24	0.20	0.18

圆形吸顶灯灯主要技术参数

（型号：JDXB—60～100W）

规格（mm）	大圆直径（d）	1280	配光曲线简图	
	小圆直径	70		
	厚度（H）	110		
灯具效率		60%		
最大允许距高比		1.32～1.35		

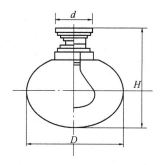

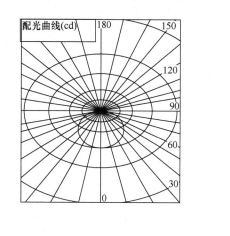

利用系数 $S/h_{RC}=1.0$

等效顶棚反射比（%）	80				70				50				30				0
墙面平均反射比（%）	70	50	30	10	70	50	30	10	70	50	30	10	70	50	30	10	0
室空间比																	
1	0.56	0.53	0.50	0.47	0.52	0.49	0.47	0.44	0.45	0.42	0.41	0.39	0.38	0.36	0.35	0.34	0.26
2	0.50	0.45	0.41	0.38	0.47	0.42	0.39	0.36	0.40	0.37	0.34	0.31	0.34	0.31	0.29	0.27	0.21
3	0.46	0.40	0.35	0.31	0.42	0.37	0.33	0.29	0.36	0.32	0.29	0.26	0.31	0.28	0.25	0.23	0.17
4	0.42	0.35	0.30	0.26	0.39	0.32	0.28	0.24	0.33	0.28	0.25	0.22	0.28	0.24	0.21	0.19	0.14
5	0.38	0.31	0.26	0.22	0.35	0.29	0.24	0.21	0.30	0.25	0.21	0.18	0.25	0.22	0.19	0.16	0.12
6	0.35	0.27	0.22	0.19	0.32	0.26	0.21	0.18	0.28	0.22	0.19	0.16	0.24	0.19	0.16	0.14	0.10
7	0.32	0.25	0.20	0.16	0.30	0.23	0.18	0.15	0.26	0.20	0.16	0.14	0.22	0.17	0.14	0.12	0.09
8	0.30	0.22	0.17	0.14	0.28	0.21	0.16	0.13	0.24	0.18	0.14	0.12	0.20	0.16	0.13	0.10	0.08
9	0.28	0.20	0.15	0.12	0.26	0.19	0.14	0.12	0.22	0.16	0.13	0.10	0.19	0.14	0.11	0.09	0.07
10	0.25	0.18	0.13	0.10	0.23	0.17	0.13	0.10	0.20	0.15	0.11	0.09	0.17	0.13	0.10	0.08	0.05

影院剧场建筑照明的照度标准值　　　　　附表 5

类　别		参考平面及其高度	照度标准值（lx）		
			低	中	高
门　厅		地　面	100	150	200
门厅过道		地　面	75	100	150
观众厅	影　院	0.75m 水平面	30	50	75
	剧　场	0.75m 水平面	50	75	100
观众休息厅	影　院	0.75m 水平面	50	75	100
	剧　场	0.75m 水平面	75	100	150
贵宾室、服装室、道具间		0.75m 水平面	75	100	150
化妆室	一般区域	0.75m 水平面	75	100	150
	化妆台	1.1m 高处垂直面	150	200	300
放映室	一般区域	0.75m 水平面	75	100	150
	放映	0.75m 水平面	20	30	50
演员休息室		0.75m 水平面	50	75	100
排演厅		0.75m 水平面	100	150	200
声、光、电控制室		控制台面	100	150	200
美工室、绘图室		0.75m 水平面	150	200	300
售票房		售票台面	100	150	200

旅馆建筑照明的照度标准值　　　　　附表 6

类　别		参考平面及其高度	照度标准值（lx）		
			低	中	高
客　房	一般活动区	0.75m 水平面	20	30	50
	床　头	0.75m 水平面	50	75	100
	写字台	0.75m 水平面	100	150	200
	卫生间	0.75m 水平面	50	75	100
	会客室	0.75m 水平面	30	50	75
梳妆台		1.5m 高处垂直面	150	200	300
主餐厅、客房服务台、酒吧柜台		0.75m 水平面	50	75	100
西餐厅、酒吧间、咖啡厅、舞厅		0.75m 水平面	20	30	50
大宴会厅、总服务台、主餐厅柜台、外币兑换处		0.75m 水平面	150	200	300
门厅、休息厅		0.75m 水平面	75	100	150
理发		0.75m 水平面	100	150	200
美容		0.75m 水平面	200	300	500
邮电		0.75m 水平面	75	100	150
健身房、器械室、蒸汽浴室、游泳池		0.75m 水平面	30	50	75
游艺厅		0.75m 水平面	50	75	100
台球		台　面	150	200	300
保龄球		地　面	100	150	200
厨房、洗衣房、小卖部		0.75m 水平面	100	150	200
食品准备、烹饪、配餐		0.75m 水平面	200	300	500
小件存放处		0.75m 水平面	30	50	75

注：1. 客房无台灯等局部照明时，一般活动区的照度可提高一级；

　　2. 理发栏的照度值适用于普通招待所和旅馆的理发厅。

商店、办公楼、图书馆建筑照明的照度标准值

附表7

图书馆建筑照明的照度标准值

类　别	参考平面及其高度	照度标准值（lx）		
		低	中	高
一般阅览室、少年儿童阅览室、研究室、装备修理间、美工室	0.75m水平面	150	200	300
老年读者阅览室、美术书和蓝图阅览室	0.75m水平面	200	300	500
陈列室、目录厅（室）、出纳厅（室）、视听室、缩微阅览室	0.75m水平面	75	100	150
读者休息室	0.75m水平面	30	50	75
书　库	0.75m垂直面	20	30	50
开敞式运输传送设备	0.75m水平面	50	75	100

注：摘自国家标准《民用建筑照明设计标准》GBJ 133—90，下同。

办公楼建筑照明的照度标准值

类　别	参考平面及其高度	照度标准值（lx）		
		低	中	高
办公室、报告厅、会议室、接待室、陈列室、营业厅	0.75m水平面	100	150	200
有视觉显示屏的作业	工作台水平面	150	200	300
设计室、绘图室、打字室	实际工作面	200	300	500
装订、复印、晒图、档案室	0.75m水平面	75	100	150
值　班　室	0.75m水平面	50	75	100
门　　厅	地　　面	30	50	75

注：有视觉显示屏的作业，屏幕上的垂直图照度不应大于150lx。

商店建筑照明的照度标准值

类　别		参考平面及其高度	照度标准值（lx）		
			低	中	高
一般商店营业厅	一般区域	0.75m水平面	75	100	100
	柜　台	柜台面上	100	150	200
	货　架	1.5m垂直面	100	150	200
	陈列柜、橱窗	货物所处平面	200	300	500
室内菜市场营业厅		0.75m水平面	50	75	100
自选商场营业厅		0.75m水平面	150	200	300
试　衣　室		试衣位置1.5m高处垂直面	150	200	300
收　款　处		收款台面	150	200	300
库　　房		0.75m水平面	30	50	75

注：陈列柜和橱窗是指展出重点、时新商品的展柜和橱窗。

部分电力装置要求的工作接地电阻值　　　附表8

序号	电力装置名称	接地的电力装置特点	接地电阻
1	1kV 以上大电流接地系统	仅用于该系统的接地装置	$R_E \leqslant \dfrac{2000\text{V}}{I_k^{(1)}}$ 当 $I_k^{(1)} > 4000\text{A}$ 时，$R_E \leqslant 0.5\Omega$
2	1kV 以上小电流接地系统	仅用于该系统的接地装置	$R_E \leqslant \dfrac{250\text{V}}{I_E}$，且 $R_E \leqslant 10\Omega$
3		与1kV 以下系统共用的接地装置	$R_E \leqslant \dfrac{120\text{V}}{I_E}$，且 $R_E \leqslant 10\Omega$
4	1kV 以下系统	与总容量在 100kVA 以上的发电机或变压器相连的接地装置	$R_E \leqslant 4\Omega$
5		上述（序号4）装置的重复接地	$R_E \leqslant 10\Omega$
6		与总容量在100kVA 及以下的发电机或变压器相连的接地装置	$R_E \leqslant 10\Omega$
7		上述（序号6）装置的重复接地（不少于3处）	$R_E \leqslant 30\Omega$
8	建筑物防雷装置	第一类防雷建筑物（防感应雷）	$R_{sh} \leqslant 10\Omega$
9		第一类防雷建筑物（防直击雷及雷电波侵入）	$R_{sh} \leqslant 10\Omega$
10		第二类防雷建筑物（防直击雷、感应雷及雷电波侵入共用）	$R_{sh} \leqslant 10\Omega$
11		第三类防雷建筑物（防直击雷）	$R_{sh} \leqslant 30\Omega$
12		其他建筑物（防雷波侵入）	$R_{sh} \leqslant 30\Omega$
13		保护变电所的独立避雷针	$R_E \leqslant 10\Omega$
14		杆上避雷器及保护间隙（在电气上与旋转电机无联系者）	$R_E \leqslant 10\Omega$
15		杆上避雷器及保护间隙（但与旋转电机有电气联系者）	$R_E \leqslant 5\Omega$
备注	R_E—工频接地电阻（单位为 Ω）；R_{sh}—冲击接地电阻（单位为 Ω）；$I_k^{(1)}$—流经接地装置的单相短路电流（单位为 A）；I_E—单相接地故障电流（单位为 A）；按式（1-3）计算		

土 壤 电 阻 率 参 考 值　　　附表9

土 壤 名 称	电阻率（Ω/m）	土 壤 名 称	电阻率（Ω/m）
陶黏土	10	砂质黏土，可耕地	100
泥炭、泥灰岩、沼泽地	20	黄土	200
捣碎的木炭	40	含砂黏土、砂土	300
黑土、田园土、陶土	50	多石土壤	400
黏土	60	砂、砂砾	1000

常用接闪器的安装部位和材料规格

附表 10

种　类	安装部位	材料规格（不小于）		备　注
避雷针	屋　面	圆钢，直径 12mm		针长 1m 以下
		钢管，直径 20mm		
	屋　面	圆钢，直径 16mm		针长 1～2m
		钢管，直径 25mm		
	烟囱，水塔	圆钢，直径 20mm		
		钢管，直径 40mm		
避雷带、避雷网	屋　面	圆钢，直径 8mm		
		扁钢，截面 48mm²，厚度 4mm		
避雷环	烟囱，水塔	圆钢，直径 12mm		
		扁钢，截面 100mm²，厚度 4mm		
避雷线	杆、塔	镀锌钢绞线，截面 35mm²		

钢接地体和接地线的最小尺寸规格

附表 11

材　料	规　格	地　上		地　下
		户　内	户　外	
圆　钢	直径/mm	5	6	8

材　料	规　格	地　上		地　下
		户　内	户　外	
扁　钢	截面/mm²	24	48	48
	厚度/mm	3	4	4
角　钢	厚度/mm	2	2.5	4
钢　管	管壁厚度/mm	2.5	2.5	2.5

备注：本表系按原《电力装置接地设计规范》GBJ 65—83 规定，按国家标准《建筑物防雷设计规范》GB 50057—94 规定垂直埋设的接地体的最小尺寸为，圆钢直径为 10mm；扁钢截面为 100mm²，厚度为 4mm；角钢厚度为 4mm；钢管管壁厚度为 3.5mm

装置式（塑壳）断路器主要技术参数表

附表 12

极数	脱扣器类型	额定电压（V）	壳架额定电流（A）	脱扣器动作电流（A）	短路分断能力（kA）	型　号
3P；3P＋N	C：照明线路保护 D：动力线路保护	400	100	100；80；63；50 40；32 16；10 6	30	DZ20Y－100/3000 DZ20Y－100/3300
3P；3P＋N	C：照明线路保护 D：动力线路保护	400	250	250；225 180；160 125；		DZ20Y－250/3000 DZ20Y－250/3300
3P；3P＋N	C：照明线路保护 D：动力线路保护	400	400	400 315 250；225 180；160		DZ20Y－250/3000 DZ20Y－250/3300

小型（微型）断路器主要技术参数表

附表 13

极数	瞬时脱扣器类型	额定电压（V）	壳架额定电流 I_N（A）	脱扣器动作电流（A）	瞬时脱扣器分断能力（A）	型　号
1P；1P＋N 2P；3P 3P＋N	C： D：	230/400	60	1、3、 5、6、10、16、20、26、 32、40、50、60	$(5\sim10)\,I_N$ $(10\sim16)\,I_N$	DZ47－60

断路器中剩余电流动作的主要技术参数表

附表 14

极数	瞬时脱扣器类型	额定电压（V）	壳架额定电流 I_N（A）	剩余动作电流 I_N（A）	剩余动作电流的脱扣器分断能力（A）	型　号
1P＋N 2P；3P 3P＋N 4P	B： C：	230/400	50；63	0.03 0.1 0.3	$(3\sim5)\,I_N$ $(5\sim10)\,I_N$	NB1L－63

常用的线路敷设方式、敷设部位标注的文字代号

附表 15

序　号	敷设方式表达内容	英文代号	序　号	敷设部位表达内容	英文代号
1	塑料线槽	PR	1	沿柱敷设	CLE
2	金属线槽	SR	2	沿墙敷设	WE
3	硬质塑料管	PC	3	沿天棚敷设	CE
4	半硬质塑料管	FPC	4	在吊顶内	ACE
5	电线管（钢管）	TC	5	暗设梁内	BC
6	水煤气钢管	SC	6	暗设在柱内	CLC
			7	暗设在屋面内或顶板内	CC
			8	暗设在地面内或地板内	FC
			9	暗设在墙内	WC

塑料管、电线管和水煤气钢管的规格、尺寸

附表 16

	塑料管（硬质、半硬质）		电线管		水煤气钢管		
	公称尺寸（mm）	管内径（mm）	公称尺寸（mm）	管外径（mm）	公称尺寸（mm）	英寸（英分）	管外径（mm）
1	16	12.2	12	12.7	15	1/2（4）	21.25
2	20	15.8	16	15.87	20	3/4（6）	26.75
3	25	20.6	19	19.05	25	1	33.5
4	32	26.6	25	25.4	32	11/4	42.25
5	40	34.4	32	31.75	50	2	60
6	50	43.2	38	38.10	80	3	88.5
7	63	56	51	50.80	100	4	114

电气工程符号和图形 　　　　　　　　　　　　　　　　　　　　　　　附表 17

1. 控制、保护装置

序　号	图形符号	说　明	标准	序　号	图形符号	说　明	标准
07-02-01		动合（常开）触点　注：本符号也可以用作开关一般符号	IEC	07-05-05	形式1	当操作器件被释放时延时闭合的动断触点	IEC
07-02-03		动断（常闭）触点	IEC	07-05-06	形式2		
07-02-04		先断后合的转换触点	IEC	07-05-07	形式1	当操作器件被吸合时延时断开的动断触点	GB
07-02-05		中间断开的双向触点	IEC	07-05-08	形式2		
07-05-01	形式1	当操作器件被吸合时延时闭合的动合触点	IEC	07-07-01		手动开关的一般符号	IEC
07-05-02	形式2			07-07-02		按钮开关（不闭锁）	IEC
07-05-03	形式1	当操作器件被释放时延时断开的动合触点	GB	07-08-01		位置开关，动合触点　限制开关，动合触点	IEC
07-05-04	形式2			07-08-02		位置开关，动合触点　限制开关，动合触点	IEC

序　号	图形符号	说　明	标准	序　号	图形符号	说　明	标准
07-13-02		多极开关一般符号 单线表示	GB	07-15-12		交流继电器的线圈	IEC
07-13-03		多极开关一般符号 多线表示	GB	07-15-21		热继电器的驱动器件	IEC
07-13-04		接触器（在非动作位置触点断开）	IEC	07-21-06		跌开式熔断器	GB
07-13-05		具有自动释放的接触器	IEC	07-21-01		熔断器一般符号	IEC
07-13-06		接触器（在非动作位置触点闭合）	IEC	07-21-07		熔断器式开关	IEC
07-13-07		断路器	IEC	07-21-08		熔断器式隔离开关	IEC
07-13-08		隔离开关	IEC	07-21-09		熔断器式负荷开关	IEC
07-13-10		负荷开关（负荷隔离开关）	GB	07-22-03		避雷器	IEC
07-15-01		操作器件一般符号	IEC				
07-15-07		缓慢释放（缓放）继电器的线圈	IEC	02-15-01		接地一般符号 注：如表示接地的状况或作用不够明显，可补充说明	IEC
07-15-08		缓慢吸合（缓吸）继电器的线圈	IEC				

序　号	图形符号	说　明	标准	序　号	图形符号	说　明	标准
04-03-01		电感器、线圈、绕组	IEC	11-16-04		电动阀	GB
06-23-09		电流互感器	IEC	11-16-05		电磁分离器	GB
11-08-20		接地装置 (1) 有接地极 (2) 无接地极	GB	11-16-06		电磁制动器	GB
07-13-11		具有自动释放的负荷开关	IEC	11-16-07		按钮一般符号 注：若图面位置有限，又不会引起误解，小圈允许涂黑	IEC
11-16-02		阀门的一般符号	GB	11-16-08		按钮盒 (1) 一般或保护型按钮盒示出一个按钮	GB
11-16-03		电磁阀	GB	11-16-09		(2) 示出 2 个按钮	

2. 插座、开关

序　号	图形符号	说　明	标准	序　号	图形符号	说　明	标准
11-18-02		单相插座		11-18-08		密闭（防水）	GB
11-18-03		暗装	GB	11-18-09		防爆	
11-18-04		密闭（防水）		11-18-10		带接地插孔的三相插座	
11-18-05		防爆		11-18-11		带接地插孔的三相插座暗装	
11-18-06		带保护接点插座 带接地插孔的单相插座	IEC	11-18-12		密闭（防水）	GB
11-18-07		暗装	GB	11-18-13		防爆	

序 号	图形符号	说 明	标准	序 号	图形符号	说 明	标准
11-18-15		多个插座（示出三个）	IEC	11-18-25		密闭（防水）	GB
11-18-16		具有护板的插座	IEC	11-18-26		防爆	
11-18-17		具有单极开关的插座	IEC	11-18-27		双极开关	IEC
11-18-18		具有连锁开关的插座	IEC	11-18-28		双极开关暗装	
11-18-19		具有隔离变压器的插座（如电动剃刀用的插座）	IEC	11-18-29		密闭（防水）	GB
11-18-14		插座箱（板）	GB	11-18-30		防爆	
				11-18-31		三极开关	
11-18-20		电信插座的一般符号 注：可用文字或符号加以区别 如：TP—电话 TX—电传 TV—电视 M—传声器 FM—调频 扬声器	IEC	11-18-32		暗装	GB
				11-18-33		密闭（防水）	
				11-18-34		防爆	
				11-18-35	(1) (2)	单极拉线开关（1）明装（2）暗装	IEC
11-18-21		带熔断器的插座	GB	11-18-36		单极双控拉线开关	GB
11-18-22		开关一般符号	IEC	11-18-40		多拉开关（如用于不同照度）	IEC
11-18-23		单极开关	GB	11-18-37		单极限时开关	IEC
				11-18-38		双控开送（单极三线）	IEC
11-18-24	n	暗装 n 联单极开关		11-18-39		具有指示灯的开关	IEC

序　号	图形符号	说　明	标准	序　号	图形符号	说　明	标准
11-18-44		定时开关	IEC	11-18-45		钥匙开关	IEC

3. 照明灯具

序　号	图形符号	说　明	标准	序　号	图形符号	说　明	标准
08-10-01		灯一般符号 　信号灯一般符号 　注：①如果要求指示颜色，则在靠近符号处标出下列字母：RD 红 BU 蓝 YE 黄 WH 白 GN 绿 ②如要指出灯的类型，则在靠近符号处标出下列字母：Ne 氖 Xe 氙 Na 钠 Hg 汞 I 碘 IN 白炽 EL 电发光 ARC 弧光 FL 荧光 IR 红外线 UV 紫外线 LED 发光二极管	IEC	11-19-10		防爆荧光灯	GB
				11-19-11		在专用电路上的事故照明灯	IEC
				11-19-12		自带电源的事故照明灯装置（应急灯）	IEC
				11-19-13		气体放电灯的辅助设备 　注：仅用于辅助设备与光源不在一起时	IEC
11-19-02		投光灯一般符号	IEC	11-B₁-19		探照型灯	GB
11-19-03		聚光灯	IEC	11-B₁-20		广照型灯（配照型灯）	GB
11-19-04		泛光灯	IEC	11-B₁-21		防水防尘灯	GB
11-19-05		示出配线的照明引出线位置	IEC	11-B₁-22		球形灯	GB
11-19-06		在墙上的照明引出线（示出配线在左边）	IEC	11-B₁-23		局部照明灯	GB
11-19-07		荧光灯一般符号	IEC	11-B₁-24		矿山灯	GB
11-19-08		三管荧光灯	GB	11-B₁-25		安全灯	GB
11-19-09		五管荧光灯	GB	11-B₁-26		隔爆灯	GB

序　号	图形符号	说　明	标准	序　号	图形符号	说　明	标准
11-B₁-27		顶棚灯	GB	11-B₁-29		弯灯	GB
11-B₁-28		花灯	GB	11-B₁-30		壁灯	GB

4. 电杆及附属设备

序　号	图形符号	说　明	标准	序　号	图形符号	说　明	标准
11-07-01	$\bigcirc$ A-B C	电杆的一般符号（单杆、中间杆）注：可加注文字符号表示：A—杆材或所属部门 B—杆长 C—杆号	GB	11-07-19	$a \cdot b \frac{c}{d} \cdot a \cdot A$ θ	装有投光灯的架空线电杆（1）一般画法 a—编号 b—投光灯型号 c—容量 d—投光灯安装高度 α—俯角 A—连接相序 θ—偏角 投照方向偏角的基准线可以是坐标细线或其他基准线	GB
11-07-11		带撑杆的电杆	GB				
11-07-12		带撑拉杆的电杆	GB				
11-07-14	$a \frac{b}{c} Ad$	带照明灯的电杆（1）一般画法 a—编号 b—杆型 c—杆高 d—容量 A—连接相序（2）需要示出灯具的投照方向时	GB	11-07-25	$\bigcirc \rightarrow$	拉线一般符号（示出单方拉线）	GB
11-07-15				11-07-29	$\bigcirc \rightarrow \bigcirc \rightarrow$	有高桩拉线的电杆	GB

5. 配电箱、屏、控制台

序　号	图形符号	说　明	标准	序　号	图形符号	说　明	标准
03-02-03	11 12 13 14 15 16	端子板（示出带线端标记的端子板）	IEC	11-15-03	$\boxtimes$	信号板、信号箱（屏）	GB
11-15-01	▭	屏、台、箱、柜一般符号	GB	11-15-04	▬	照明配电箱（屏）注：需要时允许涂红	GB
11-15-02	▬	动力或动力—照明配电箱 注：需要时符号内可标示电流种类符号	GB	11-05-24	●—	装在支柱上的封闭式母线	GB

序　号	图形符号	说　明	标准	序　号	图形符号	说　明	标准
11-05-25		装在吊钩上的封闭式母线	GB	11-06-01		向上配线	IEC
11-05-26		滑触线	GB	11-06-02		向下配线	IEC
11-05-27		中性线	IEC	11-06-03		垂直通过配线	IEC
11-05-28		保护线	IEC	11-08-10		电缆铺砖保护	GB
11-05-29		保护和中性共用线	IEC			感温感烟探测器带末端电阻	GB
11-05-30		具有保护线和中性线的三相配线	IEC			手动报警装置	GB

参 考 文 献

［1］ 同济大学电气工程系编．工厂供电．北京：中国建筑工业出版社．

［2］ 北京钢铁设计院等编．钢铁企业电力设计参考资料．北京：冶金工业出版社．

［3］ 航天工业部第四规划设计院等编．工厂配电设计手册．北京：水利电力出版社．

［4］ 民用建筑电气设计规范．北京：中国建筑工业出版社．

［5］ 工厂常用电气设备手册编写组．工厂常用电气设备手册．北京：中国电力出版社．

［6］ 苏文成主编．工厂供电．北京：机械工业出版社．

［7］ 刘介才主编．工厂供电．北京：机械工业出版社．

［8］ 新编电气工程师手册编写组．新编电气工程师手册．哈尔滨：黑龙江科技出版社．

［9］ 高等学校建筑电气技术系列教材编委会．建筑供配电．北京：中国建筑工业出版社．

［10］ 建筑电气设计手册编写组．建筑电气设计手册．北京：中国建筑工业出版社．

［11］ 赵振民．照明工程设计手册．天津：天津科学技术出版社．

［12］ 俞丽华主编．电气照明．上海：同济大学出版社．

［13］ 电气用图形和文字符号（GB 4728）．中国标准出版社．